無機材料の表面処理・改質技術と将来展望
―金属, セラミックス, ガラス―

Prospect of Surface Treatment and Modification Technology in Inorganic Materials
―Metal, Ceramics, and Glass―

《普及版／Popular Edition》

監修 上條榮治, 鈴木義彦, 藤沢 章

シーエムシー出版

発刊にあたり

　材料の表面処理・改質の歴史は古く，有史以前にもさかのぼり，木材に漆を塗り腐食を防止した例や，金色の仏像を金アマルガムで製作した例などが最初ではなかろうか。今，私たちの身の回りを見渡すと，様々な色彩を施した携帯電話を始めパソコン，自動車，家電製品など表面処理・改質が施された無数の製品で埋まっている。

　表面処理は，材料（母材）の表面に注目して表面の性質を変え，新しい機能を付与することであり，表面改質は，材料の表面を制御し異相を表面に創製し新しい機能を付与することであるが，最近では様々な技術が開発され表面処理と表面改質を区別することが困難となり，区別せずに用いられることが多い。

　もとの材料よりも優れた表面機能を創り出す表面処理・改質の技術は，それぞれの目的で利用されているが，希望する機能を持つ表面を得る手法として，材料表面の組成，組織，結晶構造などを制御する方法，異なる特性の異相を被覆する方法，微細加工により表面形状を制御する方法などに大きく分類される。また，その効果は，材料の特性を保ったまま，表面に美観を与え，耐食性や耐摩耗性を向上させて製品寿命を長くする，摺動性の向上により省エネルギーに寄与する，表面に伝導性を付与して電子回路を創製する，生体との馴染みをよくして生体材料としての機能を高めるなど様々である。いずれにしても，製品・部品に要求される基本的な材料特性と表面特性の二つの機能を一気に満足させる手法で，金属，セラミックス，高分子等のそれぞれに適した表面処理・改質技術として多くの方法が開発され，すべての「ものづくり産業」の分野で何等かの形で実用化されているが，将来のイノベーションに興味がもたれる。

　一方，地球環境問題が深刻化する中，持続可能な社会を形成するためには，従来の材料設計・選択の考え方，すなわち材料の性能を最大化しコストを最小化すること，に加えて環境負荷を最小にする，すなわち生産，使用，廃棄の全ライフサイクルを通じ環境負荷を最小にするエコマテリアルが求められている。エコマテリアルの観点からも，表面処理・改質技術は，要求性能を材料表面の機能化によって性能最大，環境負荷とコストを低減することが可能性な技術で，様々な産業分野において注目されイノベーションが計られている。

　本書は，このような観点から，無機材料に的を絞り，表面処理・改質技術と応用分野の最先端の現状を，それぞれの分野での第一人者に解説頂き，その中から将来への展望を読み取って頂くことを目指した。本書が無機材料のみでなく，多くの材料の表面処理・改質技術の研究開発に挑戦しておられる研究者・技術者の一助になれば幸いである。

2007 年 9 月

龍谷大学名誉教授　上條栄治

普及版の刊行にあたって

　本書は2007年に『無機材料の表面処理・改質技術と将来展望 —金属，セラミックス，ガラス—』として刊行されました。普及版の刊行にあたり，内容は当時のままであり加筆・訂正などの手は加えておりませんので，ご了承ください。

2015年3月

シーエムシー出版　編集部

執筆者一覧（執筆順）

上條　榮治	龍谷大学名誉教授；龍谷エクステンションセンター（REC）フェロー
藤原　　学	龍谷大学　理工学部　物質化学科　教授
古原　　忠	東北大学　金属材料研究所　高純度金属材料学研究部門　教授
秋庭　義明	名古屋大学　大学院工学研究科　機械理工学専攻　准教授
藤田　雅之	㈶レーザー技術総合研究所　主任研究員
藤原　浩司	トーヨーエイテック㈱　表面処理事業部　研究開発部　部長
三浦　健一	大阪府立産業技術総合研究所　機械金属部　金属表面処理系　主任研究員
西村　芳実	㈱栗田製作所　技術開発室　特別技術顧問
吉川　雅康	日本カロライズ工業㈱　開発企画部　取締役部長
山口　哲央	㈶ファインセラミックスセンター　材料技術研究所　主任研究員
小林　　明	大阪大学　接合科学研究所　准教授
藤原　　裕	大阪市立工業研究所　電子材料担当　研究主幹
小林　靖之	大阪市立工業研究所　電子材料担当　研究員
明渡　　純	㈱産業技術総合研究所　先進製造プロセス研究部門　集積加工研究グループ　グループ長
森　　正和	龍谷大学　理工学部　機械システム工学科　助教
伊藤　義康	㈱東芝　電力・社会システム技術開発センター　首席技監
須山　章子	㈱東芝　電力・社会システム技術開発センター　主査
井上　博之	大阪府立大学　大学院工学研究科　マテリアル工学分野　講師
佐々木信也	東京理科大学　工学部　機械工学科　教授
平山　朋子	同志社大学　工学部　専任講師
藤野　隆由	近畿大学　理工学部　応用化学科　講師
鈴木　義彦	㈱科学技術振興機構　技術参事；JSTイノベーションプラザ大阪　科学技術コーディネーター
中東　孝浩	日本アイ・ティ・エフ㈱　技術部　部長補佐
内山　　潔	奈良先端科学技術大学院大学　物質創成科学研究科　准教授
王谷　洋平	諏訪東京理科大学　システム工学部　電子システム工学科　助教
塩嵜　　忠	奈良先端科学技術大学院大学　物質創成科学研究科　教授
広瀬　義幸	㈱アライドマテリアル　ニューセラミック開発室　主席
石﨑　幸三	長岡技術科学大学　機械系　教授
松丸　幸司	長岡技術科学大学　機械系　助教
片岡　泰弘	愛知県産業技術研究所　常滑窯業技術センター
濱口　裕昭	愛知県産業技術研究所　常滑窯業技術センター
中村　直樹	トヨタ自動車㈱　東富士研究所　第3材料技術部　主幹
竹内　雅人	大阪府立大学　大学院工学研究科　物質系専攻　助教
安保　正一	大阪府立大学　大学院工学研究科　物質系専攻　教授
二俣　正美	北見工業大学　名誉教授
鮎田　耕一	北見工業大学　土木開発工学科　教授
松岡　信一	富山県立大学　工学部　機械システム工学科　教授

北岡　　　諭	㈶ファインセラミックスセンター　材料技術研究所　主席研究員	
和田　匡史	㈶ファインセラミックスセンター　材料技術研究所　副主任研究員	
長　　伸朗	中部電力㈱　技術開発本部　エネルギー応用研究所　都市・産業技術グループ　研究副主査	
稲垣　秀樹	中部電力㈱　技術開発本部　エネルギー応用研究所　都市・産業技術グループ　研究主査	
横川　善之	大阪市立大学　大学院工学研究科　教授	
南　　内嗣	金沢工業大学　光電相互変換デバイスシステム研究開発センター　教授	
藤沢　　章	日本板硝子㈱　BP研究開発部　グループリーダー	
中山　　弘	㈲マテリアルデザインファクトリー　取締役・CTO；大阪市立大学大学院　工学研究科　教授	
神谷　和孝	日本板硝子㈱　BP事業本部　BP研究開発部　グループリーダー	
橋本　貴治	メルテックス㈱　研究部第1研究室　主任	
青井　芳史	龍谷大学　理工学部　物質化学科　講師	
三谷　一石	日本板硝子㈱　BP研究開発部　研究開発グループ　グループリーダー	
小駒　益弘	上智大学　理工学部　化学科　教授	
渡辺　　歴	㈰産業技術総合研究所　光技術研究部門　研究員	
玉木　隆幸	奈良工業高等専門学校　電子制御工学科　助教	
伊東　一良	大阪大学大学院　工学研究科　教授	
鄭　　容宝	㈶応用科学研究所　研究部　第2研究室　研究室長	
下里　吉計	中外炉工業㈱　熱処理事業部　シニアアドバイザー	
舟木　義行	日本電子工業㈱　技術部　取締役　技術部長	
鈴木　康正	㈱アルバック　先端機器事業部　技術部　部長	
佐々木光正	スルザーメテコジャパン㈱　技術開発部　マネージャー	

執筆者の所属表記は，2007年当時のものを使用しております。

目　次

【序編】

総説　材料の表面処理・改質技術の現状と課題　　上條榮治

1　はじめに …………………………………… 3
2　表面処理・改質技術の分類 ……………… 3
3　熱処理による金属の表面処理技術 ……… 4
4　熱処理技術の課題 ………………………… 5
5　表面被覆による表面処理・改質技術 …… 6
6　表面被覆処理技術の課題 ………………… 7
　6.1　低温成膜技術 ………………………… 8
6.2　密着性向上に関する技術 ……………… 9
6.3　大面積成膜に関する技術 ……………… 9
6.4　高速成膜に関する技術 ………………… 10
6.5　プロセスのパルス化に関する技術 …… 11
6.6　その他 …………………………………… 11
7　ガラス・セラミックスの表面改質技術 … 12
8　まとめ …………………………………… 12

概論　表面構造・組成の解析法　　藤原　学

1　機器分析から見た表面 …………………… 14
2　機器分析法の一般原理 …………………… 16
3　いろいろな表面分析法 …………………… 19
　3.1　X線光電子分光法（XPS） ………… 19
　3.2　オージェ電子分光法（AES） ……… 19
　3.3　イオン散乱分光法（ISS） ………… 20
　3.4　二次イオン質量分析法（SIMS） …… 20
　3.5　X線吸収分光法（XAFS） ………… 21
　3.6　電子線マイクロアナリシス（電子プローブ微小部分析法）（EPMA） ………… 22
　3.7　粒子（イオン）励起X線分光法（PIXE） ………………………………… 22
　3.8　全反射蛍光X線分析（TRXRF：Total Reflection X-ray Fluorescence） ……… 23
　3.9　表面観察法 …………………………… 23
　3.10　電子エネルギー損失分光法（EELS） ………………………………… 24
4　表面分析法の性能比較 …………………… 25
5　これからの表面分析法 …………………… 26

【第1編　金属編】

第1章　金属の熱処理技術　　古原　忠

1　鉄鋼の熱処理 …………………………… 31
 1.1　バルク熱処理 ………………………… 31
 1.2　表面熱処理の種類 …………………… 32
2　表面焼入れ ……………………………… 32
 2.1　高周波焼入れ ………………………… 32
 2.2　炎焼入れ ……………………………… 33
 2.3　電解焼入れ，レーザー焼入れ，
   電子ビーム焼入れ …………………… 34
3　浸炭 ……………………………………… 34
 3.1　固体浸炭と液体浸炭 ………………… 34
 3.2　ガス浸炭 ……………………………… 36
 3.3　真空浸炭と真空イオン浸炭 ………… 37
 3.4　浸炭窒化 ……………………………… 37
 3.5　浸炭用鋼の熱処理 …………………… 37
4　窒化 ……………………………………… 38
 4.1　ガス窒化 ……………………………… 38
 4.2　液体窒化（塩浴窒化）……………… 39
 4.3　プラズマ窒化（イオン窒化）……… 39
 4.4　その他の窒化処理 …………………… 40
5　その他の表面熱処理 …………………… 40
 5.1　炭化物被覆法 ………………………… 40
 5.2　ほう化処理およびその他の拡散処理
   ………………………………………… 41
 5.3　水蒸気処理と浸硫処理 ……………… 42

第2章　表面加工技術

1　ショットピーニング ………… **秋庭義明** … 43
 1.1　ショットピーニングによる高強度化
   ………………………………………… 43
 1.2　ショットピーニング処理 …………… 44
 1.3　残留応力 ……………………………… 45
 1.4　各種ピーニング法 …………………… 47
2　フェムト秒レーザー加工 ……… **藤田雅之** … 48
 2.1　はじめに ……………………………… 48
 2.2　フェムト秒パルスとは ……………… 49
 2.3　切れ味の良いフェムト秒加工 ……… 49
 2.4　加工レート …………………………… 50
 2.5　ナノ周期構造形成 …………………… 52
 2.6　おわりに ……………………………… 53

第3章　表面被覆改質技術

1　CVD技術の紹介と今後の見通し
   ………………………… **藤原浩司** … 55
 1.1　はじめに ……………………………… 55
 1.2　コーティング方法 …………………… 55
 1.3　CVD法とPVD法の特徴 …………… 56
 1.4　CVDの主な膜種と特徴 …………… 57

1.5 装置 …………………………… 57	5.4 高性能 TBC トップコート材料開発 …………………………… 84
1.6 TiC 処理の工程 ……………… 59	
1.7 新たな技術（タフコート）… 60	5.5 EB-PVD による遮熱コーティングの実用化への展望 ……… 85
1.8 まとめ ………………………… 61	
2 PVD 法 ……………… 三浦健一 … 62	6 ガストンネル型プラズマ溶射技術 ……………………… 小林 明 … 87
2.1 はじめに ……………………… 62	6.1 はじめに ……………………… 87
2.2 イオンプレーティング法の種類と基本原理 ……………… 62	6.2 プラズマ溶射と複合機能材料 … 87
2.3 膜質制御の重要性 …………… 64	6.3 ガストンネル型プラズマ溶射 … 88
2.4 耐摩耗性＋潤滑性向上の時代へ ………… 65	6.3.1 ガストンネル型プラズマ溶射の機構 …………………………… 88
2.4.1 微細孔を有する硬質化合物皮膜の形成プロセス … 66	6.3.2 ガストンネル型プラズマ溶射皮膜の特徴 …………………… 89
2.4.2 塑性加工金型への適用事例 … 66	6.3.3 プラズマ溶射による複合機能材料の例 ……………… 90
2.5 おわりに ……………………… 67	
3 イオン注入応用技術 … 西村芳実 … 69	6.3.4 プラズマ溶射による複合機能ジルコニア皮膜 …… 91
3.1 はじめに ……………………… 69	
3.2 プラズマイオン注入法 ……… 69	6.4 ガストンネル型プラズマ反応溶射 … 91
3.3 RF・高電圧パルス重畳法 …… 70	
3.4 イオン注入を併用した DLC 膜 … 71	6.5 おわりに ……………………… 93
3.5 まとめ ………………………… 73	7 鉛フリーめっき技術 ―鉛フリーはんだめっきを中心に― ……………………… 藤原 裕 … 94
4 拡散被覆法 …………… 吉川雅康 … 74	
4.1 カロライズ技術 ……………… 74	7.1 はじめに ……………………… 94
4.2 メカニズム …………………… 74	7.2 鉛フリーはんだめっきの考え方 … 94
4.3 化学反応 ……………………… 75	7.2.1 鉛フリーはんだめっきの分類 … 94
4.4 各種拡散被覆法 ……………… 75	7.2.2 鉛フリーはんだめっきへの要求特性 …………………………… 95
5 遮熱コーティング技術 ……………………… 山口哲央 … 78	
5.1 はじめに ……………………… 78	7.3 スズめっき …………………… 95
5.2 TBC コーティングプロセス … 79	7.4 スズ―ビスマス合金めっきとスズ―銅合金めっき ……… 95
5.3 EB-PVD による YSZ コーティングとナノ構造制御 …… 80	7.5 スズ―銀合金めっき ………… 96
	7.6 スズ／銀ナノ粒子複合めっき … 96

7.6.1 めっき皮膜の組成と構造 ……… 97
7.6.2 めっき皮膜のはんだ濡れ性 ……… 97
7.6.3 ウィスカ ……………………………… 97
7.7 おわりに ………………………………… 98

8 6価クロムフリー表面処理技術
 ―クロメート処理の代替化成処理―
 ……………… 藤原 裕, 小林靖之 … 100
 8.1 クロメート処理と6価クロムの使用規制
  ……………………………………………… 100
 8.2 クロメート処理の概要 ………………… 100
 8.3 3価クロム化成処理 …………………… 101
  8.3.1 クロメート処理と
      3価クロム化成処理 ……………… 101
  8.3.2 防食能と耐熱性 ………………… 102
  8.3.3 クロメート代替化成処理に
      要求される特性への適合 ……… 102
 8.4 クロムフリー化成処理 ………………… 103
 8.5 セリウムによる化成処理 ……………… 103
  8.5.1 皮膜形成反応 …………………… 103
  8.5.2 皮膜の防食能に及ぼす
      硫酸塩添加の影響 ……………… 103
  8.5.3 撥水性の付与による
      防食能の向上 …………………… 104

9 エアロゾルデポジション（AD）技術
 ……………… 明渡 純, 森 正和 … 106
 9.1 はじめに ………………………………… 106
 9.2 エアロゾルデポジション法 …………… 107
 9.3 常温衝撃固化現象 ……………………… 107
 9.4 膜微細組織 ……………………………… 109
 9.5 プラスチック基板上へ膜形成 ………… 109
 9.6 金属材料の常温衝撃固化と
    積層構造の形成 ………………………… 110
 9.7 成膜条件の特徴 ………………………… 111
  9.7.1 基板加熱の影響 ………………… 111
  9.7.2 原料粉末の影響 ………………… 112
 9.8 成膜メカニズムの考察 ………………… 113
 9.9 高硬度，高絶縁アルミナ膜と
    実用化への試み ………………………… 114
 9.10 AD法による電子デバイスの高機能化
   ……………………………………………… 115
  9.10.1 圧電アクチュエータ・
       デバイスへの応用 ……………… 115
  9.10.2 高周波デバイスへの応用 ……… 116
  9.10.3 光集積化デバイスへの応用 …… 117

10 コールドスプレー技術
 ……………… 伊藤義康, 須山章子 … 119

第4章 応用技術・特性

1 腐食と防食 …………… 井上博之 … 127
 1.1 表面処理・改質による素材の防食 …… 127
 1.2 犠牲防食効果による素地の防食 ……… 128
 1.3 多層化による高耐食性の実現 ………… 130
 1.4 むすび …………………………………… 131

2 摺動と摩耗（耐摩耗性）
 ……………………… 佐々木信也 … 133
 2.1 はじめに ………………………………… 133
 2.2 表面とトライボロジー ………………… 133
 2.3 トライボロジーの基礎 ………………… 134
  2.3.1 摩擦 ……………………………… 134

  2.3.2 摩耗 …………………… 135
  2.3.3 潤滑 …………………… 136
 2.4 耐摩耗性向上を目的とする表面改質
  ………………………………………… 137
  2.4.1 高硬度 ………………… 137
  2.4.2 平滑性と低攻撃性 ……… 138
  2.4.3 テキスチャリング ……… 138
  2.4.4 固体潤滑性 …………… 139
  2.4.5 化学的安定性（耐腐性）……… 139
 2.5 おわりに ……………………… 140
3 潤滑における表面改質技術の効果
 ………………………… 平山朋子 … 143
 3.1 ストライベック曲線 ………… 143
 3.2 境界潤滑条件下しゅう動に及ぼす
  表面処理の効果 ……………… 144
 3.3 流体潤滑条件下しゅう動に及ぼす
  表面処理の効果 ……………… 146
4 アルミニウム上への TiO₂ 光触媒粒子の
 製膜技術 ……………… 藤野隆由 … 148
 4.1 はじめに ……………………… 148
 4.2 化成処理による TiO₂ 製膜法 … 149
 4.3 TiO₂ 固定膜の構造解析 ……… 150
 4.4 酸化チタン膜の製膜機構 …… 151
 4.5 TiO₂ 膜の光触媒能評価 ……… 153
 4.6 アノード酸化による製膜法と
  三層固定制御 ………………… 154
  4.6.1 アノード酸化と金属の
    二次電析法 …………… 154
  4.6.2 酸化チタンの固定化法
    （SOL-GEL 法）………… 154
  4.6.3 膜厚の光触媒活性に
    及ぼす影響 …………… 154
  4.6.4 金属担持量 …………… 155
  4.6.5 表面粗さと MG 吸着量の相関関係
    ………………………… 155
 4.7 光触媒活性 …………………… 156
  4.7.1 MG 吸光度の経時変化 … 156
  4.7.2 白金電析量と光触媒活性効果 …… 156
  4.7.3 すず電析量と光触媒活性の
    相関関係 ……………… 157
 4.8 TEM 組織観察 ………………… 157
 4.9 おわりに ……………………… 158
5 表面反応を利用したセンサ
 ………………………… 鈴木義彦 … 160
 5.1 熱式センサ …………………… 161
 5.2 ガスセンサ …………………… 162
 5.3 表面プラズモンセンサ ……… 163
  5.3.1 表面プラズモンの
    電界増強効果によるセンサ …… 164
  5.3.2 誘電率敏感特性を利用したセンサ
    ………………………… 165
 5.4 ISFET センサ ………………… 165
 5.5 水晶振動子センサ …………… 167
 5.6 表面弾性波センサ …………… 167

【第2編　セラミックス編】

第1章　表面処理技術

1　DLCコーティング　**中東孝浩**　171
　1.1　はじめに　171
　1.2　有害化学物質に関連する主な規制とDLC膜　171
　1.3　DLCの特徴・製法　171
　1.4　DLCの摩擦・磨耗特性　175
　1.5　DLCの用途開発　176
　1.6　今後注目を集める高分子材料へのDLCコーティングと更なる高機能化　177
　1.7　まとめ　177
2　大気圧MOCVDによる酸化物薄膜作製プロセス　**内山　潔，王谷洋平，塩嵜　忠**　179
　2.1　はじめに　179
　2.2　香水用アトマイザーを用いた大気圧MOCVD　180
　　2.2.1　原料探索　180
　　2.2.2　段差被覆性　184
　　2.2.3　デュアルスプレー法によるPLZT成膜　184
　2.3　新規装置の試作　185
　2.4　まとめ　187
3　メタライジング（セラミックス回路基板）　**広瀬義幸**　188
　3.1　厚膜法　188
　　3.1.1　コファイア法　188
　　3.1.2　ポストファイア法　189
　3.2　薄膜法　190
　　3.2.1　薄膜形成方法　190
　　3.2.2　回路部分の薄膜構造　191
　　3.2.3　回路形成方法　191
4　レーザードレッシングによるセラミックス用研削砥石の性能向上　**石﨑幸三，松丸幸司**　194
　4.1　研究の背景と目的　194
　4.2　実験方法　194
　4.3　結果および考察　196
　4.4　結言　199
5　ショットコーティングによるセラミックスの表面改質　**伊藤義康，須山章子**　201
6　ショットコーティング法によるセラミックスコーティング技術　**片岡泰弘，濱口裕昭**　209
　6.1　はじめに　209
　6.2　ショットコーティング装置の原理　210
　6.3　ショットコーティング法の特徴　210
　6.4　コーティング事例1（ハイドロキシアパタイト粉末の噴射による生体親和性の付与）　211
　6.5　コーティング事例2（光触媒担持金属及びフッ素樹脂粉末の噴射による光触媒性の付与）　212
7　ショットピーニングによるセラミックスの表面強化　**秋庭義明**　214
　7.1　表面性状と圧縮残留応力　214
　7.2　ショットピーニングによる強化　217

第2章　表面処理応用技術

1 イオンビームによる窒化ケイ素セラミックスの表面改質とナノトライボロジー
　　　　　　　　　　　　　　　中村直樹 … 220
2 ゼオライトの表面処理―ゼオライト骨格に固定化した高分散四配位酸化チタン光触媒と酸化チタン／ゼオライト複合系光触媒の特徴
　　　　　　　　　竹内雅人, 安保正一 … 228
　2.1 はじめに …………………………… 228
　2.2 メソポーラスシリカの骨格に組み込んだ四配位酸化チタン種の光触媒特性 …… 229
　2.3 TiO_2/ZSM-5 複合系光触媒によるアセトアルデヒドの酸化分解除去 …… 230
　2.4 まとめ ……………………………… 232
3 溶射法によるコンクリートの表面改質
　　　　　　　　　　二俣正美, 鮎田耕一 … 234
　3.1 早期劣化と水中生物の付着 ……… 234
　3.2 溶射法の特徴とコンクリートへの皮膜形成 ………………………… 234
　3.3 凍害による劣化と防止対策 ……… 235
　　3.3.1 凍害による劣化 …………… 235
　　3.3.2 凍害防止と溶射皮膜の効果 …… 236
　3.4 溶射皮膜による水中生物の付着防止 ………………………… 238
　　3.4.1 観察方法 …………………… 238
　　3.4.2 水中生物の付着状況 ……… 238
　3.5 課題と展望 ………………………… 241
4 セラミックスと金属の超音波接合
　　　　　　　　　　　　　　　松岡信一 … 243
　4.1 はじめに …………………………… 243
　4.2 セラミックスと金属の直接接合 … 244

　　4.2.1 最適な接合条件と接合可能領域 … 244
　　4.2.2 接合強度 …………………… 244
　　4.2.3 接合部の性状 ……………… 245
　　4.2.4 接合面粗さの影響 ………… 246
　4.3 インサート材を用いた接合 ……… 247
　　4.3.1 最適な接合条件と接合可能領域 ………………… 247
　　4.3.2 接合部の性状 ……………… 248
　4.4 接合界面に発生する温度 ………… 248
　4.5 接合のメカニズム ………………… 249
　4.6 あとがき …………………………… 250
5 界面制御によるガラス被覆カーボンの耐水蒸気酸化性と耐熱衝撃性の向上
　　… 北岡 諭, 和田匡史, 長 伸朗, 稲垣秀樹 … 251
　5.1 緒言 ………………………………… 251
　5.2 熱力学平衡計算 …………………… 252
　5.3 実験方法 …………………………… 254
　5.4 結果および考察 …………………… 255
　5.5 結論 ………………………………… 257
6 生体材料の表面処理技術 …… 上條榮治 … 258
　6.1 生体医療材料に要求される性質 … 258
　6.2 人工生体材料の現状 ……………… 258
　6.3 生体材料の表面処理・改質 ……… 260
　6.4 再生医療用の足場材料 …………… 261
7 ナノ周期構造高次構造セラミックス応用
　　　　　　　　　　　　　　　横川善之 … 263
　7.1 ナノ材料 …………………………… 263
　7.2 高次構造セラミックス …………… 264
　7.3 水環境浄化への応用 ……………… 265
　7.4 まとめ ……………………………… 268

【第3編　ガラス編】

第1章　ガラスへのコーティング技術と応用

1 真空アークプラズマ蒸着法
　　　　　　　　　　　南　内嗣 … 273
　1.1　はじめに …………………………… 273
　1.2　VAPE法の原理と特徴 …………… 273
　1.3　各種酸化物薄膜の作製 …………… 275
　　1.3.1　酸化物透明導電膜の作製 …… 276
　　1.3.2　その他の酸化物薄膜 ………… 278
　1.4　まとめ ……………………………… 279
2 オンラインCVD法 ………… 藤沢　章 … 281
　2.1　はじめに …………………………… 281
　2.2　オンラインCVD法 ………………… 281
　2.3　CVD法によるSnO$_2$膜 …………… 282
　2.4　Low-Eガラス ……………………… 283
　2.5　太陽電池基板 ……………………… 284
　2.6　おわりに …………………………… 286
3 有機触媒CVD法—有機・無機ハイブリッド
　薄膜の低温成膜— ………… 中山　弘 … 288
　3.1　はじめに—低温成膜の物理と化学— … 288
　3.2　有機触媒CVD法による有機・無機
　　　ハイブリッド材料薄膜形成 ……… 289
　3.3　有機触媒CVDの原理—「気相空間で物質
　　　の骨格をつくる」………………… 291
　3.4　有機触媒CVD装置—プラズマアシスト
　　　触媒CVD装置— …………………… 294

　3.5　有機触媒CVD法の応用例 ………… 295
　　3.5.1　SiOC系低誘電率絶縁材料 …… 295
　　3.5.2　SiNC系デバイス
　　　　　パシベーション材料 ………… 296
4 ゾルゲル法 ………………… 神谷和孝 … 298
　4.1　はじめに …………………………… 298
　4.2　ゾルゲル反応 ……………………… 298
　4.3　撥水コーティング ………………… 299
　4.4　防汚ガラス ………………………… 301
　4.5　おわりに …………………………… 302
5 ガラス上への無電解めっき法
　　　　　　　　　　　橋本貴治 … 304
　5.1　緒言 ………………………………… 304
　5.2　無電解めっき工程 ………………… 305
　　5.2.1　脱脂 …………………………… 305
　　5.2.2　エッチング …………………… 305
　　5.2.3　コンディショナー …………… 306
　　5.2.4　触媒付与 ……………………… 307
　　5.2.5　活性化処理 …………………… 307
　　5.2.6　無電解ニッケルめっき ……… 308
　　5.2.7　無電解金めっき ……………… 308
　　5.2.8　熱処理および皮膜の密着 …… 308
　5.3　結言 ………………………………… 309
6 液相析出法 ………………… 青井芳史 … 310

第2章　ガラスの表面処理技術

1　表面清浄化技術 …………… **三谷一石** … 317
  1.1　はじめに ………………………………… 317
  1.2　ガラスの変質層除去 …………………… 317
  1.3　湿式洗浄 ………………………………… 318
    1.3.1　洗浄対象 …………………………… 318
    1.3.2　ガラス洗浄の設計に
        おける留意事項 ………………… 318
    1.3.3　液中での汚れ粒子の除去性 ……… 319
  1.4　ガラスへのダメージを
     考慮した洗浄 …………………………… 320
  1.5　おわりに ………………………………… 321
2　大気圧プラズマ処理 ………… **小駒益弘** … 322
  2.1　はじめに ………………………………… 322
  2.2　固体表面処理 …………………………… 323
    2.2.1　高圧ポリエチレン表面の
        プラズマ酸化 …………………… 323
    2.2.2　ガラスなどの固体表面の
        プラズマ酸化処理の実例 ……… 326
    2.2.3　まとめ ……………………………… 327
3　フェムト秒レーザー表面・内部改質
    ………… **渡辺　歴,玉木隆幸,伊東一良** … 328
  3.1　はじめに ………………………………… 328
  3.2　フェムト秒レーザーパルスによる
     ガラス表面構造の改質 ………………… 328
    3.2.1　アブレーション …………………… 328
    3.2.2　ガラス表面への回析格子の作製
        ………………………………………… 328
  3.3　フェムト秒レーザーパルスによる
     ガラス内部への構造の改質 …………… 329
    3.3.1　ガラス内部改質の種類 …………… 330
    3.3.2　応用 ………………………………… 331
  3.4　今後の展望とまとめ …………………… 332
4　超撥水の機能発現メカニズムと
   超撥水有機薄膜 ……………… **鄭　容宝** … 335
  4.1　はじめに ………………………………… 335
  4.2　撥水性に及ぼす諸因子 ………………… 335
    4.2.1　表面の化学的性質と濡れの関係
        ………………………………………… 336
    4.2.2　表面の物理的性質（表面粗度）と
        濡れの関係 ……………………… 338
    4.2.3　超撥水の機能発現 ………………… 339
  4.3　ガラス表面の超撥水処理 ……………… 339
    4.3.1　FAS（heptadeca-fluoro-1, 1, 2, 2, -
        tetrahydrodecyltriehoxysilane）を
        用いる透明膜 …………………… 339
    4.3.2　膜特性 ……………………………… 342
  4.4　二種のシランカップリング反応を
     用いるハイブリッド膜の生成 ………… 343
    4.4.1　DDS（dimethyldiethoxysilalne
        （$C_6H_{16}O_2Si$））とFASによる
        ハイブリッド皮膜の生成 ……… 343
    4.4.2　皮膜特性 …………………………… 344

【第4編　表面処理・改質装置編】

第1章　熱処理装置　　下里吉計

1 直火式熱処理炉 …………………………… 349
2 雰囲気熱処理炉 …………………………… 350
3 真空炉 ……………………………………… 352
4 誘導加熱焼入れ装置 ……………………… 353

第2章　直流グロー放電を利用する表面改質装置　　舟木義行

1 はじめに …………………………………… 354
2 直流グロー放電を利用する表面改質法 …… 355
3 直流グロー放電装置 ……………………… 356
 3.1　処理槽（真空容器） ………………… 357
  3.1.1　処理槽 ………………………… 357
  3.1.2　マイナス電極 ………………… 357
  3.1.3　観察窓 ………………………… 358
  3.1.4　真空計 ………………………… 358
  3.1.5　温度測定 ……………………… 358
  3.1.6　ガス冷却装置 ………………… 358
 3.2　真空排気装置 ………………………… 358
 3.3　ガス供給装置 ………………………… 359
 3.4　プラズマ電源 ………………………… 359
 3.5　運転制御盤 …………………………… 361

第3章　表面被覆装置―スパッタリング法と小型スパッタリング装置―　　鈴木康正

1 はじめに …………………………………… 363
2 スパッタリング法が適用される膜の種類 ……………………………………………… 363
3 スパッタリング装置 ……………………… 364
4 jsputter の概要・構成・特徴 …………… 364

第4章　溶射装置　　佐々木光正

1 はじめに …………………………………… 367
2 溶射皮膜の特徴 …………………………… 368
3 溶射装置 …………………………………… 369
 3.1　プラズマ溶射装置 …………………… 370
  3.1.1　プラズマ溶射装置の構成 …… 371
  3.1.2　プラズマ溶射ガンの種類 …… 371
  3.1.3　その他のプラズマ溶射装置 … 372
 3.2　ガスフレーム溶射装置 ……………… 374
  3.2.1　高速ガスフレーム溶射（HVOF）装置 ……………………………………… 374
  3.2.2　汎用のガスフレーム溶射装置 … 375
 3.3　アーク式溶射装置 …………………… 376
 3.4　その他の溶射装置 …………………… 377
4 溶射材料および適用例 …………………… 377
5 まとめ ……………………………………… 378

序　編

総説　材料の表面処理・改質技術の現状と課題

上條榮治*

1　はじめに

　材料の表面特性あるいは表面機能を付与・改善する表面処理・改質技術の歴史は古く，古代漆を塗布した木材や，金アマルガムにより金メッキを施した仏像などは，その最初のものではなかろうか。材料の腐食を防止し，長期間にわたり美観を与える表面化成処理，表面層のみを硬くする表面硬化処理，表面に新しい機能を持った層を被覆する表面被覆処理などの表面処理（Surface Treatment）技術は，長期間にわたり絶えず改良が計られ，現在大きな産業分野に成長している。

　今日，固体材料の表面が関与する分野は，非常に広範囲に及び，いずれの分野においても表面現象を科学的に解析し「希望の機能を持つ表面を設計し，創る」という努力がなされている。固体材料の表面を制御して機能の改善や新しい機能を表面に付与する試みを表面改質（Surface Modification）と呼んでいる。様々な表面処理や表面改質技術が，それぞれの目的に応じて使われているが，この技術を支えているのが表面物性評価技術の急速な進展であり，その詳細は以下の節で述べられているので参照されたい。

　希望する機能を持つ表面を得る方法は，化学的，物理的，機械的な手段を様々に組み合わせて利用されており，それぞれの分野において長期間にわたり改善・改良が計られてきたものである。

　ここでは，熱処理技術と表面被覆技術を中心に，それぞれの分野において特に目覚しく進歩している技術に注目し，その現状と課題について述べる。

2　表面処理・改質技術の分類

　表面処理・改質は，金属，セラミックス，高分子などの材料表面を何らかの手法で加工し，製品や部品に要求される性能を満たすことであり，その手法は様々で，その全貌を捉え，述べることははなはだ難しい。図1に表面処理・改質技術の種別を示した。

---

*　Eiji Kamijo　龍谷大学名誉教授；龍谷エクステンションセンター（REC）フェロー

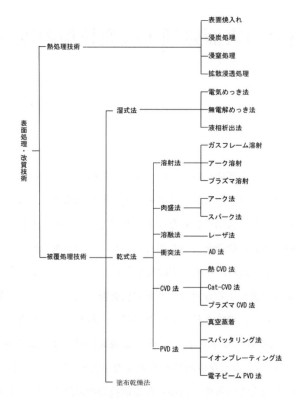

図1　表面処理・改質技術の分類

3　熱処理による金属の表面処理技術

　金属，特に鉄鋼材料の表面処理は多くの目的で広く行われているが，特に工具，機械部品の分野では耐摩耗性，耐焼き付き性，低摩擦係数化，耐食性を改善し寿命を向上させる目的で種々の方法が開発され利用されてきた。多くの手法があるが，基礎的な学理は，拡散現象に基づく変態を伴う金属組織学ならびに熱力学の応用課題である[1]。

　個々の熱処理技術の詳細については第1編第1章を参照されたい。

　表面焼入れ法は，部品の表面のみを変態点以上の温度に短時間加熱し，急速に冷却することで表面層のみを硬化させる方法で，内部は軟らかく靭性もあるので各種の機械部品に利用されている。表面の局部加熱には，高周波加熱からレーザビームなどの利用が進められてきた。レーザビーム法は，急速加熱・冷却が出来るため，硬化層が薄く必要な箇所のみを局所的に焼入れできる特徴があり，量産性にも優れているため自動車部品にも利用されている。

　拡散浸透法は，C，N，B，Sなどの非金属元素と，Cr，Al，Zn，Ti，V（バナジウム）など

の金属元素を母材表面から熱拡散浸透させ，母材金属あるいは合金元素との化合物層を表面に形成硬化させる方法で古くから行われており，耐摩耗性，疲労強度の向上，潤滑性の向上などが期待され，金型をはじめ多くの機械部品に広く利用されている。

非金属元素，特に C，N の拡散浸透法は浸炭，窒化であり古くからは RX ガスなどが使われてきた。浸炭は，炭素含有量の少ない鋼の表面に 900～950℃ の温度で炭素を拡散浸透させた後に焼入れを行い，表面の浸炭層のみを硬化させ耐摩耗性を付与するものである。一方，窒化は，窒化物形成元素を含む鋼の表面に 500～550℃ の温度で窒素を拡散浸透させ，硬質の窒化物粒子を析出分散させるもので，主に耐摩耗性と耐疲労特性の向上を目的に行われてきた。

最近ではプラズマを利用したイオン浸炭，イオン窒化が広く利用されており，プラズマによる拡散元素の活性化と同時にイオンによる母材表面のスパッタクリーニングが行える特徴があるが，バラ積みでの大量処理に難点がある。

同一製品の大量処理に真空浸炭法が実用化されている。この方法は，RX ガスを用いずに，プロパン，ブタン，アセチレン等の炭化水素ガスを直接熱処理炉に導入し，高い炭素ポテンシャル（炭素濃度）での浸炭処理と真空拡散処理とを交互にパルス的に行う方法であり，省エネと環境に配慮したプロセスでもある[2]。

金属元素，特に Cr，Al の拡散浸透はクロマイジング，カロライジングと呼ばれ，主に高温での耐酸化性付与が目的で，ガスタービン燃焼室，タービン翼などに利用されてきた。また，Ti，V などの金属元素よりなる炭化物は，耐熱性や耐食性にも優れる超硬質材であり，これら炭化物層を表面に形成して潤滑性と耐摩耗性を付与するもので，金型あるいは治工具，機械部品に応用されている。

表面にセラミックス層を被覆する方法として，溶射法，溶融めっき法，溶融塩拡散法（TD 法）などがあるが，詳細は各節を参照されたい。

4 熱処理技術の課題

熱処理技術分野の課題は，省エネルギー，工場環境の向上，高濃度浸炭，深い浸炭，熱歪み量の低減などである。

ガス変成炉を省いて炭化水素ガスを直接に浸炭炉に導入する真空浸炭法の実用化が進み，処理時間の短縮，減圧油焼入れから加圧ガス焼入れ，あるいは He を循環使用する高圧 He ガス焼入れなど意欲的な検討もあり，省エネルギーならびに環境改善に大きな効果があり，更なる普及が期待される。

処理温度の低温化のニーズも強く，省エネ効果と共に熱歪み量の低下が期待される。例えば，

700℃以下での浸炭，400℃程度での鋼あるいは耐食性に富むが軟らかいオーステナイト系ステンレス鋼の低温窒化などの検討が急速に進展している。また，製品の省エネルギー化へのニーズの高まりから，使用される構造部品へのDLC膜の被覆による低摩擦係数化の検討も進んでおり，一部の自動車部品に実用化が始まっている。

　また，小型軽量化のニーズにより，高張力鋼の利用が進み，成型金型の面圧が大幅に高くなり金型寿命が大幅に低下している。また歯車などの機械部品においても同じ荷重を小面積で受けることから，使用時の面圧が大幅に高く，歯こぼれやピッチングが課題となり，高面圧に耐える母材の強化策が求められている。この解決策としては，高濃度浸炭とより深い浸炭層を得ることと，この熱処理層の表面に密着性良く高機能な表面層を被覆することである。熱処理と表面被覆処理の複合表面処理の模式図を図2に示した。

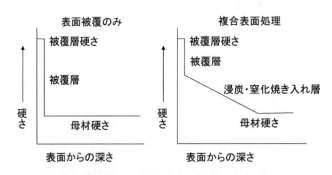

図2　表面被覆と熱処理の複合表面処理の模式図

　一般的な浸炭層の炭素濃度は0.8～1.0%であるが，2～3%まで炭素濃度を高め，微細炭化物を析出させる高濃度浸炭は，機械部品の耐欠損性や耐摩耗性の向上，疲労強度の改善に大きく貢献している。また，普通には1mm程度の深さまで浸炭・窒化を行っているが，2～3mmまで深く浸炭・窒化を行い，その表面に高硬度の炭化物層を被覆する複合プロセスが検討されている。高張力鋼の成型用金型には高面圧が掛かることから，高濃度で深い浸炭・窒化層の上に更に硬くて摺動性に富むセラミックス層（VC, NbCなど）を被覆する技術開発がなされている。

　いずれの課題においても，古くから行われている表面熱処理技術を基盤に，内部はねばっこく靭性があり，表面層のみを硬くて潤滑性や更に新しい表面機能を付与するためのイノベーションが計られてきたが，これからは省エネ・環境面のニーズから更に進化していくものと考えられる。

5　表面被覆による表面処理・改質技術

　母材の表面を被覆して改質する表面改質技術の歴史も古く，母材表面に釉薬を施す施釉が古代

総説　材料の表面処理・改質技術の現状と課題

エジプトを中心に始まり，七宝，ほうろう，更にはセラミックス薄膜コーティングの源流となっている。化学的手法による表面被覆技術は一般に CVD 法，物理的手法は PVD 法と呼ばれ，金属からガラス・セラミックスあるいはプラスチックへの表面被覆技術として発展している[3]。個々のプロセス技術の詳細は，他の各節を参照されたい。

CVD 法は，化学的気相蒸着法で，反応室に導入された気相原料を高温で化学反応させ，基板上に固相を析出させて薄膜を被覆する手法で，処理温度が比較的高い。最近，触媒 CVD 法（Cat-CVD）が開発され低温化への試みが進められ，高分子フィルムの表面に SiN_x 系ガスバリア膜や無機・有機複合膜を被覆する検討が行われている[4]。詳細は第3編第1章4節を参照されたい。

PVD 法は，物理的気相蒸着法で，固体原料を蒸発させる手法で，真空蒸着法，イオンプレーティング，スパッタリング法に大別される。基板温度が比較的低く，セラミックス，金属をはじめ高分子フィルムの表面被覆にも幅広く利用されている。

スパッタリング法は，半導体 LSI の配線，ハードディスクや DVD などの記憶メディア，FPD，IT 家電，光デバイス，自動車部品，包装フィルムなどの産業分野で欠くことのできない基盤技術となってきた。スパッタリング法が広く工業的に使われているのは，①プロセスが安定である，②再現性が良い，③大面積基板の成膜に適している，④比較的低温で優れた皮膜が得られる，⑤高融点金属あるいはその炭化物・窒化物薄膜が容易に得られる，⑥連続生産も可能である，など産業界のニーズにマッチしたことによる。今後，この特徴を生かして，有機高分子やバイオマテリアルの薄膜化などへの発展が期待されている[5]。

6　表面被覆処理技術の課題

従来から CVD 法，PVD 法ともに様々な薄膜被覆法が開発され実用に供されてきたが，薄膜の特性を制御するプロセスパラメーターは基板温度とガス種・導入圧力が主体であった。薄膜の特性やマクロ・ミクロ構造の多様化や基板温度の低温化，高い密着力などの最近の要請に応えるために，新しいプロセス技術の開発が強く望まれてきた。これらの要望に対応できる新プロセス技術として，プラズマ，イオン，電子，更にはレーザなどの高エネルギー励起プロセスが注目され，開発が行われてきたが，最近は取り扱いが容易で，各種化合物が容易に入手できる固体原料を用いたスパッタリング法や電子ビームにより高温で高速に蒸発できるイオンプレーティング法が注目されている[3]。

これらの表面被覆法は，いつも母材との密着性の向上，低温化，構造制御，高速成膜，大面積化などの大きな課題を抱えながら，順次改良・改善が図られてきた。高温で処理すれば母材との界面拡散により皮膜の密着性はある程度確保されるが，高温による母材の結晶粒成長による劣化

の危険がある。これら大きな課題について，その状況を主体に取りまとめてみる。

6.1　低温成膜技術[6]

　成膜される母材の耐熱性が高いセラミックスあるいはガラスであれば基板温度を数百℃に設定できるので熱 CVD 法などの CVD 法が利用できる。金属であれば軟化による強度低下があるので 450℃ 以下の成膜温度が求められる。有機高分子であれば 150℃ 以下での成膜温度が要求される。これらの要求に応えるためには，Cat-CVD 法やスパッタリング法とイオンプレーティング法の良いところを複合化し，高温の蒸発源からの熱輻射がなく，イオンアシスト照射が可能なイオンアシストスパッタリング法が有望と考えられる。

　スパッタリングにおいて薄膜の特性を制御する重要なパラメーターは，基板温度とガス圧力でしかない。有機高分子フィルムへの成膜ニーズも多く，基板温度は 120～150℃ であり，事実上基板温度を自由に変更できなくなっている。ガス圧力のみで薄膜の構造を自由に制御することは不可能で，古くからイオンアシスト法，すなわち運動エネルギーを補助的に使うことが提案されている。

　イオンアシスト法は，成長中の薄膜表面に数十 eV の運動エネルギーを持つイオンを補助的に照射することで，基板に飛来した原子の表面マイグレーションを促進し，薄膜の緻密性や結晶性などの特性を制御しようとするもので，基板温度の低下に効果的である。

　成膜中に基板に到達するスパッタ粒子あるいはガス粒子が持つ運動エネルギーは，プラズマ中のイオン種ならびにプラズマ電位と基板電位に大きく依存する。この因子を容易に大きく変えることが可能な装置が求められている。

　電位のみでなく基板入射のイオン数を増加させる多くの手法が提案されてきたが，代表例はアンバランスドマグネトロンスパッタリングである。これは漏洩磁場のバランスを故意に崩して，磁場を基板側に広げて電子のターゲット面近傍への閉じ込めを弱めたもので，磁場の制御で基板でのイオン電流密度を 3 倍に増加できたとの報告もあり，工業的にはアンバランスドマグネトロンスパッタリング法が有利である。

　また，イオンプレーティング法と同じく，ターゲットと基板間に高周波コイルを導入し，付加的な高周波プラズマにより，スパッタ粒子とガスのイオン化を促進した高周波プラズマ支援スパッタリング法も提案されている。

　常温での成膜技術として，従来からの電気めっき法に変わり，化学反応のみで成膜する液相析出（LPD）法，乾式でのエアロゾルデポジションポジション（AD）法などが開発されている。詳細は本書の関連する節を参照されたい。

6.2 密着性向上に関する技術

母材表面にそれと異なる特性を持つ薄膜を被覆することが様々な方法で行われているが，被覆層の密着性向上が大きな課題で，この課題が解決されなければ，工業的に実用化することは出来ない。密着性を高める基本は，母材表面の清浄化であり，更には界面での相互拡散層（ミキシング層）の形成にある。

母材表面の清浄化は，成膜プロセス外での脱脂洗浄や化学的な洗浄が基本であるが，成膜プロセス内で，水素イオン，窒素イオンあるいはアルゴンイオンで母材表面を逆スパッタするイオンボンバード処理が実用的に用いられている。

界面での相互拡散層を形成するイオンミキシング法は，数百 eV 程度のエネルギーのイオンを母材表面に衝突させ表面原子を再配列し混合させる手法であり，薄膜形成しながらイオン照射を行う方法が一般的である。照射イオンが，薄膜原子と母材原子を混合するため新しい相の生成，あるいは界面混合層の生成による密着力の向上が期待される。

各種の方法が検討されてきたが，初期すなわち界面層の形成段階のみイオンミキシング層形成のため，基板バイアス電圧を高め，その後は薄膜の構造制御に必要な数十 V 程度の基板バイアス電圧に下げて成膜する手法が適している[6]。

一方，表面／界面組織／母材の連続性を保つことで接合強度を高め，熱膨張率のミスマッチを解消する手段として，界面の傾斜組成化させることが個々に検討されている。

6.3 大面積成膜に関する技術

フラットパネルディスプレー（FPD）製造用の大型スパッタ装置が実用化されている。現在は第8世代といわれる 2.2×2.4 m 用の装置が稼動しており，更に 3 m 級の装置が検討されている状況である。従来は，生産性を考慮して縦型通過成膜方式のインライン式装置が多用されてきたが，複数のスパッタチャンバーを持つクラスター型枚葉式スパッタ装置が開発されている。

高価なターゲットの使用効率を高め，膜厚みの均一化を計るため，背面磁石の揺動方式の開発，

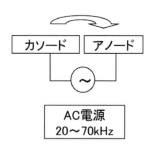

図3　AC カソードの概念図[7]

無機材料の表面処理・改質技術と将来展望

ターゲットの非エロージョン部分に付着した膜が剥離しパーティクルの原因となることから，ポイントカスプ磁界方式によるイオン化スパッタリング，AC カソードなどの開発がされたことが大面積化に大きく貢献している[7,8]。

AC カソードは，図3に示したように小型で隣接するターゲットが 20〜50 kHz のサイクルで交互にアノードとして作用するため，パーティクルやアーキングの発生がなく，基板面積が大きくなっても AC カソードの数を多くするだけであり，電気的な安定が保たれ，放電が安定する特徴がある。

6.4 高速成膜に関する技術

スパッタリングでは金属薄膜であっても，$1\ \mu m/min$ を大幅に超える成膜速度は困難であり，酸化物などの化合物層は速くて数百 nm/min でしか成膜できない。めっきを凌駕するような高速成膜ができるスパッタリング技術の実現が期待される。

電子ビーム PVD 法（EB-PVD）が注目を集めている。高温ガスタービンの燃焼室あるいはタービンの動翼・静翼の遮熱コーティング（Thermal Barrier Coating）に利用するもので，高出力の電子ビームで金属あるいはセラミックスの固体原料を 3,000℃ 近くに加熱し，高速蒸発させるものである[9]。

耐熱合金母材の表面に合金組成に近い NiCoCrAlY からなるボンド層を被覆した上に，ボンド層の酸素バリヤーとして Al をコーティングして界面層を形成する。しかる後に，耐エロージョン性，耐熱衝撃性，耐熱サイクル性に優れたセグメンテーション化（被覆層にミクロな立て割れを導入した）された部分安定化 Y_2O_3-ZrO_2 層をトップコートしたものが検討されている。この界面の様子を図4に示した[10]。

一般に金属基材表面に被覆されたセラミックス層は，熱サイクル負荷により金属基材とセラミックス層の熱膨張差に追従できず被覆層が割れて剥離する。セラミックス層を柱状晶にしてナノギャップやナノポアを導入することで，低熱伝導化と膨張差に追従でき，熱サイクル負荷に強い熱遮蔽層を得ている。密着性向上は，金属基材と遮熱セラミックス層との間に傾斜組成化された

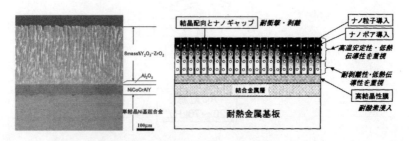

図4　EB-CVD 法で成膜された TBC の断面組織と模式図[10,11]

ボンド層を挿入することで，目的を達している。

詳細は，第1編第3章5節他を参考にされたい。

6.5 プロセスのパルス化に関する技術

成膜プロセスをパルス化することで，連続して処理する場合と異なり，多くの特徴が見つけられている。CVD法においては，反応ガスの導入をパルス化することで，反応済みのガスを早期に反応室から排出し，常時一定組成の反応ガス雰囲気を保つことで，組成均一な膜を高速で得ることが出来るなどの特徴があり，複雑組成の成膜に応用されている。

PVD法においては，プラズマ電源をパルス化することでアーキングの防止による装置の長期安定運転，高速成膜，大面積で均一性にも優れたパルスマグネトロンスパッタ装置が注目されている。パルスモードの波形を模式的に図5に示した[11]。数10 kHz以下のサイン波を用いたACカソードは，ターゲットのチャージを除去しアーキングを防ぐことから，大電力の投入が可能になり，高速成膜につながっている。更に，100 kHz程度の高周波矩形波を印加することで，パルスモードの切り替え，パルスon/off比などによりプラズマ状態が変化し，膜構造に影響を与える。

また，基板バイアス電圧をパルス化することも重要で，既にPIIID（Plasma Immersion Ion Implantation & Deposition）で行われており，DLC（Diamond Like Carbon）膜の成膜に利用されている[12]。

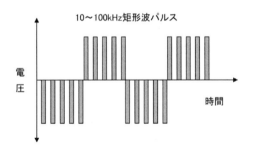

図5　パルスモードでの電圧波形の例[11]

6.6 その他

新しい表面機能の付与が求められている[13]。構造制御による機能，超低摩擦係数化，生体適合性あるいは親水性・疎水性など様々であるがここでは省略する。

7 ガラス・セラミックスの表面改質技術

ガラス・セラミックスは，一般に絶縁性で電気を通さないのでこれらの表面処理は，表面金属化処理し電気回路パターンを創りこむ，すなわちメタライジングと生体適合性を付与する目的で，各種の表面被覆処理技術が利用されている。

金属粉末ペーストの塗布焼付け法は，古くから電子回路基板に利用されてきたが，回路線幅がサブミクロンになったことから，PVD法の利用が多くなっている。

ガラス・セラミックスの表面処理に利用される表面改質技術は，金属の場合とほぼ同じであるが，母材が絶縁性であることからの対策が必要となる。

8 まとめ

製品や部品に要求される特性は，それらを使う使用環境や使い方によっても異なり，これらの要求を満たすために，金属，セラミックス，プラスチックなどの材料から選ばれ，製品や部品が造られている。これら製品や部品に要求される特性は常に進化しており，新しい表面機能の付与や表面特性を改良・改善する要求が従来から多い。

これらの様々なニーズに応えるためには，それぞれに長所・短所があり多くの課題もある表面処理技術の課題と将来動向を認識し，対応することが重要であろう。

いずれにしても，省エネルギー，省資源，環境，安定なプロセスにより，最高の表面機能の特性が得られる表面処理・改質技術が求められており，日々進化していることを念頭に対応策を練ることが肝要で，本稿がその参考になれば幸甚である。

文　献

1) 日本熱処理技術協会編，熱処理技術入門，大河出版（2002）
2) 岩田　均，最新の真空浸炭技術，石川島播磨技法，**45**（1），15（2005）
3) 上條栄治監修，プラズマ・イオンビームとナノテクノロジー，CMCテクニカルライブラリー 252（2007）
4) 松村英樹ほか，Cat-CVD法によるガスバリアー膜の低温形成，セラミックス，**40**（2），82（2005）
5) 菊地直人，草野英一，スパッタリング成膜における薄膜構造制御，*J. Vac. Soc. Jpn*（真

空），**50**（1），15（2007）
6) イオンビーム応用技術編集委員会編，イオンビーム技術の開発，CMCテクニカルライブラリー（2001）
7) 砂賀芳雄，フラットパネルディスプレイ（FPD）製造用大型スパッタリング装置の現状と課題，*J. Vac. Soc. Jpn*（真空），**50**（1），28（2007）
8) 新無機膜研究会，薄膜成膜技術の現状と将来展望に関する調査報告書—大気圧成膜技術，アシスト成膜技術，薄膜技術のFPDへの応用—（2006）
9) 松原秀彰，ナノ構造制御を用いたセラミックス耐熱コーティングの研究動向，セラミックス，**39**（4），275（2004）
10) 伊藤義康，ガスタービンにおける耐熱コーティング技術の進展，セラミックス，**41**（10），821（2006）
11) 鈴木巧一，大面積成膜，量産化技術の最前線，セラミックス，**40**（2），101（2005）
12) 新無機膜研究会編，上條栄治監修，機能性無機膜の製造と応用，シーエムシー出版（2006）
13) 塙 隆夫，表面改質による金属の生体適合化・機能化，*Materia Japan*（まてりあ），**46**（3），203（2007）

概論　表面構造・組成の解析法

藤原　学*

1　機器分析から見た表面

　異なる二つの相が接するときその境界は「界面」とよばれ，それぞれの相の種類によって気液・気固・液液・液固・固固に分類される。それらの一方が気相である場合には特に「表面」とよばれ，気液界面である液体の表面と，気固界面である固体の表面がある。しかしながら一般的に分析対象とされる表面は，この中で固体の表面である。厳密な定義からは，気相に接している固体上部の原子1層のみが表面とされるが，もとの固体の表面に吸着した相や固体上部の数原子層までを含めて表面とされる場合が多い。また，分析手法によって測定領域が異なっているため，それぞれで用いられている表面という用語が示す範囲は違っている。逆に言うと，機器分析から見た表面とはその特定の分析手法によって見えることのできる領域のみを示しており，他の分析手法で定義している表面，製造部門や性能を評価する分野が規定する表面と一致しているとは限らない。

　一般的に結晶表面の原子は，内部の原子と比べて周囲の環境が異なっており，結晶構造が変化している。表面にある原子間の距離が異なる，表面層の組成が内部とは異なる，表面第一原子層と次の層との間隔が異なることが種々の分析手法によって観測されている。これらのことより，表面にある原子の電子状態は，内部の原子のそれとは大きく異なっていることが容易に予想される。それでも，内部の原子の数と表面の原子の数を比較すると，従来の一般的な試料においては内部原子の方が圧倒的に多く，表面原子の電子状態が測定値に影響をおよぼすことが少なかった。ところが，近年のナノテクノロジーの進展に伴い，さまざまな超微粒子が製造されるようになってきた。また，何種類かの薄膜を積層させた機能性材料なども注目を集めている。そこでは物性におよぼす表面や界面原子の影響は飛躍的に高まっており，以前とは比較できないレベルに達している。ここで，表面分析によってどのような情報を得ることができるのか，言い換えるとどのような情報を得るために表面分析が行われているのかを簡単にまとめておきたい。

成分分析

　表面がどのような成分・組成で構成されているか知るために，構成元素についての定性ならび

---

　*　Manabu Fujiwara　龍谷大学　理工学部　物質化学科　教授

概論　表面構造・組成の解析法

に定量分析が行われている．その中で最も注目している測定対象元素が主成分か微量成分か，もしくは超微量成分かで，測定手法の選択基準が異なり，さらに前処理の方法や測定条件が大きく変わることがある．また，測定手法によって，また元素ごとに定量限界に差がある．これらのことが，得られたデータの信頼性に大きな影響をおよぼすことになる．さらに，表面における二次元分布だけでなく深さ方向（三次元分布）に対する情報を得る必要がある場合があり，複数の分析手法を組み合わせることもある．これらの目的のためには，オージェ電子分光法（AES），X線光電子分光法（XPS），イオン散乱分光法（ISS），二次イオン質量分析法（SIMS）などの方法がある．

性能評価

　表面が材料の性質に大きな影響をおよぼす場合では，材料の性能を評価することがそのまま表面についての情報を得ていることにつながっている．逆に，表面に存在していても性能に影響をおよぼさない成分については，考慮されないことが多い．

形状観察

　表面の形状（表面凹凸構造），結晶性，表面の欠陥についての情報を得ている．表面の観察には，通常の光学顕微鏡，走査電子顕微鏡（SEM），透過電子顕微鏡（TEM）などが使用されている．さらに，表面の原子レベルの観測が必要な場合は，走査トンネル顕微鏡（STM）や原子間力顕微鏡（AFM）などが使用されている．

状態分析

　最近では，表面原子の組成だけでなく，構成原子の酸化数や配位数など，すなわち表面原子の化学状態や電子状態に関する情報の必要性が高まっている．*in situ* での分析（その場分析）の条件を満たす必要がある場合が多い．多くの状態分析法では，第一原理計算などによる電子状態についての理論的なサポートを得ることができる．X線光電子分光法（XPS），X線吸収微細構造（XAFS），X線吸収端近傍微細構造（XANES）などの方法がある．

　これらの情報を得るために機器分析法に求められるスペックには，いろいろな項目があるが，それぞれの分析装置において常にそれらのスペックを発揮できるとは限らない．特に機器分析の立場から，測定が高真空中でなければならないとか，試料が導電性であること，信頼性の高いデータを得るために不可欠な前処理を行うことなどがしばしば求められる．それに対して試料を評価する立場からは，表面の状態を保つために前処理が行えないことや汚染や状態変化を防ぐために *in situ* での分析が強く求められることがある．これらのことは，残念ながら機器分析法のスペックを低下させることが多い．次にあげるスペックの項目は，当然のことながら試料の性状，測定条件だけでなく求められる情報の程度（分解能，測定対象元素の種類と数，感度，精度，正確度など）にも依存している．

観測できる元素の種類

軽元素が観測不能かまたは感度が著しく低い機器分析法がある。これら観測不能元素を含む試料においては，成分についてのデータが測定可能元素のみの存在比で示されることになる。また，感度が著しく低い元素を含む試料では，バックグラウンド除去やノイズ処理の仕方によってそれに関するデータが大きく変化するため，データの信頼性が大きく低下する結果となる。

空間分解能

表面における二次元の分布，表面からの深さ方向に対する分布などを知りたい場合，空間分解能が重要となってくる。これには，一次量子ビームを試料表面に照射するが，その際のビーム径が直接的に関係している。また，一次量子ビームのエネルギーによって二次元および深さ方向に影響をおよぼす範囲が異なる。さらに，検出器側のスリット幅を狭くする必要があるが，それに伴い検出器に到達できる二次量子の数が急激に減少する。一般的に空間分解能を上げると，測定面積が狭くなることから測定対象原子の数が単に減少するだけでなく，その他の理由からもデータの質が悪くなることが多い。

量的およびエネルギー分解能

検出限界・定量下限・定量の上限や測定対象元素（場合によっては化合物）の検量線の直線領域などで評価することができる。一般的には，下限が低い方が高性能であると評価できるが，対象試料によっては検量線の直線領域の方がより重要であることもある。また，データとしてどの程度の差まで区別できるか，すなわち状態分析を行う場合はエネルギー分解能が特に重要になってくる。

時間分解能

測定に要する時間や，どの程度の時間変化までを追跡できるかなどに関係している。空間分解能や量的分解能ほどには重要と考えられてこなかったが，測定の効率化だけでなく，現象をより詳細で正確に理解するために重要性は増してきている。さらに，表面の状態が急速に変化するまたは一次量子照射によって大きなダメージを受ける試料の場合は，できるだけ短時間での測定が求められる。

2　機器分析法の一般原理

一般的な機器分析法では，まず励起源である一次量子が試料に照射され，この一次量子が試料と何らかの相互作用をし，試料についての情報を含んでいる二次量子を検出している。ここで，一次量子および二次量子としては，光（電磁波）・電子・イオンまたは粒子が考えられる。一次量子の種類，光（電磁波）・電子・イオン（粒子），によって，起きる現象の概略を図1に示す。

概論　表面構造・組成の解析法

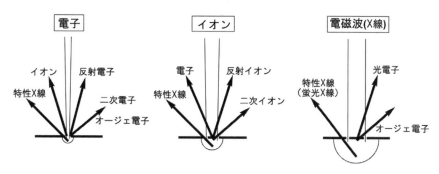

図1　一次量子と物質との相互作用

　ここで，一次量子および二次量子に用いられる光，電子，イオンまたは粒子にはそれぞれ異なる特徴があり，それについても図1に示している。すなわち，ビーム径を小さくし，分析範囲を微小化できるのは，一次量子が電子である場合が最も容易であり，イオン，X線になるにつれて困難となる。また，X線を用いると表面から最も深い層までの情報を得ることができ，イオン，電子になるにつれてより表面に近い情報のみになってくる傾向がある。そこで機器分析法にも，用いている一次量子と二次量子の特徴がそれぞれ反映されている。

　一次量子と二次量子を互いに組み合わせることによって，種々の機器分析法が考案され実用化されている。たとえば，一次量子および二次量子ともに光の一種であるX線を用いている蛍光X線分析法（XRF），一次量子がX線で二次量子が電子であるX線光電子分光法（XPS），一次量子が電子で二次量子がX線である電子線マイクロアナリシス（EPMA）などがある。これらについては，得られる主な情報とともに表1にまとめて示している。

　ここで，一次量子が常に高エネルギーの励起源であることに注意する必要がある。高エネルギーを有する一次量子が試料表面に照射されると，そのエネルギーの一部が試料の構成原子に移動する。それにより，試料の構成原子はエネルギー的に不安定な励起状態に変化する。これは，試料中の測定対象原子がもはや元の状態（エネルギー的に安定な基底状態）ではないことを示している。しかしながら，分析者が得たいのは，試料中の基底状態にある構成原子に関する情報であって，励起状態についての情報ではない。そのため，多くの機器分析法では励起状態からの情報を用いて，元の状態（基底状態）を類推しているにすぎない。測定データを解析する際には，このことを常に念頭においておかなければならない。特に固体表面は，一次量子照射の影響を受けやすく，表面構成原子の構造・組成・電子状態などが比較的容易に変化することが多くの実験で観測されている。対象試料についてより多くの情報を得たいと考えて一次量子のエネルギーを高くしすぎると，または一次量子の量（多くの場合は単位時間・単位面積当たりの一次量子数）を多くしすぎると，試料に回復不可能なダメージを与え，かえって有用な情報が得られないことが

無機材料の表面処理・改質技術と将来展望

表1 いろいろな機器分析法

分析法	一次量子	二次量子	得られる情報	空間分解能	その他の特徴と適用例
XPS	光（X線）	電子	元素分析・電子状態	深さ：数10Å	金属および半導体の表面吸着物質
AES	電子	電子	元素分析（Li以上）	平面：50 nm, 深さ：10〜20Å	数%の精度で定量が可能，吸着物質の評価・不純物分析
ISS	イオン	イオン	表層元素分析・表面原子の構造	深さ：数Å	不純物分析，合金表面の組成分析，深さ方向分析
SIMS	イオン	イオン	表層元素分析・深さ方向元素分布	平面：数μm〜数mm, 深さ：数Å	多層エピタキシャル層や薄膜の組成分析，不純物の二次元分布
XAFS	光（X線）	光（X線）	特定元素周辺の原子，原子間距離	深さ：数μm	単結晶，アモルファス，溶液などの構造，特定元素の化学状態
EPMA	電子	光（X線）	元素分析（B以上）	平面：0.5μm, 深さ：0.3〜数μm	金属表面
PIXE	イオン	光（X線）	元素分析	深さ：数μm	高感度，大気中での分析が可能，考古科学分析
TRXRF	光（X線）	光（X線）	比較的厚い表層の元素分析	深さ：数μm	非破壊・高精度分析
SEM	電子	電子	表面の形状観察	平面：20Å, 深さ：2μm	一般的な材料分析
TEM	電子	電子	微小領域のイメージ	平面：数Å	結晶試料，生体試料
EELS	電子	電子	組成分析・電子状態	平面：〜10 nm, 深さ：10〜50 nm	反射型では10Å（厚さ）の分解能，薄膜材料

ある。

　定性分析，定量分析または状態分析などどのような分析であったとしても，機器分析であるなら測定からのデータの信頼性を高めるために，できるだけ対象としている試料に近い標準物質をそろえる必要がある。それらを同じ条件で測定することで，装置のエネルギー構成や感度に関する装置定数を求めることができる。逆にいえば，試料に近い標準物質をそろえることができれば，信頼性（精度と正確度）の高いデータを容易に得ることができるのである。いろいろな機器分析法では，それぞれに標準物質が用意されており，それに対する試料からの計測量の相対値より定量値を算出している。異なった機種間で測定値の比較ができるように，国立研究機関，国立検査機関または学協会・団体などが認証し，一部は市販されている。定量値の信頼性に大きく影響をおよぼすため，標準物質の確かさが非常に重要である。しかしながら，表面分析において，構造や状態があらかじめ明らかでしかもいろいろな状態で長期にわたって安定的な標準物質をそろえることは極めて困難である。このことが，表面分析における精度や信頼性を損なわせる大きな原因となっている。

3 いろいろな表面分析法

種々の試料を対象にして主に表面についての情報を得ようとする場合，まず機器分析法の選択を行う必要がある。表面を分析する表面分析法は，まず得られる情報の種類によって分類することができる。それらの表面分析法の分類については，既に表1にまとめているが，それらの原理などを簡単にまとめる。

3.1 X線光電子分光法（XPS）

X線光電子分光法（XPS：X-ray Photoelectron Spectroscopy）は，単色X線を試料に照射し，試料表面から放出される電子の運動エネルギーを測定する分析法である。X線のエネルギー（一定）から電子の運動エネルギーを差し引くと，試料を構成するそれぞれの原子中に存在している電子の結合エネルギーを知ることができる。これより，試料を構成している原子の種類と量についての情報だけでなく，それらの化学結合状態についての情報を得ることができる。

一般的なXPS装置では，X線源としてMg Kα線（1253.6 eV）またはAl Kα線（1486.6 eV）が用いられている。線幅が狭いために，Mg Kα線の方が使われることが多いが，同時に観測されるオージェピークとの重なりを防ぐために（たとえば，Fe 2pピークとO KLLオージェピークなど），Al Kα線の方を使用することもある。モノクロメーターによりX線を単色化する場合もあるが，かえって試料にダメージを与える場合もある。

水素・ヘリウムを除く全元素，すなわち原子番号3のリチウムから測定が可能とされているが，軽元素についてはかなり感度が低く，測定が困難である。検出感度は非常に低いものの，定量性に欠けるとされている。そのため，低濃度の元素の定量にはほとんど使用されず，他の分析手法のデータを活用することが多い。状態分析においては，種々の理論計算結果からのサポートも得られやすく，多くの分野で詳細に議論されている。

3.2 オージェ電子分光法（AES）

オージェ電子分光法（AES：Auger Electron Spectroscopy）は，一定エネルギーの電子線（一次電子）を試料に照射し，試料表面から放出されるオージェ電子（二次電子）の運動エネルギーを測定する分析法である。一次電子が試料を構成する原子に照射されると，それによって原子の内殻電子が放出される。空になった内殻電気軌道へ外殻電子が遷移する。その際に，内殻準位と外殻準位間のエネルギー差を用いて特性X線が放出されるが，そのエネルギーを用いて別の外殻電子が放出することがある。この電子は，オージェ電子と呼ばれている。すなわち，オージェ電子放出過程には，励起源である一次電子（X線であることもある），それによって放出す

る内殻電子，空になったところへ落ちてくる外殻電子，放出する外殻電子（オージェ電子）と多くの電子が関係している．たとえば，酸素原子においてまずK殻電子が放出され，そこへL殻電子が遷移し，オージェ電子として別のL殻電子が放出したとき，それはO KLLオージェ電子と名づけられている．オージェ電子のエネルギーはそれぞれの元素において固有であり，しかも元素の電子状態によってわずかにシフトすることが知られている．これより，試料を構成している原子の種類と量についての情報だけでなく，それらの化学結合状態についての情報を得ることができる．オージェ信号の強度は，イオン化確率（イオン化断面積），オージェ遷移確率だけでなくさまざまな因子が関係していると考えられている．水素・ヘリウムを除く全元素，すなわちリチウムから測定が可能とされている．

3.3 イオン散乱分光法（ISS）

イオン散乱分光法（ISS：Ion Scattering Spectroscopy）は，イオンビームを試料に照射して，後方に散乱されたイオンの量とエネルギーを半導体検出器によって測定し，試料を構成する原子の同定と深さ分布がわかる．入射イオンビームのエネルギーによって，3つに分類され，それぞれに特徴がある．低エネルギーイオン散乱法では，表面について感度の高い分析ができる．高エネルギーイオン散乱法（ラザフォード後方散乱法）では，定量性に優れている．その中間の性能を有する中エネルギーイオン散乱法では，エネルギー分解能に優れている．機器分析法の特色として，原理的に標準試料なしで0.1％程度の濃度測定が可能である．入射イオンには，H^+，He^+，C^+，Na^+などが用いられている．

3.4 二次イオン質量分析法（SIMS）

二次イオン質量分析法（SIMS：Secondary Ion Mass Spectrometry）は，表面分析の中で最も感度の高い分析法のひとつで，破壊分析でありながらもすぐれた特徴を有している．数100 eV～30 keVのエネルギーを有する一次イオンを試料表面に照射して，試料から放出される二次イオンを質量分離して質量分析計で検出している．試料表面では，一次イオンの反射，中性粒子の放出，そして試料表面を構成していた原子から生じた二次イオンの放出などが起こる．この粒子およびイオンの放出をスパッタリング現象とよんでおり，表面の清浄化や深さ方向の分析のために使用されることもある．二次イオンの放出は，一次イオンの種類，一次イオンのエネルギー，入射角度，温度，雰囲気などに大きく依存している．一次イオンとしては，アルゴンイオン（Ar^+）が多く用いられているが，その他にもセシウムイオン（Cs^+），酸素分子イオン（O_2^+）などがある．質量分析計としては，磁場型質量分析計，四重極質量分析計および飛行時間型質量分析計などが用いられている．

概論　表面構造・組成の解析法

　SIMS 法は，水素からウランまでの全元素に対して，最表面層から μm 以上の深さ方向の濃度プロファイルが高感度で分析されている。また，質量分析であることから，同位体分離も可能である。検出限界は，元素の種類および分析する領域に依存するが，およそ ppm～ppb の範囲である。

3.5　X線吸収分光法（XAFS）

　X線吸収分光法（XAFS：X-ray Absorption Fine Structure）は，連続X線を試料に照射し，その吸収の度合いの波長依存性を調べる方法である。ここでも，可視・紫外吸収スペクトル法で用いるランベルト‐ベールの法則が成立している。この場合の吸収係数に相当する比例定数は質量吸収係数とよばれており，近似的にそれぞれの元素に固有な値となる。これらのことより，スペクトルの吸収位置（吸収端のエネルギー値）より定性分析を，そこでの吸収強度より定量分析を行うことが可能であるが，一般的にはそのような取り扱いはしない。エネルギー分解能を上げて吸収スペクトルを測定すると，吸収端より数 10 eV 以上高エネルギー側では，測定元素の局所構造（周辺の原子の種類と数，結合距離など）に依存した周期的な振幅が観測される（EXAFS）。この振動構造は，X線によって観測原子から放出された光電子が周囲の原子によって散乱されて再び観測原子に戻り，それぞれの光電子波が干渉することによって起きる。また，吸収端の近傍では，観測元素の電子状態（結合様式や配位構造など）に対応してプレピークの出現やピークの数と強度の変化が観測される（XANES）。すなわち，X線吸収分光法ではこれらを解析して，対象となる特定の原子周辺の構造（配位数，配位原子の種類，原子間距離，中心原子まわりの対称性）についての情報を得ている。試料の制限が比較的少なく，気体，液体，溶液，固体（粉末，結晶，導電体，絶縁体など）どれでも測定できる。また，大気下，真空中，*in situ* でも測定が可能であり，測定法を改良することにより表面近傍原子のみの情報が得られている。一般的に，対象原子の濃度がある程度高い（1～5 重量％程度）粉末，薄膜，溶液，気体などの試料では透過法が，対象原子の濃度が低く（500 ppm 程度）比較的厚い試料では蛍光法が適用されている。

　X線源としては強力なX線源が必要であり，実験室 XAFS 装置では回転対陰極型のX線発生装置が使われている。発生するX線のうちの連続X線を用いるわけであるが，同時に発生してくる高強度の特性（固有）X線が問題となる。XAFS 測定において理想的なX線源は，やはりシンクロトロン放射光（SR）であろう。光速近くまで加速した電子を楕円形の蓄積リングに導き，強い磁場によって電子の軌道を変化させると，接線方向に赤外線領域からX線領域までの電磁波が発生する。広い波長範囲（エネルギー範囲）にわたって，回転対陰極型装置に比べおよそ 4 桁以上も強力なX線を得ることができる。データ解析法も開発・改良され，しかも分子軌道計算などからの理論的なサポートも受けやすいため，多くの分野で利用されるようになってき

ている。

3.6 電子線マイクロアナリシス（電子プローブ微小部分析法）（EPMA）

　電子線マイクロアナリシス（EPMA：Electron Probe Micro-Analysis）は，細く絞った電子線を試料に照射し，試料を構成する原子から放射される特性X線を検出する。電子ビームをスキャンさせることによって，二次元分布を測定することもできる。物質の微小領域から10 cm程度の広い範囲までを非破壊で元素分析できる。光学顕微鏡と併用して，表面形状の観測データと組み合わせた定量データを示すことができる。定量分析が比較的容易であり，検量線法がとれないまたは標準試料が存在しない場合でも原子番号効果，X線吸収効果および蛍光励起効果を組み合わせた理論計算から定量値を算出することができる。定量精度も比較的高いとされている。電子線は，一般的に1～40 kVの電圧で加速され，電磁レンズで集束される。試料表面上での電子線直径は，目的に応じ4 nm～100 μmに設定されている。試料原子から発生する特性X線の検出には，波長分散型の比例計数管とエネルギー分散型の半導体検出器が使用されている。

3.7 粒子（イオン）励起X線分光法（PIXE）

　電場や磁場中で0.5～3 MeV程度にまで加速した水素（H^+）やヘリウム（He^{2+}）などのイオンビームを試料表面に照射し，試料構成原子から発生する特性X線を半導体検出器で計測し，定性定量分析を行う分析法である。測定対象元素の広さ（原子番号11のNa以上の全元素）や高感度（1 ppm以下）などの点より，最も優れた微量分析法のひとつとされている。本法に類似しているのは，電子プローブ微小部分析（EPMA）や走査電子顕微鏡（SEM）に付属されているエネルギー分散型X線分析装置である。PIXE法はこれらの方法に比べ，1～2桁感度が高い。一次量子が電子である機器分析法に対して，特性X線の発生効率が高く，またバックグラウンドが低いためにSN比が高い。チャージアップの問題がなく，絶縁物の分析も可能であり，いかなる化学的前処理も必要ない。非破壊の分析であり，通常は真空中で測定するがXPSやSIMSほどの高い真空を必要としない。場合によっては，大気中でも測定できる。分光結晶を用いてエネルギー分解能を2～3 eVまで上げれば，測定対象原子の化学結合状態に関する情報も得ることができる。

　PIXE法では，主成分が軽元素であり微量成分として重元素が存在している場合，重元素について精度のよい定量分析が行える。それに対し，主成分が重元素であり微量成分として軽元素が存在している場合は，困難が生じる。特に微量成分の元素の原子番号が，主成分の元素の原子番号より1～4程度小さいとき，その測定対象原子からの特性X線ピークはほとんど検出できない。そのため，妨害するピークやノイズを除くためにX線吸収体を工夫する必要がある。PIXE法は

どの元素に対しても非常に感度が高く,また微少量のサンプルで,短時間,非破壊で分析できるほぼ唯一の分析法であるために,高純度シリコンなどの固体表面の清浄度の程度を評価するためにも利用されている。

3.8 全反射蛍光X線分析（TRXRF：Total Reflection X-ray Fluorescence）

蛍光X線分析は,主に無機化合物のバルク分析に利用されており,材料の品質管理のためにルーチン的に分析が行われている。試料にX線を照射し,試料構成原子からの特性X線を検出することによって,定性ならびに定量分析を行う。これをさらに表面に敏感であるように改良された,全反射蛍光X線分析法がある。TRXRF法は,分光結晶を用いて平行ビーム化した励起X線を,臨界角度（X線の波長と物質の密度に依存）以下の非常に低角度（0.1°程度）で試料表面にすれすれに入射させる。そうすると入射X線は,試料内部に侵入することなく試料表面で全反射する。そのことによって,入射X線の散乱によるバックグラウンドが大幅に低下するとともに,検出器を試料表面に近接できるため,表面構成原子の検出効率が大幅に向上する。X線を用いて,試料最表面層の超微量元素の分析を行うことができる。検出効率の向上を目的として,半導体検出器が用いられている。また,非常に低い入射角度を一定に保つために,試料台は高精度の角度調整機構が備えられている。遷移金属元素の検出限界は10^9atom/cm^{2}程度であり,全反射条件におけるX線の侵入深さ（分析深さ）は,50〜100Å程度である。

半導体産業では,製造工程にTRXRF法を用いた全自動の分析過程を組みこんでおり,濃縮操作との組み合わせ（半導体ウェハー表面を洗浄液で溶解した後でそれを中央に集め,乾燥させる）によって,半導体ウェハー上における汚染不純物の定量分析を10^8〜10^9atom/cm^{2}レベルで行っている。

3.9 表面観察法

電子顕微鏡およびその類似法を用いた分析法は,試料表面の局所領域を場合によっては原子レベルのサイズで観察することができ,表面分析法の中でも最も重要な手法のひとつとされている。高性能の電子顕微鏡が広く普及しており,多様な試料に対して活用されている。電子顕微鏡には,一般的な走査型電子顕微鏡（SEM）,透過型電子顕微鏡（TEM）,走査型透過電子顕微鏡（STEM）があり,さらに走査型トンネル顕微鏡（STM）,原子間力顕微鏡（AFM）などの走査型プローブ顕微鏡（SPM）が開発され,原子レベルの局所構造の観測に利用されている。また,他の手法と組み合わせて,試料を観測しながら微小部における試料構成原子の定性分析や定量分析も日常的に行われている。

この中で,最も普及している走査型電子顕微鏡（SEM）についての概略を記す。SEMは,試

料表面を小さく絞った電子線で走査し，試料表面から放出される二次電子を検出してブラウン管（CRT）に像を形成させる。二次電子の放出は試料表面の凹凸に依存するため，二次電子の像によって試料表面の構造を観察することができる。二次電子像の空間分解能と焦点深度は，光学顕微鏡に比べ非常に優れている。透過顕微鏡に比べると空間分解能は劣っているが，試料を電子線が透過できるように薄膜化する必要がない。

試料中に入射された電子は，試料の構成原子と相互作用し，次第にエネルギーを失いながら散乱拡散する。この過程で，試料より反射電子（高エネルギー），二次電子（低エネルギー），X線を含む電磁波などが放出される。ここで，SEM法が検出しているのは二次電子であり，そのエネルギーは 50 eV 程度である。このようにエネルギーが低いため，試料から放出される二次電子は表面近傍の 10 nm 以下の非常に浅い層で発生したものだけとなる。二次電子の放出量は，試料の構成原子や試料と入射電子線とのなす角度に依存し，そのため試料表面の凹凸の形態を観測することができる。二次電子と同時に検出される反射電子は，表面近傍で弾性散乱したものと固体内で非弾性散乱したもので，幅広いエネルギー分布を有している。反射電子の放出は，試料表面の凹凸，平均原子番号，結晶性，磁気特性などの影響を受けているが，主に平均原子番号（組成）についての情報を得るために利用されている。また，構成原子より発生する特性X線データから，微小部における試料構成原子の定性と定量分析を行っている。SEM は，光学顕微鏡に比べ焦点深度が 2 桁以上高く，また非常に高い空間分解能（FESEM では 1.5 nm 以下）を有している。二次電子検出器だけでなく，反射電子（三次元についての情報）や X 線（元素の定性・定量分析）の検出器を装備してある機種では，試料についての多種類の情報を得ることができる。絶縁体の測定が困難であり，これが問題となる場合が多い。

3.10 電子エネルギー損失分光法（EELS）

電子エネルギー損失分光法（EELS：Electron Energy Loss Spectroscopy）では，電子線を試料に照射し，試料表面の格子振動を励起することによって入射電子が損失したエネルギーを測定する。それらの結果より，構成原子の定性定量分析（元素分析）や電子状態についての情報を得ることができる。さらに格子振動に関する情報を得るためには，エネルギーとして約 10 meV 以下の高分解能が必要となる。EELS には，数 keV 以下の入射電子を用いて主として表面の情報を得る反射法と数 10 keV 以上の入射電子を用いてバルクの情報を得る透過法がある。入射した電子は，試料構成原子の内殻電子，価電子を非占有状態に励起する。その後電子は，その励起エネルギーに等しいエネルギーを失って，試料の外に放出される。放出された電子は，電子エネルギー分析器でエネルギーごとに分けられ，EELS スペクトルが得られる。表面についての情報を得るために用いられている数 keV 以下の低速の入射電子では，選択則は成立せず，禁制遷移の

励起も起こる。

　電子顕微鏡に付属されたEELSでは，電子ビームを細く絞ることができ，試料表面の微小部に存在する不純物などの同定ができる。これには，化学状態に関する情報も含まれており，不純物の原因追究および排除方法の検討に非常に有用である。一次量子として同じように電子を用いるEPMAでは軽元素の分析感度が低いのに対し，EELSではB，N，Cなどの軽元素の分析も容易に行うことができる。

4　表面分析法の性能比較

　表面分析では，機器分析法によって平面方向および深さ方向の分析領域が異なっている。同一の試料表面に対し複数の表面分析法を実施し，それらのデータより総合的に評価しようとする場合，この分析領域が異なることによって矛盾する結果となることもある。もちろん，複数の表面分析法を試みる場合には，試料を移動する際に外界からの汚染がないこと，試料の表面の状態が変化していないことを確認する必要がある。また，試料表面が均一でないこともあるので，できるだけ同一ポイントで同じ測定範囲を測定できるように試料を位置決めしなければならない。そのためには，測定と同時に顕微鏡やCCDカメラなどで試料表面が観察できることが望ましい。

　分析目的にしたがって機器分析法が選択されているはずであるが，事前にそれぞれの機器分析法ならびに実際に使用する分析装置の性能を十分確認しておく必要がある。試料表面の均一性，平面方向の分析範囲，深さ，分析対象元素，感度，定量性と定量範囲，測定時間，前処理の有無・難易度，コストなどを基準にして，最終的な判断をくだす。もちろん，可能であるならできるだけ多くの機器分析法を用いて，より多くの有用な情報を収集すべきである。

　それぞれの機器分析法についての分析範囲（平面方向と深さ方向）を図2に示す。それぞれの装置のグレードによってその値は大きく異なるが，ここでは一般的な値を示している。試料表面が均一ではないとき，微小部分の分析が必要となってくる。その際には，平面方向の分析領域が狭いことが重要となってくる。励起用一次量子のビームをどれだけ絞ることができるかは，一次量子の種類によってほぼ決まってくる。電子ビームを最も小さく絞ることができ，X線をその強度を大きく低下させずに小径のビームに絞ることは難しい。そのため，特に微小分析が求められる場合には，励起用一次量子として電子またはイオンが選ばれることが多い。電子を一次量子とするオージェ電子分光法（AES）では数10 nm，電子線マイクロアナリシス（EPMA）では数 μm程度であり，イオンまたは粒子を一次量子とする二次イオン質量分析法（SIMS）ではサブμm，粒子線励起X線分光法（PIXE）では数μm程度である。X線を一次量子とする機器分析法においてもマイクロビーム化の試みがなされており，X線光電子分光法（XPS）ではビーム径

無機材料の表面処理・改質技術と将来展望

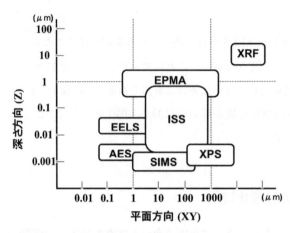

図2　分析範囲（平面方向と深さ方向）

が数10μmである機種が開発された。しかし，微小部分析では発生する光電子量が非常に少なくなるため，強力なX線発生装置の使用と分析時間の長時間化は避けられない。深さ方向の分析範囲では，電子が一次量子であるSTMとイオンが一次量子であるイオン散乱分光（ISS）法やSIMS法が最も小さな値（数Å程度，最表面原子層～数原子層）を示し，表面に敏感な分析であることを示している。

　機器分析法の感度については，それぞれの分析範囲が異なるために直接的な比較が難しい。原子レベルでの測定も可能とされている原子プローブ電界イオン顕微鏡（FIM-APS）などもあるが，代表的な手法ではない。一般的な機器分析法の中では，SIMS，PIXE，IMA法などが比較的感度が高いとされている。定量精度については，TRXRF，EPMA，PIXEなどX線が二次量子（検出量子）である手法が比較的高い傾向がある。測定速度については，TEM，SEM，STMなどの顕微鏡とAES，RBSなどが速く，1秒以内で測定が可能である。また測定条件に関連する測定雰囲気については，一般的に電子を一次量子または二次量子として用いる手法では高真空が必要である。特に，低速（低エネルギー）の電子の場合，その傾向が強い。分析手法の複合化の容易さやその場分析への適応性についても重要であるが，機器分析法と装置・機種だけでなく試料の状態や測定目的などそれぞれの場合で大きく異なる。

5　これからの表面分析法

　理想の表面分析法を考えると，①最表面層のみの分析が可能である，②前処理が必要なく試料の制限もない，③水素をはじめとする全元素を同程度の感度で検出できる，④基準物質または標準物質がなくても信頼性の高いデータを得ることができる，⑤定量下限が原子1個である，⑥定

概論　表面構造・組成の解析法

量範囲が広く主成分，微量成分，超微量成分が同一条件で定量できる，⑦励起一次量子ビーム径が小さく測定領域が狭い，⑧広い範囲での分布状態を短時間で測定できる，⑨深さ方向の分布の情報も得ることができる，などの条件が考えられる。実際上ここまでの条件を求められることは少なく，また互いに共存できない条件もあるため，これら全てを満足する機器分析法は存在しない。そこで，他の装置との複合化が容易であることが条件の一つに追加されることもある。また，新しい解析手法の開発，装置定数用の基準物質や高純度の標準物質の製作などが行われている。さらに，機器分析装置のより一層の簡便化や操作の容易さを目的とした研究もそれぞれの分野で盛んに行われている。

機器分析法のより一層の高感度化および高度化のために，線源，光路，分光器（モノクロメータ），検出器などいろいろな装置部品の改良がなされている。線源ではエネルギー幅およびビーム径を小さくする，強力ビーム化などの試みとともに，全く新しい線源の開発も行われている。また，表面分析では超高真空中で測定されていることが多いので，真空系の改良も装置の性能向上に大きく寄与している。今後も表面を対象とする機器分析法は，多くの分析者のニーズを受けてさまざまな改良と開発が行われ，関連分野の進歩にも後押しされてさらに発展することであろう。

第 1 編
金属編

第 1 章

金属論

第1章　金属の熱処理技術

古原　忠*

1　鉄鋼の熱処理

1.1　バルク熱処理

　表面熱処理は鉄鋼に用いられることが大半であるが，ここではまず，表面熱処理前組織の形成に重要なバルク材の熱処理について簡単に述べる。

　鉄鋼は通常1mass％以下の炭素を含んだ合金である。図1は鉄-炭素（Fe-C）および鉄-窒素（Fe-N）二元系状態図である。高温では面心立方構造のオーステナイト（γ）が単相で安定であるが，亜共析鋼ではA_3点以下でフェライトが，過共析鋼ではA_{cm}点以下でセメンタイトが一部安定になり，A_1点（鉄-炭素系では727℃，鉄-窒素系では590℃）以下になると，体心立方構造のフェライト（α）と鉄炭化物（セメンタイト：θ-Fe_3C）あるいは鉄窒化物（γ'-Fe_4N）の二つの相が安定となる。過共析鋼では，オーステナイト後A_{cm}点以下で一部セメンタイトが安定になる。亜共析鋼をA_3点以上30〜50℃のオーステナイト温度域で保持（オーステナイト化）した後，徐冷するとフェライトとパーライト（フェライトとセメンタイトが交互に層をなした組織）からなる組織が形成される。これを焼ならしという。オーステナイト化後急速冷却により原

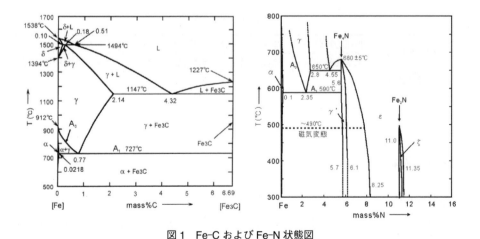

図1　Fe-CおよびFe-N状態図

＊　Tadashi Furuhara　東北大学　金属材料研究所　高純度金属材料学研究部門　教授

子の拡散が十分に起こらなくなる温度まで過冷されると,無拡散で炭素が過飽和に固溶したフェライトに構造変化(マルテンサイト変態)する。このマルテンサイト組織を得るための急冷処理を焼入れという。

炭素や窒素を含む鋼がマルテンサイト変態を起こすと急激に硬化する。焼入れしたままのマルテンサイトは硬くて脆いので,実用上は焼入れ後,必ず A_1 点以下の適当な温度に加熱して組織と性質を調整する。これを焼もどし(もしくは調質)処理という。炭素鋼のマルテンサイトは炭素を過飽和に強制固溶させた状態であるので,焼もどし時には炭化物が析出し,地は極低炭素フェライトに変化する。これによって,強度は低下するが,延性や靭性は向上する。

1.2 表面熱処理の種類

表面の熱処理は鉄鋼に用いられることが大半で,従来,浸炭・窒化処理や高周波焼入れのような表面硬化を目的としたものが多いが,その他に耐食性の向上等を目的とするものなど,その種類が多岐にわたるようになっている。表1に表面熱処理の分類を行う。

表面硬化熱処理は,耐摩耗性,耐疲労性,耐食性,耐熱性などの向上を目的とするもので,高周波焼入れのように表面の化学成分を変化させずに焼入れで硬化する物理的硬化法と,浸炭や窒化のように表面の化学組成を変えて硬化する化学的硬化法がある。それ以外に表面熱処理には,表面脱炭のように表面の切欠き感受性を低下させて耐衝撃特性を向上させる表面軟化熱処理や,浸硫処理によって表面摩擦係数を下げて焼き付きを防止する表面滑化熱処理がある。本章では,主に表面硬化熱処理について述べる。

表1 表面熱処理法の分類

表面硬化熱処理	物理的硬化法	高周波焼入れ,炎焼入れ,レーザー焼入れ
	化学的硬化法	浸炭,窒化,浸硫窒化,ボロナイジング,拡散浸透処理
表面軟化熱処理		表面脱炭
表面滑化熱処理		浸硫

2 表面焼入れ

2.1 高周波焼入れ

鋼の表面付近を高周波誘導電流によるジュール熱によって加熱し,適当な冷却剤によって急冷して表面層をマルテンサイトにして硬化させる方法である。熱効率が良く,局部焼入れが可能であること,短時間処理でクリーンな作業環境で行うことができることなど利点が多いが,設備費が高く,高度な操作を必要とする。

第1章　金属の熱処理技術

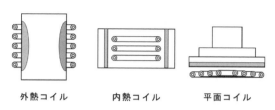

図2　高周波焼入れ用コイルの種々の形状
（灰色の部分が硬化層）

　高周波焼入れでは，加熱用コイルを通して加熱されるが，誘導電流の密度は処理品の表面に近い方が大きくなるので，コイルを焼入れたい部分に接近するように形状を工夫することが必要である。図2は，代表的な焼入れ用コイルの形状を示す。コイル形状を種々変えることで，複雑な部品形状でも局部的な焼入れができる。

　誘導電流の流れる領域の深さは，周波数の平方根に逆比例する。周波数を大きくすると薄い硬化層を得る場合や小物用の熱処理に適しており，周波数を小さくすると，厚い硬化層が得られ，また大物用の熱処理や溶解処理に適する。焼入用冷却剤は，コイルの冷却を兼ねているが，水，焼入油，水溶性冷却剤を用いる。

　高周波焼入れは機械構造用鋼や低合金鋼に用いられるが，表面が十分に硬化しかつ焼割れを起こしにくい0.4～0.6％Cの鋼を通常用いる。焼入れ焼もどし組織や微細パーライト組織のような炭化物が微細分散した鋼の方がオーステナイト化が容易であるので，加熱焼入れ前の初期組織としてより適する。また，表面のみの熱処理であるので，表面欠陥がなく介在物や不純物の少ない鋼を使用しないと焼割れなどを起こしやすい。

　高周波焼入れをすると，通常の焼入れより大きな硬化が得られる。これは，マルテンサイト組織がより微細であることと，表面付近に高い圧縮応力が発生するためと考えられる。高周波焼入れ処理は，表面硬さの上昇により耐摩耗性を改善するのみならず，耐疲労特性も向上させる。これも表面の圧縮応力の存在によるものである。

2.2　炎焼入れ

　炎焼入れは，アセチレンやプロパンガスの酸素との火炎によって急速加熱し焼入れ硬化させる手法である。図3は炎焼入れ法の例を示す。処理品の大きさや形状に依存せずに焼入れでき，部分焼入れも可能である等の利点があり，大物の部分焼入れによく用いられる。その半面，温度の測定や制御が難しく品質管理が困難である欠点もあり，量産品への適用は少なくなっている。

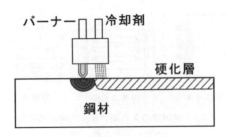

図3　炎焼入れ法の一例

2.3　電解焼入れ，レーザー焼入れ，電子ビーム焼入れ

　電解焼入れでは，処理品を電解液中（10% Na_2CO_3 水溶液など）に吊して陰極とし，陽極板との間に直流電流を流して処理品と溶液の間に水蒸気や H_2 を発生させ，この部分でアーク放電を生じさせて表面を急速加熱する。加熱後電流を切ると放電が消滅し処理品は電解液で急冷される。この手法では過剰な加熱により表面が溶融することがあるので注意を要する。

　レーザー焼入れは，高エネルギー密度のレーザービームを鋼表面に照射して加熱した後焼入れ硬化させる方法である。焼入れには多くの場合，炭酸ガスレーザーが用いられている。レーザービームによる加熱は超急速で，焼入れも冷却剤は用いず自己冷却である。短時間に小さい面積で局所焼入れができ，ひずみの発生も少ない利点がある。

　電子ビーム焼入れは，真空中で電子ビームを鋼の表面上を走らせながら加熱し，やはりレーザー焼入れと同様に自己冷却により焼入れる方法である。真空を用いなくてはならないが，酸化や脱炭などがなく，比較的熱効率も良いという利点がある。

3　浸炭

　低炭素鋼や低炭素低合金鋼をオーステナイト温度域に加熱し，浸炭剤と接触させることで表面から炭素を浸入させて炭素濃度を高めることを浸炭という。浸炭中にはオーステナイト状態で表面から内部に炭素の濃度勾配が生じる。これを急冷すると表面は焼きが入り硬化するが，内部は低炭素のままであるので硬化せず，靭性が高い状態のまま保たれる。浸炭雰囲気には固体浸炭，ガス浸炭，液体（塩浴）浸炭の3種類がある。これらの処理を肌焼きともいう。

3.1　固体浸炭と液体浸炭

　固体浸炭は，木炭粉が主成分で炭酸バリウム（$BaCO_3$）や炭酸カリウム（K_2CO_3），炭酸ストロンチウム（$SrCO_3$）等を 10〜50% 混ぜた浸炭剤とともに浸炭箱に処理品を詰めて蓋をし，粘

第1章　金属の熱処理技術

土で密閉して850～1000℃に数時間加熱して浸炭させ，そのまま冷却する。これにより表面で炭素量は最大となり，内部に行くほど漸減する。浸炭層の厚さは0.25～3 mm程度である。これを改めて焼入れし，表面硬化を図る。

　この浸炭反応は，木炭の炭素（C）と浸炭箱中の酸素（O_2）が反応して，一酸化炭素（CO）と二酸化炭素（CO_2）の混合ガスが生じ，生成したCOが(3)式に示すように鋼表面で反応して浸炭が起こる。この反応式は以下で表される。

$$C + O_2 = CO_2 \tag{1}$$

$$2\,CO_2 = 2\,CO + O_2 \tag{2}$$

$$Fe + 2\,CO = (Fe-C) + CO_2 \tag{3}$$

　固体浸炭は大物の処理が可能で，設備費も安く少量生産向きである反面，硬化のばらつきや過剰な浸炭，作業環境の悪さといった欠点もある。

　液体浸炭はシアン化ソーダ（NaCN）やシアン化カリウム（KCN）を主成分とし，これに$NaCO_3$，$BaCl_2$，NaCl等を添加した溶融塩（液体浸炭剤）の中で，処理品を浸炭する手法である。処理品は浸炭とともに窒化も受けるので正確には浸炭窒化処理である。なお，NaCNやKCNは猛毒である。特に吸湿性が強く，大気中の水分やCO_2と反応してHCNを発生しやすいので取り扱いに十分な注意を要する。また排水処理にも注意しなければならない。

　NaCNを用いる場合，酸素やCO_2と反応してNaCNOとなる。

$$2\,NaCN + O_2 = 2\,NaCNO \tag{4}$$

$$NaCN + CO_2 = NaCNO + CO \tag{5}$$

　NaCNOは700℃以上の高温処理では(6)式に従ってCOおよびNを生じ，浸炭および窒化の両方が起こる。

$$4\,NaCNO = 2\,NaCN + Na_2CO_3 + CO + 2\,N \tag{6}$$

$$Fe + 2\,CO = (Fe-C) + CO_2 \tag{7}$$

$$Fe + N = (Fe-N) \tag{8}$$

　一方700℃以下の低温では(9)式に従ってNを発生し，(8)式の窒化反応が起こる。

$$5\,NaCNO = 3\,NaCN + Na_2CO_3 + CO_2 + 2\,N \tag{9}$$

3.2 ガス浸炭

浸炭性のガス雰囲気中で浸炭する方法をガス浸炭という。代表的に用いられるガスは吸熱性変成ガスと呼ばれる CO_2, CO, H_2, H_2O, CH_4（あるいは C_3H_8, C_4H_{10}）, N_2, Ar などの混合ガスである。浸炭を担うガスとして主に用いられるのは炭化水素系で，アメリカでは天然ガス（メタン CH_4 が主成分），日本ではプロパン（C_3H_8）およびブタン（C_4H_{10}）である。図4にプロパンを用いた場合のガス浸炭の工程を示す。これらの炭化水素ガスは高温で分解してすすを生じ処理品表面について浸炭を妨げるので，通常は弱い浸炭性を持つキャリアーガスに炭化水素を少し混ぜたものを送ることで浸炭を行う。キャリアーガスには，炭化水素と空気を混合したものをNiの触媒作用で変成したRXガス（CO：20%，H_2：40%，N_2：40%）を通常用いる。

浸炭性雰囲気ガスは高温に加熱された鋼に接触すると，以下のような分解反応（メタン CH_4 を例とする）を起こして活性な炭素を生じる。この炭素が浸炭に寄与する。

$$2\,CO_2 = 2\,CO + O_2 \tag{2}$$

$$Fe + CO + H_2 = (Fe - C) + H_2O \tag{10}$$

$$Fe + 2\,CO = (Fe - C) + CO_2 \tag{11}$$

$$CH_4 = C + 2\,H_2 \tag{12}$$

プロパン等も順次分解してメタンとなり上記の反応を起こす。このように上記の反応でわかるように浸炭性雰囲気ガスが通常 CO，H_2 だけでなく H_2O および CO_2 も関与するため以下の水性ガス反応を起こす。

$$CO + H_2O = CO_2 + H_2 \tag{13}$$

これより，水分を除くことでCOが多くなり浸炭性が向上する。よって，CO/CO_2 の比でガスの浸炭性がほぼ決定される。

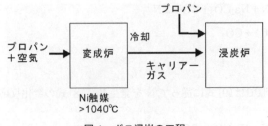

図4 ガス浸炭の工程

3.3 真空浸炭と真空イオン浸炭

真空浸炭は,いったん炉内を真空に引いた後,減圧した C_3H_8 などの浸炭性ガスを送入して行うもので,処理温度が高く,短時間で所定の浸炭層厚さが得られ省エネルギーの点でも適している。また CO, CO_2, H_2O 等の酸化性ガスを使用しないため,ガス浸炭で起こるオーステナイト粒界での Si, Mn, Cr などの粒界酸化も起こさない。近年大量のすす発生という欠点が改善されて応用拡大が期待されているが,高温処理であるため,処理後の変形や結晶粒の粗大化に注意が必要である。

真空イオン浸炭では,炉内を真空に引いた後,処理品を加熱し H_2 を導入して表面を清浄化する。その後微量の C_3H_8 を導入すると共に,処理品(陰極)と放電電極との間にグロー放電を起こさせ,発生する炭素イオンを加速して処理品表面に衝突浸入させて浸炭を実施する。

3.4 浸炭窒化

A_1 点以上の温度で鋼表面に炭素と窒素を同時に浸入させる処理を浸炭窒化という。浸炭のところで述べた塩浴を用いる場合(液体浸炭窒化)と,ガス浸炭窒化がある。

ガス浸炭窒化は,ガス浸炭と同じ浸炭性雰囲気で NH_4 または滴下式分解ガスを添加して行う。代表的な処理条件は 740～900℃ の温度でガス浸炭より短時間処理して薄い硬化層深さ(0.07～0.75 mm)を得るものである。

ガス浸炭窒化の主な利点は,①窒素の浸入により A_1 点が低下するので,浸炭より低い焼入れ温度を選択でき,焼入れ時の変形が小さくなること,②浸入窒素により焼入れ性が向上するため,冷却速度が遅くても良く,焼入れ変形や焼割れの点からも有利であること,③すすの発生が少なく,光輝性に優れることなどが挙げられる。一方,表面の炭素・窒素濃度が上がりすぎて残留オーステナイトの増加や化合物相の生成が起こりやすくなるなどの欠点がある。

3.5 浸炭用鋼の熱処理

浸炭用鋼としては,心部で焼入れ後の低温焼もどしで靭性を確保しなければならないので,炭素量は 0.2% 以下であることが必要である。また焼入れ性の点から Mn や Cr, Mo を添加した鋼を用いることがある。浸炭は 900℃ 以上の高温で長時間加熱するので,オーステナイト粒の粗大化をできるだけ阻止することが必要である。

浸炭した鋼は必ず焼入れて硬化させなくてはならない。浸炭鋼は,表面は高炭素で内部の浸炭がされていない領域は低炭素であるので焼入れ温度の選択が難しい。また,長時間浸炭した場合にはオーステナイト粒径が粗大になる。このような場合には,1次および2次の2回焼入れを行う。1次焼入れは変態を起こさせることで浸炭されていない内部の結晶粒径を微細化するもので,

心部の Ac_3 点(加熱時の A_3 点)以上約 50℃ から焼入れを行う。2次焼入れは,浸炭部での適当な焼入れ温度である Ac_1(加熱時の A_1 点)以上 30〜50 K から焼入れを行う。この時1次焼入れで硬化した心部は A_3 点と A_1 点の間に加熱されるので,微細フェライト+少量のマルテンサイトの混合組織となり,強度−靭性に優れたものになる。この後,処理材は,硬さを低下させずに内部応力の低下と靭性向上を図るため 150〜180℃ で焼もどしを施される。浸炭焼入れ後,表面硬度を高め経年変化を防ぐために,サブゼロ処理を行い残留オーステナイトを減少させることがある。

4 窒化

窒化処理は Fry によって 1923 年に開発されたが,その後急速に工業化が進み,浸炭と同様にガス法,塩浴法,プラズマ(イオン)法により行われている。窒化は,浸炭や高周波焼入れとは異なり,図1の Fe-N 状態図におけるフェライト(α)域(通常 500〜600℃)での処理である。従って,窒化は相変態を伴わず,処理品の寸法変化を直接起こさない。また表面に安定した圧縮応力を生じるため,処理品は耐摩耗性と耐疲労性を有し,耐食性も良好である。合金窒化物による硬化が起こるため,600℃ 程度まで温度が上昇しても軟化が起こらず,熱的に安定である。以上より,今後さらなる工業的応用の拡大が期待されている。

4.1 ガス窒化

ガス窒化は通常,アンモニア(NH_4)を使用する。その反応は次の通りで,鋼表面に接触した活性窒素が鋼中に浸入する。

$$2 NH_3 = 2(Fe-N) + 3 H_2 \tag{14}$$

浸入した窒素は鉄窒化物を形成すると共に,鋼中の合金元素と結びついて合金窒化物を形成する。また表面には鉄窒化物からなる化合物層が形成される。化合物層は外側から最密六方構造の ε 相,面心立方構造の γ' 相で形成される。通常の窒化処理条件は 500〜550℃,20〜100 h である。

窒化に適した鋼は,窒化物生成元素(Al, Cr, V, Mo)を含んでおり,窒素の浸入によって AlN, CrN, Cr_2N, VN, MoN, Mo_2N 等の微細析出を起こして大きく硬化する。窒化用鋼としては JIS には表2に示した中炭素 Al-Cr-Mo 鋼があるが,その他にも Al 含有鋼や Cr を含有した中炭素鋼,工具鋼,フェライト系・マルテンサイト系・オーステナイト系といったの種々のステンレス鋼も窒化される。焼入れ性のある鋼は窒化前に焼入れし,窒化温度より数十℃高い温度

第1章 金属の熱処理技術

表2 窒化用鋼（JIS G 4202）

種類	記号	C	Si	Mn	P	S	Cr	Mo	Al
Al-Cr-Mo鋼1種	SACM645	0.40〜0.50	0.15〜0.50	<0.60	<0.03	<0.03	1.30〜1.70	0.15〜0.30	0.70〜1.20

で焼もどしを行い，窒化時の組織の安定性を向上させる。表2の窒化用鋼についての焼入れ温度は880〜930℃，焼もどし温度は630〜720℃である。

表面硬度はHv 1000にも達するが，窒化温度が高いなどの理由で化合物層にε相が厚くできると，表面が脆くなる。欠点としては窒化に長時間を要することが挙げられる。

4.2 液体窒化（塩浴窒化）

液体窒化は，NaCN，KCN，CaCN$_2$，NaCNO等を主成分とする塩浴の中で窒化する手法である。液体浸炭のところで述べたように，これらの塩浴を500〜600℃で用いると窒化が起こる。窒化に要する時間はガス窒化より短いのが特徴である。

一方，表面硬化を目的とする従来の窒化法とは異なり，他の性質の向上を図る窒化法として，タフトライド法がある。これは先の塩浴でシアン酸塩（NaCNOやKCNO）の量を一定に保つため，空気を吹き込んでCN基をCNO基に酸化させる方法である。処理は550〜590℃，2h程度で，εと窒素を固溶したFe$_3$(C, N)からなる厚さ10μm程度の化合物層とその内部に0.3mm程度の窒素の拡散層が形成される。塩浴に浸漬後は，表面の化合物の耐摩耗性や耐焼付性の向上を図る場合には空冷し，内部の窒素拡散層の耐疲労性の向上を図る場合には水冷を行う。この方法は構造用炭素鋼や低合金鋼に適用され，表面硬さも低いことから軟窒化法とも呼ばれる。

4.3 プラズマ窒化（イオン窒化）

プラズマ窒化は，N$_2$またはN$_2$+H$_2$を導入した減圧雰囲気で処理品を陰極，炉壁を陽極としてグロー放電を起こさせてイオン化された窒素を鋼中に浸入させるものである。ガス窒化よりも2〜2.5倍ほど窒化速度が速く，またガス組成を調整することで化合物層の組成や鋼中の窒素濃度を制御できるのが，従来にない大きな特徴である。他に，ガスの利用効率が良く無公害であるといった利点があるが，設備費が高く，処理温度の測定が正確に行えないなどの難点もある。

ステンレス鋼はCrの不動態被膜に強固に覆われており，この被膜が窒素の浸入を阻止するために，ガス窒化等では水素還元や酸洗といった前処理なしでは窒化が困難とされていた。同様のことはチタンとその合金（表面にTiの不動態被膜を形成する）についても言える。プラズマ窒化ではH$_2$を混合したガスを使用するため，スパッタリングによる既存の酸化被膜の除去および表面清浄化，雰囲気中の残留酸素の減少が起こることで，ステンレス鋼やチタン合金の表面酸化

を防止するため，前処理なく窒化を行うことができる。

4.4 その他の窒化処理

ガス軟窒化処理はタフトライド法の代替として開発されたもので，浸炭性ガスに NH_4 を30〜70%添加し550〜600℃，1〜5hの処理を行う。耐疲労性および耐食性の向上を目的とし，軟鋼から高合金鋼まで幅広い鋼種に適用される。

浸硫窒化処理は，窒素の浸入拡散によって耐摩耗性・耐疲労性を向上させるとともに，同時に硫黄を浸入させて表面の潤滑性を付与する点に特徴がある。微量の硫黄化合物を添加した塩浴中で570℃，1〜5h程度行われ，窒化速度も速い。

5 その他の表面熱処理

鉄鋼部品の表面に亜鉛やアルミニウム，クロム，シリコンなどを浸入拡散させる方法を拡散浸透処理（セメンテーション）と呼んでいたが，近年その種類も多く複雑になっている。処理方式からのおおまかな分類を表3に示す。

5.1 炭化物被覆法

炭化物被覆法は，非常に硬い表面硬度が得られることから近年注目されている。浸透したTi，V，Crなどの合金元素と鋼中および供給される炭素とが結合して炭化物被膜が形成される。工業的には溶融塩法，PVD法，CVD法が主に用いられる。浸炭や窒化ではHv1000程度が限界であるが，この手法では炭化物の種類によって最高Hv3800という硬度が得られており，耐摩耗性の向上に大きな期待がされている。

溶融塩による炭化物被覆法はTDプロセスとも呼ばれており，金属粉末を添加したほう砂を主剤とした高温の溶融塩中に処理品を浸漬し，表面にバナジウム，ニオブ，クロムなどの炭化物を拡散浸透させるものである。複雑な形状の加工物でも均一で極めて硬い皮膜を作ることができ，金型の長寿命化において非常に重要な手法である。一般的な処理条件は800〜1000℃で2〜10hとされている。塩浴組成を変えることで炭化物の種類が選べ，部分処理やほう化処理も可能である。地と炭化物層の相互拡散が起こるために，密着強さが高く剥離を起こし難いが，一方，オーステナイト域の処理であるため，その後焼入れ焼もどしを行う場合に大きなひずみが発生しやすい問題点もある。

PVD（Physical Vapor Deposition）法は蒸着やスパッタリング，イオンプレーティングなど，物理的に被膜を生成させる手法である。TiCやTiN被膜は電子部品やプラスティック，時計や

第1章　金属の熱処理技術

表3　拡散を用いた表面熱処理の分類

分類	処理方式
固体法	固体加熱法 めっき拡散法 蒸着拡散法（プラズマ法，溶射法，物理的蒸着（PVD）法，化学的蒸着（CVD）法）
溶融塩法	溶融塩法 電解拡散法
ガス法	粉末パック法 直接ガス拡散法

装飾品等のコーティングに広く用いられており，C_2H_2 や N_2 を添加した真空下での活性化反応蒸着法が主に用いられている。その他には Hollow Cathod Discharge 法やマグネトロン型蒸着法が開発されている。PVD 法の利点としては，処理温度が低く変形が少ないこと，幅広い材料に適用できること等が挙げられるが，処理材との密着性の改善が必要であるといった問題点もある。

CVD（Chemical Vapor Deposition）法は，気相から高温における化学反応によって純金属や炭化物，窒化物等のセラミックスを析出させるものである。反応例として以下のようなものがある。

$$2\,WCl + H_2 = 2\,W + 2\,HCl \tag{15}$$

$$7\,TiCl_4 + C_6H_5CH_3 + 10\,H_2 = 7\,TiC + 28\,HCl \tag{16}$$

$$SiH_4 + 2\,B_2H_6 + 8\,O_2 = SiO_2 + 2\,B_2O_3 + 8\,H_2O \tag{17}$$

反応速度は 180〜2000℃ と幅広く，様々な種類の被膜が生成可能である。電子部品，工具，工芸品等応用は広いが，薬品やガスが有害であり爆発性であることが多いことから，取り扱いに注意が必要である。

5.2　ほう化処理およびその他の拡散処理

ほう化処理（ボロナイジング）は，表面よりボロン（B）を浸入拡散させて鉄ほう化物を形成させるもので，優れた耐摩耗性，耐食性，耐高温酸化性を兼ね備えている。処理品をボロンまたはフェロボロンとアルミナ等の混合粉末でパックして拡散処理を行う粉末ほう化法，ジボラン（B_2H_6）や三塩化ボロン（BCl_3）等のボロンを含んだガス雰囲気中で加熱してほう化させる気体ほう化法，溶融ほう砂（$Na_2B_4O_5(OH)_4 \cdot 8\,H_2O$）に炭化ボロン（$B_4C$）またはフェロボロン（FeB），シアン化ナトリウム（NaCN），酸化ナトリウム（Na_2O）および酸化カリウム（K_2O）を添加した浴中で処理する溶融ほう化法，溶融ほう砂中で電解処理する電解ほう化法がある。FeB 層では Hv 1700〜2000，Fe_2B 層では Hv 1400〜1600 の表面硬度が得られる。しかし，硬化層の剥離

が起こりやすくことから，その防止に拡散処理を行うことがある。

　クロマイジングは粉末パック法や直接ガス拡散法で処理品表面に Cr を浸入拡散させるもので，Hv 1800 程度の表面硬度が得られ，耐摩耗性および耐食性の改善に有効である。耐熱性および耐食性を改善する目的で，溶融 Al 浴中に処理品を浸漬するアルミナイジング，処理品を粉末 Al やこれを含む混合粉末中に埋めて拡散処理するカロライジングがある。この他浸けい処理はシリコンを，シェラダイジングは亜鉛をそれぞれ鋼表面に拡散させて耐食性被膜を形成させる処理法である。

5.3　水蒸気処理と浸硫処理

　水蒸気処理は鋼の表面に四三酸化鉄（Fe_3O_4）などの酸化膜を形成させるプロセスで，ホモ処理とも呼ばれる。500〜560℃ で 1〜2 h 水蒸気の気流中で加熱して行われ，得られる Fe_3O_4 被膜の密着性もよい。耐食，耐磨耗性の向上に効果的であるが，酸化膜に赤さび（$\alpha\text{-}Fe_2O_3$）が混入しないよう注意が必要である。

　浸硫処理は鋼の表面に硫黄（S）を浸み込ませることで，摩擦特性および潤滑特性の改善を行うもので，摩擦係数が小さくなり焼付きが起こり難くなる。電解浸硫（コーベット法）では，190℃ の溶融塩浴中で処理品を陽極，浴槽を陰極として 10〜20 分電解を行うことで，硫化鉄の拡散層が表面に形成される。低温で浸硫ができるので，低温焼もどしを兼ねることになり，歪みの発生や強度低下が少ない。

第2章　表面加工技術

1　ショットピーニング

秋庭義明*

1.1　ショットピーニングによる高強度化

　機械構造部材の破壊の大部分は部材の表面を起点とする。特に疲労破壊や応力腐食割れに対しては，表面近傍の引張残留応力の影響が極めて大きく，破壊強度の向上には表面改質による圧縮残留応力の導入が極めて有効である。ショットピーニングは，表面近傍に圧縮の残留応力を付与すると同時に，加工硬化によって表面近傍の硬度を上昇させることができる。施工が比較的容易であり，低コストであるため，古くから多様な産業分野において利用されてきた技術である。

　一般のショットピーニングでは，数100μmから数mmの比較的小さな粒子（ショット）を被加工物に投射し，表面近傍に塑性変形を生じさせることによって，加工硬化ならびに圧縮残留応力を導入する。例えば図1に示すように被加工物に1個のショットが衝突すると(a)，衝突部分には塑性変形によって圧痕が形成され，周囲には塑性流動による盛上がりを生じる。このとき，周囲の弾性域による拘束のために圧痕の周囲のみならず圧痕の底にも圧縮の残留応力が導入されることとなる。次いで，二つ目のショットがその近傍に打ち込まれると(b)，最初のショットと

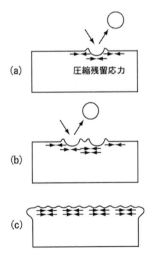

図1　ショットピーニングにおける残留応力形成

---

*　Yoshiaki Akiniwa　名古屋大学　大学院工学研究科　機械理工学専攻　准教授

同様に周囲に圧縮応力をもたらすため，最初のショットによって導入された圧縮応力がさらに増加する。複数のショットが被加工材の表面に一様に投射されると(c)，表面全体が塑性変形することとなり，ほぼ等二軸の表面圧縮残留応力が形成される。また大きな塑性変形に起因する加工硬化によって，高硬度化が図られる。

1.2 ショットピーニング処理

ショットピーニング処理は，微小粒子のショット材を被加工材に投射することによって実施される。ショット材は目的によって種々の材質が使い分けられるが，一般に，鋳鋼，ステンレス，ガラス，アルミナ系やジルコニア系等のセラミックスの球状粒子が用いられる。また，線材を直径程度の長さに短く切断したカットワイヤーショットも用いられる。ピーニング処理は，被加工物の表面における塑性変形の程度によって効果が変化するため，投射速度や重量（寸法および密度）によって決定されるショット材のエネルギーおよび硬さが重要な因子となる。

代表的なショット材の投射法には，図2に示すような遠心加速法および空気式加速法がある[1]。遠心式加速法(a)では，回転する翼車に導入されたショット材が，翼車の羽根によって所定の投射速度まで加速され，遠心力によって飛び出したショット材が被加工物に衝突する。空気式加速法(b)では，圧縮空気を誘導室内でノズルから噴射し，噴流の周囲に生じる負圧によってショット材を吸引して，圧縮空気とともにショット材を被加工物に衝突させる。このような吸引式の他に，比較的大きなショット材に高エネルギーを与えることができる方式として，直接ショット材を圧縮空気で加速する直圧式がある。

ピーニング処理の程度を定量的に表すパラメータとしては，カバレージ（coverage）やアークハイト（arc height）が用いられる。カバレージはピーニング加工の程度を表すもので，処理対象面積に対するショット痕面積の割合を意味する。一方，ショットピーニングの強さを表すパ

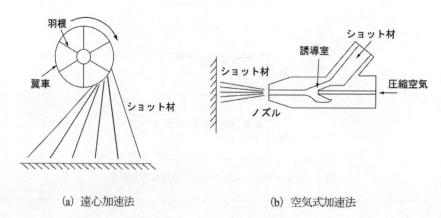

(a) 遠心加速法　　　　　　　　(b) 空気式加速法

図2　ショット材の投射法

第2章　表面加工技術

ラメータがアークハイトである。所定の形状の試料の片側にピーニングを施し，施工後に残留する変形量を反り上がりの高さによって表したものである。

1.3 残留応力

ショットピーニングはバリ取りや黒皮除去等を目的とする場合もあるが，表面硬度の向上や圧縮残留応力の付与による高強度化が最も期待される効果である。表面の残留応力は一般に圧縮であり，施工条件によって図3に示すように表面で最大圧縮残留応力になる場合と，内部で最大となる場合がある。いずれの場合も，部材中の表面に平行な方向の力のバランスと曲げモーメントのバランスのために，表面から数100μm内部には引張残留応力が存在することとなるため，軸力が作用する場合で，内部からの破壊が懸念される場合には注意が必要である。特に疲労き裂や応力腐食割れによるき裂の伝播解析を行う場合には，材料内部の応力分布を把握することが要求される。

残留応力の測定にはX線法が有用であり，現場技術として多用されている[2]。フェライト鋼の場合にはクロム特性X線が用いられるが，このときのX線の侵入深さはおおよそ5μm程度であるため，内部の残留応力分布を求めるためには，化学研磨や電解研磨等の加工によるひずみ導入の影響がない方法で，逐次表面を研磨しながら応力測定する。これに対して，高エネルギーの放射光や中性子を用いると，より材料内部の情報を得ることができるため，表面を研磨することなく応力分布が測定できる。図4は実験室でX線による逐次研磨法で得られた結果と，放射光および中性子法で測定した結果を比較したものである。三者はほぼ一致しており，研磨せずに高精度に応力測定が可能であることがわかる。対象部材として代替品がない一品ものの非破壊測定

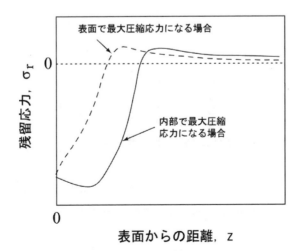

図3　ショットピーニング処理材の残留応力分布

に有効な手法である[3]。

繰返しの負荷応力が作用する疲労の場合には，繰返しとともに残留応力が変化するため注意が必要である。図5はショットピーニングを施した2024-T 351 アルミニウム合金の繰返しに伴う応力分布の変化の例である[4]。寿命の50％程度で，表面の圧縮残留応力はおよそ半分まで減少する。図6は，AISI 4140鋼における残留応力変化への負荷応力振幅依存性を示したもので，疲労限度近傍の低応力振幅での変化量は小さいものの，負荷応力が大きくなるに従って減少の割合が大きくなることがわかる[5]。このように，疲労に関しては，稼動条件によっては圧縮残留応力の効果が消失するため注意が必要である。これに対して，静的な負荷が主となる応力腐食割れに対しては，ショットピーニングの効果は極めて大きい。

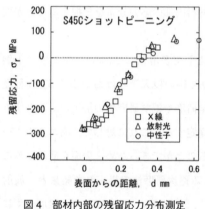

図4 部材内部の残留応力分布測定

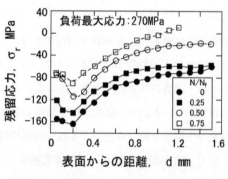

図5 疲労に伴う残留応力分布変化

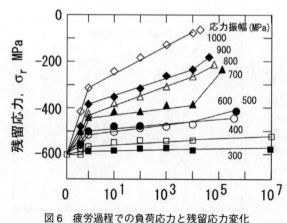

図6 疲労過程での負荷応力と残留応力変化

第 2 章　表面加工技術

1.4　各種ピーニング法

　ショットピーニングの施工条件を厳密に管理することによって残留応力分布や硬さ分布を制御することが可能であるが，より大きな効果を得るために，高エネルギーの粒子を投射するハードショットピーニングや，ショット材の寸法を変えるなどの多段ピーニング，施工温度を高めた温間ピーニングなどの工夫がなされている。また，50 μm 程度の微粒子を用いることによって，表面粗度の改善や組織変化を伴う高強度化を達成する微粒子ピーニングも有効であることが確認されている[6]。さらに，ショット材を用いない施工法も開発されている。水中で被加工材にレーザを照射すると表面近傍に高圧プラズマが発生するが，このプラズマ圧によってピーニングするレーザピーニング[7]や，高圧水の噴射によって発生する気泡の崩壊圧を利用するキャビテーションピーニング[8]が，原子力プラントの応力腐食割れ防止のためにも実用されている。

文　　献

1) ショットピーニング技術協会編，金属疲労とショットピーニング，現代工学社，p 48（2004）
2) 田中啓介，鈴木賢治，秋庭義明，残留応力の X 線評価，養賢堂，p. 86（2006）
3) 町屋修太郎，秋庭義明，木村英彦，田中啓介，鈴木裕士，盛合敦，森井幸生，材料，55, 654（2006）
4) C. A. Rodopoulos, S. A. Curtis, E. R. delosRios and J. SolisRomero, *Int. J. Fatigue*, 26, 849（2004）
5) A. Wick, V. Schulze, O. Voehringer, *Mater. Sci. Eng.*, A 293, 191（2000）
6) 江上登，加賀谷忠治，井上宣之，竹下弘秋，水谷肇，日本機械学会論文集（A），66, 1936（2000）
7) 榎本邦夫，平野克彦，望月正人，黒沢幸一，斎藤英世，林英策，材料，45, 734（1996）
8) 小畑稔，久保達也，佐野雄二，依田正樹，向井成彦，嶋誠之，菅野眞紀，材料，49, 193（2000）

2 フェムト秒レーザー加工

藤田雅之*

2.1 はじめに

近年のレーザー技術の目覚ましい発展に伴い，様々な応用分野での短パルスレーザー利用が進展している．特に，フェムト秒パルスを用いたレーザー加工は，熱が周囲に伝わるよりも短い時間でレーザー光が照射されるため，①周囲に熱変成の少ない加工が可能，②熱損失が少なく，エネルギー利用効率が高い，③加工の制御性が良い，④多光子吸収により透明媒質の加工が可能となる，などの特徴を有しているため産業界の注目を集めている[1～3]．

一般的なレーザーの産業応用を図1に示す．連続波あるいはパルス幅が長いレーザー光を照射すると，光強度が低いため加熱や溶融が主となり，「表面改質・焼き入れ」などが可能となる．パルス幅が短く，照射強度が高くなるにつれ，厚板の「溶接・切断」や「穴開け」加工が可能となる．ナノ秒程度まで短くしたパルス幅のレーザーを用いると，試料内部に衝撃波が発生し，機械的なショットピーニングと同様の硬化作用を誘起できる．また，パルス幅を短くすることで，試料表面だけを効率よく蒸発させることができ，「表面除染」を行うことができる．

フェムト秒レーザーの出現により，これまでナノ秒程度のパルス幅まで実用化されてきたレーザー加工技術が新たな領域へと展開しつつある．パルス幅が短くなるほどに試料を効率よく加工でき，パルス幅が数ピコ（10^{-12}）秒を下回ると，レーザーと物質との相互作用において非線形性が顕著になり，多光子吸収を利用したプロセシングや熱的影響が無視できる加工が実現する．

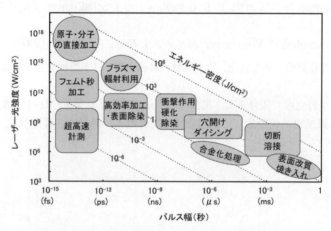

図1　パルス幅で整理したレーザーの産業応用
レーザーのパルス幅が長いと加熱による加工が中心となり，
パルス幅が短くなるとアブレーション加工が利用されている

＊　Masayuki Fujita　㈶レーザー技術総合研究所　主任研究員

第2章　表面加工技術

パルス幅が1ピコ秒以下のパルスレーザーを用いた加工が一般的にフェムト秒レーザー加工と呼ばれている。

　ここでは，フェムト秒レーザーを用いることにより特徴的に現れる金属の加工現象について紹介する。

2.2　フェムト秒パルスとは

　フェムト秒という時間パルスはどのようなものかを一般的に利用されている100フェムト秒というパルス幅を例にとって紹介する。図2に光が進む距離で比較した時間の目安を示す。光は1秒間に地球の周りを7周半伝搬することができる。100フェムト秒（10^{-13} 秒）の間に光は僅か30 μm しか進まない。髪の毛の太さの約1/3である。ビーム口径が3 mmとすればアスペクト比100のペラペラの薄皮状の光となる。このような光が比較的容易に利用できるようになってきている。

2.3　切れ味の良いフェムト秒加工

　最も人々を魅了したのは熱変性領域が無視できる加工が実証された点であろう[4]。その一例を図3に示す。図3(a)は10ナノ秒パルスを銅板に照射したときの加工痕の例である。加工部周辺に溶融領域が見られ再凝固した飛散物が周囲に付着している。一方，図3(b)は同じ銅板に100フェムト秒パルスを照射したときの加工痕である。エッジが鋭く溶融領域がほとんど無視できる加工が実現できている。

　レーザーは周波数が極めて高い電磁波であり，そのエネルギーはまず電子に吸収される（時間スケールはレーザーパルス幅程度～100 fs）。その後，エネルギーを受けた電子が周囲のイオンや格子を形成する原子と衝突して物質が加熱される（時間スケールは金属の場合，10 ps程度）。格子原子が充分エネルギーを得ると物質が溶融・蒸発・プラズマ化する（時間スケールは金属の場合，数10 ps～100 ps程度）。従って，フェムト秒レーザーパルスは周囲に熱が伝わるよりも短

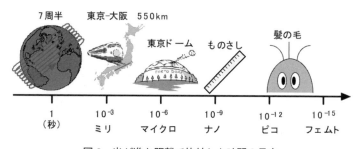

図2　光が進む距離で比較した時間の目安

無機材料の表面処理・改質技術と将来展望

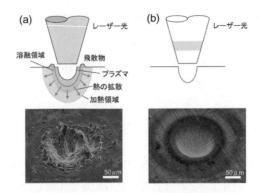

図3 異なるパルス幅のレーザーを銅板に照射したときの加工痕の比較
(a)パルス幅10ナノ秒のYAGレーザー
(b)パルス幅100フェムト秒のTi：Sapphireレーザー

い時間だけ固体の表面と相互作用することとなり図3(b)のような加工が可能となる。一方，レーザーのパルス幅が長いとレーザーエネルギーはプラズマの加熱に費やされて図3(a)のような溶融領域が形成されてしまう。

2.4 加工レート

レーザー加工特性を表すために，横軸を照射フルーエンス（J/cm^2），縦軸をアブレーションレート（レーザーパルス照射あたりの加工深さで単位は nm/shot）にしたグラフがよく用いられている（アブレーションとは，剥離，除去を意味し，プラズマが発生するようなレーザー加工現象をアブレーションと呼んでいる）。図4に銅を試料とした時の加工特性を示す。加工しきい値は理論的にパルス幅の1/2乗に比例して低下するという依存性が知られていたが，レーザーパルス幅が10 ps以下で加工しきい値の依存性が変化することが見出され，その後のフェムト秒レーザー加工現象の研究展開につながった[5〜11]。

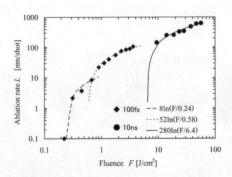

図4 銅を試料とした時のレーザー加工特性
各曲線はモデル式(1)によるフィッティングを示す

第2章　表面加工技術

一般にアブレーションレート L のレーザフルーエンス F に対する依存性は次式で表される[5]。

$$L = l\left[\ln(F/F_{th})\right] \tag{1}$$

l は加工に寄与するエネルギーの伝搬距離を表し，光侵入長（金属に対する電磁波のスキンデプス）または熱拡散長が代入される。光または熱（光からエネルギーを受けた電子が媒体となる）が試料内部に伝搬してアブレーションが起こるというモデルにもとづく。(1)式を実験データにフィッティングさせ，$L=0$ となるフルーエンスで加工しきい値は評価されるが，フェムト秒加工の場合は二つの加工しきい値が確認でき(1)式の重ね合わせでフィッティングされる。図4の場合は，$l=8$ nm（光侵入長），58 nm（熱拡散長）を代入した曲線が示されている。より詳細な研究では，さらに低フルーエンスでの第三のしきい値の存在が指摘されている[12,13]。

フェムト秒レーザー加工ではレーザーとプラズマの相互作用が存在せず，レーザー光は固体表面とだけ相互作用するため図5に示すような簡単なイメージが描ける。照射強度が高い場合は熱伝導で加熱された領域がアブレーションするが，照射強度を低くしていくと熱伝導で加熱された領域はアブレーションに至らずに，光侵入で加熱された領域のアブレーションへと変化していく。フェムト秒加工と言えども熱伝導は存在し，その範囲が極めて限られているために熱影響層が小さく，光侵入長で決まるアブレーションになると熱影響層がほとんど無視できるいわゆる"非熱加工"が実現する。

しきい値近傍のフルーエンスで試料を照射することにより微細加工が可能となる。しきい値を利用した加工の例として図6に毛髪の穴開け加工の写真を示す。この時の照射スポットサイズは直径 $100\,\mu m$ であるが，加工穴の直径は約 $20\,\mu m$ である。毛髪は金属と比較して熱変性が起きやすいが，穴周囲の僅かな部分を除けば，毛髪表面には組織の変化は見られない。また，照射スポットの中心部だけがしきい値を超えるように調整すれば，波長よりも十分短いサブミクロンスケールの加工が可能となる。

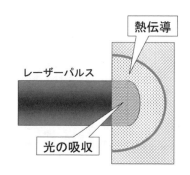

図5　フェムト秒レーザー加工を支配する光侵入長と熱拡散長のイメージ図

無機材料の表面処理・改質技術と将来展望

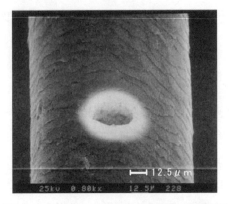

図6　フェムト秒レーザーによる毛髪への穴開け

この他，セラミックスのフェムト秒レーザー加工は文献14に報告されている。

2.5　ナノ周期構造形成

　フェムト秒レーザーを加工が起きるか起きないかという弱い集光強度で物質に照射すると，表面にサブミクロンの微細周期構造が自発的に形成される。その周期はレーザー波長よりも短いことが報告されている。図7にフェムト秒レーザーの照射によって生成された自己形成周期構造の写真を示す。レーザーの干渉パターンを用いずに，試料上でレーザースポット内に回折格子のような溝構造を作り出すことができる。可視光の回折による虹色の反射が目視で確認できることから，照射領域全般にわたって構造の規則性が高いことが分かる。溝の方向はレーザーの偏光に対して垂直方向に形成される。

　この周期構造のアスペクト比を調べるために，裁縫針の先端にレーザー旋盤[15)]の原理で細いボルト状の細線の製作を試みた。図8には，製作された直径3μm長さ200μmのボルト状細線の走査型電子顕微鏡観察写真を示す。図8右下は先端部分を拡大したものでボルト状細線のピッチは，約260 nm，深さ約500 nmであった。

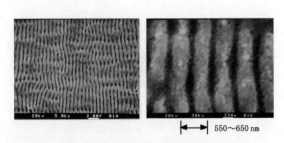

図7　フェムト秒レーザーの照射によって銅試料
　　表面に自己形成されたナノ周期構造

第2章 表面加工技術

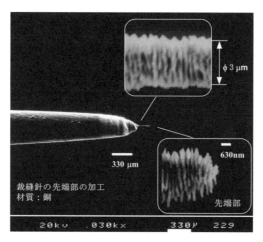

図8 フェムト秒レーザー旋盤で加工した裁縫針の先端

最近，この周期構造に表面摩擦の低減効果があることが報告された[16]。また，フェムト秒パルスによりガラス内部に形成されたドット（屈折率変化部）の中にも波長より短い周期構造が観察されている[17]。

2.6 おわりに

フェムト秒パルスはプラズマと相互作用することなく，照射部周囲の熱影響を無視できるレーザー加工を可能とする。また，試料表面に微細な周期構造を容易に形成することを可能とする。一方で，熱伝導が限定されるがゆえにパルス照射当たりの加工深さは数nm～数10nmと小さい。また，市販のフェムト秒レーザーの出力は約1W程度であり，炭酸ガスレーザーやYAGレーザーよりも数桁小さい。したがって，熱に敏感な材料の微細加工や金属等の表面加工に適していると言える。

文　献

1) 橋田昌樹，藤田雅之，節原裕一，フェムト秒レーザーによる物質プロセッシング，光学，**31**，621-628（2002）
2) 小原實，藤田雅之，フェムト秒レーザーとは，電気学会誌，**122**（11），740-743（2002）
3) 藤田雅之，橋田昌樹，フェムト秒レーザーの応用，応用物理，**73**（2），178-185（2004）
4) B. N. Chichkov, C. Momma, S. Nolte, F. Alvensleben, and A. Tunnermann, *Appl. Phys. A*, **63**, 109（1996）

5) S. Nolte, C. Momma, H. Jacobs, A. Tunnermann, B. N. Chichkov, B. Wellegehausen, and H. Welling, *J. Opt. Soc. Am. B*, **14**, 2176 (1997)
6) K. Furusawa, K. Takahashi, H. Kumagai, K. Midorikawa, and M. Obara, *Appl. Phys. A*, **69** [Suppl.], S 359 (1999)
7) B. C. Stuart, M. D. Feit, S. Herman, A. M. Rubenchik, B. W. Shore, and M. D. Perry, *J. Opt. Sco. Am. B*, **13**, 459 (1996)
8) P. P. Pronko, S. K. Dutta, J. Squier, J. V. Rudd, D. Du, G. Mourou, *Opt. Comm.*, **114**, 106 (1995)
9) S. S. Wellershoff, J. Hohlfeld, J. Gudde, E. Matthias, *Appl. Phys. A*, **69** [Suppl.], S 99 (1999)
10) P. Pronko, S. K. Dutta, D. Du, R. K. Singh, *J. App. Phys.*, **78**, 6233 (1995)
11) S. Preuss, A. Demchuk, M. Stuke, *App. Phys. A*, **61**, 33 (1995)
12) M. Hashida, A. F. Semerok, O. Gobert, G. Petite, J. F-. Wagne, *Proc. SPIE.*, **4423**, 178-185 (2001)
13) M. Hashida, A. F. Semerok, O. Gobert, G. Petite, Y. Izawa, J. F-. Wagner, *Appl. Surf. Sci.*, **197-198**, 862-867 (2002)
14) 長嶋謙吾, 橋田昌樹, 甲藤正人, 塚本雅裕, 藤田雅之, 井澤靖和, 電気学会論文誌 C (電子・情報・システム部門誌) IEEJ Trans. EIS, **124** (2), 338-392 (2004)
15) 河村良行, レーザー研究, **24**, 460 (1996)
16) 沢田博司, 川原公介, 二宮孝文, 森淳暢, 黒澤宏, 精密工学会誌, **70**, 133 (2004)
17) J. Qiu, 平尾一之, レーザー研究, **30**, 233 (2002)

第3章 表面被覆改質技術

1 CVD技術の紹介と今後の見通し

藤原浩司*

1.1 はじめに

　CVDとは，Chemical Vapor Depositionの略で，化学的気相蒸着法と呼ばれる。膜の原料（Ti，Cr等）をガスで供給し，熱エネルギーで対象物の表面に析出させる方法である。金型に対するCVDコーティングとしては，ドイツのメタルゲゼルシャフト社が1950年代にTiCを開発し，日本ではトーヨーエイテック㈱が1968年に初めて実用化，営業を開始した。以来，プレス金型の分野では多くのお客様に使用されている。当初は金型寿命を延ばすためのコーティングであったが，最近では加工条件が厳しくなってきており，コーティング無しでは初回からかじりが発生する例もある。現在では，CVD技術は金型に対するものよりも半導体製造に関するほうが新技術の開発が盛んであるが，今回は金型に対するコーティング技術を紹介する。

1.2 コーティング方法

　CVD法は，大きく表面改質として分類されるものの一手法である。表面改質とは，金型・部品等の表面を変化させ，耐磨耗性・耐腐食性・耐溶損性・すべり性，あるいは表面の濡れ性の改

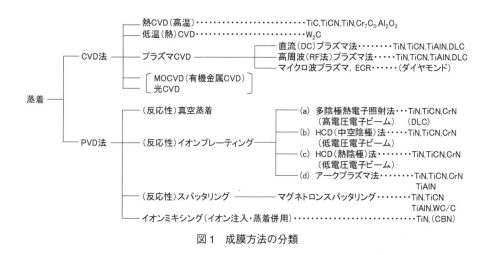

図1　成膜方法の分類

---

*　Fujiwara Hiroshi　トーヨーエイテック㈱　表面処理事業部　研究開発部　部長

善等を行う。また，金メッキ・装飾用クロムメッキ等意匠性を求めて表面処理する例も多い。

表面を変化させる手法として母材表面を物理的に変化させるブラスト・ピーニング，母材に他の元素を化学反応させ性状そのものを改質する拡散浸透，母材の表面に薄い膜を生成する成膜がある。成膜はメッキ・蒸着に分かれるが，図1に蒸着と呼ばれている手法の分類を示す[1]。

1.3 CVD法とPVD法の特徴

CVD法には以下の特徴がある。
- ガスによる化学反応で蒸着するため，形状による膜厚や付き回りのバラツキが少ない。
- 膜厚は多くの場合PVDの倍以上であり，また，密着力も高いため重プレス加工に適している。
- 1000℃の高温で処理するため，膜と母材との間でC成分等の拡散現象が発生し，強い密着力が得られる。
- 装置が大きいので大物も処理可能であり，価格もPVDに比べると安価である。

しかし，コーティング後に熱処理が必要であり，変寸・変形が避けられない。一般的には寸法の±0.05%以内に収まるが，前熱処理の状態によっては大きく変化する物もあり，CVDの弱点となっている。

一方，PVD（Physical Vapor Deposition）は約500℃での処理であり，高温焼戻ししている金

表1 CVDとPVDの特徴

項目 \ コーティング方法	PVD	熱CVD
原理	膜成分物質を蒸発，イオン化して膜を形成する	膜成分を含むガスを高温で化学反応させて膜を形成する
多用されている膜	TiN, TiCN, TiAlN, CrN, DLCなど	TiC, TiCN, Cr_7C_3, Al_2O_3, SiCなど
膜厚（μm）	1〜5	3〜15
処理温度（℃）	200〜600	800〜1100
マスキング	ラフには可能	困難
密着性	○	◎
つきまわり性	△	◎
寸法精度・変形	◎	△
適用材質	超硬合金，セラミック，非鉄金属，非鉄合金（Al，一部のAl合金，Cu，一部のCu合金，Ti，Ti合金，Ni，Ni合金など）ほとんどすべての鉄鋼	超硬合金鉄鋼材料（SK，SKS，SKD，SKH，SUS，粉末ハイスなど）

第3章　表面被覆改質技術

型に対しては変寸・変形がない，多元素系の膜が容易に作れるという特徴がある。しかし，CVDより付き回りが悪く，一般的に膜厚が薄い，装置が高価なため処理費も高価，という欠点がある。近年PVD膜の新規開発・改良も進んでおり，厚板のプレス金型においても使用条件によっては一部CVDから置き換わっている。CVD・PVDの特徴を表1に示す[1]。

1.4　CVDの主な膜種と特徴

① TiC：膜が非常に硬く膜厚も6～10μmあり，すべり性も良いので，板金プレス加工には広く一般的に使われている。最近，TiCをPVDでコーティングする手法も開発されている。（以下括弧内適用用途：プレス金型）

$$TiCl_4 + CH_4 \rightarrow TiC + 4HCl$$

② TiCN：3層膜で，表面硬度はTiCより低いが靱性は高く，母材が強い圧縮荷重を受けるような，膜靱性が必要とされる加工に向いている。（プレス金型，スローアウェイチップ，ダイキャストピン等）

$$TiCl_4 + CH_4 + 1/2\,N_2 \rightarrow TiCN + 4HCl$$

③ CrC：大気中での耐熱温度が非常に高い（約750℃）ため，高温にさらされる部品・型に適している。撥水性及びゴム・樹脂に対する離型性が優れている。緻密な膜で，耐食性に優れている。膜が比較的柔らかいため，耐摩耗性は劣る。（ゴム・樹脂成形金型，ノズル，スクリューヘッド等）

$$7\,CrCl_2 + 3\,CH_4 + H_2 \rightarrow Cr_7C_3 + 14\,HCl$$

④ W_2C：約400℃の低温で処理可能であり，CVDの付き回りのよさとPVDの高精度を兼ね備えた膜である。密着力がTiC等に比べ弱く，強い面圧のかかるプレス加工には向かない。（樹脂型等）

$$2\,WF_6 + 1/6\,C_6H_6 + 11/2\,H_2 \rightarrow W_2C + 12\,HF$$

表2に，主なCVD膜の特徴と，コーティング時の注意事項を示す。

1.5　装置

CVDの装置は，コーティング時の圧力が常圧と減圧，反応炉の形でベル型とピット型に分けられる。常圧炉は真空排気系の機器が不要でシンプルな構成となるが，減圧炉は強制的にガスを流すために膜の付き回りが良い。減圧炉の場合，CVDの原料ガスは塩化物を使用することが多く，ポンプの腐蝕への対策，処理バッチごとのメンテナンスが必要となる。

ベル型は土台に品物を積み上げていき，反応炉とヒーターをかぶせてコーティングを行う。ガス導入配管を土台に固定するため配管の付け外しが不要，品物のセットが容易という特徴がある。

表2 主なCVD膜の特徴と注意事項

処理方法			CVD（化学蒸着法）			
コーティング商品名			TiC	C-TiCN	CrC	W₂C
膜色			銀色	金褐色	銀灰色	銀色
膜の基本特性	処理温度		1,000℃	1,000℃	1,000℃	400℃
	膜厚		6～10μm（超硬は2～5μm。但しCrCは超硬にはつきません）			15μm
	膜の硬さ		HV 3,000～3,800	HV 2,500～3,000	HV 1,500～1,700	HV 2,300
	寸法精度		△	△	△	○
	つき回り		◎細穴，複数形状にも可			
	膜の強度		◎	◎	◎	△
	耐摩耗性		◎	○	△	○
	耐食性		○	○	◎◎	◎
	耐酸化性		△350℃	○600℃	◎750℃	△450℃
	離型性		○	○	○	◎
コーティング前熱処理	SKD 11 DC 11 SLD	丸物	不要（但し精密品は事前打ち合わせ要）			必要（520℃以上の焼戻し2回）
		角物	必要（但し精度がラフな物は生でも可）推奨条件 1030℃ 真空焼入＋510℃ 焼戻2回			
	DC 53 SLD 8	丸物	不要（但し必ず事前打ち合わせを要す）			
		角物	必要（但し精度がラフな物は生でも可）推奨条件 1030℃ 真空焼入＋520℃ 焼戻2回			
	高速度鋼	丸角物共通	必要（寸法コントロールが効かないため）			必要
	SKS・SK	丸角物共通	必要	処理不可		
その他注意事項	①		ロー付け品は不可			
	②		焼き嵌め・圧入品は御相談下さい。			
	③		放電・ワイヤー目へのコーティングはなるべく避けて下さい。			
	④		コーティング前の品物の表面粗さはRy＝0.8μm以下を目標に，機械加工又は磨きを実施して下さい。			
	⑤					

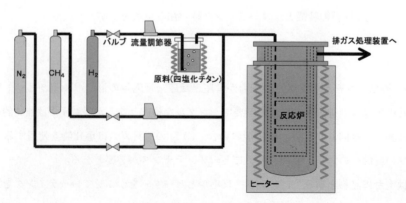

図2 常圧ピット炉（TiC）

第3章　表面被覆改質技術

ピット型はヒーター据え置きで反応炉を上から入れる。品物を反応炉の蓋に吊り下げてセットするためやや難しく，ガス導入配管を処理バッチごとに付け外しする必要があるが，コーティング終了後通常数時間かかる冷却工程が，ガス配管を切り離せば別の場所で可能であり，ガス供給システム・ヒーターの有効活用が可能である。図2に常圧ピット炉のガス系統図を示す。

1.6　TiC処理の工程

CVDはPVDに比べ工程数が多く，また技術を要する工程も多い。例として，TiC処理の工程を以下に示す。

① 受入・検査…受入時の寸法を記録し，処理後の寸法調整・矯正で極力受入時の寸法に近づける。また，再処理品に関しては割れが発生している場合もあり，受入時の検査が重要である。

② 脱ガス…吊りボルトの止まり穴等にグリスなどが固着している場合がある。これらが洗浄では取りきれない場合もあり，コーティング中に気化し，正常な成膜を妨げる原因となる。後工程の磨きを容易にする目的も含め，真空炉で焼鈍を行う。

③ 磨き…CVDにおいて非常に重要な工程である。金型表面に存在する酸化膜等の成膜を阻害する要因を取り除くと共に，表面粗さを改善することにより金型使用時の相手材のすべりをよくし，かじりを防止する。特に指定がない限り0.8S以下まで磨く。

④ コーティング…昇温から取出しまで約8時間かかる。寸法精度が重要な物についてはコーティング後に寸法を測定し，必要に応じて焼鈍工程を行う。

⑤ 焼入れ…それぞれの鋼種に応じた条件で焼入れを行う。コーティング品は，膜の酸化を防ぐため必ず真空焼入れ炉を使用する。

⑥ 焼戻し（寸法調整）…焼入れ後の寸法を測定し，プレス金型としてごく一般的なSKD 11系の材料に対しては受入時の原寸に近づくような焼戻し温度を選択する（180～520℃）。サブゼロ処理を行う場合もある。SK材，ハイス系については所定の焼戻し温度で実施する。

⑦ 曲り矯正…細長い形状のパンチ等については，熱処理変形をしたものに対し，曲り矯正を行う。バーナーで加熱し，プレスで逆方向へ力を加える。

⑧ 仕上げ磨き…CVDでは原料が母材の元素・他の原料ガスと反応し，処理品表面上で結晶が成長していく。膜の表面は数μm程度に成長した結晶の凹凸に覆われているが，ダイヤモンドペースト等でラップすることにより凹凸を無くし，金型上の製品のすべりをよくする。表面が粗いままだと加工品がミクロ的な部分でひっかかり，凝着が発生する。これが，製品に傷を付けると共にコーティング膜にも局所的な圧力がかかり，剥離に至る原因となる。写真1に，コーティング直後のTiC膜表面と，仕上げ磨き後の表面の写真を示す。

 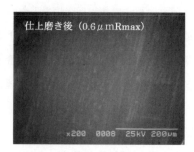

写真1　仕上磨き前後のTiC膜表面

⑨　不要部膜除去…コーティングが必要な金型には，自動車のクロスメンバー・ピラー等1m を越すような大きな金型も多い。炉に挿入可能な大きさは限られており，また大きな金型に なると熱変形・変寸も大きくなるため，通常200〜300 mm程度の幅で分割されている。CVD では処理後の熱変形・変寸が避けられないため，分割された金型を再度すり合わせ調整する 必要がある。すり合わせ面にコーティング膜が存在すると研磨が困難であるが，CVDはガ スを使用するという原理上処理中のマスキングが不可能であり，不要部の膜をサンドブラス トで除去する。

⑩　検査…外観・寸法・母材硬度を測定する。膜厚は，金型の破壊調査が不可能なためコーテ ィング時同時挿入したテストピースで測定する。β線後方散乱を利用した膜厚計も存在する。

1.7　新たな技術（タフコート）

CVDに関してはTiC，TiCN膜以来，長らく新たな技術開発がなかった。さらに，寸法調整 の難しさ・PVDの性能向上もあり，CVDからPVDへの転換が進みつつある。しかし，超々ハ イテンと呼ばれるような1 Gpaを超える難加工に対しては，まだCVDの性能が必要とされてい る。この状況下で，CVD膜そのものの性能を十二分に発揮させるべく母材の表面状態に着目し， 「タフコート」が開発された。コーティング前の母材表面に特殊処理を行い，膜の密着力向上・ 潤滑油保持能力の向上を実現した。各種ベンチテストでも高性能を発揮し，実型での実績も出て

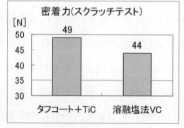 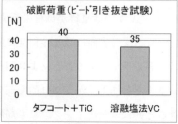

図3　タフコート＋TiCベンチテスト結果

第3章　表面被覆改質技術

メンバーFR フロアークロスサイド R&L
板厚：3.2mm
強度：420Mpa
寿命：溶融塩法 VC‥‥100,000ショット
　　　タフコート＋TiC‥‥300,000ショット

写真2　タフコート＋TiC 実型での寿命延長効果

いる。図3にタフコート＋TiC 複合処理のベンチテスト結果，写真2に実型での寿命延長実績を示す。

1.8　まとめ

高温 CVD でしかできなかった TiC 膜を PVD で処理する「低温 TiC」も開発され，PVD の適用範囲は拡大を続ける一方，CVD は横ばいもしくは縮小の方向に向かうと思われる。しかし，近年多用されている高張力鋼板の厚板加工においては，まだ CVD が性能面で優位であり，今後 CVD・PVD の適用分野は負荷の大小によりある程度の住み分けができていくと考えられる。今回紹介したタフコートのように，複数の処理を組み合わせた複合処理が性能向上の大きな鍵を握っている。

文　　献

1)　中尾敦巳ほか，機械設計，41（15），58（1997）

2 PVD法

三浦健一*

2.1 はじめに

近年，金属材料の使用条件が著しく過酷となり，もはや単独の金属材料では対応できないことが多くなってきた。このため，母材金属の性能を生かした上で表面に新たな機能を付与する，いわゆる「表面改質」が盛んに行われるようになってきた。今日，金属材料の表面改質は様々な新製品の開発においてきわめて重要度の高い技術となっている。

金属材料の表面改質技術としては，浸炭，窒化に代表される表面熱処理技術，溶射技術，めっき技術など様々なものがあるが，最近，表面に母材金属とは異なる化合物などを被覆する物理蒸着（Physical Vapor Deposition：PVD）法が各種分野で注目されている。

PVD法には真空蒸着法とプラズマを利用するスパッタリング法およびイオンプレーティング法の3つの代表的な皮膜形成法がある。1970年代初頭の公害問題から主に気相化学反応を利用する化学蒸着（Chemical Vapor Deposition：CVD）法とは対照的な無公害の皮膜形成法として注目を集めた。特徴として，①低温での皮膜形成が可能なため基材を広範囲に選択できかつ基材の熱変形も少ない，②蒸発源の材質に制約が少なく多種類の皮膜形成が可能である，③蒸発源のマルチ化，導入ガス系の切り替えなどにより皮膜の複合化や多層化，組成の傾斜化が容易である，などの長所を有することから適用分野を着実に拡大させてきた。また，昨今の環境保全への配慮から湿式めっきの代替技術としても強い関心が寄せられている。

本節では，PVD法の中でも工具や金型などの金属製品への構造用皮膜の形成に広く適用されているイオンプレーティング法について概説する。

2.2 イオンプレーティング法の種類と基本原理

イオンプレーティング法は1963年米国NASAのMattoxら[1]によってはじめて提唱された皮膜形成法である。それは，加熱・蒸発させた金属原子の一部をグロー放電プラズマ中でイオン化し，負電圧に印加した基板上に衝突させて皮膜を形成する方法（二極DC法）であった。従来の真空蒸着法に比べて皮膜のつき回り性が良く緻密で密着性に優れ，比較的密着性が良いとされたスパッタ法に比べて成膜速度が格段に速いことから広く注目を集めた。以来，主に①イオン化効率の向上，②高真空での処理の安定化による皮膜の高純度化，③量産性，生産性の向上，などを目的とした技術改良が展開され，これまでに，TiC皮膜の形成に初めて成功したBunshahらによる活性化反応蒸着法[2]をはじめ，中空陰極放電（Hollow Cathode Discharge：HCD）法[3,4]，ク

---

*　Ken-ichi Miura　大阪府立産業技術総合研究所　機械金属部　金属表面処理系　主任研究員

第3章 表面被覆改質技術

ラスターイオンビーム法[5]，高周波励起法[6]，多陰極法[7]，アークイオンプレーティング（Arc Ion Plating：AIP）法[8]など様々な方式が提案されてきた。また，今日では蒸発源のマルチ化や異なる方式が搭載された装置も開発されている。ただ，いずれにしても，イオンプレーティング法の基本的な定義としては「何らかの方法で固体材料を蒸発させ，それらを何らかの方法でイオン化させて負のバイアス電圧を印加した基材に堆積させることで皮膜を形成する方法」とすることができる。

現在，工業的にもっとも多用されている方式としてはHCD法とAIP法の2方式が挙げられる。図1に両方式の概略図を示す。HCD法は中空陰極放電方式による低電圧，高電流の電子ビームを用いる方式で，皮膜形成用材料をHCD電子ビームの照射により蒸発させ，同時にこの電子ビーム照射によって蒸発原子および導入ガスをイオン化させて負のバイアス電圧を印加した基材に堆積させることで皮膜を形成する方法である。皮膜形成用材料の大量蒸発が容易なため成膜速度が速いことを特徴とする。また，高電流の電子ビームを用いるため蒸発原子と電子の衝突確率が高く，高いイオン化率（40〜75％）が得られる。ただ，蒸発源があまり高温とならないため高融点材料を蒸発させることはできない。一方，AIP法は皮膜形成用材料を陰極（カソード）として真空アーク放電を起こさせることにより蒸発・イオン化させる方法である。通常，数十〜数百Aのアーク電流が用いられ，カソード上に発生する直径$10\mu m$程度のアークスポットには10^6〜$10^8 A/cm^2$もの高密度の電流が集中してカソードが瞬時に溶解・蒸発・イオン化する。このため，HCD法などでは困難な高融点材料や合金材料も比較的容易に蒸発させることができ，イオン化率も約80％と高い。また，真空アーク放電ではアークスポットがカソード上をランダムに動き回り，カソードは瞬時に溶解・凝固するため常に固体状態が保たれる。このため，皮膜形成用材料を真空槽内の床だけでなく側面や上面にも複数個配置できることから皮膜のつき回り性

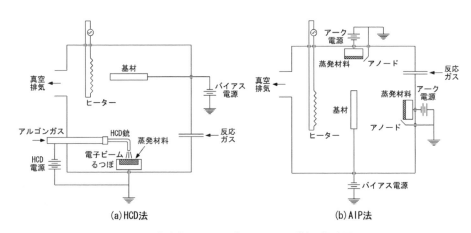

図1　代表的なイオンプレーティング法の概略図

が良い。また，基材への輻射熱の影響も少なく200℃以下での皮膜形成が可能である。ただ，アークスポットでは電気的に中性な溶滴（ドロップレット）も同時に発生し，これらが皮膜形成時に取り込まれることからHCD法などに比べて皮膜の表面粗度が劣る。

2.3 膜質制御の重要性

イオンプレーティング法では「基材温度を何℃に，バイアス電圧を何Vに，ガス圧力を何Paに，…」など，皮膜形成を行う際のプロセスパラメータが非常に多い。したがって，パラメータ種の数を次元とするきわめて広範な被覆条件が存在するため皮膜の性質は被覆条件によって大きく変動する。このため，イオンプレーティング法では最適な各パラメータ値を選択して要求性能を最大限に発揮しうる皮膜を形成すること，すなわち，皮膜の性質を的確に制御することが重要となる。しかし，被覆条件と膜質の関係さえ把握しておけば的確な膜質制御が可能かと言えば必ずしもそうとは限らない。被覆技術に携わったことのある大抵の技術者は経験していると思うが，同じ被覆条件でも形成される皮膜の性質がばらつくことがしばしばあるからである。これは，プロセスパラメータ以外の因子も膜質に影響を及ぼすことを意味し，膜質制御を困難にしている要因となっている。このことを如実に物語る一例を図2に示す[9]。これはHCD法によるチタン窒化物皮膜形成時の窒素ガス混合比に対する皮膜中の不純物酸素濃度を調べた結果である。ガス圧力0.67 Paの系列では一見酸素濃度の変化に特定の傾向は認められない。しかし，作製日が近接した皮膜群ごとに分類するとガス混合比が高いほど酸素濃度が低いという同じ傾向が認められる。そして，ガス混合比にあまり依存していないガス圧力2.89 Paの系列でも作製日が大きく異なる

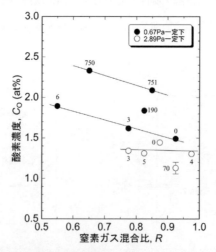

図2　窒素ガス混合比 $R=[N_2]/[Ar+N_2]$ に対する
チタン窒化物皮膜中の酸素濃度の変化
※記号に添えた数値は0を基準日として何日後に形成した皮膜かを表す。

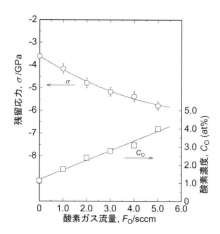

図3 チタン窒化物皮膜形成時の酸素ガス流量に対する残留応力および酸素濃度の変化

ものは直線上から少し外れる。これらの差異は装置の使用履歴によってカソードの消耗状態や真空槽内壁のガス吸着の程度などが異なることによって生じたものと考えられ，プロセスパラメータとは言い難い因子が酸素濃度に影響していることがわかる。また，図3にチタン窒化物皮膜形成時に酸素を意図的に添加したときの皮膜に発生する圧縮応力について調べた結果を示す[10]。イオンプレーティング法で形成した皮膜には一般に大きな圧縮応力が内在するが，不純物酸素は微量でも圧縮応力の大きさに強い影響を及ぼす。圧縮応力は皮膜のもっとも基本的な性質である密着性[11]や硬さ[12]に影響を及ぼすため，不純物酸素は膜質を安定化させる上でもっとも注意しなければならない因子の一つである。さらに，皮膜はバルク材とは異なり柱状晶を基本構造とする。そのような構造の皮膜に大きな圧縮応力が内在する場合，耐摩耗性[13]や被覆基材の耐食性[14,15]に悪影響を及ぼす。すなわち，イオンプレーティング法において的確な膜質制御を行うためには皮膜特有の性質である圧縮応力と柱状晶構造を念頭に置いた上で，これらに影響を及ぼす因子を制御することが重要となる。なお，HCD法によるチタン窒化物皮膜の膜質制御に関しては一連の報告[9,10,12,14~17]を行っているのでそれらを参照されたい。

2.4 耐摩耗性＋潤滑性向上の時代へ

最近の材料開発においては，従来の耐食，耐摩耗などの耐久性だけでなく，消費エネルギーの削減や環境保全への配慮から軽量化，低しゅう動性，リサイクル性なども要求される。このため，今日，工具や金型の寿命延長のために不可欠となったPVD皮膜に対しても，加工油や摩擦損失の低減を図るため耐摩耗性とともに高潤滑性が強く求められる時代となった。このような背景から，我々は，硬質化合物皮膜に潤滑剤などを充填あるいは保持させるための微細孔を形成するこ

無機材料の表面処理・改質技術と将来展望

とで耐摩耗性と高潤滑性を同時に付与する技術の開発に取り組んできた。ここでは，今回開発した微細孔を有する硬質化合物皮膜の形成技術と実際に塑性加工金型に適用した事例を紹介する。

2.4.1 微細孔を有する硬質化合物皮膜の形成プロセス[18]

材料の表面に微細孔を形成する方法としては電子デバイス分野で用いられているフォトリソグラフィー技術などが考えられる。ただ，金型表面や機械部品のしゅう動部は一般に平面形状でない場合が多くフォトリソグラフィー技術の適用は困難である。そこで，適用部品の形状に制約を受けない新しい方法として微粒子を基材に付着させて硬質膜形成時のマスクとする方法を考案した。その概略を図4に示す。まず，分散めっきにより基材表面にめっき処理を施すとともに微粒子を付着させる（工程Ⅰ）。そして，イオンプレーティングなどにより硬質膜を形成し（工程Ⅱ），被覆処理後，微粒子を取り除く（工程Ⅲ）ことで微細孔が形成される。写真1に直径3μmの微粒子を用いて形成した微細孔CrN皮膜表面の走査電子顕微鏡（SEM）写真を示す。微細孔がほぼ均一に分散・形成されていることがわかる。

2.4.2 塑性加工金型への適用事例[19]

通常のCrN皮膜と微細孔を有するCrN皮膜を被覆した2種類の金型を試作し，円筒深絞り試験により微細孔の効果を調べた。写真2に試作したダイス（材質SKD11）の外観を示す。試験は公称板厚1mmのステンレス鋼板（SUS304）を被加工材として，しわ抑え力5kNで動粘度120 mm^2/s（#120）の塩素系潤滑剤および非塩素系潤滑剤を使用して行った。図5に30回連続円筒深絞り加工時の深絞り最大荷重の推移を示す。塩素系潤滑剤では，通常のCrN皮膜，微細孔CrN皮膜ともに低い荷重を示しているが，微細孔の効果によって約5%程度の荷重の低下が認められる。一方，非塩素系潤滑剤では，通常のCrN皮膜ではかなり高い荷重を示しているが，微細孔

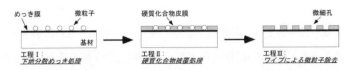

図4 微細孔を有する硬質化合物皮膜の形成プロセス

写真1 微細孔CrN皮膜表面のSEM写真

写真2 試作した円筒深絞り用ダイス
（内径φ42.5×肩R8mm）

第3章　表面被覆改質技術

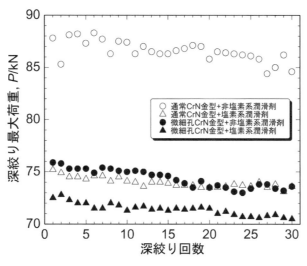

図5　SUS 304板の深絞り最大荷重の推移

CrN皮膜では10%を超える大幅な荷重の低下が認められる。そして，注目すべきは微細孔CrN皮膜＋非塩素系油潤滑剤の組み合わせで塩素系潤滑剤使用時に匹敵する低い深絞り最大荷重が実現していることである。近年，塩素系潤滑剤は廃油処理段階でダイオキシンが発生するため，環境負荷低減の観点から使用の低減・廃止が強く求められている。しかし，ステンレス鋼やチタンのような難加工材は非塩素系潤滑剤では加工が困難であり，依然として塩素系潤滑剤の使用を余儀なくされている。今回紹介した微細孔を有する硬質化合物皮膜の形成技術は環境を配慮した新しい潤滑技術としての提案が可能と考えている。

2.5　おわりに

従来，PVD法は主として工具や金型に適用されることがほとんどであった。しかし，技術改良による密着性の向上に加えDLC膜の登場も契機となって，最近では各種機械部品だけでなく食品包装関係や生体材料などへの適用が積極的に進められている。また，新規皮膜の開発手法も従来行われてきた単なる元素や化合物種の探索からナノメートルオーダーでの膜構造制御へと変化してきている。特に，最近，盛んに研究開発が行われている皮膜のナノコンポジット化や多層構造化は異なる性質の材料をうまく設計・構造化することでそれらの材料単独での性質をはるかに上回る性能を発揮させようとするものである。このような開発においては，イオンプレーティング法やスパッタリング法などの単独方式が採用されるのではなく，PVD法以外の皮膜形成法や表面改質技術をも組み合わせた複合的手法が用いられることが多い。すなわち，「複合表面改質技術」が盛んに研究される時代になっている。ただ，いずれにしても「膜質を制御する」ということを常に念頭において技術開発を進める必要があると考える。

無機材料の表面処理・改質技術と将来展望

文　　献

1) D. M. Mattox *et al.*, *J. Appl. Phys.*, **34**, 2493 (1963)
2) R. F. Bunshah *et al.*, *J. Vac. Sci. Technol.*, **9**, 1385 (1972)
3) C. T. Wan *et al.*, *J. Vac. Sci. Technol.*, **8**, VM 99 (1971)
4) J. R. Morley *et al.*, *J. Vac. Sci. Technol.*, **9**, 1377 (1972)
5) T. Takagi *et al.*, *Jpn. J. Appl. Phys.*, **12**, 315 (1973)
6) 村上洋一ほか, 応用物理, **43**, 687 (1974)
7) Y. Enomoto *et al.*, *J. Vac. Sci. Technol.*, **12**, 827 (1975)
8) H. Randhawa *et al.*, *Surf. Coat. Technol.*, **31**, 303 (1987)
9) 三浦健一ほか, 日本金属学会誌, **64**, 508 (2000)
10) 三浦健一ほか, 日本金属学会誌, **65**, 981 (2001)
11) 石神逸男ほか, 熱処理, **33**, 35 (1993)
12) 三浦健一ほか, 日本金属学会誌, **65**, 972 (2001)
13) 石神逸男, 真空, **43**, 524 (2000)
14) 三浦健一ほか, 日本金属学会誌, **66**, 935 (2002)
15) 三浦健一ほか, 日本金属学会誌, **66**, 944 (2002)
16) 三浦健一ほか, 日本金属学会誌, **59**, 303 (1995)
17) 三浦健一ほか, 日本金属学会誌, **63**, 949 (1999)
18) 三浦健一ほか, 特許第 3504930 号 (2003)
19) 白川信彦ほか, 第 56 回塑性加工連合講演会講演論文集, 307 (2005)

3 イオン注入応用技術

西村芳実*

3.1 はじめに

　表面にイオン注入を行うと，いままで不可能だった性能を付与することができるが，従来から半導体の作製に使われている打ち込むイオン注入は，立体形状に均一に注入することは非常に難しい。立体形状に均一にイオン注入するため，プラズマイオン注入法がアメリカで発案され，欧米で研究されてきた。日本でも1995年から積極的に実用化研究がなされてきた。その中で，筆者らが提案した被処理物をプラズマ源の電極としたプラズマイオン注入法は，イオン注入のコストを従来法の1/50以下に低減し，かつ立体形状にイオン注入ができる方式として認知され定着しつつある。本節では，RF・高電圧パルス重畳法について紹介する。

3.2 プラズマイオン注入法

　本法は，PBII（Plasma-Based Ion Implantation）・PSII（Plasma Source Ion Implantation）・PIII（Plasma Immersion Ion Implantation）などの用語で呼ばれ，イオン注入だけでなくプラズマCVDと併用もしくは複合して用いる場合はPBII&D・PSII&D・PIII&Dが用いられる。これらを総称してプラズマイオン注入法という。

　図1は，プラズマイオン注入法[1,2]の概念図で，プラズマ中に浸した被処理物に負の高電圧パルスを印加すると，被処理物の表面近傍の電子が排斥されたイオンシースが形成され，その周りにプラズマが残留する。印加する負の電圧は，おおむね数kVから数十kVの高い電圧を印加するので，シース中のイオンはその高い電場で加速されイオン注入がなされる。その装置構成は単

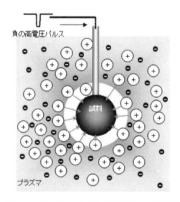

図1　プラズマイオン注入法の概念図

---

*　Yoshimi Nishimura　㈱栗田製作所　技術開発室　特別技術顧問

純で，プラズマ源・高電圧パルス電源・フィードスルー・被処理物・真空容器と排気系およびガス導入系だけで済み，従来の加速するイオン注入法におけるイオン源・加速管・質量分析器・被処理物の二次元や三次元形状へ処理するための回転機構は不必要である。そのため装置構成は非常に簡単である。基本的にプラズマイオン注入法は，三次元形状を持つ被処理物に均一にイオン注入できるが，そのためには均一な分布の高密度プラズマで包囲する必要があり，そのプラズマ発生源の開発と工夫がなされてきた。しかし，被処理物を照射する方式のプラズマ源にあっては，陰になる部分や凹部内面にまでプラズマを輸送するのは困難を極め，二次元の領域では実用できるが，三次元形状では実用にならない課題があった。

3.3 RF・高電圧パルス重畳法

　三次元形状に均一なイオン注入する課題を解決する手段として，導電性を持つ被処理物を電極（アンテナ）として用い，プラズマ発生のための高周波（RF）と負の高電圧パルスを結合して同じフィードスルーから印加して，プラズマを発生させた後，プラズマ中のイオンを被処理物に注入する手法を開発した[3〜5]。図2にその概念図を示し，図3にRFと高電圧パルスを印加する時間的タイミングを示す。RFとパルスのタイミングを的確に変調するため，RFパルスプラズマの生成と消滅の挙動を把握する研究[6]，および高電圧パルス印加時のプラズマ光のスペクトル分光研究[7]を行い，RFのパルス幅・高電圧パルスの幅と時間タイミング・繰り返し周波数などを決定した。また，安全な装置とするために，印加する高電圧パルス電圧値とX線の発生の有無の確認およびその遮蔽について研究を行った[8]。これらの研究結果から，RFパルス幅：5〜50μs，高電圧パルス幅：1〜10μs，繰り返し周波数：10〜4000Hz，パルス電圧：−1〜−20kVの，RF・高電圧パルス重畳型プラズマイオン注入・成膜装置を実用化した。

　図4は，プラズマイオン注入・成膜装置の一例で，プラズマ源は窒素・酸素・水素・アルゴン・メタン・アセチレン・トルエンが使える。専用の気化器を用いることで，有機金属系CVD

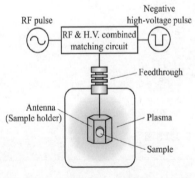

図2　RF・高電圧パルス重畳法の概念図

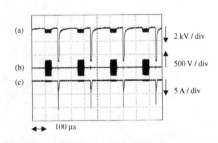

図3　RFと高電圧パルスの重畳タイミング
(a)アンテナ（基材）に印加される電圧波形
(b)RFパルスの入力電圧波形
(c)フィードスルーの電流波形

第 3 章　表面被覆改質技術

図 4　RF・高電圧パルス重畳型プラズマ
イオン注入・製膜装置

材料のテトラメチルシラン（tetramethylsilane：TMS），テトラエトキシシラン（tetraethoxysilane：TEOS），ヘキサメチルジシロキサン（hexamethyldisiloxane：HMDSO），テトライソプロポキシチタン（tetra-isopropoxy titanate：TIPT），など用途に応じて使用することができる。

図5は，プラズマにメタンを用いて，印加するパルス電圧を変化させてSi基板にイオン注入したオージェ分析のシリコン（Si）・炭素（C）・酸素（O）の深さ方向のプロファイルである。図中の（ⅰ）は－5 kV，（ⅱ）は－10 kV，（ⅲ）は－20 kVで，パルス幅5μs，繰り返し周波数1 kHz，ガス圧0.5 Pa，遅延時間50μsで，処理時間はいずれも5分間である。印加する電圧が増加するにつれてカーボンイオン注入されていることがわかる。同様に，プラズマ種をアセチレン，トルエンにして分析すると，分子量が大きくなるにしたがって，注入よりも膜の堆積が優先されるようになる[9]。

したがって，イオン注入を優先させる場合のプラズマ種は原子量の小さい元素が適している。また，分子量の小さい順に用いることで，イオン注入によるミキシング層を形成できるので密着性の良い薄膜が可能になり，また分子量の大きいガス種と混合して用いることで膜堆積中にもイオン注入を効果的に併用することができる。

3.4　イオン注入を併用した DLC 膜

プラズマに炭化水素系ガス種を用いて，ダイヤモンドライクカーボン膜（DLC）が作成できる。DLC膜は，耐食性に優れ，硬くて摩擦係数が低いのが特長で，成分は炭素と水素のみで環境に優しく安全である。本技術開発により，イオン注入コストを従来の1/50以下にしたので，非常に安価にイオン注入効果を付与したDLC膜の作製を可能にした。その最大の効果は，DLC膜の残留応力を激減できることである。

図6は，パルス電圧を変化させた場合の残留応力の計測結果である。図中の●はアセチレンを用いた膜，および○はトルエンの場合である。トルエンを用いた場合，その残留応力は0.1 GPa

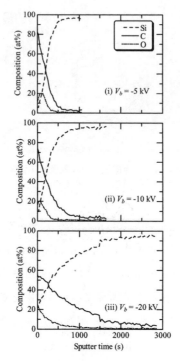

図5 パルス電圧を変化させた場合の深さ方向分析

以下が達成できた。

従来の作成方法における DLC 膜の残留応力は数 GPa から 10 数 GPa であるので，一挙に 1/100 に以下に激減できた。また，イオン注入することで，膜と基材の界面へのミキシング層の形成，化学結合の誘起などから高密着化でき，成膜中にもイオン注入して膜の応力を制御しながら堆積させて厚膜化する。

被処理物自身をプラズマ源のアンテナとしたので，凹凸を伴う大型産業部品に，DLC 膜を高密着で均一にコーティングできるようになり，大きな付加価値を与えることができる。産業利用として，刃離れの悪い肉などの切断用刃物，薬・健康補助食品用の錠剤金型から，腐食性液体用ポンプの軸受け，半導体製造装置の各種部品，大型シリコンウェハーの研磨治具，長く太いフィルム用ロールなどに使われており，従来不可能だった市場を様々な分野で切り開いている。図7は錠剤整形用杵金型にコーティングした例を示す[10]。

第3章　表面被覆改質技術

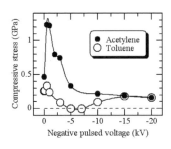

図6　パルス電圧と残留応力の関係

図7　錠剤成型杵へのDLC

3.5　まとめ

　三次元形状に均一にイオン注入することで課題を解決したRF・高電圧パルス重畳法は，産業界に受け入れられはじめ，主に窒素注入処理や高密着厚膜DLC膜のコーティングに使われている。イオン注入と膜堆積を同時に行えるので，膜の設計とプラズマ種の適正化次第では，今までにない膜質による表面改質が可能になった。本方式は，電源システムを大電力化するだけで，スケールアップができる。すでに，直径1.2 m，長さ4.2 mの装置が稼動している。

文　　献

1) R. J. Adler, S. T. Picraux, *Nuclear Instrumentsand Metod in Physics Research*, B 6, p. 123 (1985)
2) J. R. Conrad, J. L. Radtke, R. A. Dodd, F. J. Worzala and N. C. Tran, *J. Appl. Phys.*, **62** (11), p. 4591 (1987)
3) 堀野祐治，電気学会プラズマ研究会，p. 57, 電気学会 (2000)
4) Y. Nishimura, A, Chayahara, Y, Horino, and M, Yatsuzuka, *Surf. Coat. Technol.*, **156**, p. 50 (2002)
5) 西村芳実，博士論文，p. 28, 姫路工業大学大学院 (2004)
6) 西村芳実ほか，電気学会放電研究会資料，p. 13, 電気学会 (2001)
7) M. Onoi, E. Fujiwara, Y. Oka, Y. Nishimura, K. Azuma. AndM. Yatsuzuka, *Surf. Coat. Technol.*, **186**, p. 200 (2002)
8) 日比美彦ほか，プラズマ応用科学，p. 102, プラズマ応用科学会 (2002)
9) 岡好　浩，博士論文，p. 65, 兵庫県立大学大学院 (2007)
10) 三木靖浩ほか，奈良県工業技術センター研究報告，No. 32, 奈良県 (2006)

4 拡散被覆法

吉川雅康*

4.1 カロライズ技術

金属の表面処理法には拡散被覆，溶射被覆，電気メッキ，化学メッキ，気相メッキなどの方法があり，それぞれ耐熱性，耐食性，耐候性，耐摩耗性等，要求される特性によって使い分けられる。

カロライズはこの中で拡散被覆法に分類され，金属表面にアルミニウムを拡散，合金化させる方法である。拡散被覆法としては一般的には表面硬化のための浸炭や窒化が古くから知られている。

拡散被覆法には気体法，液体法，固体法があり，カロライズ処理法は，固体法である粉末パック法と呼ばれる方法で行われるのが一般的である。粉末パック法は拡散させる元素（アルミニウム）の粉末，焼結防止剤，活性剤を設計・配合した粉末浸透剤と被処理物を同一の容器に充填し加熱する方法である。活性剤を添加することによって接触拡散（固体拡散）に加え，活性なハロゲン化アルミニウムを利用するガス拡散を併用し，元素の粉末の非接触部にも均一に拡散できることが可能になり，広く工業的に用いられている。

拡散被覆法は，この方法を広く応用し，クロム，チタン，ホウ素，バナジウム，珪素等，あらゆる元素を拡散させる技術に発展し，近年では複合拡散技術を始め，要素技術の複合化として，脚光を浴びてきている溶射技術やPVD技術等に拡散を組み合わせて更なる性能を高める方法等が開発されてきている。

4.2 メカニズム

拡散はフィックの第2法則によって導かれる。

固相の表面において，溶質（成分）に濃度勾配がある場合，溶質は濃度均一化の方向に向かって移動する。一般的には固相内の各部分において，溶質の化学ポテンシャルあるいは活量に差がある場合，溶質は平衡方向に移動する。すなわち，原子濃度の時間的変化率は拡散係数と濃度勾配の関数で表すことができる。

$$\frac{\delta C}{\delta T} = \frac{\delta}{\delta X} \cdot \left(D \cdot \frac{\delta C}{\delta X} \right)$$

また，拡散係数はアレニウスの法則によって実験的に求めることができる。

---

* Masayasu Yoshikawa 日本カロライズ工業㈱ 開発企画部 取締役部長

第 3 章　表面被覆改質技術

$$D = D_0 \exp\left(\frac{-Q}{RT}\right)$$

4.3　化学反応

① 第 1 段階（ハロゲン化物による活性化）

活性剤として塩化アンモニウムを用いる場合には，熱分解により塩化水素ガスを生じ，さらに金属ハロゲン化物として浸透剤中の金属粉末と塩化水素が反応し，塩化金属ガスを生じる。

$NH_4Cl \rightleftarrows NH_3 + HCl$

$3\,HCl + Me \rightarrow MeCl_3 + 3/2\,H_2$

② 第 2 段階

活性化した金属ハロゲン化物は金属材料表面で下式の反応を起こし，活性な金属の析出を行う。

$MeCl_3 + 3/2\,Fe \rightarrow 3/2\,FeCl_2 + Me$　（置換反応）

$MeCl_3 + 3/2\,H_2 \rightarrow 3\,HCl + Me$　（還元反応）

$MeCl_3 \rightarrow 3/2\,Cl_2 + Me$　　　（熱分解反応）

③ 第 3 段階

第 2 段階で析出した活性な金属粉末が前述のフィックの第 2 法則に従って材料内部へ拡散する。

4.4　各種拡散被覆法

① カロライズ処理（アルミニウム拡散処理）

鉄―アルミニウム合金は，耐高温酸化性，耐高温硫化性，耐浸炭性に優れた特性を有している。カロライズ処理は金属材料表面にアルミニウムを拡散浸透させる表面改質処理法で，母材金属材料の物理的性質を損なうことなくこれらの特性を得ることが可能である。

また，カロライズ処理はベース技術を改良し，アルディック処理，アルシャイン処理（図1），カロン処理，アルコ処理等のラインナップ開発を行い，あらゆる分野の用途に合わせて適切な処理の選択が可能となった。

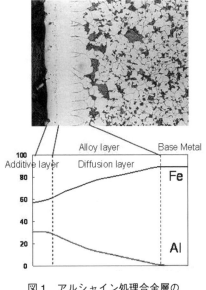

図1　アルシャイン処理合金層の断面組織と成分分布

② クロマイズ処理（クロム拡散処理）

クロマイズ処理によって得られる被膜の性質は金属材料の母材炭素量に影響され，母材炭素量の低い材料では鉄—クロム固溶体層，母材炭素量の高い材料ではクロム炭化物層（CrC）が形成される（図2）。鉄—クロム固溶体層は高温にて緻密な酸化被膜を形成するため，耐高温酸化性，耐食性に優れた特性を有している。また，クロム炭化物層は高温における耐摩耗性能と耐焼き付き性能を向上させる。

クロマイズ処理はこのような性質を利用し，自動車産業を始め，あらゆる分野で適用されている。

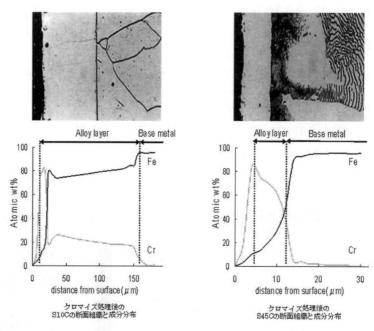

図2　クロマイズ処理

③ ボロナイズ処理（ホウ素拡散処理）

ボロナイズ処理は金属材料にホウ素を拡散させる表面改質法で，Hv 1200〜1800の厚い硬化被膜の形成が可能で，高温でも硬さの低下が少ないため耐高温摩耗性に優れている（図3(a)）。また，ボロナイズ層は脆いFeB層を形成することなくFe_2Bが単層で形成されているため，脆性が低く，更に母材に針状に侵入しているので耐剥離性が高く，耐高温エロージョン性に優れた特性を有している（図3(b)）。

④ バナダイズ処理（バナジウム拡散処理）

バナダイズ処理は金属材料表面にバナジウムを拡散させ，バナジウム炭化物層（VC）を形成

第 3 章　表面被覆改質技術

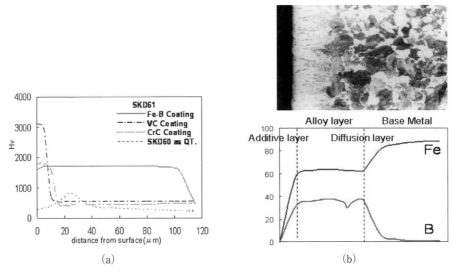

図 3　ボロナイズ処理

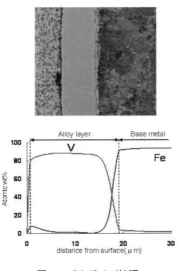

図 4　バナダイズ処理

させる表面改質法である。VC 層は Hv 2200〜2800 の高硬度で耐摩耗性を有した被膜で，ガソリンエンジン用のチェーンピンに適用されている。またバナダイズ処理層は，バナジウムカーバイドと母材金属材料の硬さ，熱膨張係数の違いによる応力剥離を抑制するため，境界部に緩衝層を形成させて密着性を向上していることが特徴である（図 4）。

5 遮熱コーティング技術

山口哲央*

5.1 はじめに

遮熱コーティング（Thermal Barrier Coating：TBC）は，主に航空機エンジンや発電用ガスタービンの動翼，静翼，燃焼器などに適用される，高温の燃焼ガスに曝される部材を保護するためのコーティングである。金属部材の表面に低熱伝導率のセラミックスをコーティングすることにより，表面温度を低下させる。図1にTBCの基本構成及び原理を示す。Ni基超合金などの耐熱金属基材の表面に，高温耐食性・耐酸化性に優れるMCrAlY（M＝Co，Ni）合金などの金属結合層（ボンドコート）を厚さ0.1～0.2 mm施工し，その上に耐熱性かつ低熱伝導率の，イットリア安定化ジルコニア（Yttria Stabilized Zirconia：YSZ）などのセラミックス層（トップコート）を0.2～0.5 mm施工した，2層構造が主流である。TBCには低熱伝導率，高温での相安定性，耐熱衝撃性，高い機械的強度など，複数の特性が要求される。これらの特性はトップコートの微細構造と密接に関係するが，コーティングの構造はプロセスに大きく依存するため，優れたTBCを得るためにはコーティングプロセス自体の開発が重要である。筆者らは2001年度から2006年度まで，新規遮熱コーティング開発を主軸とした国家プロジェクト「ナノコーティング技術」に取り組んできた[1]。ナノコーティングプロジェクトにおいては，新プラズマスプレー，高速PVD，高速PVDを3本柱として新コーティングプロセス開発を進めてきた。新プラズマスプレー（ツインハイブリッドプラズマスプレー）[2]および高速CVD（レーザーCVD）[3]に関する研究成果は

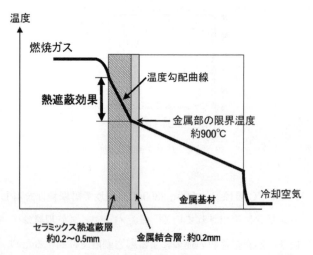

図1 遮熱コーティング（Thermal Barrier Coating：TBC）の概念図

---

* Norio Yamaguchi ㈶ファインセラミックスセンター　材料技術研究所　主任研究員

第 3 章　表面被覆改質技術

他書に譲り，本稿では，筆者らのグループが進めてきた，電子ビーム蒸着（Electron Beam Physical Vapor deposition：EB-PVD）法によるセラミックスコーティング技術開発と，遮熱コーティングへの適用について紹介する。

5.2　TBC コーティングプロセス

上述のように，TBC トップコート膜厚は 0.2～0.5 mm 程度必要なため，TBC のコーティングプロセスには，成膜速度が高いことが要求される。はじめに，現在 TBC の施工法として広く実用化されている大気圧プラズマ溶射（Atmospheric Plasma Spraying：APS）法について概略を述べる。APS は，直流プラズマトーチで発生させた高温（10000℃ 以上），高速（数百 m/s）のプラズマジェットに，粒径十 μm オーダーの粉末を投入して溶融し，基材表面に衝突させて，凝固・堆積させて皮膜を形成する手法である（図2）。プラズマで溶融可能な物質なら適用可能であるので，酸化物を中心に多くの材料に適用されている。また，PVD や CVD と比較して皮膜形成速度が非常に速く（数百 μm/h～数 mm/h），厚膜を容易に形成できるため，耐熱，耐食，耐摩耗などの分野で幅広く活用されてきた。APS 膜はその形成原理に由来して，扁平粒子が積層した構造で，溶融粒子が付着する際に溶着しなかった部分が基材表面に平行な空隙として残されるため，熱伝導率を低下させるのに有効な構造である。しかし，溶融粒子間で剥離しやすいこと，熱サイクルに弱いこと，などの欠点がある。

EB-PVD 法は，近年 TBC の施工法として着目されている手法である。EB-PVD 法は，最も基本的な PVD 法である真空蒸着法の一種で，集束した電子ビームを蒸発材料に照射することにより蒸着材料を局所的に加熱・昇温して溶融・蒸発させ，基材表面に膜を形成する手法である。図 3 に EB-PVD 法の原理と得られる膜構造の模式図を示す。詳細は後述するが，特異的な柱状構造かつ羽毛状構造を有する膜が得られる。EB-PVD 法の特徴として，①高エネルギーの電子ビームで蒸着材料を直接加熱することにより数千℃に加熱することができるため，セラミックス等

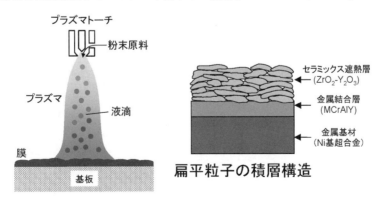

図2　APS の原理図および APS で得られる膜の模式図

無機材料の表面処理・改質技術と将来展望

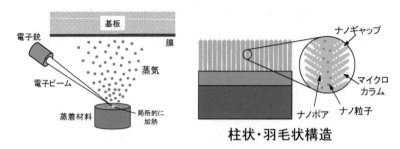

図3　EB-PVDの原理図およびEB-PVDで得られる膜の模式図

の高融点材料の蒸発が可能である，②水冷銅るつぼを使用することにより不純物混入を抑制できるため高純度コーティングが形成できる，③電子ビームの電流値や走査パターンのコントロールにより蒸発速度を正確に制御できる，④蒸着材料を連続的に供給することで安定した蒸着を長時間維持することが可能である，⑤蒸発原料に固体インゴットを用いるため他の手法と比較して原料の制限が小さい，などの点が挙げられる．その一方で，①真空排気系が必要で装置構成が複雑となるため高価，②材料利用効率が数％と低い，などが問題となっている．

5.3　EB-PVDによるYSZコーティングとナノ構造制御

　筆者らは，EB-PVD法を基本として，これまでの技術では不可能であった，TBCをはじめとする耐熱・耐食・耐磨耗など数十～数百μmの厚さを必要とするコーティングに対しても適用可能なナノ構造制御と高速成膜を両立可能な新しいコーティングプロセスの開発を進めてきた．ここでは，EB-PVDによるナノ構造制御に関する研究成果の一部を，YSZコーティングを例に紹介する[4]．筆者らがTBCに関する研究に用いているEB-PVD装置を図4に示す．最高出力150

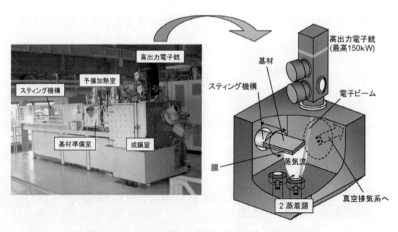

図4　EB-PVD装置の外観および成膜室の概略図

第3章　表面被覆改質技術

kWの高出力電子銃を装備しており，強力な電子ビームを照射することによりほとんど全ての酸化物セラミックスを蒸発させて，コーティングすることが可能である。本装置は，基材の着脱・コーティング後の基材冷却などを行う基材準備室，カーボンヒーターにより基材を成膜に適した温度（TBCトップコート形成の場合1000℃程度）まで加熱する予備加熱室，コーティングを行う成膜室，の3室から構成されている。これにより，成膜室の真空保持・汚染防止などによるコーティング施工の効率化を図っている。成膜室内には2基の蒸着源が設置されており，通常は1基のみを使用する。安定した溶融プールを形成・保持して長時間の蒸着を可能にするために，蒸着源には，原料インゴットを銅製水冷るつぼ下部から定常的に供給する機構を備えている。スティング機構により，動翼・静翼のような3次元の複雑形状部材全面に均一なコーティングを形成するために必要な，成膜時の回転・水平運動などの基材運動制御，及び，各室間の基材移動を行う。さらに，電子ビーム出力・走査パターン，基材温度，酸素分圧などの成膜時の各種パラメータを精密計測・制御するシステムを備える。これらの特徴により，本装置では1時間に数百μmという高成膜速度とナノ構造制御を両立させている。また，本装置では，電子ビームジャンピング技術を適用することにより電子銃1基で蒸着源2基からの同時蒸着が可能である。この技術は，電子ビームの出力，照射位置，偏向速度などを精密制御して高速偏向させて2基の蒸着源に交互に照射することで同時蒸着を実現するものであり，構成元素の蒸気圧が大きく異なる複合酸化物など，複雑な材料系の蒸着に威力を発揮することが期待される[4]。

蒸着原料には4 mol%イットリア安定化ジルコニア（4 YSZ）焼結体インゴットを用いて成膜した。電子ビーム出力を45 kW，成膜中の基材温度を950℃とし，成膜中の基材運動を，(a)静止（蒸気流に対して垂直に基材を固定），(b)360°回転（基材回転方向が一定の回転運動），(c)180°回転（インゴット表面を中心に±90°回転し回転方向を周期的に逆転させる回転運動），の3種類とした。基材回転速度は360°回転，180°回転とも1, 5, 20 rpmとした。形成したYSZ膜について，走査型電子顕微鏡（SEM）により破断面及び研磨断面を観察し，微構造を評価した。また，基材の重量増加とSEMにより測定した膜厚からYSZ膜の気孔率を計算した。

静止基材上に形成したYSZ膜の断面SEM像を図5(a)に示す。表面が基本的に平滑な柱状晶が比較的密に詰まった構造を有しており，柱状晶間のギャップや気孔がそれほど多く存在していないことが分かる。図5(b)に360°回転，回転速度1 rpm，図5(c)に360°回転，回転速度20 rpm，図5(d)に180°回転，回転速度1 rpm，で形成したYSZ膜の断面SEM像をそれぞれ示す。静止基材上の膜とは異なり，柱状晶同士がサブミクロンのギャップで隔てられていること，回転方向・回転速度の制御により，Cの字を積層した構造（図5(b)），直線状な柱状構造（図5(c)），Sの字を積層した構造（図5(d)）など，非常に多様な形状の柱状構造膜が得られることが分かる。さらに，柱状晶を詳細に観察すると，柱状晶の表面は微細な柱状あるいは板状の結晶（マイ

無機材料の表面処理・改質技術と将来展望

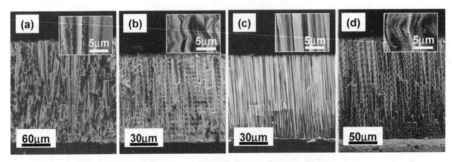

図5 成膜中の基材運動によるYSZ膜の構造制御
(a)静止, (b)360°回転・1 rpm, (c)360°回転・20 rpm, (d)180°回転・1 rpm

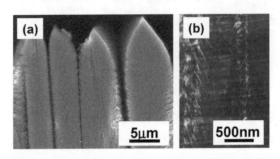

図6 YSZ柱状晶の(a)断面SEM像, (b)断面TEM像

クロカラム)で覆われており，中心部は若干の微細なポアを含むが比較的緻密であること（図6(a)），マイクロカラム間にナノオーダーの微細なポア（ナノポア）や空隙（ナノギャップ）が大量に存在することが分かる（図6(b)）。このような構造は鳥の羽のように見えることから羽毛状構造と呼ばれており，主にEB-PVDにより高速形成したYSZ膜で報告されている構造である[4~6]。柱状晶間のギャップや羽毛状構造は静止基材上の膜では顕著でないことから，隙間の多い柱状構造・羽毛状構造の形成と，基材回転は大きく関連していると考えられる。

　EB-PVDにおける膜構造形成と基材回転が大きく関連する理由の1つとして，EB-PVDは回り込みが非常に少ないいわゆる'line-of-sight'プロセスである，ことが挙げられる。蒸気の回り込みがないため，柱状晶の成長方向に対して斜めに入射する蒸着粒子は柱状晶により遮られる。蒸着粒子の表面拡散は有限であるから，柱状晶の影になって粒子が到達できない領域（シャドーイング領域）には成長が起こらない。このシャドーイング効果によって，柱状晶はほぼ蒸着粒子の入射方向に，厳密には蒸着粒子の入射方向から少し基材表面の法線方向よりに成長するとともに[7]，柱状晶間ギャップの形成が促進される。柱状晶の形状は蒸着粒子の入射方向の変化を反映するため，回転方向が一定の360°回転では，C字形状の単位構造を縦に積み重ねた構造の柱状晶が，周期的に回転方向が逆転する180°回転では，S字形状の単位構造を積み重ねた正弦曲線

第 3 章　表面被覆改質技術

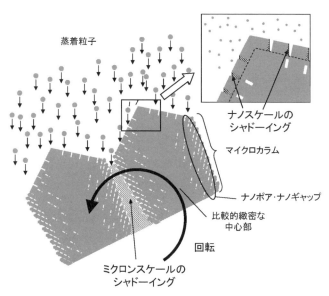

図 7　羽毛状構造の模式図と形成メカニズム

のような構造の柱状晶が形成される。回転速度が増加すると，1回転毎に入射する蒸着粒子数が減少するため，C字・S字形状の単位構造が短くなることにより柱状晶は直線的になると考えられる。シャドーイング効果は柱状晶形状・晶間ギャップなどのミクロンスケールの構造形成にだけ関与するわけではない。図 7 に模式的に示すように，柱状晶先端の成長表面における島状構造や柱状晶表面のマイクロカラムなどのナノスケールの構造の間でも，シャドーイングが起こっている。また，柱状晶間のギャップに蒸着粒子が僅かであるが侵入し，これらが柱状晶壁に付着してマイクロカラムを形成する。ギャップに侵入する際に蒸着粒子の入射角が柱状晶壁に対して浅い角度に制限されるとともに揃えられることが，マイクロカラム同士がほぼ平行に成長する原因の1つと考えられる。以上のような，ミクロンスケールとナノスケールの2種類の規模のシャドーイングの複合的な効果が，EB-PVD 膜の柱状・羽毛状構造が形成に大きく関与すると考えられる。

　成膜速度は静止の場合が 600 μm/h であったが，360°回転では 250 μm/h 程度，180°回転では 420 μm/h 程度までそれぞれ減少した。気孔率は，静止基材上の膜では約 7% であったが，回転運動を導入することにより 20% 程度に増加した。静止の場合には膜表面が常に蒸気流に曝されているが，360°回転では膜表面が蒸気流の裏側に回るために蒸気が入射しない時間があること，180°回転では蒸気流が斜め入射する時間が増加することが，成膜速度を低下させる要因である。180°回転では膜表面が蒸気流の裏側に回ることはないため，360°回転よりも成膜速度の減少分は少ない。気孔率は，静止基材上の膜では約 7% であったが，回転運動を導入することに

より20％程度に増加した．回転運動の導入に伴い，柱状晶間ギャップが拡大するとともに羽毛状構造が発達するため，気孔率が増加したと考えられる．

5.4 高性能TBCトップコート材料開発

現在のガスタービン部材用TBCトップコート材料としてはYSZが主流であるが，1100℃以上で焼結，相変態などが起こり特性が著しく劣化するため，入口ガス温度1700℃級の次世代ガスタービンにはYSZを適用できない．次世代ガスタービンに適用可能な先進型TBCシステムのトップコート材料開発に際しては，二つの方向がある．一つは，YSZ系以外のセラミックスをベースとした材料開発であり，ナノコーティングプロジェクトでは，HfO_2系[8]，Sr-Nb酸化物系[9]トップコート材料の開発，などを検討しているが，詳細は他書に譲る．本稿では，もう一つの方向であるYSZ系材料の改良による新規トップコート材料開発について紹介する．筆者らは，YSZよりも低熱伝導率で，ナノ構造の高温安定性に優れる材料として，希土類酸化物を微量添加したYSZを検討し，その中でLa_2O_3を添加したYSZが最も低熱伝導率であることを見出し

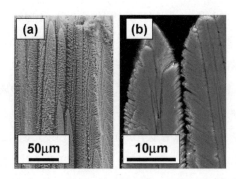

図8 La_2O_3添加YSZコーティングの(a)断面SEM像，(b)研磨断面SEM像

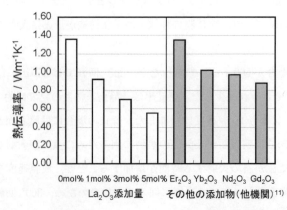

図9 La_2O_3添加量がYSZコーティングの熱伝導率に及ぼす影響[10,11]

第3章　表面被覆改質技術

た[10]。図8のSEM像から，La_2O_3添加YSZでは，従来のYSZと比較してナノポア・ナノギャップが柱状晶の内部まで侵入した，非常によく発達した羽毛状構造が形成されていることがわかる。膜の気孔率は30%程度であり，YSZ膜よりも数～10%程度大きい。これはLa_2O_3によって成膜中のYSZの拡散焼結現象が抑制され，ナノポア・ナノギャップなどのナノ構造が消失しなかったためと考えられる[10]。図9にLa_2O_3添加量がコーティングの熱伝導率に及ぼす影響を文献値と合わせて示す[10,11]。添加量の増加とともに熱伝導率が低下し，5 mol%では0.5 W/mKまで低下した。La_2O_3添加量の増加に伴う羽毛状構造の発達が熱伝導率低下の原因の一つと考えられる。この熱伝導率の値は，YSZや他の希土類酸化物を添加したYSZと比べて非常に低い値である。しかも，高温に長時間熱暴露した後でも，La_2O_3添加YSZは低熱伝導率を保持している[10]。これは，La_2O_3添加YSZでは焼結が抑制されるために高温暴露後も羽毛状構造が保持されているためと考えられる。以上から，La_2O_3添加YSZは従来材料よりも高温環境で使用可能な新規TBCトップコート材料として大いに期待される。

5.5　EB-PVDによる遮熱コーティングの実用化への展望

　最後に，EB-PVDによる遮熱コーティングの実用化への展望について述べる。実部材へのコーティングの視点からも，EB-PVDは多くの利点を有していることが分かる。例えば，EB-PVDは蒸気からの成膜であるため付きまわり性が良好で，膜厚分布は発生するものの狭い隙間にも成膜可能である。これは，溶射ガンが進入できない狭い隙間の内部に成膜することが非常に困難なAPSにはない大きな特徴である。また，APSでTBCトップコートを施工すると部材表面の冷却空気孔は埋められてしまうため，コーティング後に再穿孔する必要があるが，EB-PVDではコーティング時の冷却孔閉塞を最小限に抑えることができるため，再穿孔の必要はない。さらに，膜表面が平滑であり空力特性にも優れるためタービン効率が低下しない[12]など，EB-PVDは実部材へのTBC施工プロセスとして非常に優れた特徴を有していると考えられる。筆者らも，EB-PVDにより精巧な模擬翼部材にYSZをコーティングし，マスキングなどの検討により，必要部分にだけ良好な膜厚分布で均一にコーティングできることを確認している[13]。これまで，EB-PVDによるTBCの適用は，コストなどの問題から，航空機エンジン部材などの比較的小型部材に限定されていたが，近年，発電用ガスタービン部材などの大型部材への適用への期待が高まっているため，筆者らは，発電用ガスタービン部品に相当する大型部材に対応するためのEB-PVD装置改良・技術開発を進めている。

　本研究は経済産業省「ナノテクノロジープログラム（ナノマテリアル・プロセス技術）ナノコーティング技術」の一環として新エネルギー・産業技術総合開発機構の委託を受け実施した。ま

た，高性能 TBC トップコート材料開発について貴重なデータを提供していただいた財団法人ファインセラミックスセンター松本峰明主任研究員に謝意を表す。

文　　献

1) 松原秀彰，香川豊，吉田豊信，セラミックス，**36**，pp. 646-651（2001）
2) 江口敬祐，黄河激，神原淳，吉田豊信，日本金属学会誌，**69**，pp. 17-22（2005）
3) 後藤孝，「ナノマテリアル工学大系」第1巻，㈱フジ・テクノシステム（編），pp. 98-108（2005）
4) N. Yamaguchi, K. Wada, K. Kimura and H. Matsubara, *J. Ceram. Soc. Japan*, **111**, pp. 883-889（2003）
5) U. Schulz, K. Fritscher and C. Leyens, *Surf. Coat. Technol.*, **133-134**, pp. 40-48（2000）
6) S. G. Terry, J. R. Litty and C. G. Levi, Elevated temperature coatings：Science and Technology Ⅲ, Ed. by Hampikan J. M. and Dahotre N. B., The Minerals, *Metals & Materials Society*, pp. 13-26（1999）
7) A. G. Dirks and H. J. Leamy, *Thin Solid Films*, **47**, pp. 219-33（1977）
8) 和田国彦，石渡裕，布施俊明，松本一秀，松原秀彰，まてりあ，**45**，pp. 222-224（2005）
9) 秋山勝徳，永野一郎，志田雅人，セラミックス，**39**，pp. 300-302（2004）
10) M. Matsumoto, N. Yamaguchi and H. Matsubara, *Scripta. Materialia*, **50**, pp. 867-871（2004）
11) J. R. Nicholls, K. J. Lawson, A. Johnstone and D. S. Rickerby, *Surf. Sci. Technol.*, **151-152**, pp. 383-91（2002）
12) P. Morrel and D. S. Rickerby, NATO Workshop on Thermal Barrier Coatings, Aalborg, Denmark, AGARD-R-823, paper 20（1998）
13) 「ナノテクノロジープログラム（ナノマテリアル・プロセス技術）ナノコーティング技術プロジェクト」平成14年度報告書，p. 79（2003）

6 ガストンネル型プラズマ溶射技術

小林　明*

6.1 はじめに

　科学技術発展の基盤となる新素材として，ファインセラミックスを含めた機能性材料（超耐熱材料，熱電半導体等）が注目されている。しかし，新素材開発においては，従来と比較して格段に高度の技術が要求されるので，従来技術の延長ではなく，新しい視点に立つ独自の技術で新機能の発現を目指すことが重要である。

　機能性材料作製の熱源についても，従来の電気炉・アーク炉では対応が困難であり，新しいタイプの熱源が必要とされている。これまでに，化学蒸着法（CVD），物理蒸着法（PVD）といった装置が実用化され，プラズマを応用した熱源装置も，プラズマ CVD，プラズマ PVD，プラズマスパッタリングなど多種多様である。最近では，様々な大気圧，真空中のプラズマを使って耐熱超合金，アモルファス，超伝導材料，半導体材料等の高機能性材料の創製など新材料開発への応用に関する基礎的研究が幅広く行われている[1]。

　こうしたなかで，10000℃を超える超高温・高エネルギーである大気圧熱プラズマの特徴を生かしたプラズマ溶射は，金属材料など構造材料に対するコーティング（表面被覆）による表面改質法である。これによる新しい機能材料の作製の可能性もあり，最近利用分野が拡大している。

　筆者が開発したガストンネル型プラズマ溶射は，アルミナ，ジルコニアなどの高融点セラミックスの溶射に適用すると非常に有効である。特に，その高温・高エネルギー溶射としての特徴を生かした複合機能材料の作製は，新しい複合機能材料の作製法として有望である。

　本稿では以下に実験結果を交えて，このガストンネル型プラズマ溶射技術を紹介する。まず高エネルギーのガストンネル型プラズマ溶射の特徴を述べ，これを，アルミナ，ジルコニアなどの高融点セラミックスの溶射に適用した例や，プラズマ反応溶射への応用についても言及する。

6.2 プラズマ溶射と複合機能材料

　プラズマは，光源，エレクトロニクスへの利用とともに，その高温・高エネルギーを用いた溶接・切断といった熱加工に応用されてきた。なかでも，プラズマ溶射は，多くの種類の基材に適用でき，また，皮膜の形成速度が大きい，溶射材の種類が多いなどのメリットがある。表1にセラミックスを中心にプラズマ溶射の応用例を示す。

　最近では，プラズマ溶射は単なるコーティング法による機能膜作製に留まらず，種々の機能性材料の創製など新材料開発への応用に関する利用が拡大し始めている。特に，高エネルギープラ

---

*　Akira Kobayashi　大阪大学　接合科学研究所　准教授

表1　プラズマ溶射の応用例（セラミックスを中心に）

溶射膜の種類	特　徴	用　途
アルミナ（Al_2O_3）	耐磨耗性 電気絶縁性 生体親和性，耐磨耗性	ピストン，ポンプノズル 絶縁基板 生体セラミックス材料
ジルコニア（ZrO_2）	耐食性 熱遮蔽性	海洋・石油タンク，化学プラント タービンブレード，ベン，燃焼壁
チタニア（TiO_2）	光触媒機能	NOx分解
チタン（Ti）	生体活性	歯科材料
ハイドロアパタイト（HA）	骨との結合性	人工骨

ズマ溶射を用いると，高温・高エネルギー状態での材料の改質を伴うので，従来と異なる新しい機能性の発現が可能である。したがって，高エネルギープラズマ溶射は，大量かつ高速に成膜が出来るという利点と相まって，効果的な複合機能材料作製法として，今後の技術の発展が期待されている[2]。

ここで，複合機能材料とは，従来から定義の確立した，いわゆる複数の材料からなる複合材料とは異なり，材料の持つ複数の機能に注目しており，その優れた機能が複合化した材料である[3]。例えば，耐熱性と耐食性を併せ持つ複合機能材料は，それぞれの機能を複合化して新材料として創り出す必要があり，断熱機能＋耐食性機能を持つ傾斜機能ジルコニア皮膜などが代表例である。

6.3　ガストンネル型プラズマ溶射

6.3.1　ガストンネル型プラズマ溶射の機構

ガストンネル型プラズマ溶射トーチは，溶射材料を軸方向からプラズマ中心部に向かって供給することができる[4]。図1に，ガストンネル型プラズマ溶射装置の模式図を示す。溶射用粉末は，粉末供給器よりAで示したプラズマトーチの陰極中心より送給するため，Bのガストンネル型プラズマジェットの中心軸に添って飛行する。そこで，溶射用粉末を高温のプラズマ中で有効に加熱・溶融させることが可能である。

また，ガストンネル型プラズマ溶射では，プラズマ中心部を通って飛行してきた溶射粉末が溶融状態で母材に到達する一方，中心軸からずれて飛行する粉末は，プラズマによる加熱が十分でなく末溶融粒子であるが，ガストンネルを形成する高速の渦流の遠心力により周辺部に吹き飛ばされ，母材表面にはほとんど到達しない。その結果，中心部のみ非常に厚い山形の付着状態が得られている。

図2にガストンネル型プラズマ溶射によるアルミナ粉末の堆積状態を示す。これはプラズマジェット入力Pが20 kW，溶射距離Lが100 mmの場合に，基板を固定して40秒間溶射して得ら

第3章　表面被覆改質技術

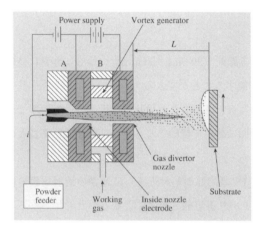

図1　ガストンネル型プラズマ溶射装置
　　A：従来型プラズマトーチ
　　B：ガストンネル型プラズマトーチ

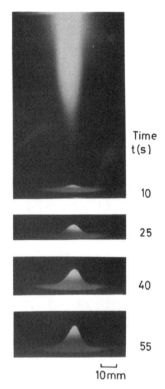

図2　アルミナ粉末の堆積状態
　　（開始後 10-55 秒）

れたものである。このように，溶射粉末を中心軸方向に供給しているため，プラズマ中心部を通過した溶融粉末が富士山形に堆積する。

　一方，従来型プラズマ溶射法においては，有効に材料を過熱・溶融できないため，セラミックスなどの高融点材料の溶射に対しては，作製した皮膜の性能，例えば，硬度，気孔率などについて問題があることが多い。

6.3.2　ガストンネル型プラズマ溶射皮膜の特徴

　ガストンネル型プラズマジェットは高温・高エネルギーを特徴とし，熱効率が良い。このため，高融点のセラミックスなどのプラズマ溶射に適用すると都合が良い[5]。

　表2にガストンネル型プラズマ溶射および従来型プラズマ溶射によって作製したアルミナ皮膜の性質を比較した（入力 $P = 45$ kW，溶射距離 65-100 mm）。ガストンネル型の皮膜断面のビッ

表2　アルミナ皮膜の比較

	ガストンネル型	従来型
ビッカース硬度　Hv	1200	700
気孔率　p	10%	20%

カース硬度は，従来型よりはるかに高い $Hv=1200$ が得られる。ちなみに，作動ガスに Ar ガスのみを用いた 20 kW 程度の低入力でも $Hv=800$ 以上のビッカース硬度を持つ良質のアルミナ皮膜を作製することができる。

また，皮膜断面中の気孔率は，表のようにガストンネル型では 10% 以下であり，従来型皮膜の気孔率の約 1/2 である。図 3 に断面の顕微鏡写真を示す。皮膜中の黒い部分が気孔であるが，ガストンネル型プラズマ溶射では，従来型プラズマ溶射と比べ高硬度で緻密な高品質の高融点セラミックス皮膜を得ることができる。

6.3.3 プラズマ溶射による複合機能材料の例

さらに，ガストンネル型プラズマ溶射では，近距離（20 mm〜50 mm）の場合に非常に高硬度（$Hv=1300$ 以上）のセラミックス溶射皮膜を作製することができる[6]。

図 4 は，代表的な高硬度アルミナ皮膜の断面写真である。これは比較的低入力，近距離で作製されたものである。このアルミナ皮膜はその表面において焼結アルミナに匹敵する緻密性と硬度を有し，傾斜機能を持つ複合機能材料の一つである。

この断面の深さ方向に組織を観察すると，C（皮膜内部の基材近く）は通常の溶射皮膜の組織であるのに対し，A（表面部）では組織が緻密であり再溶融・凝固によるものと考えられる。この高硬度アルミナ皮膜の表面層 A のビッカース硬度は，$Hv=1200〜1300$ であり，C の部分 $Hv=700$ と比較して非常に高硬度となっている。

また，その下部 B の組織は結晶が微細化していることがわかる。この部分は $Hv=1300$ を超

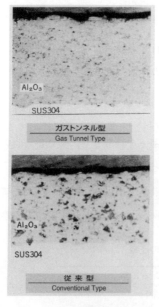

図 3 アルミナ皮膜の比較

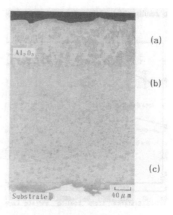

図 4 高硬度アルミナ皮膜の断面写真
$P=20$ kW，$L=30$ mm

第3章　表面被覆改質技術

える高硬度層となっている。

6.3.4　プラズマ溶射による複合機能ジルコニア皮膜

また，このような高硬度アルミナ皮膜に加え，断熱，耐摩耗，耐腐食等の機能を併せ持つ，複合機能高靭性セラミックスコーティングが作製される。たとえばジルコニア皮膜について，厚さ方向に硬度，および耐摩耗性において傾斜機能性が得られている。つまり，皮膜表面層は耐摩耗性に優れ，高硬度であるが，基材付近の皮膜底部では通常の特性となっている[7]。

図5は，プラズマ入力25kWで得られたジルコニア+20%アルミナ複合皮膜断面（皮膜厚さ：約250μm）の顕微鏡写真を示す。このように膜は，白く見える層と，灰色の層とが交互に積層している。白いジルコニア層は，比較的厚みのそろった薄い層となり，融点の低いアルミナの固まりの中にほぼ平行に配置されていることが分かる。また，皮膜断面中の気孔（黒い部分）は膜全体に分布している。この場合，皮膜組織は表面の方が緻密であり，基板に近づくほど気孔が大きく，多くなっていることがわかる[8,9]。

図6はこのジルコニア複合皮膜の断面厚さ方向のビッカース硬さ（Hv）の分布を示したものである。ここで，ジルコニア複合皮膜は，表面側ほど硬度が高い値となり，表面近くでは，Hv>1200の高硬度となる直線的な傾斜特性を示す。参考のためトラバース回数1回で得られる硬度分布を破線で示しているが，皮膜中央部表面よりの距離～100μmで最高硬度となる放物状の分布となる。

6.4　ガストンネル型プラズマ反応溶射

ガストンネル型プラズマ溶射を用いてチタン粉末の溶射を行い，ステンレス基板を移動させながらその上にTiN膜を形成させる。このとき，窒素のプラズマジェットを用いるため，チタン

図5　ジルコニア+20%アルミナ
　　　複合皮膜断面
　　（皮膜厚さ：約250μm）の
　　　顕微鏡写真（基板静止）

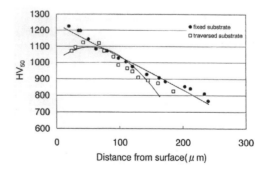

図6　断面厚さ方向のビッカース硬さ
　　　（Hv_{50}）の分布
　　（直線的な傾斜特性）

無機材料の表面処理・改質技術と将来展望

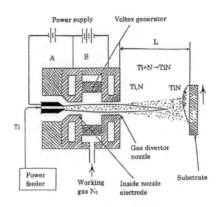

図7 ガストンネル型プラズマ反応溶射装置とその原理

と窒素の反応がプラズマ中で促進する。この方法を，ガストンネル型プラズマ反応溶射法と呼び，TiN厚膜の作製が容易にできる[10]。

図7には，ガストンネル型プラズマ反応溶射装置と，Ti粉末が窒素プラズマ雰囲気中で窒素と反応する場合の反応過程

$$Ti + N \longrightarrow TiN$$

を示している。

図8は，ガストンネル型プラズマ反応溶射により得られた代表的なTiN膜（ステンレス基板，膜厚150μm）の断面写真である。このときのTiN膜の作製条件は，プラズマ入力：$P = 25$ kW，溶射距離 $L = 60$ mm，溶射時間 $t = 4.8$ s である。この膜の表面は金色であり，$Hv = 2000$ に近いビッカース硬度が得られている。

このように，ガストンネル型プラズマ溶射によりチタン粉末を窒素プラズマ雰囲気中で窒素と反応させると，非常に厚いTiN膜が基板上に高速度に作製できる[11]。

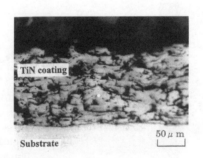

図8 代表的なTiN膜の断面写真
($P = 25$ kW, $L = 60$ mm, $t = 5$ s)
約150μmの高品質の金色のTiN膜が形成されている。硬度 $Hv = 2000$

第 3 章　表面被覆改質技術

6.5　おわりに

以上，高エネルギーのガストンネル型プラズマ溶射を用いた表面改質について述べた。特に，高エネルギープラズマ溶射の特徴・新しい複合機能材料作製法としての有効性について，高硬度アルミナ皮膜の特徴，組織・構造，ジルコニア複合皮膜の傾斜機能性を中心に述べ，簡単に紹介した。また，新しい溶射法であるガストンネル型プラズマ反応溶射による TiN 厚膜作製の結果についてもふれ，今後の可能性を検討した。

文　　献

1) 小林明，プラズマ熱源の新応用技術，溶接学会誌, **57** (8), pp. 582-589 (1988)
2) 小林明，ガストンネル型プラズマ溶射と複合機能材料，溶射技術, **21** (3), pp. 22-28 (2002)
3) 小林明，プラズマ溶射による複合機能材料の作製，プラズマ溶射による複合機能材料, 1, pp. 41-47 (1992)
4) A. Kobayashi, New Applied Technology of Plasma Heat Source, *Weld. International*, **4** (4), p 276-282 (1990)
5) Y. Arata, A. Kobayashi, and Y. Habara, Ceramic coatings produced by means of a gas tunnel type plasma jet, *J. Appl. Phys.*, **62** (12), p 4884-4889 (1987)
6) A. Kobayashi, Property of an Alumina Coating Sprayed with a Gas Tunnel Plasma Spraying, *Proc. of ITSC.*, p. 57-62 (1992)
7) 小林明，北村多平，ガストンネル型プラズマ溶射により作製した傾斜機能ジルコニア皮膜の性質，高温学会誌, **26** (6), pp. 316-320 (2000)
8) A. Kobayashi, Graded Functionality of Zirconia Composite Coatings by Gas Tunnel Type Plasma Spraying, *Advances in Applied Plasma Science*, **3**, pp. 149-154 (2001)
9) 小林明，ガストンネル型プラズマ溶射による傾斜機能ジルコニア複合コーティングの組織制御，プラズマ応用科学, **12**, pp. 73-79 (2004)
10) A. Kobayashi, Formation of TiN Coating by Gas Tunnel Type Plasma Reactive Spraying, *Surface and Coating Technology*, **132**, pp. 152-157 (2000)
11) 小林明，ガストンネル型プラズマ反応溶射による窒化チタン厚膜の性質と作製プロセス，プラズマ応用科学, **11**, pp. 67-75 (2003)

7 鉛フリーめっき技術—鉛フリーはんだめっきを中心に—

藤原　裕*

7.1　はじめに

ヨーロッパにおいてWEEE/RoHS指令[1]による電子機器への鉛の使用規制が行われることが明らかになった1998年頃から，はんだの鉛フリー化が急速に進んできた。

従来のスズ—鉛共晶はんだに対しては，接合部のはんだ濡れ性を確保するための表面処理として，鉛を数％含有するスズ—鉛合金めっきが，「はんだめっき」と呼ばれて幅広く用いられてきた。しかし環境規制への対応はもちろんのこと，鉛フリーはんだ接合の信頼性がめっき皮膜由来の微量の鉛によって低下することが危惧され，接合部表面処理の仕様変更が行われてきた。

現在，優れた機械的性質を有するスズ—銀系，特にSn-3 mass％Ag-0.5 mass％Cuはんだが標準的な鉛フリーはんだとして広く用いられている[2]。スズ—銀系鉛フリーはんだによる接合に対応した表面処理として，スズめっき，スズ—ビスマス合金めっき，スズ—銅合金めっき，スズ—銀合金めっきが用いられ，「鉛フリーはんだめっき」と呼ばれている[3]。

7.2　鉛フリーはんだめっきの考え方

7.2.1　鉛フリーはんだめっきの分類

鉛フリーはんだめっきを表1に示す。これらのめっきの適用箇所としては，①チップ部品の電極，②リードフレーム（半導体パッケージの外部リード），③プリント配線板の部品搭載部，④コネクタ類，などがあげられる。このうち，チップ部品の電極とリードフレームにはスズまたはスズ合金めっきが施されることが多い。チップ部品の主流はスズめっきであり，リードフレームにはスズ—ビスマスまたはスズ—銅合金めっきが多用されている。しかし，めっきの仕様はいまだに流動的で，たとえばヨーロッパではスズめっきがリードフレームにも多用されている。

一方，プリント基板の微細配線には，基板からの銅の拡散防止層として無電解ニッケルめっき

表1　鉛フリーはんだめっき

可融性めっき スズ—鉛合金めっきに代わるもの （狭義の鉛フリーはんだめっき）	可溶性めっき （従来どおりのもの）
①スズめっき ②Sn-～1 mass％Cu合金めっき ③Sn-2～5 mass％Bi合金めっき ④Sn-～3 mass％Ag合金めっき	①Auめっき ②無電解Niめっき上の置換Auめっき 　（おもに基板に用いられる） ③Pdめっき 　（おもにリードフレーム（ICパッケージ）用）

*　Yutaka Fujiwara　大阪市立工業研究所　電子材料担当　研究主幹

第 3 章　表面被覆改質技術

を施し，はんだ濡れ性確保のために最上層に置換金めっきを施す方法が一般的である[4]。

7.2.2　鉛フリーはんだめっきへの要求特性

はんだ接合部のめっき皮膜に要求される最も重要な特性は溶融はんだの濡れ性である。鉛フリーはんだは濡れが悪いため，対応するめっき皮膜のはんだ濡れ性は重要である。はんだ濡れ性は，メニスコグラフ法（JIS 規格[5]ではウェッティングバランス法）におけるゼロクロスタイム（ZCT，JIS 規格では「濡れ始まり時間」）を指標として，濡れ速度の優劣によって評価される。

また，スズめっきが鉛フリーはんだめっきとして採用されるのに伴い，ウィスカの再検討も必要になってきた。ウィスカと呼ばれる針状単結晶の自然成長は，従来のスズ―鉛合金めっき皮膜には見られなかったが，スズめっき品では長さ mm のオーダーにも達することがあるため，短絡の原因になる。ウィスカが発生しやすいスズめっきの適用が増加した，そして外部応力の印加状態で使用されるコネクタに短期間でウィスカが成長することが問題視されるようになったため，ウィスカ発生機構の解明，発生試験法と防止策の確立が重要な課題になっている[6]。

7.3　スズめっき

スズめっきは，スズ―鉛合金めっきが多用されるようになる以前からはんだ接合部への実績を持っているので，鉛フリーはんだめっきとしても最も導入が容易で信頼性の高い選択肢である。

スズめっき浴は 2 価のスズ塩を用いる酸性浴と 4 価のスズ塩を用いるアルカリ性浴に大別される。酸性浴は硫酸浴，有機スルホン酸浴およびホウフッ化物浴に分類されるが，緻密な皮膜を得るための優れた添加剤が開発されて析出速度の速い有機スルホン酸浴が主流になっている。

スズめっき皮膜のはんだ濡れ性は，めっき層表面の酸化皮膜が厚くなることに対応して経時劣化する。中でも光沢スズめっき皮膜の長期間の経時後のはんだ濡れ性は，半光沢めっきに比べて悪いとされている[7]。

ウィスカの抑制はスズめっきの大きな課題である。光沢スズめっき皮膜は，ウィスカ成長の駆動力としての圧縮応力，成長速度を大きくする粒界拡散の両方の観点からウィスカの発生しやすいめっき皮膜である。リフローによってあらかじめめっき皮膜を再結晶させること，ニッケルなどの下地めっきを施すことがウィスカの抑制に有効であると報告されている[8]。

7.4　スズ―ビスマス合金めっきとスズ―銅合金めっき

スズ―ビスマス合金めっきはリードフレームへの鉛フリーはんだめっきとして先行して適用された。はんだ濡れ性が良好でウィスカが発生しにくいため，今も我が国では主流である。実用めっき浴の詳細な浴組成は公表されていないが，有機添加剤を加えたメタンスルホン酸浴から，高電流密度で平滑・緻密なビスマス含有率数％の合金皮膜が得られている。

無機材料の表面処理・改質技術と将来展望

銅含有率1mass%程度のスズ―銅合金めっきは，スズ―銀―銅はんだが鉛フリーはんだの標準と見なされるようになった早い時点で，リードフレーム用の鉛フリーはんだめっきとして実用化された。実用めっき浴の詳細な浴組成は公表されていないが，スズ―ビスマス合金めっきと同様に有機スルホン酸浴をベースとし，光沢皮膜を得るためには光沢スズめっきと類似した有機添加剤が加えられていると思われる。

7.5 スズ―銀合金めっき

スズ―銀合金めっきは，スズ―銀系の標準鉛フリーはんだに対応するめっきとして広範な応用が期待される。しかし，スズめっき，スズ―銅およびスズ―ビスマス合金めっきに比べると実用例はきわめて少ない。これは，スズと銀の標準電極電位の差が大きいことに起因して，図1に示した3項目および不溶性陽極を使用した場合のSn^{2+}の陽極酸化消耗などの問題が起こり，連続操業時の安定性に優れためっき浴の開発が難しいためである。

7.6 スズ／銀ナノ粒子複合めっき

筆者らは，スズ―銀合金めっきに代わって，銀ナノ粒子が懸濁したスズめっき浴を用いる「スズ／銀ナノ粒子複合めっき」を開発した[9,10]。このめっき浴には貴な成分である銀がイオンとして含まれていないため，上記のスズ―銀合金めっきの課題の解消につながるものと考えられる（図2）。

ピロリン酸―スズ（II）錯イオン溶液と硝酸銀溶液を混合すると黒褐色の溶液が得られる。この液はピロリン酸スズ（II）錯イオン溶液に数nm～十数nmの粒径の銀ナノ粒子が分散したものであること，溶液中に低分子量のAg^+イオンは存在していないことが明らかになった。そし

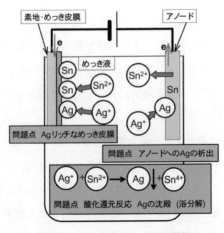

図1 スズ―銀合金めっきの課題

第3章　表面被覆改質技術

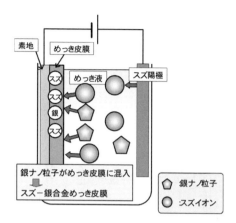

図2　スズ／銀ナノ粒子複合めっきの模式図

てこれをめっき液とするスズ／銀ナノ粒子複合めっき法によってスズ―銀合金皮膜が得られる。

7.6.1　めっき皮膜の組成と構造

スズ／銀ナノ粒子複合めっき法によるスズ―銀合金めっき浴の組成を表2に，電流効率とめっき皮膜の銀含有率に及ぼす電流密度の影響を図3に示す。皮膜の銀含有率は，広い電流密度範囲で共晶組成（Sn-3.5 mass％Ag）に近いほぼ一定値を示す。通常の合金めっきとは逆に，1 mA/cm^{2}程度の極端な低電流密度では銀は共析しない。

これらのめっき皮膜は，めっき液中に存在した単体の銀を含まず，平衡相すなわちβ―スズとAg$_3$Snから構成される。その結果めっき皮膜はスズ―銀系の共晶温度221℃で融解するため，鉛フリーはんだめっきとしての応用が可能である。

7.6.2　めっき皮膜のはんだ濡れ性

銀ナノ粒子複合めっき法によるスズ―銀合金めっき試験片とスズめっき試験片の湿度試験後のはんだ濡れ性試験結果を図4に示す。スズ―銀合金めっき試験片の方がゼロクロスタイム（ZCT）が小さく，はんだ濡れが速い。これは，銀の共析によってめっき皮膜表面のスズ酸化物層の成長が遅くなったことと対応している[10]。

7.6.3　ウィスカ

コネクタなどでの短時間でのウィスカ発生を再現するため，めっき皮膜表面にステンレス鋼線

表2　スズ／銀ナノ粒子複合めっき浴組成

硫酸スズ（Ⅱ）	0.1 M
硝酸銀	0.01 M
ピロリン酸カリウム	0.2 M
ポリエチレングリコール　＃6000	1.0 g/L
浴温	50℃

無機材料の表面処理・改質技術と将来展望

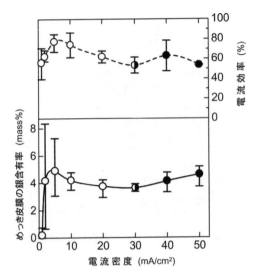

図3 スズ／銀ナノ粒子複合めっきの電流効率と
皮膜の銀含有率に及ぼす電流密度の影響
○：白色無光沢の緻密な皮膜, ●：「やけ」の外観の皮膜,
◐：部分的に「やけ」の外観

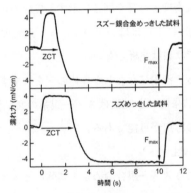

図4 湿度試験後 (85℃-85% RH, 336 h) のスズ―銀合金
およびスズめっき皮膜のはんだ濡れ性試験結果
(250℃の溶融スズ―銀共晶はんだの濡れ力―時間曲線)

を押し当てる簡易ウィスカ促進試験を行った (図5)。わずか72時間の応力印加によって無光沢スズめっき皮膜からは長さ70μm以上にウィスカが成長している。一方, 銀ナノ粒子複合めっき法によるスズ―銀合金めっき皮膜では, 結晶の成長が見られるが (ノジュール), その高さは10μm以下である。

7.7 おわりに

以上述べたように, WEEE/RoHS指令による鉛の使用規制によってはんだの鉛フリー化が急

第 3 章　表面被覆改質技術

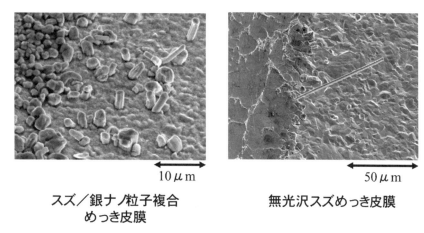

スズ／銀ナノ粒子複合　　　　　無光沢スズめっき皮膜
めっき皮膜

図5　応力印加 72 時間後のめっき皮膜の表面 SEM 写真

速に進展し，対応するめっきの鉛フリー化が行われた。これらの規制が契機となり，規制対象ではない製品についても，グリーン調達の一環としてめっき皮膜の鉛フリー化が進んでいる。特に，用途が広い無電解ニッケルめっきにおいて浴安定剤の鉛がめっき皮膜に共析することが問題視され，鉛フリー無電解ニッケルめっきが開発されている[11]。

文　　献

1) たとえば，青木正光，表面技術，57，813（2006）
2) 電子情報技術産業協会，鉛フリーはんだ実用化ロードマップ 2002
   http://tsc.jeita.or.jp/tsc/org/c003/7_EASM/japanese/hyojun/leadfree/index.htm
3) 電気鍍金研究会編，環境調和型めっき技術，日刊工業新聞社 p. 11（2004）
4) 榎本英彦，中村　恒，電子部品のめっき技術，日刊工業新聞社 p. 50（2002）
5) JIS Z 3198-4（2003）
6) 電子情報技術産業協会，JEITA 鉛フリー化完遂緊急提言　報告書（2005）
7) Y. Zhang, J. A. Abys, "Modern Electroplating 4th Edition", M. Schlesinger and M. Paunovic, Editors, John-Wiley, p. 241（2000）
8) 電気鍍金研究会編，"新たな展開が期待されるめっき技術 I"（2003）
9) Y. Fujiwara, Y. Yarimizu, H. Enomoto, T. Narahara and K. Funada, *Hyomen Gijutsu*（*J. Surf. Fin. Soc. Japan*）, 50, 1173（1999）
10) Y. Fujiwara, H. Enomoto, T. Nagao and H. Hoshika, *Surf. Coat. Technol.*, 169-170, 100（2003）
11) 杉崎　敬，表面技術，57，866（2006）

8 6価クロムフリー表面処理技術―クロメート処理の代替化成処理―

藤原　裕[*1], 小林靖之[*2]

8.1 クロメート処理と6価クロムの使用規制

　亜鉛めっきを施した鉄鋼製品をはじめ，アルミニウム製品，マグネシウム製品などの耐食性を向上させるためにクロメート処理を施すことが多い。しかし近年，クロメート皮膜に含まれる6価クロムの毒性が問題視されるようになり，クロメート処理の使用規制が始まっている。特にヨーロッパでは，EUの環境規制（ELV指令）により2007年7月以後，自動車への6価クロム含有クロメート処理部品の使用が禁止された[1]。一方電気電子機器についても，2006年7月からEUではRoHS指令，日本ではJ-Moss制度による規制が始まっている[2]。自動車および電気電子機器への6価クロム使用規制は波及効果が大きいため，これらの規制が契機となって，グリーン調達の一環としてのクロメート処理の使用規制が広い分野で始まっている。

　本稿では，おもに亜鉛めっき製品を取り上げ，まずクロメート処理およびその代替として広範な実用化が始まっている3価クロム化成処理について概説する。次いでクロムフリー化成処理の研究開発の現状を，筆者らが検討しているセリウム系化成処理を中心に解説する。

8.2 クロメート処理の概要

　クロメート処理は，素地金属を6価クロム含有化成処理液に浸漬し，素地金属の電気化学的な腐食に伴って難溶性のCr^{3+}水和酸化物皮膜を析出させる手法である。電気化学反応としてのクロメート処理において，アノード反応は素地亜鉛の溶出(式1)であり，カソード反応は水素イオンおよびCr^{6+}の還元反応(式2, 3)である。水素イオンを消費するカソード反応によって素地近傍のpHが上昇し，Cr^{3+}が加水分解して$Cr(OH)_3$が生成する(式4)。

$$Zn \rightarrow Zn^{2+} + 2e^- \tag{1}$$

$$2H^+ + 2e^- \rightarrow H_2 \tag{2}$$

$$2HCrO_4^- + 14H^+ + 6e^- \rightarrow 2Cr^{3+} + 8H_2O \tag{3}$$

$$Cr^{3+} + 3OH^- \rightarrow Cr(OH)_3 \tag{4}$$

　このようにして得られるクロメート皮膜は純粋な$Cr(OH)_3$沈殿ではなく，水酸基および酸素によって架橋された難溶性のCr^{3+}高分子多核錯体の網目の一部が処理浴中のアニオンで置換されたものである(図1)[3]。特に，有色クロメート皮膜ではCr^{6+}（クロム酸アニオン）が膜中に取

[*1] Yutaka Fujiwara　大阪市立工業研究所　電子材料担当　研究主幹

[*2] Yasuyuki Kobayashi　大阪市立工業研究所　電子材料担当　研究員

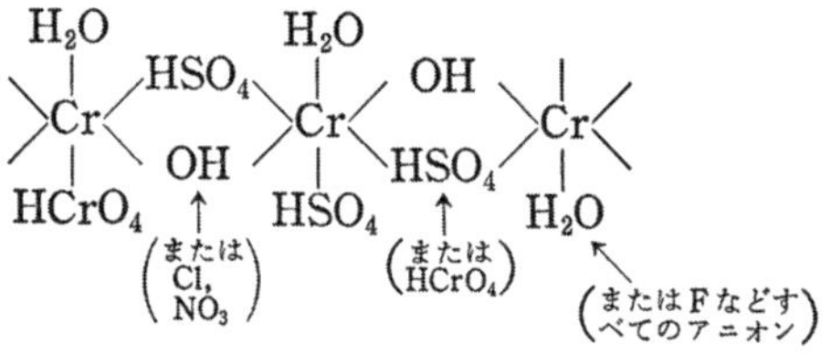

第 3 章　表面被覆改質技術

図1　推定されるクロメート皮膜の構造の模式図

り込まれたことに起因する自己修復作用を有するため，防食能がさらに向上している[3]。また良好な防食能を示すだけでなく，塗料と酸塩基反応で結合するため塗膜密着性にも優れている。

8.3　3価クロム化成処理

RoHS指令，ELV指令の公表以来，クロメート代替プロセスの最有力候補として3価クロム化成処理の開発が精力的に行われた。その結果，有色クロメート処理に匹敵する特性の皮膜が得られるようになり，標準的な亜鉛めっき用化成処理として最も広く用いられるに至っている。

8.3.1　クロメート処理と3価クロム化成処理

3価クロム化成膜の形成反応は，クロメート処理の反応と同様に，電気化学的な亜鉛の腐食反応とそれに伴う Cr^{3+} の加水分解反応から成っている。すなわち，素地亜鉛の腐食に伴う浴中の H^+ の還元によって素地近傍のpHが上昇し，Cr^{3+} が加水分解して化成皮膜を形成する[4]。

有色クロメート皮膜および厚付けした3価クロム化成皮膜の破断面のSEM写真を写真1に示す[4]。皮膜形態は類似しており，いずれも粒径10 nm～30 nm程度の非常に微細な粒状析出物

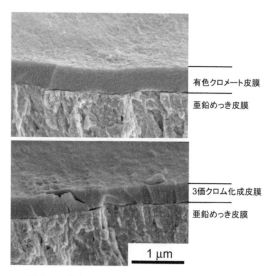

写真1　有色クロメート皮膜および3価クロム化成皮膜の破断面のSEM写真

が堆積したと思われる緻密な皮膜が形成されている。3価クロム化成皮膜は，自己修復作用を持つCr^{6+}を含有しないものの，有色クロメート皮膜と同程度の膜厚と類似した形態を有する厚い緻密な皮膜を形成することによって良好な防食能を示すようになる。

8.3.2 防食能と耐熱性

日本の大手自動車メーカーは，3価クロム化成処理品に対して，有色クロメート皮膜のJIS規格と同等の耐食性の基準，すなわち「塩水噴霧試験で72時間まで白色腐食生成物を生じない」ことを要求している[5]。市販の3価クロム化成処理プロセスは，厚膜化[6]，処理浴へのCo^{2+}塩の添加による析出速度の増大[7]や皮膜の撥水化[8]，処理浴へのシリカ成分の添加[9]などによってこの基準を十分満足するようにデザインされている。

さらに，3価クロム化成皮膜はクロメート皮膜では見られなかった耐熱性を有しており，200℃程度までの熱履歴後にも防食能が低下しないとされている[6]。

8.3.3 クロメート代替化成処理に要求される特性への適合

3価クロム化成処理皮膜は，基本特性である防食能については有色クロメート皮膜以上のレベルに達しているが，実用に際して表1に示した諸特性も同等であることが要求される[10]。

クロメート処理は鉄材を不動態化するので，パイプ内面などの亜鉛めっき未着部の耐食性もある程度向上する。3価クロム化成処理では，工程の工夫と均一電着性の良いめっき浴の使用によって亜鉛めっきのつきまわりを向上させることが必要である（表1，②）。

亜鉛めっきの代表的な用途であるネジ類への利用のためには，クロメート皮膜と同等の締め付け時トルク特性と良好な導電性が要求される（③，④）。また製品の分別や多様な外観への対応の観点から，3価クロム化成皮膜の色調が淡いことが問題視されており，黒色皮膜の開発が進められている[11]（⑤）。

3価クロム化成処理の広範な実用のためには，工程の大幅な変更なしに亜鉛めっき／クロメート処理の設備をそのまま使用できることが望ましい（⑥）。また，通常の中和凝集沈殿処理によって重金属を除去できる排水処理特性が要求される（⑦）。

表1 クロメート処理代替プロセスに要求される特性

①防食能
②亜鉛めっきつきまわり困難部分の耐食性（パイプ内面など）
③摩擦係数―ネジ締め付けトルク―
④導電性
⑤多様な色調
⑥処理工程の適合
⑦排水処理性
⑧コスト

第3章 表面被覆改質技術

8.4 クロムフリー化成処理

3価クロム化成皮膜中のCr^{3+}は，極端な高温や極端な酸性・酸化性雰囲気に曝されることによって酸化されCr^{6+}を生じる危惧が残る。したがって，3価クロム化成処理は当面の対応策であり，完全なクロムフリー化成処理技術の開発・実用化が望まれる。

クロムフリー化成処理は広範な実用には至っていないものの，クロム類似金属[12~14]や希土類元素[15]を用いた無機系皮膜，トリアジンチオール[16]，タンニン酸[17]などの有機系皮膜が多数検討されている。特にモリブデン酸—リン酸系皮膜は耐酸性に優れており，6価クロム規制の公表以前にすでに製品化されている[12]。また，アルミニウム合金のクロムフリー化成処理としては，リン酸ジルコニウム系がすでに広く実用されている[18]。

8.5 セリウムによる化成処理

セリウムなどの希土類金属塩は，環境中に加えられる腐食抑制剤，すなわちインヒビターとして有効であり，化成処理を行った場合にもアルミニウムや亜鉛素地上に防食能に優れた皮膜が得られる[19]。クロムフリー化成処理の有力な候補であるセリウム化成処理について説明する。

8.5.1 皮膜形成反応

セリウム化成処理では，3価クロム化成処理と同様に局部カソード反応によって素地近傍のpHが上昇し，加水分解反応によって不溶性の水酸化セリウムあるいは酸化セリウムが生成，素地表面に沈着・析出する（式5）。

$$Ce^{3+} + 3OH^- \rightarrow Ce(OH)_3 \tag{5}$$

セリウムイオンは水溶液中ではCe^{3+}が安定であるが，固体中では対アニオンの種類によって3価，4価いずれの状態でも安定に存在する。化成皮膜中のセリウムは，水溶液中あるいは空気中ですみやかに酸化されて最終的に4価になると考えられている。Ce^{4+}の酸化物／水酸化物皮膜がバリアとなって腐食を抑制する。

8.5.2 皮膜の防食能に及ぼす硫酸塩添加の影響

種々のセリウム（Ⅲ）塩水溶液を用いた化成皮膜の亜鉛めっき鋼板への防食能は，セリウム塩の種類，すなわち処理浴中のアニオンによって変化し，硫酸セリウム（$Ce_2(SO_4)_3$）を用いた場合に最も優れた結果が得られる[15]。硫酸ナトリウムの添加によって処理浴のSO_4^{2-}濃度を高くすると，得られる皮膜の耐食性はさらに向上する[20]（表2）。

写真2に示したSEM写真からわかるように，処理浴への硫酸ナトリウムの添加により，化成皮膜を構成する粒子が微細になる。析出粒子の微細化により，亜鉛の腐食に対してバリア効果のある緻密な皮膜が形成されると考えられる。耐食性向上のためには，緻密な皮膜を短時間で成長

表2 セリウム化成皮膜の塩水噴霧試験による白色腐食生成物発生度合いに及ぼす処理浴中硫酸イオン濃度の影響

硫酸イオン濃度 (mM)	白さび発生率			
	4 h	24 h	48 h	72 h
0	×	×		
5	◎	○	×	×
10	◎	○	△	△
20	◎	○	◎	○
50	◎	○	◎	○
有色クロメート	◎	◎	◎	◎

白さび発生率：◎：0〜5%
　　　　　　　○：5〜20%
　　　　　　　△：20〜50%
　　　　　　　×：50%以上

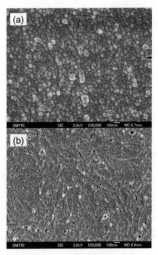

写真2 セリウム化成皮膜の表面SEM写真
(a)硫酸イオン無添加
(b)20 mM 硫酸イオン添加

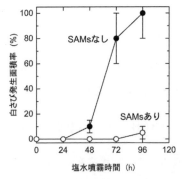

図2 セリウム化成処理皮膜の塩水噴霧試験における白さび発生面積率の経時変化（SAMs形成／撥水化処理の影響）

させることが鍵となる。

8.5.3 撥水性の付与による防食能の向上

亜鉛めっき鋼板上にセリウム化成処理皮膜を形成した後にアルキルリン酸エステル溶液に浸漬すると自己組織化単分子膜（SAMs）の形成によって表面特性が撥水性に変わり，これに伴って耐食性が向上する[21]。図2に示すようにSAMs形成／撥水化処理を行うと塩水噴霧試験による白さび発生面積率が著しく小さくなり，防食能が向上していることがわかる。このように表面にSAMsを形成し，分子レベルで表面修飾することによって化成皮膜の防食能を大きく改善することが可能である。

第 3 章 表面被覆改質技術

文　　献

1) 大久保信彦, 表面技術, **54**, 567 (2003)
2) たとえば, 青木正光, 表面技術, **57**, 813 (2006)
3) 福本幸男, めっき教本, 電気鍍金研究会編, 日刊工業新聞社, p. 107 (1986)
4) 藤原　裕, 小林靖之, 表面技術, **57**, 855 (2006)
5) 野口裕臣, 環境調和型めっき技術, 電気鍍金研究会編, 日刊工業新聞社, p. 136 (2004)
6) 長谷川史, 表面技術, **53**, 376 (2002)
7) V. Dikinis, V. Rezaite, I. Demcenko, A. Selskik, T. Bernataviciusand R. Sarmaitis, *Trans. IMF*, **82** (3-4), 98 (2004)
8) 安田弘樹, 下田勝巳, 表面技術協会第107回講演大会講演要旨集, p. 229 (2003)
9) 福岡貴之, 表面技術, **53**, 372 (2002)
10) 菅原博好, 表面技術, **57**, 831 (2006)
11) 吉川修一, 科学と工業, **77**, 592 (2003)
12) 鈴木征夫, P. T. Tang, G. Bech-Nielsen, A. D. Juhl, 防錆管理, **40** (7), 39 (1996)
13) 宇津木隆宏, 大堀俊一, 大河原薫, 表面技術協会第109回講演大会講演要旨集, p. 120 (2004)
14) 川舟功朗, 市村達郎, 表面技術協会第111回講演大会講演要旨集, p. 157 (2005)
15) 小林靖之, 山下紀子, 藤原　裕, 山下正通, 表面技術, **55**, 276 (2004)
16) K. Mori, Y. Sasaki, S. Sai, S. Kaneda, K. Hirahara andY. Oishi, *Langmuir*, **11**, 1431 (1995)
17) 福島県ハイテクプラザ研究報告書, 亜鉛めっきのクロムフリー化成処理技術 (2005)
18) 金子秀昭, 星野重夫編, 環境対応型表面処理技術, p. 242, テクノシステム (2005)
19) B. R. W. Hinton, "Handbook on thePhysics andChemistry of Rare Earths", Vol. 21, K. A. Gschneidner, Jr., L. Eyring (ed.), p 29, Elsevier (1994)
20) Y. Kobayashi, Y. Fujiwara, *Electrochim. Acta*, **51**, 4236 (2006)
21) Y. Kobayashi, Y. Fujiwara, *Electrochem. Solid-State Lett.*, **9**, B 15 (2006)

9 エアロゾルデポジション (AD) 技術

明渡 純[*1], 森 正和[*2]

9.1 はじめに

　IT機器等で用いられる，高機能なセラミックス材料（絶縁体，圧電体，誘電体，磁性体など）を利用した電子部品は，わが国が世界市場の約70％を占め，世界を大きくリードしており，このような電子部品は，ますます小型集積化していく方向にある。これを実現するために，スクリーン印刷法やグリーンシート法など従来の窯業的な手法だけでなく，スパッタリング法やゾルゲル法などの薄膜技術など，様々なプロセス技術が検討されている。一般にセラミックス材料は1000℃以上で焼き固める（焼結）のが常識であり，この時，大きな焼き縮みも生じる。このため融点が低い金属やガラス，プラスチックとの複合化，集積化が困難で，セラミックス電子部品の高性能化や構造部品の軽量化の大きな課題となっていた。これまでもエネルギー消費の低減や金属，ガラス材料などと集積化することで新しい機能部品を実現するため，この焼き固める温度（焼結温度）を下げる試みが様々な研究者の間で検討されている。この焼結温度を下げるには，1000℃以下の温度で熔融結合を促進する材料（焼結助剤）をセラミックス原料に添加したり，セラミックス原料粒子径をナノオーダーまで微細化することが検討されてきたが，一般に焼結温度の低減は，900℃程度が限界であった。また，多くの場合これらの低温で焼結した低温焼結体の特性は従来の高温で焼結した焼結体に比べ，密度は低く，機械的に脆い，絶縁性が低い，耐蝕性が低いなど，その電気的，機械的，化学的特性は劣っていた。

　これに対し最近，乾燥した微粉体を固相状態のまま基材に衝突させ，低温・高速のセラミックスコーティングを実現する興味深いプロセスが報告されている。微粒子の衝突現象では，純力学過程に基づいた局所領域への極短時間のエネルギー解放により，高温，高圧の特殊な反応場が形成されると考えられ，ある条件下では基材に衝突した微粒子が強固に付着し一種の成膜現象を生じる。また，高温の熱処理を伴わないため，ナノ組織のセラミックス膜を形成できる利点がある。また，従来の薄膜技術では，材料を基板上で原子・分子から積み上げるため，1ミクロン以上の厚い膜を得ようとすると成膜速度は非常に遅く，膜の剥離やひび割れ，基板の反りを生じるなど多くの課題があり，基板材料も格子定数の整合性などを考慮し，多くの制限の中で選定することが必要とされる。

　本報告では，エアロゾルデポジション法を中心に，従来溶射技術とは異なる固体微粒子を用い

[*1] Jun Akedo　㈱産業技術総合研究所　先進製造プロセス研究部門　集積加工研究グループ　グループ長

[*2] Masakazu Mori　龍谷大学　理工学部　機械システム工学科　助教

た，セラミックス材料の新しいコーティング手法の原理や特徴を解説する。

9.2 エアロゾルデポジション法

エアロゾルデポジション法（以下 AD 法と略す）は，あらかじめ他の手法で準備された微粒子，超微粒子原料をガスと混合してエアロゾル化し，ノズルを通して基板に噴射して被膜を形成する技術である[1,2]。ガス搬送により加速された原料粒子の運動エネルギーが，基板に衝突することにより局所的な熱エネルギーに変換され，基板―粒子間，粒子同士の結合を実現するものと考えられている。しかしながら，そのエネルギー変換のメカニズムはまだ明らかにはなっていない。図1に成膜装置の基本構成を示す[1,3]。この装置は，細い搬送チューブで接続されたエアロゾル化チャンバーと成膜チャンバーから構成され，成膜チャンバーは真空ポンプで50～1 kPa前後に減圧される。原料であるドライな微粒子，超微粒子材料は，エアロゾル化チャンバー内でガスと攪拌・混合してエアロゾル化され，両チャンバーの圧力差により生じるガスの流れにより成膜チャンバーに搬送，スリット状のノズルを通して加速，基板に噴射される。原料微粒子には，通常，機械的に粉砕した粒径0.08～2μm程度のセラミックス焼結粉末を用いる。ガス搬送された超微粒子は，1 mm以下の微小開口のノズルを通すことで数百 m/sec まで容易に加速される。成膜速度や成膜体の密度は，使用するセラミックス微粒子の粒径や凝集状態，乾燥状態などに大きく依存するため，エアロゾル化室と成膜チャンバーの間に凝集粒子の解砕器や分級装置を導入し，高品位な粒子流を実現している。

9.3 常温衝撃固化現象

最近，この AD 法でセラミックス原料粉末を用い，その粒子径，機械特性等を調整し適切な成膜条件を選ぶと，高密度かつ透明なセラミックス被膜が常温で高速形成できること（常温衝撃固化現象）が見出された[2]。原料微粒子を基板に吹き付けるときに基板加熱や成膜後の熱処理は

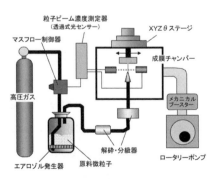

図1　エアロゾルデポジション（AD）装置の構成

表1 AD法で室温形成された各種セラミックス材料の微小硬度と粒子速度

材料	微小硬度：(Hv)		結晶子サイズ：(nm)	衝突粒子速度：(m/sec)
	成膜体	バルク		
酸化物				
α-Al_2O_3	1200～2100	1900±100	13	200～500
PZT	530	350±50	18	100～300
(Ni, Zn)Fe_2O_3	750	1040±80	5～20	250～600
非酸化物				
AlN	1470	1180±90		200～600
MgB_2	700		5～10	300～550

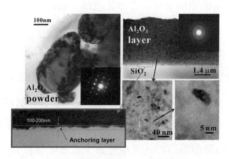

図2 AD法で石英基板上に室温形成された
α-アルミナ膜と原料粒子の微構造

行っていない。図2，表1にこれらの結果を示す[3]。ガス流量の増加により，ノズルから噴射される粒子速度や粒子濃度が増加し，成膜速度が向上する。圧電材料であるチタン酸ジルコン酸鉛（PZT：Pb(Zr_{52}, Ti_{48})O_3）について10～30μm/min（5 mm角のエリア）という高い成膜レートが達成されている。スパッター法など従来薄膜法の場合，5 cm^2 で約10 nm/min程度であり，本手法は成膜面積を考慮しても約30倍の成膜速度になる。膜形成では熱的なアシストは一切行っておらず，粒子間結合は衝突によるエネルギー解放だけで達成される。また，この様な常温の固化，成膜現象は，圧電材料であるチタン酸ジルコン酸鉛（PZT：Pb(Zr_{52}, Ti_{48})O_3）や Ni-Zn-Fe_3O_4 等の酸化物材料，AlN，MgB_2 などの窒化物，ホウ化物材料でも観察され，膜密度は理論密度の95％以上にも達し，表1に示すようにバルク体と比較し遜色のない高い硬度を示す。また，膜硬度は，粒子速度の増加に伴い上昇する傾向にあり，PZTやフェライト，AlNの様に高温で焼結したバルク体より硬度の高くなる事例も見受けられた。常温固化に必要な粒子速度（臨界粒子速度）は，高温焼結材料になるほど高くなる傾向にある。これは，筆者らが開発した飛行時間差法[4]を用いて測定したところ，おおよそ200～500 m/secの範囲にあり，材料によっても異なるが，100 m/sec前後に成膜現象が起こらない臨界粒子速度が存在する。

Si，SUS 304，Pt/Ti/SiO_2/Si，ガラスなどの基板上への付着力も50 MPa以上と非常に強固で

第3章　表面被覆改質技術

あるが，高い密着力を得るには，基板材料の硬度や弾性率などの機械特性に注意する必要がある。一般に薄膜技術，溶射技術では高い密着力を得るために成膜前の表面清浄化や粗面化が必要であるが，この手法の場合，特段の前処理は不要である。元来ブラスト加工と同じ効果があるため，表面に付着した油脂分などは成膜初期の粒子衝突により除去され，その後，自動的に成膜過程に移る。

9.4 膜微細組織

α-Al_2O_3 を AD 法で石英基板上に常温形成した膜の微細構造を TEM（透過電子顕微鏡）で観察した結果を図2に示す。HR-TEM 像や電子線回折像からも結晶子間，粒子間にアモルファス層や異相は殆ど見られず，何れの場合も室温で 10～20 nm 以下の無配向な微結晶からなる緻密な成膜体が得られている。また，10 nm 以下の微結晶内にも明瞭な格子像が確認され，膜組織は基板界面から膜表面に至るまで均一な構造であった。さらに，何れの場合も原料微粒子は平均粒径で 80～100 nm 以上の単結晶構造であるが，形成された膜ではより小さな微結晶組織になっている。XRD や EDX 分析の結果[2,3]からも，形成された膜は組成変動も少なく原料微粉の結晶構造をほぼ維持している。TEM 観察からは，膜内部には，従来の衝撃焼結法で見られるような多くの転位や歪みなどを含むものの，衝突による基板温度の上昇も一切観察されず，マクロ的には室温，バインダーレスでセラミックス材料を固化できた。さらに，基板界面には，100～200 nm 程度のアンカー層が形成される。これが，本手法の密着強度が高い要因である。AD 法で常温衝撃固化された膜は，焼成工程を経ていないので，バインダーレスの超高密度セラミックグリーンともいえる。

9.5 プラスチック基板上への膜形成

金属やガラス基板に常温でセラミックス膜が形成可能であることは AD 法の大きな特徴である。さらに，AD 法の成膜プロセスが常温で完了することに着目して，プラスチック基板上への成膜に関する検討も行われてきた。その結果，非常に透明度の高いアルミナ膜がプラスチック基板上に直接形成可能であることが確認されている。AD 法を用いてポリカーボネート（PC）基板上にアルミナ膜を形成した結果を図3に示している。図中の破線内におよそ 20 mm 角，3 μm のアルミナ膜が形成されている。この試料の透明度を評価した結果，可視光領域において約 98% であった。図4に断面観察結果を示している。金属やガラス基板上に形成されたアルミナ膜のように，強固な界面が形成されている。また，透明度の評価も合わせて考えると，非常に緻密なアルミナ膜が PC 基板上に形成されている。

無機材料の表面処理・改質技術と将来展望

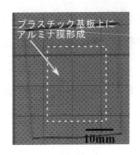
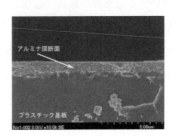

図3 AD法によるポリカーボネート（PC）基板上へのアルミナ膜の形成

図4 ポリカーボネート（PC）基板上に形成されたアルミナ膜の断面観察結果

9.6 金属材料の常温衝撃固化と積層構造の形成

　常温衝撃固化現象は，上述したようなセラミックス材料だけに見られる現象ではなく，金属粉末材料についても観察され，金属，セラミックス，ガラス，プラスチック基板など様々な材料に常温で金属膜を形成（メタラリゼイション）できる。図5(A)，(B)は，AD装置を用いて，ガラス，プラスチック基板上にCu厚膜を形成した事例である。成膜面積は15 mm×6 mm，膜厚は約3μmであり，成膜速度は約9μm/minである。Cu膜のRaはas-depo. 膜で約500 nm，バフ研磨を3分程度行うことによって50 nm以下となった。これは，AD法で成膜したCu膜が緻密であることを示唆している。Cu膜の断面観察結果を図5(B)に示す。基板上に約4μmのCu膜が形成しており，界面においてはく離などは観察されず，密着性に優れたCu膜が形成されている。原料粒子径については，セラミックス材料の場合と異なり，1μm前後の粒子径のみならず10μm程度の粒子径まで成膜可能である。また，膜の体積抵抗率を表2にまとめて示す。大気に暴露された微粉末は，その表面が酸化物層で覆われているため，常温で形成したas-depo膜は，バルク材の体積抵抗率より2桁高い値を示すが，真空雰囲気や非酸化雰囲気中で300℃，30分程度の熱処理を施すと，バルク材に近いところまで導電性は改善される。以上の成膜現象は，後述するコールドスプレー法[5]と物理的に酷似した現象と考えられる。

　また，AD法を用いてCuおよびPZTが形成可能であることから，常温でPZT/Cuのような

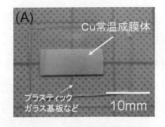
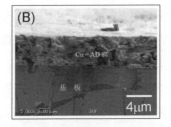

図5 AD法による金属材料（Cu）の成膜事例

第3章　表面被覆改質技術

表2　AD法で室温形成された銅薄膜の体積抵抗率

銅 AD 膜の体積抵抗率			（＊真空中：30分アニール）
常温成膜	200℃	300℃	バルク値
$1.4\times10^{-4}\Omega cm$	$1.34\times10^{-5}\Omega cm$	$5.79\times10^{-6}\Omega cm$	$1.7241\times10^{-6}\Omega cm$

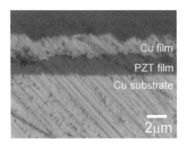

図6　PZT/Cu 積層構造の
断面観察結果

積層構造の形成も可能となる。図6にPZT/Cu 積層構造の断面観察結果を示している。銅の薄板上に約 1.5μm の PZT および Cu 膜を AD 法にて形成した結果である。As-depo. 構造において，誘電率（ε）：73であるが，真空中で500℃アニールを行うことによって，400程度まで上昇し，また，膜を電気炉にてアニーリングした結果，ゾルゲル法のような化学溶液法（CSD法）を用いて作成した試料と比較して，カーリングが非常に小さい。これは，室温形成した銅薄板上のPZT膜が緻密であることを示している。

この様に，応用面では積層コンデンサーや積層アクチュエータなどをAD法で形成する場合は，同一プロセスで一貫した構造形成を行えるためプロセスメリットのある可能性はあるが，金属微粉末は，一般に同粒径のセラミックス微粉末に比べ高価であったり安全性の問題があるため，メッキや蒸着，スパッターなどの従来手法に対し，利点のある用途を検討する必要がある。

9.7　成膜条件の特徴

9.7.1　基板加熱の影響

当初，セラミックス材料の室温成膜では圧粉体になり緻密な膜を形成できるとは考えられていなかった様である。そのため緻密な成膜体を得るには，200～900℃の基板加熱と成膜後焼結処理を行っていた。しかしながら，この様な基板加熱は，時としてマイナスの効果を生むようである[6]。図7は，α-Al$_2$O$_3$ を 200～700℃の基板加熱温度で成膜した結果である。基板加熱温度の上昇と伴に膜は白濁化し，膜密度や膜硬度も低下する。基板加熱のアシストがあり供給エネルギーは高い状態になっているが，結果としては，緻密な膜形成は実現できない。この理由として考え

無機材料の表面処理・改質技術と将来展望

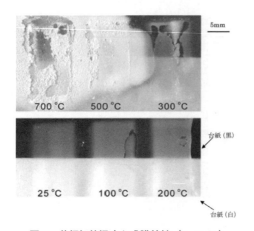
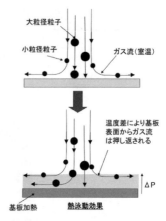

図7　基板加熱温度と成膜特性（α-Al$_2$O$_3$）

図8　エアロゾル粒子の挙動と基板加熱による変化

られるのが，図8に示すような基板加熱による熱泳動効果の影響である。セラミックス微粒子を搬送しているエアロゾルガスは，高温に加熱された基板に接触しても，絶えず流れているため基本的に常温である。そのため，基板と搬送ガスの接触面には大きな温度差が生じ，この温度差により搬送ガス中に存在するセラミックス微粒子は，この温度勾配に垂直な方向に大きな圧力を受ける（熱泳動効果）。結果，基板への微粒子の垂直方向への衝突速度は減速され，衝撃固化に必要な臨界粒子速度以下になり，結果として，先に述べたような緻密化が阻まれるためと考えられる。

9.7.2　原料粉末の影響

エアロゾルデポジション法では，高温の熱平衡な処理行程を経ないため通常市販されているセラミックス粉末では原料粒子に内在する欠陥を除去できず優れた特性を期待することはできない。従って，本手法を様々な材料に適用する場合，原料粒子特性に着目した詳細な検討と調整が非常

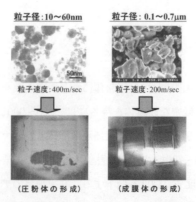

図9　原料粒子の粒径とα-Al$_2$O$_3$膜の形成

第3章　表面被覆改質技術

に重要になる。成膜速度や膜密度については，原料粒子の粒径や機械特性が大きく影響することが判ってきている。図9に示すように，化学的手法で合成された平均粒径50 nm前後，球形のα-Al_2O_3超微粒子を用いて成膜したところ，粒子径が微細であるにも関わらず400 m/secと上記粒子速度以上に加速しても圧粉体になり成膜体が形成できず，一方で，粒子形状が不定形で粒径がサブμmオーダーのα-Al_2O_3微粒子を用いて成膜を行うと，200 m/sec程度の粒子速度で緻密かつ透明な成膜体を形成することができる[7,8]。この理由も，先ほどの基板加熱同様，図8に示されるように，微細な粒子は，搬送ガス流が基板に衝突する際，基板方向に方向を変える。このとき質量の小さな微細粒子は，インパクターなどの分級装置と同様に，搬送ガス流の流れに追従するため基板に衝突する速度が大幅に低下，臨界粒子速度以下になるため常温固化現象が起きないものと考えられる。さらに粒子速度が増加すると成膜レートが低下する傾向が見られ[9]，実際の現象が必ずしも粒子の運動エネルギーの大きさだけでは単純に説明できないことが判る。また，PZTの場合，原料粒子に乾式ミル処理を行うと，処理時間とともに成膜速度が10倍以上と大幅に増加する[10,11]が，膜密度はあるところから急激に低下する。結果，成膜速度と膜密度を両立させる最適なミル処理時間がある。ミル処理を行うと原料粒子の粒径は細かくなるが，同時にメカノケミカルな作用が働き粒子の再凝集や機械物性，表面活性，欠陥構造に大きな変化が生じ，膜内部に残留する欠陥構造やその量も変化するため成膜性や成膜体の電気機械特性に複雑な影響を及ぼすと考えられる。今後，より詳細な検討が必要である。

9.8　成膜メカニズムの考察

以上，これまでの実験事実をもとに成膜メカニズムを考察すると，先にも述べた様に，微粒子結晶は基板衝突時に結晶面のズレや転位の移動などを伴い高速変形，結晶組織が微細化することで緻密になり，また，新生面の形成や衝撃力に基づく物質移動を生じて粒子間結合を形成していると考えられる。図10はこの粒子破砕による緻密化の様子を実験的に確かめた結果である[12,13]。鉛などの重い元素を含むPZT（圧電材料）とアルミと酸素などの軽元素からなるアルミナ微粒子を混合して基板に吹き付け，常温でPZT／アルミナの混合膜を形成，これを電子顕微鏡で組織観察すると，重い元素を含むPZTは黒く，軽い元素からなるアルミナは白く写り，膜内に存在する二つの材料の分布が明るさの違いとして観察できる。この結果，図10の左側の断面TEM写真にあるように基板面に平行

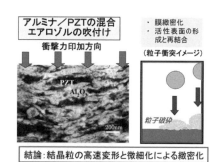

図10　アルミナ／PZT混合エアロゾルにより形成される膜微細組織と粒子破砕による膜緻密化メカニズムのモデル

な方向に黒い層状のPZTの領域が観察され，また，膜面内では，この様な層状構造が観察されない。また，このとき膜内の変形した各原料粒子の領域内にも図2のTEM写真にあるような粒子径20 nm前後のより微細な結晶組織が観察される。以上のことから，図10の右側のモデル図にあるようにPZTの粒子が基板や膜表面への衝突で破砕・変形し，結晶組織が微細化していることを示している。このため形成された膜は，常温でアモルファス相を殆ど含まないナノサイズの結晶構造体となると考えられる。従来の粒子衝突を利用したコーティング手法では捉えられていなかった観点である。

9.9 高硬度，高絶縁アルミナ膜と実用化への試み[14~16)]

そこで，上記成膜モデルに基づいて原料粒子の凝集を抑え，純度，圧縮破壊特性，成膜条件を検討し，99.9％純度のα-アルミナ微粒子やイットリア（Y_2O_3）微粒子を，焼結助剤や有機バインダー（結合剤）など一切の添加剤を用いず，世界で初めて常温で金属基板上に厚膜として固化することに成功した。ビッカース硬度：1800～2200 Hv，ヤング率：300～350 GPa，体積抵抗率：$1.5 \times 10^{15} \Omega \cdot cm$，誘電率（$\varepsilon$）：9.8と，バルク焼結体に等しい電気機械特性が得られている。図11は，常温でステンレス基板上に形成されたアルミナ膜の絶縁破壊強さで，150～300 kV/mm以上とバルク焼結体を一桁上回る。結晶の微細化に伴い，絶縁破壊を起こす粒界のパスが伸びたためと考えられるが，過剰な粒子衝突速度は，絶縁耐圧の低下を招く。プラズマ耐蝕性も図12に示すようにバルク体より優れ，常温成膜にも関わらず粒子間結合が化学的にも安定していることが明らかとなった。さらに，ポア（気孔）がなく簡単な研磨を行うと数nmレベルの平滑性も得られ，200 mm四方の面積への均一な成膜にも成功している。具体的な応用例としては，民間

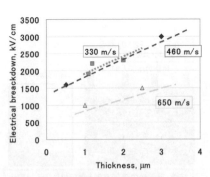

図11 各種粒子衝突速度で常温形成されたアルミナ膜の絶縁耐圧

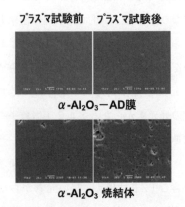

図12 アルミナAD膜の耐プラズマ耐食性
プラズマ暴露条件
①ガス種：CF4＋O2（20％）　②ガス量：50 sccm
③圧力：50 mtoor　④出力：1000 W　⑤時間：2 hr

第 3 章　表面被覆改質技術

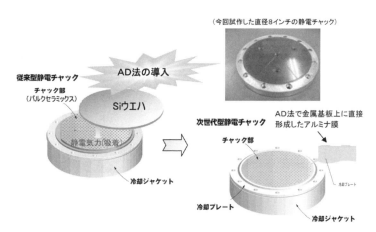

図 13　AD 法の導入による静電チャックの高性能化

企業で静電チャックの実用化，製品化が検討されている。静電チャックは半導体製造装置などに用いられる試料台で，図 13 に示すように静電気の力でシリコンウエハなどを吸着，固定する道具である。本開発では AD 法により金属ジャケット上に直接形成された高耐圧のアルミナ薄膜を用いることで，大幅な吸着力の応答速度の向上が確認され，液晶パネルなどのガラス材に対しても十分な吸着力が得られるようになった。

9.10　AD 法による電子デバイスの高機能化

本手法の圧電材料や誘電体，磁性材料，光学材料の適用が，現在，この AD 法をコア技術とする国家プロジェクト（NEDO ナノテクノロジープログラム，ナノレベル電子セラミックス材料低温成形・集積化技術）の中で検討されている。

9.10.1　圧電アクチュエータ・デバイスへの応用

実際のデバイスとして，共振型マイクロ光スキャナー[17]が製作されている。この様な光スキャナーは，マイクロプロジェクターや網膜投射型ディスプレーなど次世代表示デバイスのキーコンポーネントとして期待され，数十 kHz 以上の高速走査と 20° 以上の大振幅動作，ミリメーターサイズのミラーと動作時の撓み（歪み）の低減や低電圧駆動が要求される。図 14 に AD 法と MEMS 微細加工の組み合わせにより製作された光スキャナーの SEM 像を示す。PZT 微粒子の吹き付けによる Si 梁構造の破損や膜応力による大きな変形も無く，PZT 厚膜が Si スキャナー構造上に形成されている。この圧電膜は，常温成膜後，600℃，10 min の大気中の熱処理後分極処理される。簡単なマスキングにより PZT 粒子のミラー部への付着も見られない。ミラーヒンジを構成する 2 本のユニモルフ圧電アクチュエータにより，大気中駆動でミラー走査角度 30° 以上，共振周波数 30 kHz 以上の高速動作が確認されている。また，厚い Si 構造のため駆動時のミラー

無機材料の表面処理・改質技術と将来展望

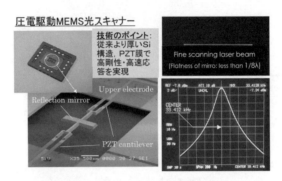

図14　AD法で形成した圧電厚膜駆動の高速MEMS光スキャナー

の撓みも $1/8\lambda$ 以下で，走査したレーザービームに歪みは無く，既報告の性能を上回る良好なスキャナー特性が得られている。また，現状では，Si微細加工より低コストな手法としてプレス加工されたステンレス構造体の上に圧電膜を形成し，同等性能の高速光スキャナーが試作[18]されている。さらに，直径1mm程度のステンレス・チューブ上に圧電厚膜を形成，医療用カテーテル先端に取り付けられる超小型の超音波モーターなども試作されている。

9.10.2　高周波デバイスへの応用

　CPUの高速化，通信周波数の高周波化に伴って，回路素子の動作周波数はGHz帯域になり，現状の表面実装技術は近い将来，限界を迎えると考えられている。これに対応するには，各種誘電体材料，絶縁材料や電波吸収材料の高周波特性を向上させると同時に，CPUなどの各種能動素子とキャパシターなどの配線距離を短くし，高周波の信号伝送特性を向上させる必要がある。このため金属配線との高精度な積層，集積化やプラスチック筐体と一体化が求められる。従来技術としてセラミックス部材の低温同時焼成法（LTCC）やポリマーコンポジットを利用することが各所で検討されているが，焼成時の異種材料間での拡散反応や焼成収縮時のそりや剥離，形状寸法の変化，内部歪み，低い電気物性などの問題を抱え，セラミックス本来の高い物性を十分引き出せないのが現状である。薄膜技術の検討も考えられるが現状では成膜コストの点からブレークスルーが求められる。

　AD法を用いてチタン酸バリウム系強誘電体材料を銅基板上に常温成膜し，図15に示すような，基板埋め込み（エンベデット）構造のキャパシターを形成[19, 20]している。断面写真にあるように，AD法による誘電体層の常温成膜と銅メッキを繰り返すことで3層構造の積層キャパシターが基板内部に形成できる。また，銅基板上へのサブミクロンオーダー膜厚の1層構造のキャパシターも試みられている。常温で比誘電率400，誘電損失1%以下の誘電体膜がCu基板上に常温形成できており，共に容量密度は競合技術であるセラミックス／ポリマーコンポジット膜の数十倍に相当する $300\,\text{nF/cm}^2$ 以上を実現しており，300℃以下のプロセス温度で形成したキャパ

第 3 章　表面被覆改質技術

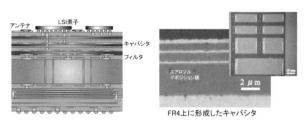

図 15　AD 法で常温形成した BaTiO$_3$ 薄膜による基板内蔵型積層コンデンサ

シターとして現時点で世界最高性能の特性を実現している。この他，GHz 帯域の高周波誘電体フィルターや EMI 対策用電波吸収体，ミリ波イメージングセンサなどの開発[21, 22]も進められている。

9.10.3　光集積化デバイスへの応用

大容量の情報処理に対する要求から超高速光集積回路への期待が高まっている。図 16 に示すように，AD 法により PLZT 系電気光学材料を従来薄膜プロセスより 100℃ 程度低い温度でガラス基板上に成膜，印加電界あたりの複屈折変化量である電気光学定数（rc）が 102 pm/V の透明膜を形成することに成功[23]している。また，熱処理温度を 850℃ まで上げると電気光学定数（rc）は，168 pm/V まで向上する[24]。これは，ゾルゲル法でエピタキシャル成長させた PLZT や PZT 膜など従来薄膜報告値の約 2 倍以上で，単結晶ニオブ酸リチウム材の 6～8 倍程度の性能である。この様な用途でも通信に使われる光の波長から膜の厚みは 1μm 以上が求められ，AD 法を利用するメリットは大きいと考えられる。この高い電気光学定数の薄膜を用い微細加工を施すことで，デバイスサイズを小型化，素子容量を大幅に低減することができることになり，半導体チップ間の光インターコネクトに使える低駆動電圧，超高速動作可能な光変調素子実現の可能性がでてきた。将来は，ネットワーク機器の小型化，コンピュータの高速データ転送など広い分野に展開したいと考えている。

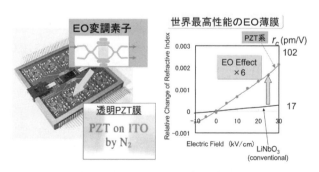

図 16　AD 法で形成した PLZT 系電気光学厚膜の EO 効果

文　　献

1) 明渡純,M. Lebedev, まてりあ, **41** (7), 459 (2002)
2) J. Akedo and M. Lebedev, *Jpn. J. Appl. Phys.*, **38**, 5397 (1999)
3) J. Akedo, Amer. Ceram. Trans., "Charactrization & Control of Interfaces for High Quality Advanced Materials", 245 (2003)
4) M. Levedev, J. Akedo, K. Mori and T. Eiju, *J. Vac. Sci.& Tech.* A, 18-2, 563 (2000)
5) R. C. Dykhuizen, M. F. Smith, D. L. Gilmore, R. A. Neiser, X. Jiang and S. Sampath, *J. of Thermal Spray Technology*, **8**, 559–564 (1999)
6) 伊藤朋和ほか, 第15回日本セラミックス協会秋季シンポジウム概要集, 229 (2002)
7) J. Akedo and M. Lebedev, *Jpn. J. Appl. Phys.*, **40**, 5528 (2001)
8) J. Akedo, Material Science Form, 449-452, 43 (2004)
9) 明渡純, マキシム・レベデフ, 鳩野広典, 清原正勝, 2001年日本セラミックス協会年会シンポジウム概要集, 264 (2001)
10) 明渡純ほか, 第15回日本セラミックス協会秋季シンポジウム概要集, 227 (2002)
11) J. Akedo and M. Lebedev, *Jpn. J. Appl. Phys.*, **41**, 6980 (2002)
12) 明渡純, 第17回日本セラミックス協会秋季シンポジウム講演予稿集, 63 (2004)
13) J. Akedo, *J. Amer. Ceram. Soc.*, **89** (5), 1736 (2006)
14) 井出貴之ほか, 第15回日本セラミックス協会秋季シンポジウム講演予稿集, 229 (2002)
15) 明渡純, *AIST Today*, **8**, 4 (2004)
16) 平成16年度NEDOエネルギー使用合理化技術戦略的開発／エネルギー有効利用基盤技術先導研究開発「衝撃結合効果を利用した窯業プロセスのエネルギー合理化技術に関する研究開発」プロジェクト成果報告書
17) N. Asai, R. Matsuda, M. Watanabe, H. Takayama, S. Yamada, A. Mase, M. Shikida, K. Sato, M. Lebedev and J. Akedo, Proc. of MEMS 2003, Kyoto, Japan, 247 (2003)
18) J. Akedo, M. Lebedev, H. Sato and J. H. Park, *Jpn. J. Appl. Phys.*, **44**, 7072-7077 (2005)
19) 今中佳彦, 明渡純, セラミックス, **39** (8), 584 (2004)
20) S.-M. Nam, H. Yabe, H. Kakemoto, S. Wada, T. Tsurumi, and J. Akedo, *Tran, MRS Jpn.*, **29** (4), 1215 (2004)
21) Y. Imanaka, M. Takenouchi and J. Akedo, *J. Cryst. Growth*, **275**, e 1313 (2005)
22) S. Sugimoto et.al., *IEEE Tran. Mag.*, 41-10, 3460 (2005)
23) M. Nakada, K. Ohashi, and J. Akedo, *J. Cryst. Growth*, **275**, e 1275 (2005)
24) M. Nakada, K. Ohashi, M. Lebedev, and J. Akedo, *Jpn. J. Appl. Phys.*, **44**, L 1088 (2005)

10 コールドスプレー技術

伊藤義康[*1]，須山章子[*2]

コールドスプレー（Cold spray）は，溶射（Thermal spray）に対比して作られた技術用語である。溶射のように原料粉末を溶かさず，高速で基材表面に衝突させて，ち密な皮膜を形成するプロセスとして最近注目を集めているコーティング技術である。一般には図1に示すように，粒子噴射型コーティングプロセスの代表である各種溶射プロセスに比べて，原料粉末の搬送ガス温度は低く，粒子速度は音速以上と高速である点に特徴がある。この粒子速度が材質によって決まる限界速度を超えると急激に成膜速度が上昇することから，当初は高圧のヘリウムガスが搬送ガスとして用いられたが，最近では低コスト化の観点から窒素ガスや低圧の空気が搬送ガスとして用いられる装置が開発されている。

図2には，市販されているコールドスプレー装置の一例を示す[1]。図の左から，制御装置，粉末供給装置，搬送ガス加熱装置，原料粉末の噴射ガンから構成される。コールドスプレー技術そのものが開発されてから間がないこともあり，各社において商品化されているコールドスプレー装置において使用されている搬送ガス種，ガス温度，粒子速度などが異なることから，形成される皮膜形態もコールドスプレー装置によって大きな差が見られるのが現状である。しかし，コールドスプレー技術に共通して言えることは，原料粉末を溶かさないことから酸化や熱による変質のない皮膜が得られること，基材への入熱量の抑制が可能なこと，ピーニング効果によりち密な

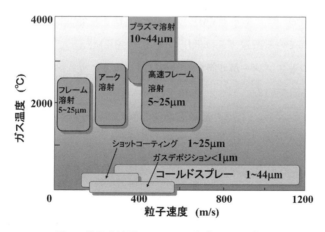

図1　粒子噴射型コーティングプロセスの比較

---

*1　Yoshiyasu Ito　㈱東芝　電力・社会システム技術開発センター　首席技監
*2　Shoko Suyama　㈱東芝　電力・社会システム技術開発センター　主査

無機材料の表面処理・改質技術と将来展望

http://www.cgt-gmbh.com/

図2 ドイツCGT社製のコールドスプレー装置

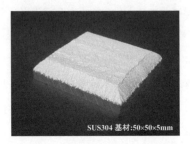

図3 ロシアTwin社のDYMETシステムにより形成されたAl皮膜

皮膜が得られること、併せて圧縮残留応力が誘起されることから厚膜の形成が可能なことなどが挙げられる。

図3には、市販装置の一つであるDYMETシステム[2]により形成したアルミニウム厚膜の外観写真を示す。使用されている搬送ガスは低圧の空気（$\cong 0.6$ MPa）で、シンプルかつコンパクトな装置である。コールドスプレーが可能な材料種は、アルミニウム、錫、銅、亜鉛、ニッケルなどの軟質金属に限定されている。

次の図4には、KMシステム[3]により形成した銅厚膜の外観写真を示す。このシステムの搬送ガスには低圧のヘリウムガス（$\cong 0.9$ MPa）が使用されており、コールドスプレーが可能な材料種はチタン、ニオブ、タンタル、タングステン、ステンレス鋼、ニッケル基合金、超硬合金、サーメットなど多岐にわたる。

また、図5にはK-3000システム[4]により形成したアルミニウム厚膜の外観写真を示す。このシステムの搬送ガスとしては高圧のヘリウムガスと窒素ガスが用いられているが、写真の皮膜は搬送ガスとして高圧の窒素ガス（$\cong 3.0$ MPa）を使用して形成したものである。コールドスプレーが可能な材料種はチタン、ニオブ、タンタル、モリブデン、ステンレス鋼、ニッケル基合金などが報告されている。

第3章　表面被覆改質技術

図4　米国 Inovati 社の KM システムにより形成された Cu 皮膜

図5　ドイツ CGT 社の K-3000 システムにより形成された Al 皮膜

この他にも数種類のコールドスプレー装置が市販されているが、上述したいずれかの装置の範疇に入るものである。

コールドスプレーに関しては各種の材料について、皮膜形成の限界粒子速度を明らかにするための研究が、実験と解析の両面から進められている。しかしながら、形成された皮膜の特性評価が十分に行われているとは言い難いのが現状である[5,6]。以下では、コールドスプレーにより形成されたアルミニウム皮膜の機械的・熱的・電気的特性について、大気中プラズマ溶射皮膜の特性[7,8]と比較することにより明らかにする。

実験に供した原料粉末は、コールドスプレーと大気中プラズマ溶射共に平均粒径 35 μm の純アルミニウム粉末である。純アルミニウム圧延材を有機溶剤で脱脂した後に、ブラスト処理で粗面化した面にコーティングを施した。コールドスプレー皮膜試験片は、コールドスプレー装置を用い、ノズル最小径 2.5 mm、作動ガスに窒素、ノズル入口温度 200℃、圧力 2 MPa、ノズル先端と基材との距離 20 mm、ガンの移動速度 20 mm/s、ピッチを 1 mm として形成した厚さ 3 mm 程度の皮膜から機械加工により切り出して作製した。大気中プラズマ溶射皮膜試験片は、メテコ製 7 MB ガンを用い、電圧 73 V、電流 500 A、作動ガスはアルゴン＋水素、溶射距離 120 mm で形成した厚さ 3 mm 程度の皮膜から機械加工により切り出して作製した[9,10]。

図6には、コールドスプレーと大気中プラズマ溶射により形成されたアルミニウム皮膜の断面組織を示す。すなわち、(a)大気中プラズマ溶射の場合と(b)コールドスプレーの場合であり、それぞれ酸素濃度の EPMA 分析結果も併せて示す。コールドスプレーにより形成されたアルミニウム皮膜にも気孔が観察されるが、大気中プラズマ溶射皮膜に比べると気孔径は小さく、単位面積あたりの気孔密度も低い傾向を示す。アルキメデス法で測定した皮膜密度から計算した気孔率は、コールドスプレーの場合に 4.5%、大気中プラズマ溶射の場合には 7.5% であった。また、コールドスプレー皮膜をバフ研磨後に 40% リン酸溶液でエッチングを施すことにより観察された組織写真からは、皮膜形成が固相粒子の衝突・積層により進んでいる様子を見ることができる。皮膜の酸素濃度分布からは、コールドスプレーに比べて大気中プラズマ溶射皮膜中には酸化物が

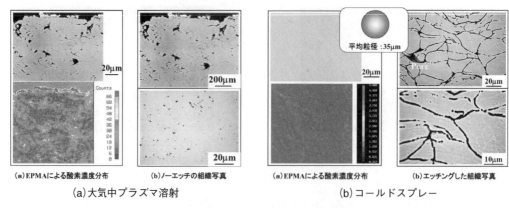

(a) 大気中プラズマ溶射　　　　(b) コールドスプレー

図6　アルミニウム皮膜の断面組織観察結果

相当に含まれていることが分かる[9]。この酸化物は，溶射過程で溶融粒子表面に形成されたアルミニウム酸化物（Al_2O_3）であると考えられる。

　コールドスプレー皮膜と大気中プラズマ溶射皮膜について，4点曲げ試験により得られた荷重―たわみ曲線の一例を図7に示す。図中には比較のために，純アルミニウム圧延材（Al(C 1100)）の荷重―たわみ曲線を併せて示す。大気中プラズマ溶射皮膜の荷重―たわみ曲線は，低荷重域から非線形挙動を示し，ほとんど荷重増加を示さずに最高荷重点に至り，荷重低下を示した後に急速破断に至る。一方，コールドスプレー皮膜の荷重―たわみ曲線は，高荷重域まで明瞭な線形挙動を示し，若干の非線形挙動を示した後に最高荷重点に至り，荷重低下を示した後に急速破断に至る。これらの皮膜の荷重―たわみ曲線に比べると，図中に示す範囲内では純アルミニウム圧延材は両者の中間的な変形挙動を示すことが分かる。ただし，純アルミニウム圧延材は図の範囲外の高たわみ域でコールドスプレー皮膜と同レベルの最高荷重点を示した後に，若干の荷重低下を示すが急速破断には至らない。

　図8には，ひずみゲージ法で測定したコールドスプレー皮膜と大気中プラズマ溶射皮膜のヤング率を比較して示す。コールドスプレー皮膜のヤング率は大気中プラズマ溶射皮膜に比べると顕著に高い値を示し，純アルミニウム圧延材のヤング率の80％程度の値を示す。一般に，圧延材に比べて皮膜のヤング率が低いのは，皮膜中に含まれる気孔の影響と考えられる。このようなヤング率の低下割合は，皮膜に含まれる気孔が扁平なき裂状気孔であると仮定することにより定量的な説明が可能である[9]。また，ポアソン比に関しては，コールドスプレー皮膜が0.34，大気中プラズマ溶射皮膜が0.35であり，純アルミニウム圧延材の0.35とほぼ同じ値を示した。

　室温における4点曲げ強度を，図9にまとめて示す。いずれも最高荷重点の応力値を4点曲げ強度として示したものである。コールドスプレー皮膜の4点曲げ強度は大気中プラズマ溶射皮膜に比べて顕著に高い値を示し，純アルミニウム圧延材の4点曲げ強度の90％程度の高い値を示

第3章　表面被覆改質技術

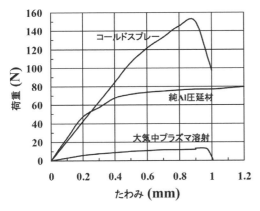

図7　コールドスプレーと大気中プラズマ溶射により形成されたAl皮膜単体試験片の荷重―たわみ曲線

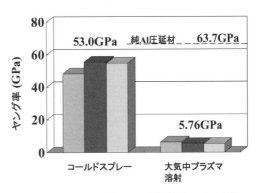

図8　コールドスプレーと大気中プラズマ溶射により形成されたAl皮膜のヤング率

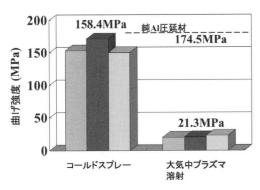

図9　コールドスプレーと大気中プラズマ溶射により形成されたAl皮膜の曲げ強度

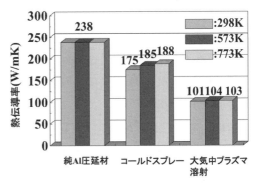

図10　コールドスプレーと大気中プラズマ溶射により形成されたAl皮膜の熱伝導率

すことが分かる。また，大気中プラズマ溶射皮膜の4点曲げ強度は，純アルミニウム圧延材の4点曲げ強度に比べ10％程度と顕著に低い値を示す。これはコールドスプレー皮膜形成が固相粒子の衝突・積層により進み，顕著な加工硬化を生じているためで，皮膜を形成する粒子間の結合力が，大気中プラズマ溶射皮膜の粒子間結合力に比べて，非常に高いことを意味している。

一方，図10には，コールドスプレーと大気中プラズマ溶射により形成されたアルミニウム皮膜について，その厚さ方向の熱伝導率をレーザフラッシュ法により測定した結果を示す[10]。熱伝導率は298 K，573 K，773 Kの3温度で測定した。また，図中には比較のために同一条件で実施した純アルミニウム圧延材の熱伝導率の測定結果を併せて示す。純アルミニウム圧延材の熱伝導率は，測定した温度範囲において一定で238 W/mKであった。これと比較して，コールドスプレーによって形成されたアルミニウム皮膜の熱伝導率は常温で175 W/mKであり，純アルミニウム圧延材の74％程度に低下した。また，大気中プラズマ溶射で形成されたアルミニウム皮

膜の熱伝導率は常温では101 W/mKであり，純アルミニウム圧延材の42%程度に低下した。さらに，コールドスプレーにより形成されたアルミニウム皮膜については，測定温度が高いほど熱伝導率は上昇する傾向を示した。

　以上のように，純アルミニウム圧延材に比較してコールドスプレーと大気中プラズマ溶射によって形成されたアルミニウム皮膜の熱伝導率が大幅に低下する理由は，単純な気孔率の影響では説明できない。すなわち，コールドスプレーと大気中プラズマ溶射により形成された皮膜特有の扁平なき裂状気孔は，一般の多孔質材料と比較して同じ気孔率でも多数存在することから，より大きな熱抵抗になる。また，大気中プラズマ溶射により形成されたアルミニウム皮膜には熱伝導の低い層状酸化物の形成が認められることから，コールドスプレーによって形成されたコーティングよりも熱伝導率はさらに低くなる傾向を示すと考えられる。ところで，コールドスプレーによって形成されたアルミニウム皮膜は，測定温度が高くなるほど熱伝導率は上昇する傾向を示す。これはコールドスプレーによって形成されたアルミニウム皮膜を構成する粒子間が比較的清浄であることから，高温では焼結を生じ易く，熱伝導率が上昇したものと考えられる。一方，大気中プラズマ溶射で形成されたアルミニウム皮膜も多孔質ではあるが，アルミニウム粒子間には溶射過程で形成されたAl_2O_3が存在するため焼結が生じにくく，測定温度が高くなっても熱伝導率の上昇は顕著ではない。

　同様に，図11にはコールドスプレーと大気中プラズマ溶射により形成されたアルミニウム皮膜について，レーザフラッシュ法により比熱を測定した結果を比較して示す。測定は298 K，573 K，773 Kの3温度で実施し，図中には比較のために同一条件で実施した純アルミニウム圧延材の比熱測定結果を併せて示す。図から明らかなように測定温度が高くなるほど，比熱は上昇する傾向を示した。比熱は単位重量の物体の温度を1 K上げるために必要な熱量であるから，気孔率の影響を受けないと考えられる。測定結果からも，純アルミニウム圧延材とコールドスプレーによっ

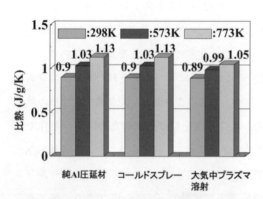

図11　コールドスプレーと大気中プラズマ溶射により形成されたAl皮膜の比熱

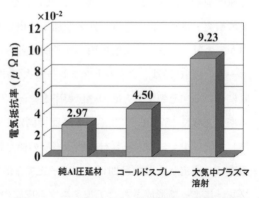

図12　コールドスプレーと大気中プラズマ溶射により形成されたAl皮膜の電気抵抗率

第3章　表面被覆改質技術

て形成されたアルミニウム皮膜の比熱は，極めて良い一致を示した。一方，大気中プラズマ溶射により形成されたアルミニウム皮膜の比熱は，純アルミニウム圧延材やコールドスプレーにより形成されたアルミニウム皮膜と比較して若干低目の値を示す。これは大気中プラズマ溶射の場合には，溶射過程で形成される Al_2O_3 が皮膜中に含まれるためと考えられる。

電気抵抗率の常温における測定結果を，図12にまとめて示す。測定においては，コールドスプレーと大気中プラズマ溶射によって形成されたアルミニウム皮膜について，その厚さと直角方向（コーティング面内方向）の電気抵抗率を4端子法により測定した。その結果，常温における純アルミニウム圧延材の電気抵抗率は $2.97\,\mu\Omega m$ であった。純アルミニウム圧延材に比べて，コールドスプレーにより形成されたアルミニウム皮膜の電気抵抗率は1.51倍，大気中プラズマ溶射により形成されたアルミニウム・コーティングの電気抵抗率は3.11倍といずれも高い値を示した。コールドスプレーによって形成された皮膜はアルミニウム粒子間が比較的清浄ではあるものの，電気抵抗率に関しては大きな抵抗ロスとなるようである。一方，大気中プラズマ溶射により形成されたアルミニウム皮膜には，多くの気孔と共に溶射過程で形成された Al_2O_3 が大きな電気抵抗になると考えられる。

以上の結果より，アルミニウム皮膜の機械的・熱的・電気的特性は，その微構造に大きな影響を受けていることが明らかとなった。そこで，大気中プラズマ溶射と比較しながら，コールドスプレーによる皮膜形成機構についてまとめる。

図13には，微構造観察結果から想定した皮膜形成機構を，(a)コールドスプレーの場合，(b)大気中プラズマ溶射の場合，それぞれについて模式的にまとめる。従来から良く知られているように，大気中プラズマ溶射の場合には溶射粉末がプラズマ中で溶融した状態で，その表面が大気

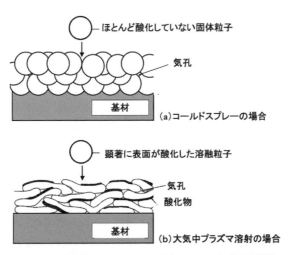

図13　粒子噴射型コーティングプロセスの皮膜形成機構

中で酸化されながら基材表面に吹き付けられる。そのために，溶融粒子は基材表面で扁平化され，酸化物を巻き込み，気孔を形成しながら付着する。この溶融粒子の扁平化が何層にも基材表面で連続して繰り返されることによりコーティングが行われる。一方，コールドスプレーの場合には，予熱されるもののコーティング粒子は固相状態のまま高速で基材表面に吹き付けられる。そのために，コーティング粒子は塑性変形を生じるものの，大気中プラズマ溶射の場合に比較して粒子の扁平化は顕著ではない。むしろ，固相粒子によるピーニング効果により前層が押しつぶされ，その結果としてコーティング粒子の扁平化が進み，緻密なコーティングを形成すると考えられる。

　以上のようにコールドスプレーの場合には，皮膜形成過程において顕著な酸化物形成を生じないで緻密化が図れることから，拡散熱処理を施すことで容易に皮膜粒子は焼結し，緻密化と均質化が図れると考えられる。また，コールドスプレーの場合には，ピーニング効果により皮膜の硬化が進むが，拡散熱処理を施すことで軟化すると共に，高延性化が可能になると考えられる。

文　　献

1) CGT社ホームページ，http://www.cgt-gmbh.com/
2) スタータック社ホームページ，http://www.startack.com/
3) INOVATI社ホームページ，http://www.inovati.com/
4) R. Richter, W. Krommer, P. Heinrich, Published in International Thermal Spray Conference and Expsition, 47/02 (2002)
5) J. Karthikeyan, T. Laha, K. Balani, A. Agarwal, N. Munroe, International Thermal Spray Conference, ITSC 2004, II-5 (2004)
6) K. Sakaki, *Journal of Japan Thermal Spraying Society*, **42** (1), 29 (2005)
7) Y. Itoh, H. Andoh, S. Suyama, *Journal of the Society of Material Science Japan*, **49**, 1, 51-55 (2000)
8) Y. Itoh, H. Andoh, S. Suyama, *Journal of the Society of Material Science Japan*, **49**, 1, 56-60 (2000)
9) 伊藤義康，須山章子，布施俊明，材料，**56** (6)，550 (2007)
10) 伊藤義康，須山章子，材料 (2007)，投稿中

第4章　応用技術・特性

1　腐食と防食

井上博之*

1.1　表面処理・改質による素材の防食

　防食を目的した表面処理・改質では，高耐食の物質層（耐食層）で素地の表面を覆うことにより，素地の腐食を抑制する。優れた耐食層は一般に次の3つの特性を有している。

a）耐食性に優れる。
b）素地との密着性が良い。
c）貫通欠陥をほとんど含まない。

　素地の腐食は，素地が水溶液と接触して初めて開始される。表面処理された材料を溶液に浸漬させると，毛細管現象によって，溶液は，ピンホールやクラックなどの貫通欠陥を通じて，耐食層内を素地との界面まで浸透する。浸透した溶液を介して酸化還元反応が進行し，素地が溶解される(式1)。多くの中性溶液中では，液中に溶解している酸素分子 O_2（溶存酸素）が，還元反応の酸化剤となる(式2)。

$$\text{酸化（溶解）反応：M（素地金属）} \rightarrow M^{n+} + ne^- \tag{1}$$

$$\text{還元反応：} O_2 + H_2O + 2e^- \rightarrow 2OH^- \tag{2}$$

　耐食層が金属など導電性の物質で，かつ溶液が中性の場合，素地の溶解により生じた電子は，耐食層外面での溶存酸素の還元反応によって消費される（図1）。これに対して，セラミックスなど電気抵抗の高い物質から成る耐食層では，式2の還元反応は，層の外面ではなく，貫通欠陥下の素地上で進行する（図2）。素地の腐食速度は，溶液条件と素地金属の組成，耐食層の電気化学特性や物理構造，素地との密着性により変化する。非導電性耐食層では，はく離などの大面積の皮膜損傷が無い限り，素地の腐食は層の気孔率に支配される。耐食層が非導電性の場合，溶液沖合から反応場への O_2 の供給は，貫通欠陥を通じての拡散に限られる（図2）。酸化還元反応では，定常状態における酸化反応での電子の供与速度と還元反応における授与速度は等しいことから，式1の素地の酸化反応は O_2 の供給速度に律速される。このため，耐食層の気孔率が低い場合，素地の腐食速度は抑制される[1]。

＊　Hiroyuki Inoue　大阪府立大学　大学院工学研究科　マテリアル工学分野　講師

無機材料の表面処理・改質技術と将来展望

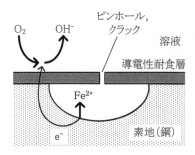

図1 貫通欠陥を持つ導電性耐食層（銅めっき皮膜などの）下での素地（鋼板）の腐食

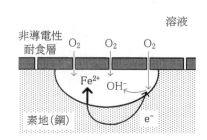

図2 非導電性耐食層（セラミック皮膜などの）下での素地（鋼板）の腐食

1.2 犠牲防食効果による素地の防食

　耐食層中に貫通欠陥が全くなければ，表面処理あるいは改質された材料の耐食性は，おおよそ耐食層の性能のみによって決まる。しかし，現実には，貫通欠陥の無い耐食層を生成することは容易ではない。めっき皮膜の場合，一般にその膜厚が増加するほど，ピンホールの密度は低下する。したがって，期待される耐食性を発揮するためには，コストはかかるものの，めっきを厚付けしなければならない。電気ニッケルめっき鋼板の場合，ニッケル層の膜厚を $30\mu m$ 以上としないと，ニッケル本来の耐食性は発揮できないとされている[2]。また，電気クロムめっき鋼板では，膜厚が $0.5\mu m$ 以下では多数のピンホールが残るが，$0.5\mu m$ より厚くすると貫通クラックが発生する[2]。また，厚付けなどにより耐食層内の欠陥を制御できたとしても，飛び石などによって層に部分的にはく離が生じると，層内に貫通欠陥がある場合と同じく，素地が腐食される。したがって，実用上"タフ"な耐食層とするには，先の1.1項のa)～c)の特性に加え，素地に対する犠牲防食効果を付与する必要がある。

　耐食層を構成する物質の自然電位が，使用する環境において素地よりも充分に卑な場合，耐食層は素地に対して犠牲効果を持つ（犠牲耐食層）。亜鉛めっき鋼板では，亜鉛の自然電位が鉄よりも充分に低いため，めっき層に貫通欠陥やはく離があっても，露出した鋼素地上では，鉄の溶解ではなく，専ら溶存酸素の還元が生じる（図3）。つまり，亜鉛の溶解によりめっき皮膜は消

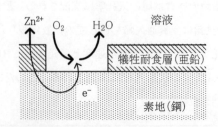

図3 犠牲防食効果を持つ耐食層（亜鉛）がめっきされた素地（鋼板）の防食機構

第4章 応用技術・特性

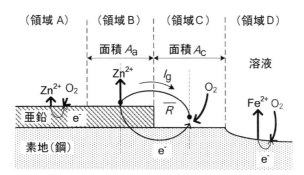

図4 素地の露出面積が比較的大きい条件下での防食機構
（領域A：犠牲溶解していない耐食層領域，領域B：犠牲溶解している耐食層領域，面積A_a，領域C：防食されている素地の露出域，面積A_c，領域D：防食されていない素地の露出域，I_g：領域B-C間に流れる防食電流，$\overline{R}$：領域B-C間の溶液抵抗の平均値）

耗する（犠牲溶解する）が，素地自体は浸食されない（防食される）。素地露出部の面積が大きい場合には，犠牲となる耐食層や素地の電気化学特性，接している溶液の伝導度によっては，その一部分のみが防食されることになる（図4）。犠牲溶解している耐食層の領域（図4の領域B）ならびに防食されている素地の露出域（同じくC）の電極電位E_a，E_cが，それぞれの領域内では場所によらず等しいとすると，両領域間の防食電流I_gは，以下の異種金属接触腐食の関係式[3]を満たす。

$$E_a = E_a^* + h_a I_g / A_a \tag{3}$$
$$E_c = E_c^* - h_c I_g / A_c \tag{4}$$
$$E_c - E_a = I_g \overline{R} \tag{5}$$

E_a^*とE_c^*，A_aとA_c，h_aとh_cは，それぞれ，領域BとCの自然電位（素地を通じて短絡されていない，単独状態での電極電位），面積，分極特性を示す。また，$\overline{R}$は，両領域間の溶液抵抗の平均値を示す。E_cが式1の反応の平衡電位よりも卑な場合には，反応は右へ進まず，素地は防食される。したがって，式4より，同じE_cとE_c^*では，I_gが大きいほど防食される領域の面積A_cは広くなる。式3から5をI_gについて整理すると，

$$E_c^* - E_a^* = (h_a/A_a + h_c/A_c + \overline{R}) I_g \tag{6}$$

となる。式6は，素地が同じ物質の場合，自然電位E_a^*が低い耐食層ほどI_gは大きくなることを示している。また，同式より，$\overline{R}$が高い溶液中ではI_gが抑制され，結果としてA_cが減少する。例えば実験室で，表面に汚れの付着が無い試験片を用いて結露環境で腐食試験をおこなうと，$\overline{R}$が高いため，塩粒子などが付着している実環境よりも，短期間で激しい腐食を生じる場合がある。

1.3 多層化による高耐食性の実現

耐食層は一般に素地よりも薄い。したがって犠牲耐食層であっても，その腐食速度は素地と比較し充分に低くなければならない。例えば，建材用鋼板の表面処理法として，亜鉛めっきが広く用いられているが，その理由の一つとして，亜鉛が鋼に対して優れた犠牲防食効果を示すと同時に，その大気環境中での腐食速度が，鋼の1/15から1/30に過ぎない[4]ことが挙げられる。

犠牲耐食層の多くは，犠牲防食と耐食という相反する特性を実現するために，多層構造を有している。亜鉛めっき層は，使用時，結露水などの溶液と反応し，その外面に水酸化亜鉛（$Zn(OH)_2$）や塩基性炭酸亜鉛（$Zn_5(CO_3)_2(OH)_6$）などの沈殿層を形成する。工業地帯や海岸など硫黄酸化物や塩化物を含む大気環境では，曝露時間に応じて，層の一部が硫酸亜鉛や塩基性硫酸亜鉛，ヒドロキシ塩化物などへ変化する[5]。これらの沈殿皮膜層は電導度が低いため，下地の亜鉛めっき層を保護し，その腐食速度を低下させる。沈殿皮膜層は乾燥過程で脱水固化し，層内に多数の貫通欠陥が生じる。このため後続の湿潤過程では，欠陥底部の亜鉛が腐食されるものの，同時に，腐食により生成した水酸化物層によって欠陥部が塞がれる[5]（自己補修する）ため，めっき層全体の腐食速度は低い水準に抑制される。ただし，近傍に素地の露出面があると，自然電位が貴化されるため，水酸化物層の欠陥の底部での亜鉛の溶解が加速され，同部のめっき層に顕著な犠牲溶解が生じる。なお，亜鉛は両性金属であり，その水酸化物は溶液のpHが約7から12の範囲内においてのみ安定となる[6]。したがって，この範囲を外れるpHの溶液中では，沈殿層の形成による腐食の抑制は期待できない。また，60℃以上になると自然電位が鉄より高くなり犠牲防食効果が失われる[6]。

ピンホールの密度が低い，厚付けされた電気ニッケル鋼板は，一般に優れた耐食性を示す。しかし，ニッケル層表面での酸化皮膜成長により，光沢性が失われる（"くもり"が生じる）との問題点がある。このため，しばしば，ニッケルめっき層の上に，薄くクロムめっきを施す多層化処理がおこなわれる。クロムの表面は，大気中では薄い高耐食層（不働態皮膜）で覆われることから，経時的に光沢性が低下することはない。クロムめっき層は多くのピンホールを含み，またニッケル層より腐食電位が高い。このため，上記の脱水固化した水酸化物層下の亜鉛と同じく，ピンホールを通じてニッケル層が腐食される。しかしながら，亜鉛のような自己補修作用を持たないことから，ピンホール下のニッケル層に深さ方向への局所溶解が生じ，早期に素地の界面まで欠陥が到達してしまう（図5-A）。この局所溶解を避けるため，ニッケルめっき層自体も多層化される。例えば，光沢性は劣るが，硫黄含有量が低く腐食電位の高い[7]ニッケル層（半光沢めっき層）を下地めっきしておく。半光沢めっき層の上に，硫黄分の高い光沢めっき層を厚付けすると，後者の層は前者に対して犠牲効果を持つために局所溶解は生じず，光沢層全体が消耗するまで素地への欠陥の貫通は生じない（図5-B）。錫めっき鋼板（ブリキ）のSnめっき層と下地の

第4章 応用技術・特性

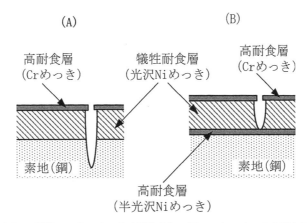

図5 単相ニッケルめっき皮膜(A)と二層ニッケルめっき皮膜(B)

Fe-Sn層，溶融アルミめっき鋼板のAlめっき層と下地のAl-Fe-Si層も，それぞれ前者が後者に対する犠牲層となることにより，腐食による鋼素地への欠陥の貫通を抑止している。

1.4 むすび

近年，ニッケルやフェロクロムの価格高騰により，ステンレス鋼の経済性が低下している。このため，表面処理や改質による鋼（特に高強度鋼）の高耐食化が再び注目されている。防食を目的とした表面処理や改質の適用を拡大するには，より優れた処理や改質の方法の開発だけではなく，実環境での腐食を短時間でかつ精度良く再現できる試験法を確立することが重要と考えられる。

文 献

1) J J. Haslam et al, *Metall. Mater. Trans. A,* **36 A**, 1085 (2005)
2) ニューマテリアルセンター編，損傷事例で学ぶ腐食防食，ニューマテリアルセンター，p. 130 (1990)
3) 腐食防食協会編，腐食・防食ハンドブック，丸善，p. 69 (2000)
4) R. W. Revie, "Uhlig's corrosion handbook, 2nd. ed.", p. 892, John Wiley & Sons, New York (2000)
5) X. G. Zhang et al, "ASM handbook, 13 B, Corrosion : materials", p. 407, ASM International, Ohio (2005)

6) H. H. Uhlig *et al*, "Corrosion and corrosion control, 3rd. ed.", p. 239, John Wiley & Sons, New York (1985)
7) 古川直治ほか, 電気化学, **34**, 844 (1966)

2 摺動と摩耗（耐摩耗性）

佐々木信也*

2.1 はじめに

機械システムの多くには可動部分があるが，この可動部分における摺動特性や耐摩耗性はシステムの性能や効率を大きく左右するとともに，システム全体としての耐久性，信頼性等を決める重要な鍵を握っている。そのため，機械システムの摺動表面には古くから様々な表面処理や改質技術が適用され，改良が行われてきた。現在でも，DLCに代表される硬質薄膜コーティングやレーザープロセッシングなど，最新の表面処理・改質技術が開発，実用化されようとしている。ここでは，まずトライボロジーの基礎的なメカニズムを紹介し，耐摩耗性向上を目的とした表面改質，処理技術について紹介する。

2.2 表面とトライボロジー

トライボロジー（Tribology）とは，固体の摩擦・摩耗・潤滑を取り扱う工学分野を指し，相対運動を行いながら相互作用を及ぼし合う表面およびそれに関連する実際問題の科学技術と定義されている。トライボロジーが扱うものは，分子レベルでの摩擦現象から，ハードディスクのスライダヘッド，自動車のエンジンやタイヤ，発電タービンの軸受，様々な電気接点，人工関節，地震予知や人工衛星など，一般工業製品に留まらずナノやバイオさらにはジオサイエンスや宇宙に至るまでの摩擦に起因する様々な現象すべてであり，非常に幅広い分野・領域に跨っており，まさに，分野横断的かつ基盤的という形容がふさわしい科学技術の一分野である。

実学としてトライボロジーを見た場合，制御対象とする課題は，表1に示したように①摩擦の制御，②摩耗の制御，③エミッションの制御の3つに大別される。

摩擦の制御においては，ピストン・シリンダー間の摺動のようにエネルギー損失を抑えるため

表1 トライボロジーによる3つの制御

1. 摩擦の制御 ・摩擦の低減：ピストンーシリンダーなど，低摩擦による摩擦損失の低減 ・摩擦の安定化：ブレーキシステムなど，環境変化等に影響を受けない一定の摩擦係数
2. 摩耗の制御 ・耐摩耗性向上：摺動部品等の信頼性向上，長寿命化のための摩耗低減 ・摩耗の促進：除去加工プロセスなどにおける被加工表面の除去（摩耗）効率向上
3. エミッションの制御 ・エミッションの利用：楽器等における摩擦音，地電流による地震予知，摩擦熱 ・エミッションの抑制：摩擦ノイズ，振動，潤滑油漏れ，摩耗粉，摩擦帯電

* Shinya Sasaki 東京理科大学 工学部 機械工学科 教授

に摩擦を極力下げるということだけではなく,自動車のブレーキシステムのように,高い摩擦係数を安定して発生させるための技術も含まれる。また,摩擦を制御する場合には,固体の表面物性や固体同士の接触状態などに加え,摩擦表面と潤滑剤との相互作用も大きな役割を果たすため,化学的特性付与を目的とする表面改質を施すこともある。

摩耗の制御においては,一般的な摺動部品では長寿命化や信頼性向上のため摩耗を減すことが命題となるが,切削や研磨などの除去加工プロセスにおいては,効率向上のため被加工表面の摩耗を促進するための方策が要求される場合もある。摩耗を低減あるいは促進する場合のいずれでも,摩擦の制御同様に表面の機械的特性が大きな役割を果たすため,硬質薄膜コーティングをはじめ,様々な表面処理技術が応用される。

近年,地球環境問題への意識の高まりを背景として,エミッションの制御というものに大きな関心が寄せられている。トライボロジーが直接関与するエミッションには,摩擦現象に起因する振動や騒音などに加え,潤滑油等の環境へ放出,ブレーキやタイヤ等からの摩耗粉などが挙げられる。また,近年,製造現場ではローエミッション加工プロセスの実現に向け,生分解性潤滑剤の利用や加工油の最小油量化(MQL),さらにはドライプロセスへの移行が強力に推進されている。このようなローエミッション加工プロセス技術を普及させるためには,工具と被加工物との摩擦の低減や工具,金型等の耐摩耗性向上が克服すべき重要な技術課題であり,表面処理・改質技術が大きな役割を果たす。

2.3 トライボロジーの基礎

2.3.1 摩擦

摩擦は,"接触する2つの固体が外力の作用のもとですべりやころがり運動をするとき,あるいはしようとするときに,その接触面においてそれらの運動を妨げる方向の力(摩擦力)が生じる現象"と定義されている[1]。平らな2つの平面を重ねたとき,その重なっている面積全体は接触面と呼ばれるが,良く観察して見れば接触面すべてが相手面と接触している訳ではなく,どんなに平坦に仕上げた表面であったとしても必ず凹凸があるため,本当に接触している部分は見かけの接触面積よりも小さくなる。本当に接触している部分を真実接触部と定義し,見かけの接触面積との違いを明確に示したのがホルム[2]である。ホルムは,真実接触面積 A_r は,垂直荷重 W,金属の塑性流動圧力を P_m として,

$$A_r = W/P_m \tag{1}$$

で表せると定義した。そして,真実接触部では凝着により金属と同等のせん断強さ S_i を持つものとし,摩擦力 F_s は $F_s = A_r \times S_i$,摩擦係数 μ_s は次式で表わせる。

第4章 応用技術・特性

$$\mu s = Fs/W = Si/pm \tag{2}$$

　この式で塑性流動圧力 pm をその上限値となる押し込み硬さ H と置き換えて考えれば，硬い表面同士ほど摩擦係数は小さくなることが判る。また，接触部の凝着が不完全な場合などせん断強度 Si が小さいほど摩擦係数は下がることになる。すなわち，摩擦低減には，凝着を妨げる物質を接触部に介在させることが有効であり，これが潤滑剤の役目となる。

　ところで，凝着だけでは日常生活で経験するところの表面の凹凸の影響について釈然としないところがあるかもしれない。実はすべり摩擦抵抗は，次式に示すように凝着に起因した凝着項（μs）に，掘り起こし項（μp）と呼ばれる抵抗の和によって示される。

$$\mu = \mu s + \mu p \tag{3}$$

　掘り起し項（μp）は，柔らかい材料に硬い材料の凸部の一部がめり込み，柔らかい材料を押し退けながら進むときの抵抗と定義される。押し込み量を減らすためには表面を硬くすることが有効だが，硬質被膜などで表面が粗い場合には，自らの粗さ突起が相手面を掘り起こすことにより，摩擦を増大させるケースもある。

2.3.2 摩耗

　摩耗については，現象の捉え方によって様々なメカニズムが提唱されている。ここでは表2に示したバーウェル（J. T. Burwell）[3]の分類にしたがって説明する。

　凝着摩耗は，真実接触部において凝着が生じた後，相対運動によって引き離される際に凝着部周辺部からの破断が起こり，その結果進行する摩耗形態である。凝着の起こる真実接触面積は，(1)式で示した通りで，塑性流動圧力の高い，すなわち硬い表面ほど接触面積は小さくなり，結果として凝着が起こる割合が減るために凝着摩耗は減少する。

　アブレシブ摩耗は硬い突起や硬質粒子によって，相手摩擦面が削り取られることによって起こる摩耗形態である。図1にアブレシブ摩耗のモデル[4]を示した。先端が円錐をした硬い突起に荷重 N が加わると，下側の表面に深さ d だけ押し込まれ，その状態で突起が距離 L だけ移動する

表2　摩耗形態の分類

(1) 凝着摩耗（Adhesive Wear）
　　真実接触部の凝着に起因する破断から生じる摩耗
(2) アブレシブ摩耗（Abrasive Wear）
　　硬い突起や粒子の切削によって起こる摩耗
(3) 腐食摩耗（Corrosive Wear）
　　雰囲気や潤滑剤の表面腐食作用と腐食反応物の除去によって起こる摩耗
(4) 疲れ摩耗（Fatigue Wear）
　　ピッチングやフレーキングなどのころがり疲れに起因する摩耗

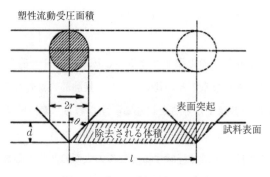

図1 アブレシブ摩耗のモデル[4]

と，図中の斜線部分が削り取られて摩耗するというモデルである。

$$N = \pi (d \cdot \cos \theta)^2 Pm \tag{4}$$

と表され，摩耗体積Wは次式のように与えられる。

$$W = \frac{\tan \theta}{\pi \cdot Pm \cdot} N \cdot L \tag{5}$$

塑性流動圧力Pmを硬度Hと置き換えて考えれば，硬い表面ほどアブレシブ摩耗に対して耐摩耗性に優れるということになる。実際の機械システムにおける摩耗に関するトラブルの約8割はアブレシブ摩耗に起因するものであると言われている。これは凝着摩耗に比べ，アブレシブ摩耗による摩耗量が桁違いに大きいため，故障の直接的な原因になる確率が高いことによるもので，そのため，耐摩耗性付与を目的とする表面改質には，溶射法やPVD法による硬質薄膜コーティングが広く普及している。なお，アブレシブ摩耗の場合には潤滑剤の存在は摩耗を増大させる効果[5]があるので注意が必要である。ただし，これを切削加工に当てはめ，硬質かつ低摩擦の被膜を切削工具に適用すれば，工具のそのものの耐アブレシブ摩耗性が向上するとともに，被削材料のアブレシブ摩耗量の増加，すなわち除去加工効率が向上する。

2.3.3 潤滑

潤滑状態を理解する上で，ストライベック線図[6]は大きく役立つ。これは潤滑状態の遷移を，動摩擦係数と軸受特性数S（摩擦速度×潤滑油粘度／荷重）で定義した指標を用いて表したものである。図2にストライベック線図を示した。ストライベック線図では，領域Tを境界潤滑領域，領域Uを流体潤滑領域と分類され，流体潤滑領域では，2つの固体間に介在する潤滑油によって接触が妨げられており，その摩擦力は潤滑油の粘性抵抗により生じる。潤滑油膜によって固体接触を妨げるためには，粘度と速度等のパラメータから流体力学的に決まる十分な油膜厚さが必要になる。十分な油膜厚さとは，2固体間の接触が起こらない距離を意味し，摩擦面の表面粗

第 4 章　応用技術・特性

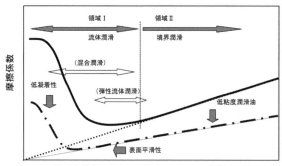

図 2　ストライベック線図

さによって決まる。

　摩擦係数が小さく固体接触がない，すなわち摩耗が起こり難い流体潤滑は，摺動部品を設計する上では理想的な潤滑状態と言えるが，実際の部品では，静止時や不意の荷重変動などにより固体接触が余儀なくされる。このため，境界潤滑領域への遷移は，摺動部品を設計する上で常に考慮されなければならない。その結果，表面改質技術には，流体潤滑領域を軸受特整数 S の小さい領域まで広げること，そして固体接触の際に表面を保護する機能の付与が求められることになる。

2.4　耐摩耗性向上を目的とする表面改質

　摺動表面の耐摩耗性を向上するための方策としては，①高硬度，②平滑性（低攻撃性），③テキスチャリング，④固体潤滑性，そして⑤化学的安定性の付与が挙げられる。表面改質のいくつかの例をもとに現状と今後の展望を述べる。

2.4.1　高硬度

　表面の硬度を向上させる手法としては，鋼の焼入れ，浸炭，窒化などの熱処理技術にはじまり，クロム等の湿式めっきや TiN，CrN，DLC（ダイヤモンドライクカーボン）などの CVD，PVD 法，金属やセラミックス等の溶射法などが知られている。コーティングの場合，膜自体の硬度を上げることは比較的容易だが，剥離などの信頼性や相手面への攻撃性などが実用化を阻む要因となることがある。そのため，硬度が高ければ高いほど良いということにはならない。DLC の場合，その硬度は製法[7,8]や組成[9]によって大きな幅があるが，一般にはビッカース硬度で Hv 1000 〜 Hv 3000 程度の値を示すものが摺動面被膜として用いられている。DLC が近年急速に普及した理由の一つとして，膜の密着性と信頼性の大幅な向上が挙げられるが，膜の硬度はこれら特性との兼ね合いで決められることになる。

2.4.2 平滑性と低攻撃性

トライボロジーは2つの固体表面によって成り立つので，片方の性能向上を図るのみでは十分な効果は得られないことがある。むしろ，相手面を無視した一方的な性能向上は，トライボシステムとしての性能劣化をもたらすことがある。例えば，表面の耐摩耗性向上を目的に硬質被膜をコーティングした場合に，硬質被膜側の耐摩耗性は向上したものの相手材料の摩耗が増大し，結果として十分な摺動特性が得られないことがある。相手材料に対する攻撃性は，硬さと表面粗さが大きくなるほど増加する。図3は，炭素鋼を相手材料として各種硬質被膜を摺動させた時の摩擦・摩耗特性[10]を示したものである。未処理のSKH鋼やTiAlNの場合には，すべりはじめはCrNよりも低摩擦ながら，摩擦距離が長くなるとこれよりも高い摩擦係数を示す。また，相手側のピンの摩耗を見ると，SKH鋼，TiAlNともにCrN，DLCに比べ大きいことがわかる。CrNの場合には，表面粗さが大きいために初期の摩擦係数が高くなり，DLCの場合は，摩擦係数，摩耗量ともに最も低い値を示すが，これは膜の平滑性と低凝着性によるものと考えられる。DLCは自らの高い耐摩耗性とともに相手材料に対する低攻撃性を有することから，例えば金属材料等を塑性加工するための金型表面への応用が期待されている。

2.4.3 テキスチャリング

流体潤滑領域を低速，高荷重域まで拡大するよう表面に微細な形状を施すことは，結果として摺動表面の耐摩耗性の向上にも役立つ。その意味で，テキスチャリングも耐摩耗性表面改質技術の一つと考えることができよう。テキスチャリングには，スパイラルグルーブ軸受のように機械加工によってマクロな溝加工を施すものもあるが，近年，工作機械案内面の"きさげ"面で知られているような微細構造に起因する機能発現が注目されている。サブミリオーダー以下の規則的なテキスチャリングを施す手法としは，半導体技術を応用したMEMSプロセス[11]が良く知られているが，形状やサイズならびに加工材料の制限，そしてコスト面で一般機械部品への応用は制

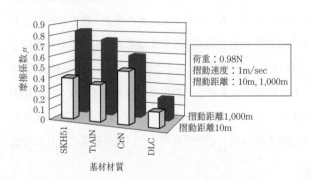
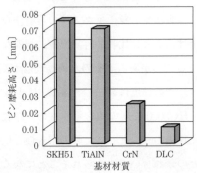

図3 炭素鋼に対する各硬質薄膜の摩擦・摩耗特性[10]

第4章 応用技術・特性

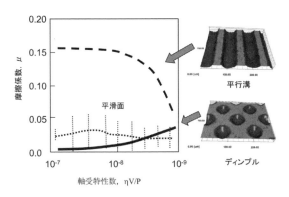

図4 表面テキスチャリングによる摩擦特性への影響[14]

限される。しかし最近，フェムト秒レーザ照射による微細周期構造の形成[12]やサンドブラスト法による数十μmオーダーの精密加工[13]が可能になり，ミクロとマクロ構造の融合を可能にする新しいテキスチャリング技術として大きな期待が寄せられている。図4にサンドブラスト法によりテキスチャリングした表面の摩擦特性[14]を示す。直径約60μm，深さ10μmのディンプル加工した表面の場合，平滑面に比べて摩擦係数は安定し，しかも軸受特性数の小さい領域から流体潤滑領域に遷移していることがわかる。一方で，溝加工を施した場合には，逆に流体潤滑領域は高軸受特性数側にシフトするが，これは溝によって流体潤滑膜の圧力発生が抑制されるためと考えられる。

2.4.4 固体潤滑性

高温環境や高真空など潤滑油の使えない特殊環境下では，表面に固体潤滑性を付与することで摩擦によるせん断力を抑制し，耐摩耗性の向上が図られる。固体潤滑剤としては，二硫化モリブデン，二硫化タングステン，グラファイトやフッ素樹脂等が用いられる。これらはスパッタリング法[15]によりコーティング膜として単体で用いられることもあるが，コンポジット膜[16]として用いられる場合もある。400℃を超える高温環境下では，これらの固体潤滑剤は酸化分解により使用できないため，フッ化物や酸化物等を複合化した溶射被膜[17,18]も開発されている。

図5に乾燥摩擦環境下における各種固体潤滑被膜のトライボロジー特性[19]を示した。超高真空中では二硫化モリブデンや銀などの固体潤滑剤が高い寿命を示すが，湿度のある大気中ではDLCが圧倒的な長寿命・信頼性を示していることがわかる。このように固体潤滑性は，雰囲気や温度等の摺動環境に大きく影響を受けるので，摺動環境に適した表面改質が必要になる。

2.4.5 化学的安定性（耐腐性）

表2に示したように摩耗メカニズムの一つに腐食摩耗がある。摺動面では，静的環境における耐腐性とは異なる挙動を示すことがある。これは，摩擦表面では局所に大きな応力や高い温度等

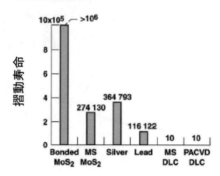

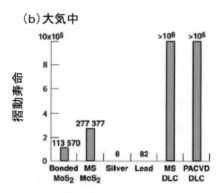

図5 ステンレス鋼（440 C）に対する各種固体潤滑剤の寿命特性[19]

が生じることにより，トラボケミカル反応[20,21]と呼ばれる特異的な反応が促進されることがあるからである。また，化学反応であるため，相手材料や雰囲気の影響も大きく関与する。DLCは化学的安定性が高い材料で，通常の金属などでは使えない腐食性環境下でも優れた性能を発揮するが，一方で炭素と鉄との反応は避けられないため，鉄系材料の切削工具としては適用が難しい等の問題も生じる。

2.5 おわりに

機械部品等の耐摩耗性向上を目的として，すでに様々な表面改質技術が実用化されているが，地球環境問題や市場のグローバル化による国際競争力強化を背景に，表面改質技術に対する要求と期待は益々高まっている。最近のDLCコーティングの急速な市場展開にも見られるように，耐摩耗性向上に対するニーズは潜在的に高く，その用途も広範に渡るため，新技術は新たな製品群，そしてさらなるニーズおよびシーズを生み出す可能性を秘めている。耐摩耗性付与を目的とする表面改質の場合，必要とされる表面特性は摺動環境によって異なるので，対象とするトライ

第4章　応用技術・特性

ボロジーメカニズムを正しく把握することにより，最適な方策を選択することが肝要となる。

文　　　献

1) トライボロジーハンドブック，日本トライボロジー学会編集，養賢堂（2001）
2) R. Holm, Electric contacts, H. Gebers Forlag, 2 (1946)
3) J. T. Burwell, "Survey of possible wear mechanisms", *Wear*, 1, 119 (1957)
4) 尾池守，笹田直，野呂瀬進，「アブレシブ摩耗における切削性と凝着性」，潤滑，25 (10)，691. (1980)
5) 笹田直，尾池守，「アブレシブ摩耗に対する潤滑効果」，潤滑，27 (9)，703 (1982)
6) R. Stribeck, Z. des VDI, 46, 36, 1241 (1902)
7) N. Savvides and T. J. Bell, "Hardness and elastic modulus of diamond and diamond-like carbon films", *Thin Solid Films*, 228, 289 (1993)
8) S. J. Bull, "Tribology of carbon coatings : DLC, diamond and beyond", *Diamond and Related Materials*, 4, 827-836 (1995)
9) Z. Sun, C. H. Lin, Y. L. Lee, J. R. Shi, B. K. Tay and X. Shi, "Effects on the deposition and mechanical properties of diamond-like carbon film using different inert gases in methane plasma", *Thin Solid Films*, 377-378, 1, 198 (2000)
10) 中東孝浩，「DLCコーティングと工具への適用」，機械と工具，3, 14 (2004)
11) 大和田邦樹監修，RF MEMS技術の最前線，シーエムシー出版（2006）
12) 沢田博司ほか，「フェムト秒レーザによる微細周期構造のしゅう動特性に及ぼす影響」，精密工学会誌，70 (1)，133 (2004)
13) 例えば，㈱エルフォテック社のホームページ（http://www.elfotec.co.jp/index.htm）を参照
14) M. Nakano *et. al.*, "Applying micro-texture to cast iron surfaces to reduce the friction coefficient under lubricated conditions", *Tribology International* (to be published)
15) V. Bellido-Gonzalez, A. H. S. Jones, J. Hampshire, T. J. Allen, J. Witts, D. G. Teer, K. J. Ma and David Upton, "Tribological behaviour of high performance MoS_2 coatings produced by magnetron sputtering", *Surface and Coatings Technology*, 97, 1-3, 687 (1997)
16) 斉藤剛，「真空・クリーン用潤滑膜 V-DFO」，*NSK Technical Journal*, 673, 22 (2002)
17) Harold E. Sliney, "Wide temperature spe trum self-lubricating coatings prepared by plasma spraying", *Thin Solid Films*, 64 (2), 211 (1979)
18) J. H. Ouyang, S. Sasaki and K. Umeda, "Microstructure and tribological properties of low-pressure plasma-sprayed ZrO_2-CaF_2-Ag_2O composite coating at elevated temperature", *Wear*, 249, 5-6, 440 (2001)
19) Kazuhisa Miyoshi, "Durability evaluation of selected solid lubricating films", *Wear*, 251, 1061-1067 (2001)
20) 管野善則，「固体表面のトライボケミストリー」，トライボロジスト，46 (5)，380 (2001)

21) 佐々木信也,「セラミックスの摩擦・摩耗とトライボケミストリー」, トライボロジスト, **36** (7), 503 (1991)

3 潤滑における表面改質技術の効果

平山朋子*

3.1 ストライベック曲線

　一般に，表面改質技術がすべり面のしゅう動特性に及ぼす影響を論じる場合，対象とするしゅう動がどのような潤滑状態にあるかをまず第一に把握する必要がある。ここで，「潤滑」という語を導入したが，真空環境下でのものを除く全てのしゅう動現象は，少なからず潤滑状態にあると言って良い。一般的に，潤滑状態における潤滑媒体は液体か気体であり，具体的には，油か空気である場合が大半である。しゅう動状態において向かい合う2面同士が完全に平滑であれば，理論どおりの膜厚の流体膜が形成され，分子層程度の厚さになるまで連続流体膜による潤滑が行われるはずである。これはすなわち非接触しゅう動であり，低摩擦，ゼロ摩耗を実現することができる。しかし，実際のしゅう動表面には多少の表面粗さやうねりがあるため，膜厚が表面凹凸の高さと同程度になると突起の先端同士から接触が始まり，「境界潤滑」と呼ばれる潤滑状態になる。それを定性的に表したものが「ストライベック（Stribeck）曲線」であり，図1に示されるものである。潤滑媒体の粘度，しゅう動速度，荷重の増減は，一つのパラメータとして等価に取り扱うことができ，それに応じて潤滑状態は，「境界潤滑状態」，「混合潤滑状態」，「流体潤滑状態」の3つに分類される。一般的に，境界潤滑状態での摩擦係数は0.1のオーダであり，流体潤滑状態での摩擦係数は0.001～0.01のオーダである。流体潤滑の限界となる膜厚 h_{min} は，表面粗さや弾性変形量によって幾何学的に決まる。2面の最大粗さの和を $\sum R = R_{1max} + R_{2max}$ とすれば，$h_{min} \fallingdotseq \sum R / 2$ である。また，平滑な面同士を仮定した場合の膜厚 h と2面の合成粗さ σ（$= \sqrt{\sigma_1^2 + \sigma_2^2}$：ここで σ_1, σ_2 は，各面の自乗平均平方根粗さ）の比を「膜厚比 Λ（$= h/\sigma$）」と呼び，その値は潤滑状態を判断する目安となる。一般的には，$\Lambda > 2 \sim 3$：流体潤滑状態，$1 < \Lambda 2 \sim 3$：混合潤滑状態，$\Lambda < 1$：境界潤滑状態と考えてよい。

　本稿では，表面改質技術が及ぼす潤滑特性への効果を，境界潤滑条件下と流体潤滑条件下での

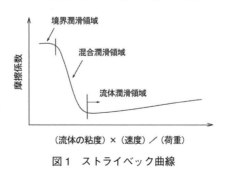

図1　ストライベック曲線

---

*　Tomoko Hirayama　同志社大学　工学部　専任講師

しゅう動状態に分け，いくつかの具体的な事例を交えながら概説するものとする。

3.2 境界潤滑条件下しゅう動に及ぼす表面処理の効果

近年，しゅう動特性を改善するものとして注目を集めている表面処理技術の1つに，「微粒子ピーニング処理」がある[1,2]。中でも，二硫化モリブデン（MoS_2）微粒子ピーニング処理技術は，近年，主としてエンジン内ピストンのしゅう動抵抗を低減する目的で開発されたものであり，選定された20μm以下のMoS_2微粒子を，圧縮空気によって100 m/s以上の高速度で処理対象表面に投射する技術である[3]。通常のショットピーニング技術と異なる点は，その粒子径が格段に小さいことと，投射速度が格段に速いことにある。アルミ材で作られたエンジン内ピストンにMoS_2微粒子ピーニング処理を施したところ，アルミ材がMoS_2との衝突によって瞬間的に溶融し，その後，MoS_2を巻き込む形で再結晶化することによって，表面に密着性の良い3～6μmの厚みのMoS_2被膜が形成されたことが報告されている（図2）[3,4]。また，この被膜の形成にはバインダとなる不純物を要しないため，MoS_2が本来有する固体潤滑剤としての機能を十分に発揮し，その結果，エンジン内部の摩擦抵抗を5％削減することができたと報告されている[3,4]。また，この処理の特長として，高圧空気による投射過程においてMoS_2の層配向性が高まることも分かってきた。MoS_2の層配向性の向上は，固体潤滑効果が高まることを意味する。図3はMoS_2微粒子ピーニング処理を施したSUS 420表面のX線回折結果であるが[5]，（002n）面からの回折が強く出ており，MoS_2粒子の高い層配向性を裏付けるものである。この処理を気体すべり軸受に適用した結果，未処理の場合に比べて摩擦係数が1/3になり，また，膜厚比Λ=3.5まで混合潤滑状態だったものが，本処理によって，Λ=2.1で流体潤滑状態に滑らかに遷移するようにな

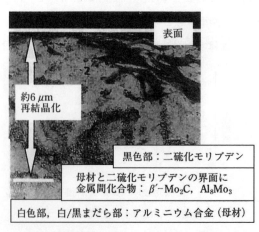

図2 MoS_2微粒子ピーニング処理を施した
ピストンスカートの断面TEM像[3]

第4章 応用技術・特性

ったと報告されている[5]。このように，固体潤滑剤被膜の形成は，しゅう動2面間の境界潤滑特性を大幅に向上させることができる。さらに近年では，SUJ2浸炭窒化材を基材とする転がり軸受（スラストニードル軸受）においても本処理が適用されており，処理によって5倍以上の長寿命化の実現が確認されている[6]。

潤滑油使用条件下での境界潤滑特性に関しては，潤滑油（あるいは潤滑油に含まれる添加剤）と表面の「相性」が大きな問題となる。ここで言う「相性」とは，表面の濡れ性，潤滑油（もしくは添加剤）の表面吸着性等を指す。表面処理の適用によって潤滑特性の向上が見込めるため，処理を施した表面と潤滑油の相性に関する研究は数多く為されている。その一例として，PVD法によってダイヤモンドライクカーボン（DLC）被膜を形成したSUJ2材ディスク状試験片に対して，往復動摩擦試験機によって得られた摩擦係数結果を図4に示す[7]。基油にはポリαオレフィン（PAO）を用い，横軸は，添加剤を変化させた潤滑油の呼称に対応している（OL-OH：オレイルアルコール，OL-AC：オレイン酸を1.0 mass%添加，OL-AM：オレイルアミン，OL-AMD：オレイン酸アミド，を各1.0 mass%ずつ添加）。その結果，アミン基を有するOL-AM，

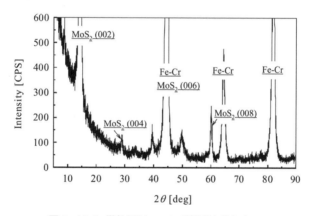

図3　MoS_2微粒子ピーニング処理を施した SUS 420材表面におけるX線回折結果[5]

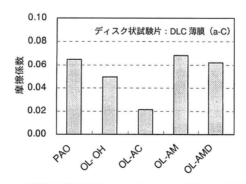

図4　各種添加剤油潤滑下におけるDLC被膜の摩擦係数[7]

OL-AMD では添加剤がない場合の摩擦係数とほぼ同等であり，摩擦低減効果は見受けられない。一方，OL-OH，OL-AC では良好な摩擦軽減効果が見られ，本 DLC 被膜に対しては，カルボキシル基の吸着性が高いと判断できる。これは，境界潤滑条件下における添加剤の表面への吸着効果を如実に表す，興味深い結果である。近年では，エンジンやクラッチなどの自動車部材への DLC 技術の適用が大きな話題となっており，被膜の選定過程においては，潤滑油との相性が摩擦摩耗特性に大きな影響を及ぼすと指摘されている[8,9]。

3.3 流体潤滑条件下しゅう動に及ぼす表面処理の効果

流体潤滑状態においては，しゅう動 2 面は非接触のため，耐摩耗性を向上させる硬質被膜などの表面処理効果はほとんどないと言って良い。しかしながら，微細凹凸や周期性溝を形成する表面処理は作動流体のすきま流れの様子を変化させ，場合によっては，しゅう動特性の向上に寄与する。表面微細凹凸の形成の効果は，主に，①流体溜まりとしての働き，②流体の流路抵抗の増加に伴う巨視的な流体潤滑性能の変化，③レイリーステップ現象などに伴う微視的な流体潤滑性能の変化，の3点から検討することができる。特に，②に関しては，凹凸の方向性を確率論的に取り扱う Patir-Cheng の「平均流れモデル（図5）」[10]が有名であり，流れの方向性を表す修正係数を導入した「修正レイノルズ方程式」を解けば，凹凸が流体潤滑性能に及ぼす影響をある程度予測することができる。近年では，フェムト秒レーザを用いて表面に容易に周期溝を加工することができる技術等が開発されており，上述の効果によって，より良いしゅう動特性が得られるといった成果が報告されている[11]。

また，さらに興味深い報告として，近年，表面における「流体スリップ」が観察されている。

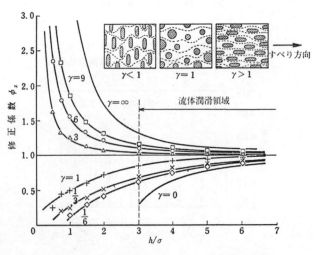

図5　微小凹凸表面における流れの修正係数[10]

第4章 応用技術・特性

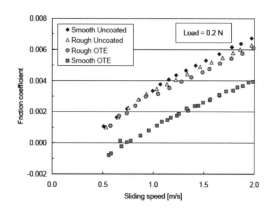

図6 ヘキサデカン油潤滑下における摩擦係数[12]
(Uncoated は親水性表面であり，OTE は n-octadecyltriethoxysilane による被膜形成状態を意味し，撥水性表面である。)

図6は，親水性／撥水性，また，平滑／凹凸とした4種類の表面に対し，流体潤滑域での摩擦係数を計測したものであるが，撥水かつ平滑な表面のみ，摩擦係数が低いことが見て取れる[12]。これは，固液界面において，表面と流体に速度差が生じている，すなわち，流体が壁面で滑り得ることを意味している。流体を水とした場合，撥水性表面最近傍では，その濃度は約1/2になっているとの分析結果もある[13]。文献12)では，その性質を利用した低摩擦（低トルク）すべり軸受を提案しており，表面改質技術の新たなる付加価値であると言えよう。

文　　献

1) 加賀谷忠治，トライボロジスト，**47** (12)，869 (2002)
2) 江上登ほか，機論 A，**66** (650)，1936 (2000)
3) 荻原秀実，トライボロジスト，**47** (12)，895 (2002)
4) 荻原秀実ほか，HONDA R&D Technical Review，**12** (2)，93 (2000)
5) 平山朋子ほか，機論 C，**70** (694)，835 (2004)
6) 内田啓之ほか，トライボロジー会議予稿集2007春，123 (2007)
7) 上野貴文ほか，トライボロジー会議予稿集2004秋，561 (2004)
8) J. Ando *et al.*, Proc. of Asiatrib in Kanazawa, **2**, 759 (2006)
9) Y. Mabuchi *et al.*, Proc. of Asiatrib in Kanazawa, **2**, 739 (2006)
10) N. Patir *et al.*, *Trans. ASME*, J. Lub. Tech., **100** (1), 12 (1978)
11) 沢田博司ほか，精密工学会誌，**70** (1)，133 (2004)
12) Choo J. H. *et al.*, Proc. of STLE/ASME Joint conference (2006)
13) 平山朋子ほか，トライボロジー会議予稿集2007春，327 (2007)

4 アルミニウム上への TiO₂ 光触媒粒子の製膜技術

藤野隆由*

4.1 はじめに

　アルミニウム材は軽量で加工性が良く，しかもリサイクルが容易なため様々な分野で活用されているが，硬度が低く，両性金属であるため酸にもアルカリにも溶解し，耐食性，耐薬品性等に問題がある。しかし，表面処理性は高く，アノード酸化やめっき，化成処理などの表面処理を施し，硬度や耐食性を向上させることで耐久性を要する部位に用いることができる。

　近年，表面処理分野において高硬度，高耐食性以外の多元機能が求められるようになり，本来，皮膜が保持していない磁性や強誘電性等の機能性を付与させる研究が盛んに行われている[1〜6]。中でも光触媒は，殺菌や防汚，有害物質の分解等の作用があることで知られており，その用途は多様でエネルギー源も光のみであることから環境にも優しく，精力的に研究が行われている[7〜10]。代表的な光触媒としては，酸化チタン（TiO_2），酸化すず（SnO_2），酸化亜鉛（ZnO）などが挙げられるが，特に，酸化チタンは光触媒活性，化学的安定性，無害性や比較的可視光に近い光で励起するなどといった様々な特徴から広く研究対象とされており，その報告例も多い。ただし，工業的用途を広げるには，これらの酸化物粒子を板状，球状の表面に固定化する必要がある。酸化チタン粉末固定化の汎用例の一つとしてゾルゲル法，スパッタリング法およびレーザーアブレーション法が挙げられるが，スパッタリング法は高真空系の安定度が膜特性を左右し，ゾルゲル法では試薬コストが高く，溶液・溶媒の長期保存が困難であるなどの問題点が多々挙げられ，結晶性における多くの課題を解決しなければならない。また，光触媒活性は表面積や結晶性，不純物など様々なファクターに左右されうるため，板上に固定化する際には，基板の影響を大きく受ける。

　比較的安価で簡便に作製できるアルミニウムのアノード酸化によって作製された皮膜の表面には超微細なナノホールが存在するため非常に大きな表面積を有しており，光触媒膜の基板としたとき，処理を施していない基板に比べてより高い活性を示す。さらに種々の金属塩溶液中で電解することにより細孔中に金属を電析させることができるため，これを基板とすることで金属担持と同様の効果を得られると考えられる。光触媒に金属が担持されると，光を照射した時に励起した電子が担持金属に集中することで電子—正孔対の電荷分離が効果的に起こり，酸化・還元反応が表面において起こり易くなるだけでなく電子—正孔の再結合を抑制することができる。また，電子を吸着酸素またはプロトンに供与し易くなることにより，還元反応が高効率化するために光触媒活性が向上すると考えられる。

---

*　Takayoshi Fujino　近畿大学　理工学部　応用化学科　講師

第4章 応用技術・特性

　これらのことを考慮し，我々は，溶液・溶媒の長期保存性，および実験行程の容易さに長けた化成処理による酸化チタン単一皮膜の作製と，アノード酸化膜を利用した大表面積を有する活性の高い光触媒膜基板の作製を行ってきた。

　本稿では，フッ化チタンアンモニウムに過酸化水素水を添加した処理浴中でアルミニウムの化成処理を行い，焼成することで作製したアルミニウム上へ高密着力の光触媒能を有する酸化チタン膜，ならびに硫酸浴中においてアノード酸化を行い，二次処理として作製したアノード酸化膜を金属塩溶液中にて電解し，細孔内部に無機質コロイドを電析させたアルミニウム基板へ SOL-GEL 法を施すことにより作製した酸化チタン膜に対するそれぞれの構造解析および光触媒活性の評価について紹介する。

4.2 化成処理による TiO₂ 製膜法

　製膜条件は，浴温度 298～373 K および浸漬時間 10～120 分とし，0.001～1.0 M フッ化チタンアンモニウムに，0.01～1.0 M 過酸化水素水を添加した混合浴を用い皮膜作製を行った。その後，皮膜を 373～823 K の範囲で焼成した。

　図1に化成処理におけるフッ化チタンアンモニウムの濃度に対する膜厚への影響を示した。過酸化水素 0.1 M 一定とし，浸漬処理時間は 20 分とした。フッ化チタンアンモニウムの濃度が 0.1 M までは膜厚の増加が見られたが，それ以上の濃度になると，ほとんど膜厚の増加は見られなかった。また，高濃度になると反応性が高くなり，皮膜の密着性は，それに伴って低下した。

　図2に過酸化水素の濃度が及ぼす膜厚への影響を示した。フッ化チタンアンモニウム 0.06 M 一定とし，浸漬時間は 20 分とした。0.08 M 以上の濃度の過酸化水素水を加えると高い膜厚が得られた。その原因としては，過酸化水素水がチタンとペルオキソチタン錯体を形成するだけでなく，弱い酸化剤として働くためアルミニウムの溶解を促進する作用があり，そのため化学反応が促進し，膜厚が増加したと考えられる。

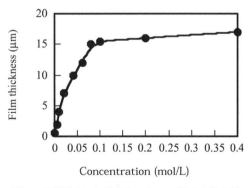

図1　皮膜厚さにおける (NH₄)₂TiF₆ 濃度の依存性

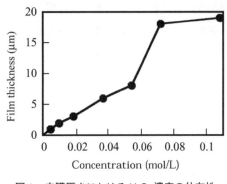
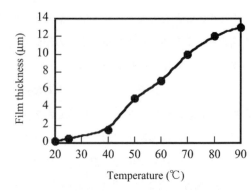

図2　皮膜厚さにおけるH_2O_2濃度の依存性　　図3　皮膜厚さにおける浸漬温度の依存性

図3に浴温度と膜厚との関係を示した。この結果より，この反応は速度が遅いが，室温でも可能であることがわかった。

一方，化成処理により得られた皮膜（熱未処理）は黄色（ペルオキソチタン錯体含有）を示し，473 K で熱処理することにより黄色から白色の皮膜に変化する。さらに，723 K 以上の熱処理で，再度，皮膜は黄色に変化した。

4.3　TiO_2 固定膜の構造解析

図4に作製した皮膜のXRD解析結果を示した。得られた黄色の皮膜(a)は非晶質であり，母材のAlのピークしか確認できなかった。しかし，本皮膜を473 K で加熱した皮膜(b)では，アナターゼ型 TiO_2 のピークを確認できた。したがって，化成処理によって得られる加水分解生成物（黄色物質）は，非晶質であったが，非常に低い温度で熱分解と結晶転移が起こることがわかった。

図5に黄色皮膜（熱未処理）と473 K で熱処理した皮膜のUV-Vis スペクトル測定結果を示した。この結果より，黄色皮膜(a)については520 nm 付近から吸収が認められた。また，473 K で熱処理した皮膜(b)は385 nm 付近から吸収が見られ，アナターゼ型酸化チタンの吸収ピークと全く一致していることが確認された。さらに723 K で熱処理した皮膜はわずかに可視光側にシフトしていることが確認された。

走査型電子顕微鏡により黄色皮膜の表面および断面の観察を行った。図6(a)には皮膜表面の観察結果を示した。これより粒径約 35 nm の超微粒子が観察された。また，図6(b)の断面写真では界面付近にバリアー膜が確認された。このバリアー膜はXPS測定を行った結果より Al_{2p} は 76 eV にピークが現れたことからフッ化アルミニウムであると考えられる。これ以外にも水酸化アルミニウムが微量含有している可能性も考えられる。

第 4 章　応用技術・特性

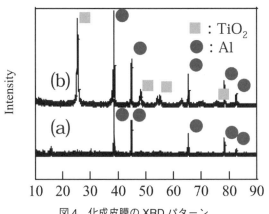

図4　化成皮膜の XRD パターン
(a)一次処理皮膜，(b)473 K で焼成した皮膜

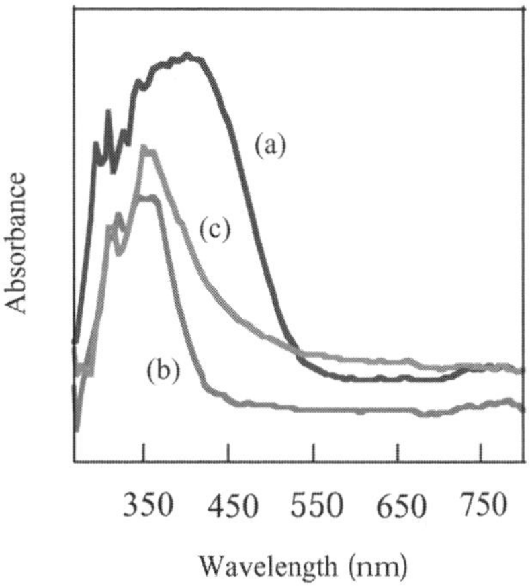

図5　化成皮膜の UV–vis スペクトル測定結果
(a)一次処理皮膜，(b)473 K で焼成した皮膜，
(c)723 K で焼成した皮膜

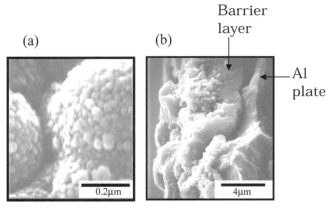

図6　皮膜の SEM 観察
(a)高倍率，(b)断面図

4.4　酸化チタン膜の製膜機構

図7に製膜プロセスとメカニズムに関する一考察を示した。なお，基材にアルミニウム材を用い，化成処理の特徴である基材形状について検討した結果，板状だけでなく球状，メッシュ状および繊維状など，複雑な形状の基材においても均一な製膜が可能であった。アルミニウムの前処理として界面活性剤で脱脂処理を行った後，水酸化ナトリウム浴でエッチング処理を行った。エッチングを行う理由としては，高い表面積が得られるだけでなく緻密で密着性の良い膜を作製する目的で行った。次に，処理浴としてはフッ化チタンアンモニウムと過酸化水素の混合浴を用いた。この処理浴の色は黄色であった。

無機材料の表面処理・改質技術と将来展望

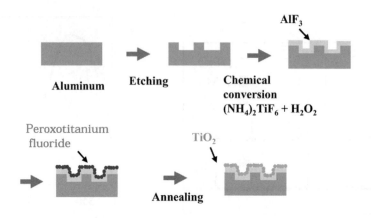

$$(NH_4)_2TiF_6 + H_2O_2 + nH_2O$$
$$\rightarrow (NH_4)_2Ti(O_2)F_{4-n}(OH)_n + (2+n)H^+ + (2+n)F^- \quad (1)$$
$$Al \rightarrow Al^{3+} + 3e^- \quad (2)$$
$$Al^{3+} + 3F^- \rightarrow AlF_3 \quad (3)$$
$$3H^+ + 3e^- \rightarrow 3/2H_2 \uparrow \quad (4)$$

図7 化成処理皮膜の製膜機構

すでに報告されているが，Ti（Ⅳ）に過剰の過酸化水素を加えると黄色のペルオキソチタン錯体が生成することが知られている[11~13]。本法の処理浴においても同様に水溶液中で安定なペルオキソチタン錯体として生成していると考えられる。

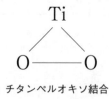

チタンペルオキソ結合

フッ化チタンアンモニウムと過酸化水素の混合浴中では図7の(1)式で示すように一部分のペルオキソチタンフッ化物の加水分解が進行していることが考えられる。また，浴中には高濃度のフッ素イオンおよびプロトンが存在し，溶液は酸性状態（pH 2.5）である。この浴にアルミニウムを浸漬すると，(2)式のように基材表面より水素が発生し，溶解反応が進行した。反応初期にアルミニウムは溶液中に遊離しているフッ素イオンと反応し，アルミニウム界面上にフッ化アルミニウムが生成する（式3）。この反応に伴って供与される電子はプロトンと反応し，水素分子を生じ，界面のpHは上昇する（式4）。この反応終了後の浴全体のpHは4.0まで上昇した（Al

板面積：30×50×0.5 mm，浴体積：200 cm³）。

[反応式]

$$(NH_4)TiF_6 + H_2O_2 + nH_2O \rightarrow (NH_4)_2Ti(O_2)F_{4-n}(OH)_n + (n+2)HF \quad (1)$$
$$Al \rightarrow Al^{3+} + 3e^- \quad (2)$$
$$3F^- + Al^{3+} \rightarrow AlF_3 \quad (3)$$
$$3H^+ + 3e^- \rightarrow 3/2 H_2 \uparrow \quad (4)$$

界面上のpH上昇によりチタンペルオキソフッ化物の加水分解生成物が基材表面上に析出してくる。この加水分解により生じた(1)式の$(NH_4)_2Ti(O_2)F_{4-n}(OH)_n$は423〜623 Kで焼成することによりアナターゼ型酸化チタンとなる。$(NH_4)_2Ti(O_2)F_{4-n}(OH)_n$は473 Kと比較的低温度においてもアナターゼ型酸化チタンに転移することがわかった。これは，ペルオキソ結合が熱的に不安定であるために，低温で容易に分解されることと，アンモニウム塩がフッ化アンモニウムとして揮散するために結晶化が起こり易くなったと考えられる。

4.5　TiO_2膜の光触媒能評価

図8に焼成において得られた酸化チタン膜を試験片として紫外光を照射し，マラカイトグリーンの分解による吸光度変化を測定した結果を示す。473 Kで熱処理した皮膜が高い光触媒能を有することが確認できた。673 Kで処理した皮膜において，アナターゼ型の酸化チタンが生成しているにも関わらず，光触媒能は低かった。その原因としては，熱処理により結晶化が促進するこ

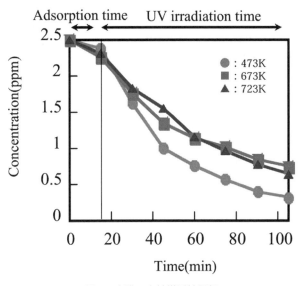

図8　皮膜の光触媒活性評価

とが考えられ，SEMの観察結果からも明らかなように結晶化とともに凝集が起こり，表面積が低下したことに起因すると考えられる．さらに，723 K で熱処理した黄色皮膜（再黄色化）は，473 K で熱処理した皮膜よりも低い光触媒能を有するが，この実験データは紫外光を照射した結果であり，可視光を照射することによって，より高い光触媒活性が望める．この理由としては現在検討中であるが，AlF$_3$ が触媒となって，低温下でも窒素が結晶内にドープしたことによる呈色と考えられ，皮膜が黄色であることから，紫外光だけでなく，青色可視光までも吸収し，光エネルギーを化学エネルギー（可視光応答型光触媒）に変換することに基因すると考えられる．

4.6 アノード酸化による製膜法と三層固定制御

4.6.1 アノード酸化と金属の二次電析法

アノード酸化処理浴に 1.5 M 硫酸溶液を用いて，アルミニウム板上へアノード酸化膜を作製した[14,15]．作製したアノード酸化孔中への金属電析は，白金およびすずを対象として交流定電圧電解を行った．

4.6.2 酸化チタンの固定化法（SOL-GEL 法）

作製した白金およびすずによる二次電析膜を，SOL-GEL 溶液中へそれぞれ 1 分間浸漬および乾燥させた後，電気炉を用いて，450℃ で 10 分間焼成し，酸化チタンを固定化した（以後 Pt/TiO$_2$ 膜，Sn/TiO$_2$ 膜と表記）．また，作製した三層皮膜のイメージ図を図 9 に示す．

4.6.3 膜厚の光触媒活性に及ぼす影響

アノード酸化膜の膜厚の光触媒活性に及ぼす影響について検討した結果を図 10 に示す．測定

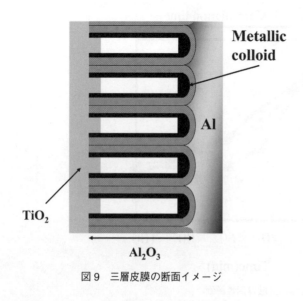

図9　三層皮膜の断面イメージ

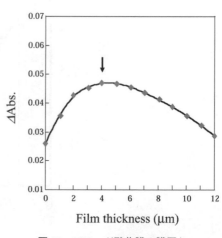

図10　アノード酸化膜の膜厚と光触媒活性の相関性

はアノード酸化膜の膜厚 0〜12 μm の試験片を用いて行い,紫外光照射開始から 60 分後までのマラカイトグリーン(以後 MG と表記)吸光度変化を測定した。その結果,膜厚が 4 μm までは光触媒活性は向上し,膜厚が 4 μm の時に最も高い活性を示した。しかし,それ以上の膜厚になると活性は低下する傾向が見られた。これは,基板の比表面積,固定化された酸化チタン量およびアノード酸化膜中の不純物である硫酸根に起因すると考えられる。硫酸イオン(HSO_4^-)は,アノード酸化膜が形成される際に陽極側に移動し,微量ではあるが皮膜内に取り込まれ,この硫酸イオンの有する電子が正孔を無力化するため,光触媒活性が低下すると考えられる。したがって,これ以降の実験は,膜厚が 4 μm 一定としたアノード酸化膜を基板として用いた。

4.6.4 金属担持量

二次電解時間の変化による白金およびすずの電析量と酸化チタン量を調べるために,ICP 発光分析法により定量を行った結果を図 11 に示す。その結果,金属コロイドの電析量は,電解時間とともに増加する傾向が見られた。ところが,酸化チタン量は電析量に影響されることなくほぼ一定量であり,約 45 μgcm^{-2} であった。したがって,電解時間による電析量の増加に伴い,担持量が増加していると予想される。

4.6.5 表面粗さと MG 吸着量の相関関係

白金の電析量が異なる Pt/TiO$_2$ 膜の表面粗さ測定結果および MG 吸着試験結果を図 12 に示す。その結果,表面粗さの値は,白金の二次電解時間の増加とともに低下していることが確認できた。この原因として,二次電解浴中で電解研磨されて皮膜が溶解し,表面が平滑化したためと考えられる。これはすずについても同様であるといえる。また,電解時間が 10 秒の時点で表面粗さが大きく低下していることも確認できた。MG 吸着能は,測定条件として初期濃度を 2.5 ppm,皮膜面積を 15×15 mm とした。その結果,表面粗さとほぼ同じ傾向で吸着能が低下しており,電

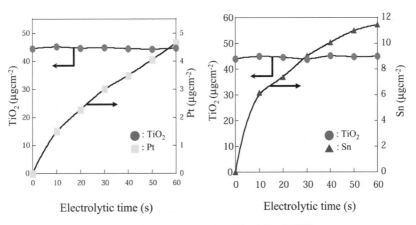

図11 金属コロイドの量と電解時間の相関性

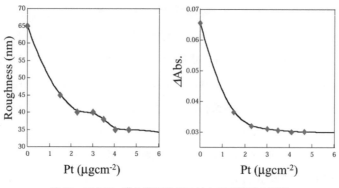

図12 Pt/TiO$_2$膜の表面粗さに対する吸着量の影響

解時間が10秒の時点で大きく低下していることがわかった。したがって，表面粗さと吸着能には相関関係があるものと考えられる。

4.7 光触媒活性

4.7.1 MG吸光度の経時変化

MG吸光度の経時変化を図13に示す。その結果，各皮膜において吸光度変化に明らかな差が生じ，Pt/TiO$_2$膜が最も高い光触媒活性を示すことがわかった。

4.7.2 白金電析量と光触媒活性効果

白金の電析量による光触媒活性に及ぼす影響を検討するために，Pt/TiO$_2$膜の光触媒活性を評価した結果を図14に示す。その結果，電析量が増加するにしたがい光触媒活性の著しい向上が確認され，約 $2.7\,\mu\mathrm{gcm}^{-2}$ で最も高い活性を示した。しかしそれ以上になると光触媒活性は低下

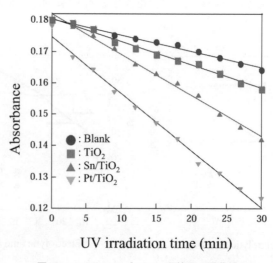

図13 マラカイトグリーン吸着の時間曲線

第4章　応用技術・特性

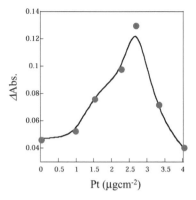

図14　光触媒活性と担持白金量の関係

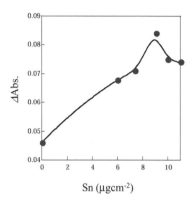

図15　光触媒活性と担持すず量の関係

しはじめ，約 4.5 μgcm^{-2} になると二次電解を行っていないものとほぼ変わらなかった。これは，電解研磨による比表面積の低下や，白金自体が再結合中心になるためと考えられる。硫酸皮膜は，孔間距離が短いため電析量が過剰になると，白金に捕捉された電子がトンネル効果により隣接する孔に移動し始め，最終的に正孔と再結合を起こしてしまうため光触媒活性が大きく低下したと考えられる。また，加熱による金属コロイドの凝集も原因の一つとして考えられる。反応物質の吸着量は分解量に影響を与えると考えられるが，二次電解を施すことにより表面積および MG 吸着量が減少していたことは前述した通りである。しかし実際には光触媒活性は向上していることから光触媒活性は金属コロイドの種類と担持量に大きく左右されたものと考えられる。

4.7.3　すず電析量と光触媒活性の相関関係

すずの電析量による光触媒活性に及ぼす影響を検討するために，Sn/TiO_2 膜の光触媒活性を評価した結果を図15に示す。その結果，電析量が増加するにしたがい光触媒活性の向上が認められ，約 9 μgcm^{-2} で最も高い活性を示した。Sn/TiO_2 膜においては，Pt/TiO_2 膜に比べ低活性であったが，電析量が過剰になってもそれほど活性は低下せず，安定な値を示した。これは，加熱により酸化されたすずが紫外光によって酸化チタンとともに励起し，酸化すず側でも MG の分解反応が起こるためと考えられる。また，光触媒活性がわずかに低下したのは，金属の状態で残ったすずが再結合中心になるためと考えられる。また SnO（Ⅱ）などの低次酸化すずの増加なども理由として考えられる。

4.8　TEM 組織観察

透過型電子顕微鏡により断面観察を行った結果を図16に示す。硫酸皮膜の孔径は約 20 nm 程度で，電析金属の酸化チタン膜への担持は加熱による表面への拡散で起こると考えられるが，電析量が多すぎる場合は金属が孔全体へ広がり，電子のトンネル効果を起こし易い状態になると考

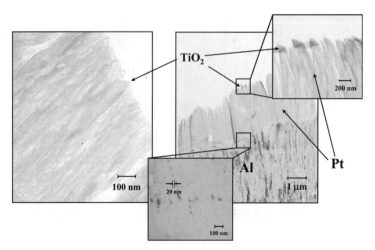

図16　Pt/TiO$_2$/Al$_2$O$_3$ コンポジット膜の TEM 写真

えられる。また，界面の観察結果から，金属コロイドの粒径は約 20 nm であった。加熱により分散する金属の粒径もそれに準ずると考えられる。したがって酸化チタン膜中に存在する金属コロイドは極めて細かい微粒子であり，これが顕著に活性を向上させた最も大きな要因であると考えられる。

4.9　おわりに

化成処理法によるアルミニウム上への TiO$_2$ 光触媒粒子の固定化については，得られた皮膜の構造解析，ならびに光触媒活性を評価した結果，以下のことが結論付けられた。

① この製膜法はアルミニウムを処理浴に浸漬し，化学反応により常温で皮膜を作製するという簡便な方法である。

② アナース型酸化チタン膜を生成する際に 473 K という低温での焼成が可能であることから，大幅なコストの削減，省エネおよび迅速合成が可能である。473 K で熱処理した白色皮膜において高い光触媒能が得られた。さらに，725 K で熱処理した黄色皮膜（可視光応答型光触媒）においては，可視光で高い光触媒活性を示した。今後，可視光応答型光触媒は有害気体や排水浄化など環境イノベーション触媒へと多元機能性触媒材としての展開が期待される。

さらに，板状への TiO$_2$ 粒子の固定化は，表面積が低下するために，活性も低下する。その解決法の一つとして，多孔質アルミニウムアノード酸化皮膜を基板とした酸化チタン膜の光触媒活性を評価した結果，以下のことが結論付けられた。

① 光触媒膜の基板として，アノード酸化膜を用いると電析した金属コロイドが助触媒として

第4章　応用技術・特性

働くため，光触媒活性が向上したが，期待したほど多孔質層の大表面積を有効に利用できなかった。

② 硫酸皮膜を用いた白金の二次電解では，電析した白金が微粒子でしかも均一に分散することから，光触媒活性の著しい向上が認められた。

③ Pt/TiO_2膜において，金属コロイドの電析量と孔間距離の関係により，白金自体が再結合中心となり，光触媒活性の低下が起こったため，電析コントロールが必要であった。

以上のことから，光触媒粒子のアルミニウム板上への固定化と活性の向上について大きな成果が得られたものの，現在は多孔質酸化皮膜の孔中へTiO_2粒子を直接導入することを検討している。

文　献

1) 縄舟秀美，石川俊輔，水本省三，清田優，表面技術，**52**，354（2001）
2) S. Bandyopadhyay, G. K. Sen, *Advanced Drug Delivery Reviews*, **17**, 37（2002）
3) L. Weng and S. N. B. Hodgson, J. *Non-Crystalline Solids*, **297**, 18（2002）
4) H. P. Beck, W. Eiser and R. Haberkorn, *J. the European Cereamic Society*, **21**, 687（2001）
5) K. Kusakabe, K. Ichiki, and S. Morooka, *J. Membrane Science*, **95**, 171（1994）
6) 吉本哲夫，表面技術，**50**，242（1999）
7) 安保正一，森実敏倫，乾　智行，加藤薫一，野村英司，垰田博史，最新光触媒技術，エヌティーエス，11（2000）
8) 山口靖英，表面技術，**50**，256（1999）
9) 竹内浩士，表面技術，**50**，260（1999）
10) 石崎有義，表面技術，**50**，251（1999）
11) A Piccini, *C. R. Aad. sci.*, **97**, 1064（1883）
12) J. Muhlebach, K. Muller, ANDG. Schwarzenbach, *Inorganic Chemistry*, **9**, 11, 2381（1970）
13) DIETER SCHWARZENBACH Inorganic Chemistry 9, No. 11（1970）
14) 藤野隆由，奈良拓也，近畿アルミニウム表面処理研究会会誌，**216**，1（2002）
15) 藤野隆由，水本一，野口駿雄，軽金属，**48**，390（1998）

5 表面反応を利用したセンサ

鈴木義彦*

種々の状態を把握して，電気信号などに変換するデバイスが，センサである。種々の材料，構造，機能がセンサに利用されている。ここではその中でも固体表面が重要な役割を果たすセンサについて述べる。固体表面との相互作用には光があったり，界面でのイオンとの相互作用，化学物質の物理吸着，電子状態の変化，歪などがある。固体表面が重要な役割を果たすセンサには表1

表1 固体表面センサ

表面機能	センサ			原理
固体表面と光の反応	光センサ	固体素子	ポイントセンサ 1次元センサ 2次元センサ	半導体の内部光電効果（光電導や，光起電力）を利用。
		電子管	光電管	光がフォトカソードに入射して電子を放出し，この電子をアノードで集めて電気信号に変換
			フォトマルティプライヤ	光電カソードからの電子を多段カソードで増幅
	湿度センサ	表面反射	露点湿度計	低温で気体中の水分が鏡に結露する状態を光センサで検出し，その温度から湿度を測定
固体表面の熱的変化	真空センサ 流量センサ 湿度センサ ガスセンサ	ピラニー真空計 質量流量計 熱式湿度センサ 熱伝導型ガスセンサ		本文参照 本文参照 本文参照 本文参照
固体表面への吸着	ガスセンサおよび湿度センサ	抵抗変化型	接触燃焼式 半導体式	
		周波数変化	表面弾性波 水晶振動子	
	トランジスタ	イオンセンサ ISFET（Ion Sensitive Field Effect Transistor）		本文参照
	表面プラズモンセンサ	化学センサ バイオセンサ		本文参照 本文参照
	表面弾性波センサ	化学センサ バイオセンサ		
固体表面の物理変化	表面弾性波センサ	電界センサ 圧力センサ		
	表面プラズモンセンサ	電界センサ		本文参照

* Yoshihiko Suzuki ㈱科学技術振興機構 技術参事；JST イノベーションプラザ大阪 科学技術コーディネータ

第4章　応用技術・特性

のようなセンサが考えられる。

　固体光センサでは光が入射することにより生じる光起電力効果や，光導電効果を利用しており，2次元型が近年固体イメージセンサとして利用されている。一方電子管型光センサは光電子放出効果を利用しており，高感度である点に特徴があり，光子を検出することも可能となっている。これらは光が固体表面に入射して光と金属，半導体との相互作用することによるものである[5]。幾つかのセンサについてその概略を以下に記す。

5.1　熱式センサ

　表面の状態の変化を利用したセンサとして熱の移動により，周囲の状態を検出するセンサがある。熱の移動は，対流，輻射，伝導により行われる。抵抗体を電流を流してジュール熱で加熱して，周囲温度が対流，輻射，伝導により変化すると，センサ自体の温度も変化する。センサ温度が変化すると抵抗値も変化するので，これを検出する。このような熱型センサには真空センサ，流量センサ，湿度センサなどがある。真空センサはピラニー型センサとして良く知られている。構造を図1に示す。一般には100 Pa（約1 Torr）程度から1 Pa 程度の真空圧力を測定できる。薄膜化して更に広帯域で測定しようとする試みも行われている。流量センサは質量流量計として利用されている。従来の熱式質量流量計は流体の流れている管から分流して，分流管に2本の抵抗線を離して巻きつけ，上流側を加熱してその熱の移動が流体速度により変わり，下流側の抵抗線の温度が変化し，抵抗変化として検出する。この場合は表面を利用していないが，この原理を利用して，MEMS技術を利用したフローセンサが開発された。図2にその構造を示す。流体の流れが生じたときの温度の変化の様子を図3に示す。

　湿度センサや，ガスセンサなどはより表面状態の変化を反映したセンサといえる。湿度センサ

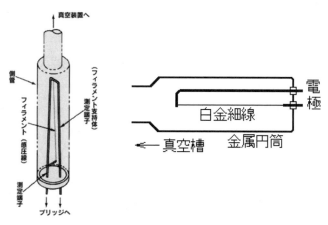

図1　ピラニーゲージ

無機材料の表面処理・改質技術と将来展望

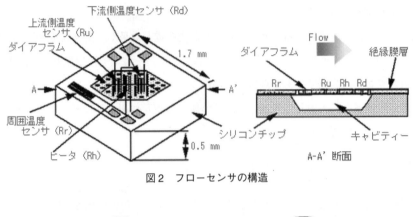

図2　フローセンサの構造

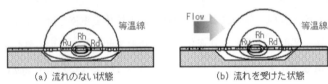

図3　温度の変化

は周囲の水分がセンサ表面につくことにより，蒸発熱が奪われ，その温度変化を抵抗値で検出するものである。ヒステリシスが無く，素子温度を200℃程度に上げておくと比較的低い湿度から高湿度まで測定できる。これらの熱式センサは基板に熱が伝わりこの変化の大きさが大きいと熱変化の大半が基板からの熱の流出流入に依存することになり感度は低く，応答速度も遅くなる。感度を上げ，応答速度を上げるには，基板からの熱の流入流出を少なくするために，基板を薄くして，空中に浮かせることが必要である。小型で高感度なセンサがMEMS技術を使って開発されている。

5.2　ガスセンサ

所謂固体の表面反応を利用したガスセンサには表2のとおり5種類に大別できる。その中でも接触燃焼式は以下の通りである。高熱（600℃以上）に熱した白金線などは還元性ガスと接触するとそのガスを酸化する（燃焼させる）。この燃焼温度によって白金線の抵抗値が変化するので，この変化によりガスを検出する。ガス濃度に対する出力が比例的に変化するので従来良く利用されてきた。半導体センサは酸化スズなどの半導体表面に反応性ガスが吸着し，半導体の電気抵抗が変化することによりガスを検知するものである。検出原理は酸化性ガス，あるいは還元性ガスが半導体表面に吸着すると半導体表面の電子状態を変化させ，表面ポテンシャルが変わる。これにより還元性ガスがくればポテンシャルが下がって電荷が表面近くにも存在し，抵抗が小さくなるし，酸化性ガスが吸着するとポテンシャルが上がって，表面近くから電荷が少なくなり，抵抗

第4章 応用技術・特性

表2 ガスセンサ

方式	原理	特長	対象ガス
熱線式	金属酸化物半導体表面でのガス吸着による電気伝導度変化を，白金線コイルの両端よりみた抵抗値変化として測定	低濃度における出力の変化が大きく高感度 半導体式に比べ，初期安定時間が短 長寿命で長期安定性，耐久性	メタン，イソブタン，一酸化炭素，水素，フロン，アンモニア，エチレンオキサイド，溶剤，アルコール，空気汚れ，ニオイ等
熱伝導型	ガスの熱伝導度の差による発熱体（白金線コイル）の温度変化	出力はほぼ直線的であり，高濃度ガス検知に適 触媒の劣化，被毒などの問題がなく経時的に安定 酸化性，還元性ガスでなくても測定可能	ブタン，イソブタン，メタン，水素，二酸化炭素，フロン，ヘリウム，アルゴン等
接触燃焼式	触媒表面でのガスの接触燃焼による白金線コイルの温度上昇を測定	出力がガス濃度に比例 精度が高く，再現性良好 周囲温度，湿度による影響少	メタン，イソブタン等可燃性ガス
半導体センサ	金属酸化物半導体表面でのガス吸着による電気伝導度変化を測定	低濃度で出力の変化が大きく高感度 接触燃焼式に比べて，被毒性ガス，苛酷雰囲気条件に対する耐久性	メタン，イソブタン，一酸化炭素等可燃性ガス
薄膜センサ	厚さ100 nm程度の薄膜型半導体表面へのガス吸着による電気伝導度変化を測定	半導体式センサに比べさらに高感度 ガスに対する選択性可能	塩素，硫化水素，オゾン，ニオイ，エチレンオキサイド等

が上がると言われている。ガスの吸脱着速度を上げて，応答速度を早めるために通常はセンサを200℃以上に上げている。従来から酸化スズの微粒子を利用したセンサが実用になっているが，近年薄膜式も増えてきた。固体ガスセンサは上記のような原理であるので，ガスの種類判別が困難なセンサであるが，近年材料を選択するなど研究が進んで，水素に特に敏感であったり，アルコールに高感度なセンサも市販されるに至っている。またこのガスセンサを利用した口臭センサも市販されている。

5.3 表面プラズモンセンサ[1]

金属中の電子波（プラズマ波）は縦波であり，通常は横波である光と相互作用しないが，表面近傍ではある条件で相互作用することがある。これを表面プラズモン（SP）（あるいは表面プラズモンポラリトン）と言う。SPを発生させる条件は(1)式に従う。

$$k_{sp} = \omega/c(\varepsilon_a \cdot \varepsilon_b/(\varepsilon_a + \varepsilon_b))^{1/2} \tag{1}$$

ここでk_{sp}はプラズモンの波数，cは光速，ωは各周波数，ε_a，ε_bは夫々周辺媒質と，金属の誘電率である。この条件を満足させるようにATR法により光の波数をマッチングさせたり，グ

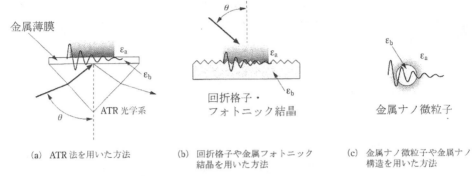

(a) ATR法を用いた方法　　(b) 回折格子や金属フォトニック　　(c) 金属ナノ微粒子や金属ナノ
　　　　　　　　　　　　　　　結晶を用いた方法　　　　　　　　構造を用いた方法

図4　様々な表面プラズモン（SP）の励起方法
波線はSPが光により励起され減衰していく様子を模式的に示したものである。

レーティングを用いてマッチングをおこなう。また金などのナノ粒子でもSP共鳴は起こる（局在型）。SPを励起（発生）させるには図4に示すようにいくつかの方法がある。これから分かるように表面の状態がSP励起条件に敏感に影響する。SPの特徴は次の3点である。

① 光のエネルギーをナノメートルサイズに閉じ込めることができる。
② SPの励起（共鳴）条件が表面の誘電率や，誘電体の有無に敏感である。これにより，表面における物質の有無や，吸着，脱着，周辺媒質の屈折率変化などが検出できる。
③ SPが励起されると周囲に強い増強電界が生じる。

表面プラズモンセンサとして市販されており，その化学センサ，バイオセンサとしての可能性の研究開発が進んでいる。

5.3.1　表面プラズモンの電界増強効果によるセンサ

局所的な電場の増強としてよく知られているのは，全反射時に発生するエバネッセント光による電場増強であるが，通常のATR法による電場増強度は約3倍程度であり，これを蛍光増強に用いると一桁程度の信号増強が得られる。一方SPを用いると更に大きな増強が得られ，通常の10倍以上の増強効果が生じる。これによりラマン散乱や非線形光学効果，蛍光などの増強効果が得られる。SP共鳴による増強電場を利用して，林ら[2]は表面プラズモン共鳴条件で有機色素を用いた光電変換素子の増強が起こっていることを示した。電場増強効果はラマン散乱や，非線形光学効果のような多光子過程ではさらに効果的である。これを利用した高感度な表面増強ラマン散乱（SERS：Surface Enhanced Raman Scattering）は高感度ラマン分析に利用されており，この原理を適用して金属を鋭く尖らせた針を検出対象に近づけ，それにより生じる増強効果を用いたプローブ形表面増強ラマン分析も研究されている。

第4章 応用技術・特性

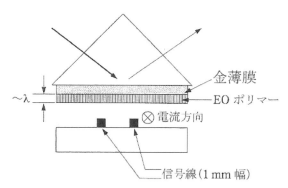

図5 SP電界センサの模式図[4]
プリズム底面の金薄膜およびEOポリマー（厚さは波長λ程度）によりSPや光導波路モードが励起される。信号線の電位に応じた電界がEOポリマーの屈折率をわずかに変化させ、それが共鳴状態の違いとなって現れる。その結果、反射光強度は信号線により変調されるので、非接触に信号波形を計測することができる。

5.3.2 誘電率敏感特性を利用したセンサ

(1) 電界センサ

梶川ら[1]は電気光学（EO）材料を金属膜に乗せて、図5に示す電界センサを作製した。電界が変化するとEO材料の屈折率（誘電率）が変化する。これをSPの共鳴条件の変化として検出する。EOポリマの厚さは1μmでも十分感度があり、高速検出が可能なので、電磁波や、テラヘルツ波の検出にも利用できる。

(2) バイオセンサ

SPの共鳴条件が周囲の媒質の誘電率に敏感であることにより、物質の吸脱着や、周囲媒質の屈折率の高感度な測定が可能となり、バイオセンサ、化学センサ、湿度センサなどとして利用が可能である。伝播型SPの構成と反射率の光入射角度依存性を図6に示す。反射率が極端に落ちる角度でSP共鳴が起こっている。共鳴角は金属表面近傍の屈折率やその表面に結合したり、吸着した誘電体層の厚みなどに敏感に変化する。リガンドと言う分子を金属表面に塗布することにより高感度な分子・バイオセンサを実現できる。上記の伝播型だけでなく、金微粒子を用いた局在型SP共鳴でも同様のセンサとすることが出来、梶川らは光ファイバの先端にSPデバイスを構成した光ファイバ型バイオセンサを開発した[2]。これにより、タンパク、DNA[3]や、芳香族ニトロ化合物（地雷物質）などの検出がされた[4]という報告がある。

5.4 ISFETセンサ

電界効果型トランジスターのゲート部分は外部からの電荷によりゲート界面部分にかかる電位

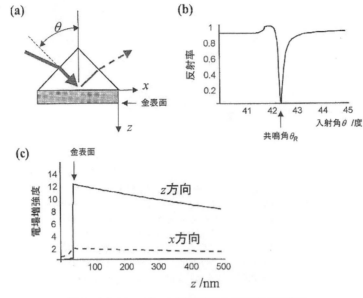

図6 (a)クレッチマン型配置による伝搬型表面プラズモンの励起，(b)反射率の入射角依存性，(c)共鳴時における電場増強度の z 依存性

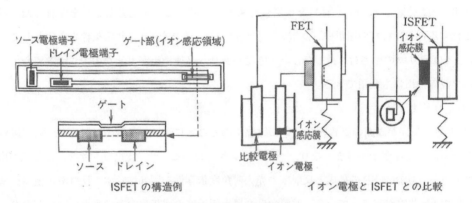

図7 ISFETの構造

が異なるので，ゲート部分にイオンに敏感な材料を使ってイオンを検知するFETをIon Sensitive FET（ISFET）と言う。半導体プロセスを利用して作製され，超小型で，量産性にも優れ，低コストである。その構造と測定原理を古くから使われてきたイオン電極と比較して図7に示す。イオン電極もISFETも典型的なポテンショメトリ法であり，比較電極（参照電極とも言う）により，液電位と比較をおこなって測定される。最近はゲート部分に酵素などを固定化して，酵素と反応するたんぱく質など，バイオ材料をセンシングする，バイオセンサとしても利用されている。例えばグルコースセンサ，血糖値センサとして実用化されている。

第4章 応用技術・特性

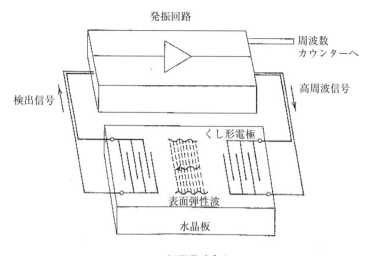

図8 SAWデバイスと測定システム

5.5 水晶振動子センサ

　水晶振動子は水晶を振動させるために水晶板を挟んで対向に作製されている電極部分の重要によりその共振周波数が変化する。電極部分にガスを吸着する物質を付着させておくとガスセンサとして利用できるし，分子を吸着する物質をつけると，分子センサとなり，また酵素などを固定化すればバイオセンサとしても利用される。共振周波数を10 MHzに設定した場合，1 ngの付着で1 Hzの周波数変化が起こり，高感度である点に特徴があるが，周囲温度にも影響されやすいので，測定に技術を要する。においセンサとしても研究がなされている。

5.6 表面弾性波センサ[5]

　表面弾性波素子（SAW）はTVのRFフィルターにも利用されているデバイスで，水晶や，ZnOの圧電特性を利用した素子である。図8にその構造を示す。圧電体の表面に2組の櫛形電極が形成されている。一方の櫛形電極に高周波を印加すると圧電効果により表面に歪が誘起されて，圧電波が生じ，この歪波が表面を伝播して他方の櫛形電極に到達し，電極に電圧を生じさせる。このときの伝播速度は圧電体表面の状態により変化する。即ち，歪・圧力センサ，温度センサ，表面に物質を吸着させるものをつけていると，イオンセンサ，ガスセンサ，バイオセンサなど種々のセンサとして，応用できる。それらの研究開発も活発におこなわれている。

文　　献

1) 梶川, 「表面プラズモンによる高感度光計測とバイオセンシング分野への応用」, 計測と制御, 第 45 (11), 922-927
2) K. Mitsui, Y. Handa and K. Kajikawa, "Optical fiber affinity biosensor based on localized surface plasmon resonance", *Appl. Phys. Lett.*, 85, 4231/4233 (2004)
3) 木村, 三井, 梶川, 光ファイバ型バイオアフィニティセンサによる生体由来資料の極微量検出, 大 52 回応物連合講演会, 1 p-YN-8 (2005)
4) T. Onodera, K. Miyahara, and K. Toko, "Detection of Aromatic NitroCompounds using Preconcentrator and SPR Immunosensor" 電気学会論文集 E, 126, 621/626 (2006)
5) 春田, 鈴木, 山添, センサ先端材料のやさしい知識, オーム社 (1995)

第 2 編
セラミックス編

第1章　表面処理技術

1　DLCコーティング

中東孝浩*

1.1　はじめに

炭素系硬質炭素膜として，DLC（Diamond Like Carbon）膜は，各種セラミックスコーティング材料の中で，最も低い摩擦係数を有し，高硬度であり，また，相手攻撃性も小さいことから，摺動用途への実用化が進められている。しかし，ここに来て，1980年代に定義されたDLCの定義である「sp^3構造を含む硬質炭素膜であり，アモルファス硬質炭素膜」とは異なる膜もDLCと呼ばれ，いろいろな膜が世の中に出ている[1]。

本稿では，最近注目を集めるDLC膜の製法・各種用途と新しい応用分野として開発が進められているDLC膜の技術動向について報告する。

1.2　有害化学物質に関連する主な規制とDLC膜

表1に各国の有害化学物質に関連する主な規制を示す。日本国内では，PRTR法が施行され，この法規制に抵触する材料については，MSDS（Material Safety Data Sheet）を添付する義務がある。特に，大企業がグリーン調達を始めたため，納入業者に対して，部品納入時にMSDSを添付するように要請を出している。このこともあり，部品加工，摺動用途では，現在この規制対象に上がっている物質を含む油，油中の重金属，メッキ廃液をどのように環境に優しいプロセス，材料に変えていくのかがコスト低減も考慮しながら模索されている。これに対して，無潤滑摺動，無潤滑切削，脱クロムメッキの3つのキーワードを挙げることができる。21世紀に入り，これらのキーワードとDLCコーティングがマッチし，DLCコーティングの市場は，年率約2割の勢いで増加している。また，DLCはリサイクルにも適しており，油ポンプを水ポンプに替えた場合の固体潤滑剤としても注目を集めており，今後の法規制に抵触しないと考えられることから，用途が急激に拡大している。

1.3　DLCの特徴・製法

DLCは，ダイヤモンドの自立膜が開発されていた際の副産物として生まれたといわれている。

＊　Takahiro Nakahigashi　日本アイ・ティ・エフ㈱　技術部　部長補佐

無機材料の表面処理・改質技術と将来展望

表 1 有害化学物質に関連する主な規制

地域	規制名称	対象	規制内容	発効（施行）時期
日本	PRTR 法	全般	有害性のある多種多様な化学物質が，どのような発生源から，どれくらい環境中に排出されたか，あるいは廃棄物に含まれて事業所の外に運び出されたかというデータを把握し，集計し，公表する仕組み	2001 年 4 月 1 日
	MSDS 制度	全般	対象化学物質を含有する製品を他の事業者に譲渡又は提供する際には，その化学物質の性状及び取扱いに関する情報を事前に提供する。	2001 年 1 月 1 日
欧州	WEEE 指令	電気電子機器	10 種類の指定適用対象製品の廃棄物につき，その量と有害性の低減を目的に回収リサイクルを義務付ける	2005 年 8 月 13 日
	RoHS 指令	電気電子機器	EU（欧州連合）が輸入する電気・電子機器に含まれる有害 6 物質 Pb, Cd, Hg, Cr^{6+}, PBB, PBDE の使用禁止	2006 年 7 月 1 日
	ELV 指令	自動車	使用済車両のリサイクル及び環境付加物質鉛，水銀，カドミウム，6 価クロムの原則使用禁止	2003 年 7 月 1 日
	REACH 指令	全般：新化学品規制	3 万物質中 1400-3900 物質が対象になる模様。自動車関連は，IMDS（MSDS の世界版）による独自管理が必要	2007 年
米国	SB 20	CRT 付電子機器	「鉛を含む CRT を持つ有害電子機器」の回収・リサイクル強化，有害物質を使用禁止するカリフォルニア州法	2007 年 1 月 1 日
	SUELV 規制	自動車	欧州 ELV 規制に，硫化物を加えさらに厳しくしたカリフォルニア州法	未定
	Proposition 65	約 800 種の危険物質	有害化学物質管理に関するカリフォルニア州法。発がん性や生殖障害などで詳細リスク評価を行う	毎年見直し実施
中国	電子信息産品生産汚染防治管理弁法	電気電子機器	WEEE&RoHS 指令を参照して策定。2006 年 7 月以降に発売する電子信息産品に有害 6 物質の含有を禁止	2007 年 3 月 1 日

PRTR：Pollutant Release and Transfer Register：化学物質排出把握管理促進法
MSDS：Material Safety Data Sheet
WEEE：Waste Electrical and Electronic Equipment：廃棄電気電子機器
RoHS：Restriction of the Use of Certain Hazardous Substances in Electrical and Electronic Equipment
ELV：End-of Life Vehicle
REACH：Registration, Evaluation and Authorisation of Chemicals
PBB：ポリ臭素化ビフェニル
PVDE：ポリ臭素化ジフェニルエーテル

第1章　表面処理技術

DLCの構造・製法比較を図1に示す。炭素から合成されるダイヤモンド，グラファイトは結晶構造を有するが，DLCは，アモルファスである点が大きく異なり，また，200℃程度の低温で形成できる点が，通常のPVD膜に比べ非常に優位である。DLCと多結晶ダイヤモンド，天然ダイヤモンドとの特性比較データーを図2に示す。DLCは，密度，硬度ではダイヤモンドに劣るが，屈折率が小さいことから，光学分野を含む広い分野での用途開拓が行われている。特に，低温で処理できる膜の中では，耐薬品性が高い。

DLCが形成されたのは，1970代のはじめにAisenbergらによってイオンビーム蒸着法により合成されたのが最初である[2]。その後，Voraらにより，プラズマ分解蒸着法により形成が試みられた[3]。代表的なDLCの形成方法を図3に示す。主な製法としては，高周波プラズマ法，イオン化蒸着法が挙げられる。この両者の違いとして，まず高周波プラズマ法は，メタンガスを原料に使い，容量結合型のプラズマ電極を用いて成膜が行われる。膜質は，膜中水素が約30 atom％

	ダイヤモンド	DLC膜	グラファイト
構造	 ダイヤモンド構造（sp^3） 元素：C	 アモルファス構造（sp^3含） 元素 C, H	 グラファイト構造（sp^2） 元素：C
製法 原料	p-CVD CnHm と H2	p-CVD, IP CnHm, C蒸気	熱CVD CnHm
温度	～700℃	RT～300℃	>1500℃

図1　DLCの構造・製法比較

	DLC	多結晶ダイヤモンド膜	天然ダイヤモンド
密度（g/cm^3）	1.7～1.8	3.52	3.52
ヌープ硬度（kg/mm^2）	1,500～3,000	8,000～10,000	10,000～12,000
電気抵抗率（Ω·cm）	10^7～10^{14}	10^{10}～10^{15}	10^{12}～10^{16}
熱伝導率（W/cmK）	0.2	6～10	22 (IIb)
屈折率 n	1.8～2.4	2.3～2.4	2.4
ヤング率（×10^3kg/mm^2）	60	115	115
透過率	大	大	大
耐食性 （フッ酸：硝酸=1：1）	大	大	大
酸化開始温度（℃）	300～400	600	600

図2　DLCの物性（ダイヤモンドとの比較）

無機材料の表面処理・改質技術と将来展望

製法	高周波プラズマCVD法	イオン化蒸着法	スパッタ法	アークイオンプレーティング法
成膜原理	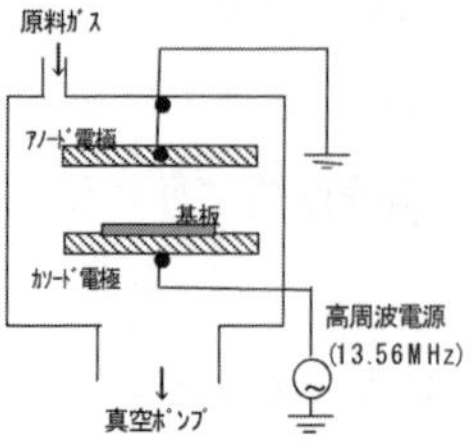	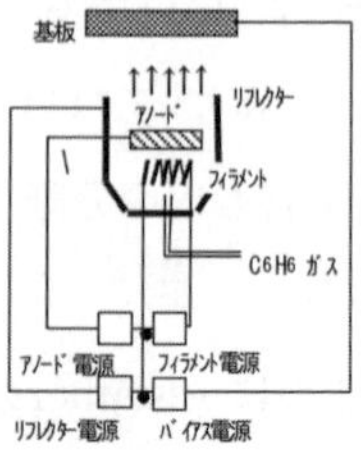	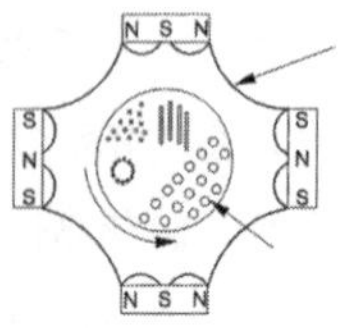	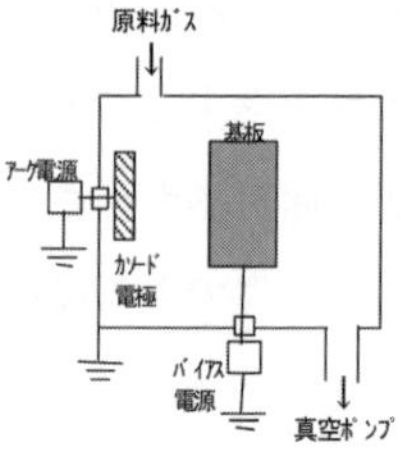
成膜原料	CH_4（メタン）	C_6H_6（ベンゼン）	グラファイト, C_2H_2（アセチレン）	グラファイト
成膜温度	<200℃	<200℃	<200℃	<200℃
水素含有量	30〜40 atm%	〜15 atm%	0〜30 atm%	0〜5 atm%
ヌープ硬度	Hk = 1,500〜2,000	Hk = 2,000〜2,500	Hk = 800〜2000	Hk = 2,500〜4,000
密着性	○（導体〜絶縁体）	○（導体）	○（導体）	○（導体）
摩擦摩耗特性	◎0.05-0.2	○0.1-0.2	◎0.05-0.2	△0.1-0.5
平面平滑性	◎0.002〜0.01 μm	○0.01〜0.1 μm	◎0.005〜0.01 μm	×0.05〜0.1 μm
量産性	◎	○	○	×
絶縁物基材	◎	△	○	△

図3　代表的なDLCの形成方法

と多いため，平滑性に優れ，摩擦係数も小さいが，若干硬度が低いといわれている。一方，イオン化蒸着法は，原料にベンゼンを用い，イオン化した炭化水素を直流で加速するため，膜中から水素がたたき出され，膜は硬くなるが，若干面粗度が悪くなるといわれている。このため，高周波プラズマ法は，摺動用途に向き，イオン化蒸着法は，金型や刃物等に用いられている。しかし，用途によっては，これらの欠点と思われる点は大きな問題とはされず，すでに量産で用いられている製品も少なくない。これらの使い分けは，基材が絶縁物の場合は，チャージアップ等の問題から高周波プラズマ法が使われている。プラズマCVD法で成膜したDLC膜の波形分離処理後のRamanスペクトルは，$1.39\times10^{-5}m^{-1}$付近と$1.56\times10^{-5}m^{-1}$付近にピークを持ち，それぞれ炭素のsp^3結合（Dバンド）とsp^2結合（Gバンド）によるものである。分離波形からsp^3とsp^2の比を求めると，sp^3が約65%，sp^2が約35%であった。このsp^3結合はダイヤモンドを構成する結合であり，DLC膜の硬度はsp^3/sp^2の比と膜中の水素濃度及び膜応力に依存する。プラズマCVD法でSiウェハー上に形成したDLC膜の断面SEM像を図4に示す。写真からも分かるようにDLC膜断面はアモルファス構造特有のガラス質であり，極めて緻密であることがうかがえる。

最近，用途範囲の拡大から膜の高性能化として，高硬度化・高密着化が求められている。高密

第1章　表面処理技術

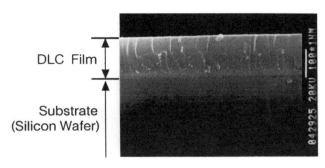

図4　DLC膜の断面SEM像

着化のために，メタルドープを行うことで，膜の内部応力を低減する検討が行われている[4]。大面積にメタルドープを行うため，高周波プラズマ法で有機金属を原料とし導入する方式と，スパッターゲットを用いて導入する方式が検討されている。DLCにメタルドープを行うと厚膜化は可能だが，膜硬度が低下する逆の問題があり，用途により使い分けられている。

1.4　DLCの摩擦・磨耗特性

図5に工具や金型で広く利用されている高速度鋼（SKH 51）上に各種硬質セラミックを被覆した材料と摺動ピンとした一般構造用炭素鋼（S 25 C）との大気中無潤滑の条件での摺動試験結果を示す。摺動初期においてTiAlN等の硬質薄膜を被覆することにより未処理の状態よりさらに摩擦係数が低減することがうかがえる。CrNを被覆した材料では摩擦係数が基材より増加しているが，これは膜形成による表面の荒れによるものと考えられる。さらに摺動試験を継続すると，比較的初期（数十m）の段階で未処理（コーティングなし）基材で摺動相手材の凝着が生じ始め摩擦係数が上昇し，摺動試験後期ではセラミックコート処理基材（TiAlN, CrN）におい

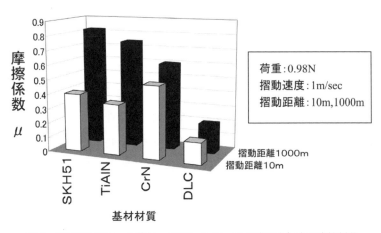

図5　SKH 51未コート基材，TiAlN，CrN，DLC膜の大気中の摩擦係数

ても凝着が生じて摩擦係数が 0.7 程度にまで上昇することがわかる。一方，DLC 膜を被覆した材料では摺動初期の段階から最も低い摩擦計数値（μ = 約 0.2）を示し，摺動距離が増加しても顕著な変化は認められず安定した摺動特性が維持されることがわかる。また，摺動相手材（ボール）の摩耗高さを測定すると，未処理基材や TiAlN 膜を被覆した試料では高さ 0.06〜0.07 mm まで摩耗しているのに対し，DLC 膜を被覆した試料では 0.01 mm 程度の摩耗高さであった。特に，真空中の DLC 膜は，大気中よりもさらに低い摩擦係数を示すことが知られている。

1.5 DLC の用途開発

1980 年代，最初に実用化されたのは，携帯型カセットプレーヤーのイヤーフォンに搭載されたものである。これは，DLC の表面弾性波伝達特性が非常によく，低周波から高周波までの音の伝達が可能なことから採用された。しかし，材料開発のスピードは速く，すぐに DLC を用いなくてもよい金属箔等が開発され，この製品は大幅に減少した。その後，90 年代に入り AV 機器のシャフト関連に実用化が進んだが，94 年の湯水混合栓までは大きなヒットが見られなかった。これは，家庭やビルの洗面所・炊事場で用いられるお湯と水をひとつの取手で温度コントロールと推量調整を可能とする画期的なユニットとなった。この湯水混合栓は，グリースレスというエコへの注目も手伝い，現在までに 500 万ユニットが生産された大きなヒット製品にまで成長した[5]。この採用が DLC の用途開拓に火をつけた。その後，各社が，摺動用途以外の DLC の特性評価を開始した。

DLC の特徴を生かした用途としては，

電気特性：LSI の層間絶縁膜，パッシベーション，PDP 用電子放出デバイス

光特性：赤外線透過保護膜，バーコードスキャナ等の光学膜

耐摩，摺動特性：AV 機器シャフト，織機部品，工作機械用ガイドブッシュ，金型，湯水混合栓，ノズル，燃料噴射プランジャー

音響特性：スピーカ振動板

化学的安定性：アルミ製罐金型，IC リードフレーム曲げ金型

等が生産，検討されている。

特に，メディカル向け金属ステント（血管拡張用金網）が注目されている。

また，環境問題に関連して，摺動によるエネルギーロスの低減は重要な課題となっており，特に自動車関連会社が精力的に開発を進めている[6]。すでに，動弁系部品には，油中で摩擦係数が大幅に下がる水素フリー DLC が採用されている[7]。

1.6　今後注目を集める高分子材料へのDLCコーティングと更なる高機能化

　ゴム・樹脂といった高分子材料の表面潤滑性を改善するには，従来，油脂を塗布・添加していた。当然，油脂がきれると，次第に摩擦係数が大きくなるなどの弊害が出てくる。ゴム部品・製品が，相手材と固着するため，設計者は困る。そこで，こうした原因のグリースやオイルをなくせないかと考えられた。基材の変形に追随できる表面形態が開発された。その結果，このフレキシブル DLC は，未コートのゴムに比べ大幅に摩擦係数を低減することができた（図6）[8,9]。現在では，35 mm ズームカメラ用 O リングや機械装置向けシールパッキンに用いられている[10]。今後，DLC の生体適合性やオイルとの濡れ性を議論するうえで，表面エネルギー制御が重要になると思われる。

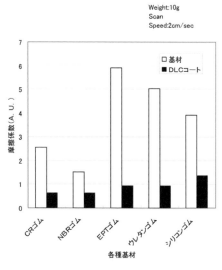

図6　ゴム上での摩擦係数の基材依存性

1.7　まとめ

　炭素系硬質薄膜として，DLC が開発されて四半世紀が経過した。生産されている製品の中で，湯水混合栓は，94 年より累積 500 万ユニットが販売され，DLC の最も大きな適応製品に成長した。この低摩擦・低磨耗の特徴から，最も大きな産業である自動車産業が，燃費向上を目的に摺動部品への検討を始めている。一方，逆転の発想から開発された高分子材料へのフレキシブル DLC 膜は，35 mm カメラの O リングやパッキン等の身近な製品への適応が始まった。摺動とは異なる応用分野として，ガスバリアを目的とする PET ボトル内面へのコーティングを皮切りに，リサイクルを見据えた各種部品への適用が加速されている。特に，DLC 膜は，生体適合性にもすぐれ，化学的にも非常に安定なことから，欧州ではメディカルへの展開も始まり，また低燃費

を目指した自動車用途でのマーケット拡大が予想される。今後，有害化学物質の規制強化から，DLC 膜の重要性とさらなる高機能化の必要性が高まるものと思われる。

文　　献

1) A. C. Ferrari and J. Robertson, "American Physical Society", *Physical Review B*, 61, 14095（2000）
2) S. Aisenberg and R. Chabot, *J. Appl. Phys.*, 42, 2953（1971）
3) H. Vora and T. J. Moravia, *J. Appl. Phys.*, 52, 6151（1981）
4) K. Bewilogua, M. Grischke, J. Schroder, C. Specht, T. Michler, G. J. van der Kolk, T. Trinh, T. Hurkmans and W. Fleischer, Society of Vacuum Coaters, 41st Annual Technical Conference Proceedings, 505, 75（1998）
5) 桑山健太，トライボロジスト，42(6)，436（1997）
6) 保田芳輝，加納真，馬淵豊，坂根時夫，三宅正二郎，斉藤喬士，日本トライボロジー学会，春季講演会予稿，9（1999）
7) 加納真，トライボロジスト，52(3)，186（2007）
8) 中東孝浩，表面技術，53(11)，715（2002）
9) Nakahigashi T, Tanaka Y, Miyake K, Oohara H, *Tribology International*, 37, 907（2004）
10) 中東孝浩，井浦重美，駒村秀幸，石橋義行，日本トライボロジー学会，春季講演会予稿，109（2002）

2 大気圧MOCVDによる酸化物薄膜作製プロセス

内山　潔[*1], 王谷洋平[*2], 塩嵜　忠[*3]

2.1 はじめに

　有機金属を原料として薄膜の気相堆積を行うMOCVD（Metal Organic Chemical Vapor Deposition）法は高品位で段差被覆性にすぐれた薄膜の形成が可能であるという特徴を持ち，半導体プロセスなどに広く用いられている．しかしながら多くの場合において装置に真空装置を必要とするため，①装置価格ならびに製造コストが高い，②大面積の成膜が困難，という問題があり，そのため用途は半導体などの高コストが比較的容認される場合に限られていた．

　そこで我々は真空装置を必要とせず，良好な成膜を安価に実現できる成膜手法としてスプレー熱分解（SPD：Spray Pyrolysis Deposition）法に着目し，その原料に有機金属を用いることで大気圧下でも高い段差被覆性を実現できる大気圧MOCVD法を新たに開発した[1,2]．

　SPD法は原料を霧（ミスト）状にして加熱した基板上に噴霧し，基板の熱により原料を分解して，基板上に金属酸化物等の堆積を得る手法である．SPD法は1966年にR. R. Chamberlin and J. S. Skermanにより硫化カドミウムの成膜法として開発された[3]が，その後多くの酸化物やカルコゲナイドの成膜用に応用されてきた[4]．特に2002年にSawadaらによって比較的低温（320～350℃）で良好なITO（Indium Tin Oxide）の成膜が報告され[5]，安価で良好な成膜方法として再び注目されている．また深野らはスプレー装置に香水用アトマイザーを用い，これを間欠的に作動させることにより良好なITOの成膜に成功している[6,7]．

　しかしながら従来のSPD法では原料に無機酸塩を用いているため，基板に噴霧された原料は基板上に一旦堆積した後基板上で熱分解して酸化物が形成しているものと推定される．そのため原料は基板表面に気体として供給されず，SPD法による良好な段差被覆性は期待できない．

　これに対し，今回我々が新たに開発した大気圧MOCVD法は，原料に通常のMOCVDに用いられているβジケトン系やアルコキシド系などの気化しやすい有機金属を用いることを特徴とする．このような構成をとることにより，原料が基板へ堆積する前に基板からの輻射熱により容易に気化し，ガス分子として基盤に到着するためSPD法に比べより高い段差被覆性が実現できるものと期待される（図1）．

　このような大気圧MOCVD法により，通常のMOCVDと同等の性能を有する成膜手法が確立できれば，真空機構が不要なため装置コストの大幅な低減が可能となる．また，大面積への堆積

[*1]　Kiyoshi Uchiyama　奈良先端科学技術大学院大学　物質創成科学研究科　准教授
[*2]　Yohei Otani　諏訪東京理科大学　システム工学部　電子システム工学科　助教
[*3]　Tadashi Shiosaki　奈良先端科学技術大学院大学　物質創成科学研究科　教授

無機材料の表面処理・改質技術と将来展望

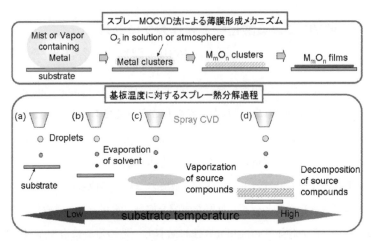

図1　スプレーMOCVD法の薄膜形成メカニズム

が容易になるため，従来MOCVDが使用できないと考えられていた分野においてもその用途を拡大することが可能となる，など多くの利点が期待される。

以上のような観点から，はじめに比較的簡単に実験が行うことができる香水用のアトマイザーを用いたMOCVD法を行い基本となる成膜データの収集を行った。さらに，その結果をもとに安定に原料を噴霧することができる成膜装置の試作を行った。ここでは大気圧MOCVD法に関する我々のこれまでの成果について紹介する。

2.2　香水用アトマイザーを用いた大気圧MOCVD

2.2.1　原料探索

開発に先立って，市販の香水用アトマイザーを用いて，本成膜法に最適な原料を探索した。

原料としては通常のMOCVD法で用いられるアルコキシド系やβジケトン系などの有機金属が最適と考えられるが，比較のためこれまで我々がスピンオン法やMOCVD法で使用実績のあるPZT（$Pb(Zr, Ti)O_3$）またはPLZT（$(Pb, La)(Zr, Ti)O_3$）用のゾルゲル溶液やMOD溶液についても検討を行った。

(1)　ゾルゲル原料

ゾルゲル溶液を用いた大気圧MOCVD法の成膜条件を表1に，そのプロセスフローを図2に示す。またそのX線回折（XRD）結果を図3に示す。図3からアニール処理後において，結晶化したPZTが形成されていることがわかる。

しかしながら本膜を用いてキャパシタ構造で電気特性の評価を行ったが，試料の表面ラフネスが大きかったため，試料がショートしてしまい，電気特性評価を行うことができなかった。このことからゾルゲル溶液は大気圧MOCVD法の原料としては適さないことが明らかになった。

第 1 章　表面処理技術

表1　ゾルゲル溶液を用いたスプレー CVD 法の成膜条件

溶液組成	Pb/La/Zr/Ti＝115/8/65/35
溶媒	1-プロパノール
製造元	三菱マテリアル
溶液濃度	1.0 wt%，2.5 wt%，5.0 wt%
噴霧量	0.17 ml/shot
噴霧間隔	5 sec
ノズル-基板間距離	～25 cm

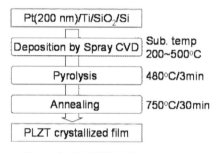

図2　ゾルゲル溶液を用いたスプレー MOCVD 法のプロセスフロー

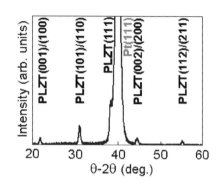

図3　ゾルゲル溶液を用いたスプレー MOCVD 法で作製した PZT の電気特性

(2)　MOD 溶液

次に MOD 溶液を原料として用いた大気圧 MOCVD 法について検討を行った。MOD 溶液を用いた大気圧 MOCVD 法の成膜条件を表2に，そのプロセスフローを図4に示す。

本試料においては XRD 測定により良好な結晶化と，図5に示すようなヒステリシス特性を持つ電気特性が確認された。このことより，MOD 溶液を原料として用いた場合，ゾルゲル溶液に比べ表面ラフネスが抑えられることがわかった。

表2　MOD 溶液を用いたスプレー CVD 法の成膜条件

溶液組成	Pb/La/Zr/Ti＝120/9/65/35
溶媒	2-エチルヘキサン酸，オクタン
製造元	豊島製作所
溶液濃度	0.010 M，0.025 M，0.046 M，0.075 M，0.100 M
噴霧量	0.17 ml/shot
噴霧間隔	5 sec
ノズル-基板間距離	～25 cm

無機材料の表面処理・改質技術と将来展望

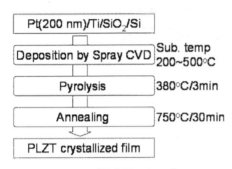

図4 MOD 溶液を用いたスプレー MOCVD 法のプロセスフロー

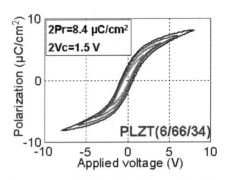

図5 MOD 溶液を用いたスプレー MOCVD 法で作製した PZT の電気特性

(3) MOCVD 原料

最後に MOCVD 原料について検討を行った。Pb 用原料としては通常の MOCVD で使用実績のあるβジケトン系, Zr, Ti 系原料としてはアルコキシドの一種である mmp 系の原料を用いた（図6）。一方，現在入手できる唯一の La 用 MOCVD 原料は La(EDMDD)$_3$（㈱ADEKA 製）であるが，この原料は他の原料と混合すると容易に反応し変質してしまうため，ここでは La を入れない PZT 薄膜についてその成膜条件の検討ならびに物性の評価を行った。

表3に成膜条件を示す。成膜温度は 450℃ に固定し，その後ポストアニールにより結晶化を行った。図7にアニール処理後の薄膜組成を示す。アニール温度によらずほぼ一定の薄膜組成を有

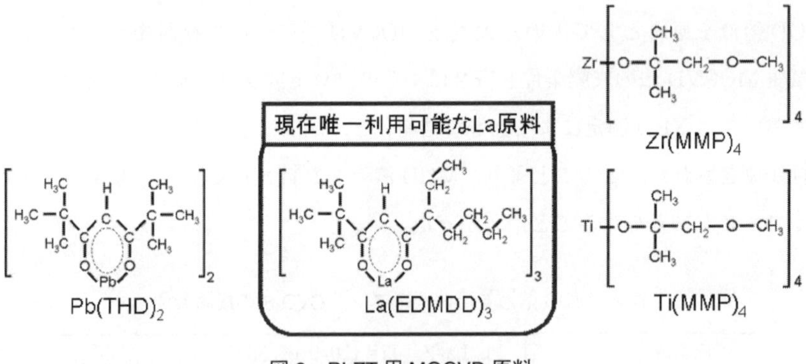

図6 PLZT 用 MOCVD 原料
（㈱ADEKA 製）

表3 MOCVD 原料を用いたスプレー MOCVD 法成膜条件

溶液組成（Pb/Zr/Ti）	115/70/30
基板温度	450℃
アニール温度	550〜700℃
アニール時間	15 min

第1章　表面処理技術

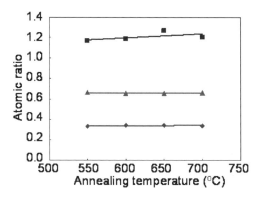

図7　アニール処理後のPZT薄膜の組成

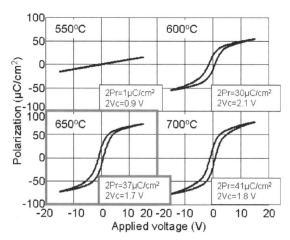

図8　アニール処理後のPZT薄膜の電気特性
（原料：MOCVD原料，成膜温度450℃）

していることがわかる。

次にアニール処理後の薄膜の電気特性評価を行った。図8に示すように600℃以上のアニールによって強誘電性の発現が確認され，特に650℃以上で良好なヒステリシス特性が得られた。この結果，本成膜法において通常のMOCVD法と比べても遜色のない良好な結晶性を有するPZT薄膜が得られていることがわかった。

また電子顕微鏡観察を行ったところ，本試料において薄膜の表面は平滑であり，ゾルゲル原料を用いた場合のような表面ラフネスの低下は確認されなかった。

(4)　原料探索まとめ

以上の結果より，大気圧MOCVD法においては通常のMOCVD法と同じくβジケトン系のような金属錯体系やアルコキシド系などの蒸気圧の高い原料を用いることが良好な結晶性を有する薄膜の形成に重要であることがわかった。

2.2.2 段差被覆性

大気圧MOCVD法において,通常のMOCVD法とくらべほぼ同等の薄膜性能が得られたMOCVD原料を用いて,段差被覆性能の検証を行った。図9にその結果を示す。

図9から明らかなように,開口部0.6μm,底部0.5μm,深さ1.2μm(アスペクト比：2.4)の段差上に段差被覆率約75%を達成した。この結果は通常のMOCVD法と同等程度の値であり,大気圧下においても良好な段差被覆性を確保できることがわかった。これにより段差被覆性における本大気圧MOCVD法の優位性を明らかにすることができた。

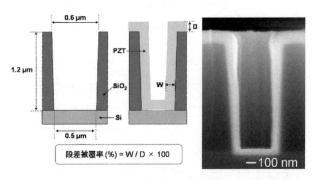

図9　段差被覆性評価結果

2.2.3 デュアルスプレー法によるPLZT成膜

原料探索の項で述べたように現在MOCVD用で使用可能なLa原料は唯一La(EDMDD)$_3$であるが,これは他の原料と反応しやすいという問題があった。そこで図10に示すように,スプレーを複数個用いて,原料を別個に供給するデュアルスプレー法を考案した。この際,原料AとBの噴霧回数を変えることにより薄膜組成を変えることが可能となることから,組成の制御も容易に行えると期待される。

図11に本成膜方法で作製したPLZT薄膜を700℃でアニール処理した試料のXRD結果ならびに断面SEM写真を示す。XRDの結果より,良好な結晶性を持つPLZT薄膜が形成されてい

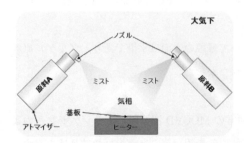

図10　デュアルスプレー法の原理図

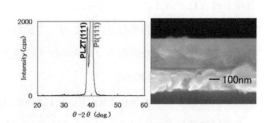

図11　デュアルスプレー法により作製されたPLZT薄膜のXRD並びに断面SEM

第1章　表面処理技術

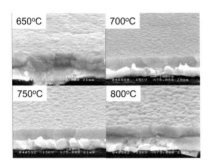

図12　アニール後のPLZT薄膜の表面SEM

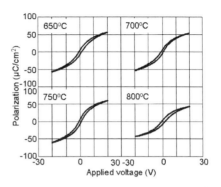

図13　アニールしたPLZTのヒステリシス特性

ることがわかる。また断面SEM写真より，本薄膜はボイドのない緻密で表面も平滑な薄膜であることがわかる。このように我々はデュアルスプレー法を新たに導入することにより，従来は困難であるとされてきたPLZT薄膜の堆積に成功した。

図12に成膜温度450℃において作製したPLZT薄膜を650〜800℃の間でアニールした試料の表面SEM写真を示す。800℃のアニールでは表面ラフネスの低下が確認されるが，750℃以下においては比較的平滑なPLZT薄膜が得られていることがわかる。特に700℃のアニールにおいて良好な平滑表面が得られている。

一方，これらの薄膜の電気特性を図13に示す。650〜800℃でアニールしたどの試料においてもPLZTに特徴的な開口の小さいヒステリシス特性が得られ，図11のXRDの結果と合わせて本成膜法において良好なPLZT薄膜の成膜が行われていることがわかる。

2.3　新規装置の試作

以上述べてきた結果は市販の香水用アトマイザーを用いていたが，ミストの噴霧を手動で行うため，成膜の安定性の確保や多数回の実験を行うことが困難であった。そこで原料の噴霧を自動化した新しい成膜装置を試作した。

ミスト噴霧を自動化する際に困難な点は，ミストを発生するノズルの選択の問題である。ノズルには大別して，キャリアとなるガスを用いない1流体ノズルとキャリアガスを用いる2流体ノズルが存在する。前節で用いた香水用アトマイザーは1流体ノズルであるが1回の原料の吐出量の精密制御が困難であるという問題があった。そこで新たに装置を試作するに当たり，流量制御の容易な2流体ノズルを用いることにした。

一方，市販のノズルの多くは洗浄用や塗装用のものであり，原料の供給量が少ないものでも毎分数百mlとMOCVD用としては流量の大きいものであった。そこで最小の流量で安定に径の小さなミストを発生できるアトマックス社製のショットバルブをノズルとして選定した。これは

最小の液体流量が毎分 10 ml 程度であり，一般に用いられているノズルに比べ 1 桁以上液体流量を下げても安定にミストを生成することができる。また，発生できるミスト径も 50μm 程度と極めて小さく，原料の気化が容易に行えると考えられる。

しかしながらこのショットバルブを用いても原料流量は毎分 10 ml 程度であり，通常の MOCVD 法で使われる原料流量とはまだ 1 桁程度の差がある。そこで原料供給を間欠に行うことで一層の原料供給量の低減をはかった。

原料の間欠供給は，バルブの開閉によりキャリアガスをオン・オフすることで行った。このキャリアガス制御のため，スプレーコントローラーを使用しキャリアガスを間欠的に供給できるようにした。

本装置の外観を図 14 に示す。左側のコントローラーがスプレーコントローラーであり，右側が実際の噴霧システムである。スプレーコントローラーによりキャリアガスのオン・オフの間隔，時間などの制御が容易に行えるようになっている。本装置ではシリンダー内に原料となる液体を入れ，キャリアガスを間欠的に供給することで基板上にミスト状になった原料を供給する。

図 15 は原料の噴霧状態を示す写真であり，(a)は噴霧概観，(b)は原料ノズルのクローズアッ

図 14　新開発装置の概観
(写真提供：㈱アトマックス)

図 15　装置動作の概要
(a)噴霧概観，(b)ノズルクローズアップ
(写真提供：㈱アトマックス)

第 1 章　表面処理技術

プである。これらからミスト状になった液体が基板上に効率よく噴霧されていることがわかる。

なお MOCVD 原料は水分に弱く大気中の水分と容易に反応してしまうため，図 15(a) のような開放型のシリンダーは使えない。現在は有機溶媒を用いて動作確認を行っている段階であるが，大気開放せずに原料を供給可能にするシステムを作製中であり，その完成を待って本格的な成膜実験を開始する予定である。

2.4 まとめ

以上述べたように，大気圧 MOCVD 法により，通常の MOCVD と同等の成膜性能をより簡便な装置で開発できた。本技術を用いることにより従来の MOCVD 法ではコストや堆積面積の関係から実施が困難であった用途についても，段差被覆性にすぐれた薄膜を高品位に形成できるものと期待される。

また今回新規装置に用いた市販のノズルはもともと，大面積に均一な溶液噴霧を要求される塗装工程用として開発されたものであるが，それらのノウハウ（例えば複数ノズルによる噴霧など）を用いることで容易に成膜装置のスケールアップができると考えられる。

今後，新規に開発した装置を用いて，PZT や PLZT，あるいは BST（$(Ba, Sr)TiO_3$）などの機能性酸化物の試作を行い本成膜法の優位性検証を順次進めていく予定である。

【謝　辞】

本研究は奈良先端科学技術大学院大学支援財団「平成 18 年度 NAIST 発　新産業創出支援事業」助成に基づき，㈱積水インテグレーテッドリサーチとの共同開発によって行われました。

また MOCVD 原料をご提供いただいた㈱ADEKA，スプレー装置の写真をご提供いただいた㈱アトマックス，実際に実験を進めてくれた本学修了生の渋谷昌樹君に感謝します。

文　献

1) Y. Otani *et. al.*, *Jpn. J. Appl. Phys.*, **46**, L 706（2007）
2) 渋谷昌樹，奈良先端科学技術大学院大学　平成 17 年度修士論文
3) R. R. Chamberlin and J. S. Skerman, *J. Electrochem. Soc.*, **113**, 86（1966）
4) B. R. Pamplin, Prog. Cryst. *Growth Charact.*, **1**, 395（1979）
5) Y. Sawada *et. al.*, *Thin Solid Films*, **409**, 46（2002）
6) T. Fukano and T. Motohiro, *Sol. Energy Mater. And Sol. Cells*, **82**, 567（2004）
7) 深野達雄，奈良先端科学技術大学院大学　平成 16 年度博士論文

3 メタライジング（セラミックス回路基板）

広瀬義幸*

セラミックスを各種電子部品用回路基板として用いるためには，表面を回路パターン状に金属化する必要がある。これをメタライジング（Metallizing）といい，大きく分けて厚膜法と薄膜法がある。厚膜法は比較的安価だが回路パターン精度に限界がある。一方，薄膜法は精密な回路パターン形成可能だが厚膜法と比較すると一般的に高価になる。

3.1 厚膜法

厚膜法にはさらにセラミックスと金属を同時形成するコファイア法と，一旦セラミックスを焼結した後に金属膜を形成するポストファイア法がある。

3.1.1 コファイア法

コファイア法では，セラミックス粉末と樹脂結合剤を混合したスラリーをドクターブレード法にてシート状に成型・乾燥したグリーンシートの上に，金属ペーストをスクリーン印刷法にて塗りつけて回路形成し，セラミックスと金属を同時に焼結する。グリーンシートに穴あけ加工し，そこにペーストを埋め込むことでビアと呼ばれる上下面の導通を確保することや，ビア形成したシートを重ね合わせることで多層化が容易に達成できる。

コファイア法ではセラミックスと金属を同時焼結するため，使用出来る金属の種類が限定される。アルミナや窒化アルミニウム等の1600℃以上の焼結温度が必要なセラミックスにはモリブデンやタングステンといった高融点金属しか用いることができない。一方，1000℃前後で焼結可能な各種ガラスセラミックスには金，銀，銅など低抵抗材料を用いることができる。ただし，ガラスセラミックスは放熱特性や機械的強度が劣るため，これらの特性が重要な用途にはアルミナ，窒化アルミニウムを用いることが多い。アルミナや窒化アルミニウムでも表面の回路部分は各種めっき法により金等の低抵抗材料で覆うことができるが，多層基板の内層部分はめっきを行うことができない。そこで，表面層に高周波回路等の電気特性が重要な回路を配置し，内層部分に電源回路等の比較的電気特性を問わない回路を配置する等の工夫が重要になる。

コファイア法では回路形成をスクリーン印刷法で行う。これはステンレスメッシュの回路部分以外を乳剤と呼ばれる樹脂でコーティングしたスクリーンをマスクとして使用する。スクリーン上に金属ペーストを置き，ゴム製のヘラでこすり付けて回路形成する方法であり量産性が高い。なお，金属ペーストは粒径数 μm の金属粒子と樹脂結合剤，高沸点の溶剤から構成されている。

---

* Yoshiyuki Hirose ㈱アライドマテリアル ニューセラミック開発室 主席

第1章　表面処理技術

この方法では，スクリーンのパターニング精度やペーストのにじみといった問題があり，作製可能な回路配線幅は 0.1 mm 程度，パターン間隔も 0.1 mm 程度である。

また，コファイア法では他の方法と異なり回路部分もセラミックス母材の焼結とともに収縮する。そのため，回路の寸法精度はセラミックス母材の焼結精度に依存する。また，セラミックス母材の収縮は均等でない場合も多い。例えば四角形のグリーンシートを焼結すると各辺の中央部が凹んだ手裏剣状になる。精度の高い回路形成のためには，予め変形を見越した設計を行う必要がある。

コファイア法の場合，セラミックスと金属はいくつかのメカニズムにより接合しているが，焼結時に収縮することによりセラミックス粒子と金属粒子が固くかみ合うアンカー効果が支配的である[1]。また，セラミックス焼結温度で予め熱履歴を受けているため，加熱を伴うほとんどの処理を行うことができる。セラミックスを電子部品として用いる場合，リードフレーム等の各種金属部品と接合するため，はんだ付けや銀ロウ付けを行う必要がある。特に，信頼性の高い銀ロウ付けへの要求が高いが，アルミナ，窒化アルミニウムのコファイア基板では問題なく行うことができる。

3.1.2 ポストファイア法

ポストファイア法とはセラミックスを一旦焼結した後に，その表面に各種金属ペーストをスクリーン印刷にて回路形成し，金属をセラミックスに焼き付ける方法である。コファイア法のように使える金属が制限されない。また焼結済みのセラミックスを用いるため，金属ペーストの焼き付けにより寸法変化が生じずコファイア法より寸法精度が高い基板を作製することができる。ただし，回路形成はコファイア法と同じスクリーン印刷を用いるため作製可能な回路配線幅，パターン間隔は同程度である。しかし，最近ではナノオーダーの金属粒子を用いたり，樹脂成分を見直したりすることにより，スクリーン印刷性を左右するペーストのチクソトロピー性を高め，$50\,\mu m$ 以下といった細かい配線幅が実現できるペーストが実用化されつつある[2]。

ポストファイア法の場合，コファイア法とは異なり金属ペーストに糊剤となるガラス成分を混合することによりセラミックスと金属が接合される。ガラス成分は金属の焼結温度に近いガラス系を選択する必要がある。金，銀，銅等の場合，1000℃ 程度で焼結する必要があり鉛系ガラスを用いることが多い。しかし，最近では RoHS 規制の盛り上がりとともに，無鉛系ガラスの開発も進んでおり，ビスマス系，亜鉛系等のガラスの検討が進んでいる。

一方で，これら金，銀，銅等のペーストの場合，銀ロウ付け温度の 800℃ に耐えられない場合が多く，銀ロウ付けが必要な時はモリブデンやタングステンでメタライジングする場合が多い。この時のガラス成分としてはアルミナやシリカを中心とした系を選択する場合が多い。

セラミックスと金属の接合強度は金属ペーストに混合したガラス成分がセラミックスとどれだ

けの濡れ性を有するかに依存する。ガラス成分は一般的に酸化物系ガラスを用いる。セラミックスがアルミナ等の酸化物系である場合，ほとんど問題なく接合可能で，接合強度も高い。一方，セラミックスが窒化アルミニウム等の窒化物の場合，金属ペーストに特殊なガラスを混合したり，逆にセラミックス表面を酸化したりするなどの手法が必要となる[3]。

ポストファイア法はコファイア法に比べて精度の高い回路形成が可能であるため，従来コファイア法でのみ作製可能であったビアをポストファイア法で作製する動きがある。一旦焼結したセラミックス基板にレーザー等で貫通孔を形成し金属ペーストで穴を埋める。基板に焼き付ける際に，金属ペーストの樹脂分が飛散し，金属粒子が粒成長を行うため，ペーストは収縮するのが一般的である。収縮すると穴を埋めたペーストにひびが入ったり，穴が開いたりする。そのため，金属ペーストが収縮しない添加剤を混合したり，金属粒子の粒成長状態を制御したりする等の方法により，金属ペーストの収縮を最小限に抑える必要がある。現在では一部実用化されており，従来コファイア法では困難であった4インチ以上の大型基板へのビア形成も可能となっている。

3.2 薄膜法

厚膜法は主に数μmの金属粒子をメタライジングしたのに対して，薄膜法は一旦金属原料がイオンや原子状態にまで分解される工程を含む。また，厚膜法では膜厚が数十μm程度であるのに対して，薄膜法では数μmの膜厚であることが多い。

3.2.1 薄膜形成方法

セラミックス回路基板に薄膜を利用する場合，金等を用いた微細な回路パターン形成を行う場合が多い。そのため，これらの成膜に適したPVD法（Physical vapor deposition）の一種である真空蒸着法やスパッタリング法を使用することが多い。

真空蒸着法とは，蒸着源に設置した金属原料を加熱して蒸気を発生させ，この蒸気を基板に堆積させる方法である。蒸着源を加熱する方法は様々なものがあるが，量産装置として主に実用化されているのは，蒸気の発生速度を比較的容易に制御できる抵抗加熱と電子ビーム加熱である。セラミックス回路基板では純金属の蒸着が多いので，蒸気が酸化等しないように雰囲気ガス圧を10^{-4}Pa以下と低く保つ。基板への堆積速度は各種薄膜形成法の中では比較的高い。しかし，蒸着源を加熱する際に金属の突沸を完全には防げない等，制御性がスパッタリング法より劣る。

一方，スパッタリング法とは，数十eV以上のエネルギーを持つイオンが固体表面に当たると，固体表面の原子が真空中に放出されるスパッタリング現象を利用した方法で，堆積したい金属の板（ターゲット）周辺にプラズマを発生させ，プラズマ中のイオンにより放出されたターゲット原子を基板に堆積させる方法である。プラズマの発生方法によって直流スパッタ，高周波スパッタ，マグネトロンスパッタ等があるが，量産装置として実用化されているのは堆積速度が比較的

第1章　表面処理技術

高いマグネトロンスパッタである。これは直交電磁界中で電子がサイクロイド運動を行うことを利用し電離衝突頻度を上げ，発生した多量のイオンによりターゲットをスパッタするものである。ただし，プラズマを発生させるために雰囲気ガス圧を 10^{-1} Pa 程度に保つ必要があり，堆積した膜質も真空蒸着と比較すると雰囲気ガス（通常はアルゴンガスを使用）を含んだものとなりやすい。また基板への堆積速度は真空蒸着より低い。しかし，スパッタ法では堆積させる粒子の持つエネルギーが数十 eV（真空蒸着法では 1 eV 以下）と高く，基板への密着力が高い。また，真空蒸着法のように突沸制御が不要なため非常に制御性の高い手法であり，量産装置として採用されることが真空蒸着より多い。

3.2.2　回路部分の薄膜構造

一般的にチタンなどの活性金属やクロムをまず密着層としてセラミックスに成膜する。例えば窒化アルミニウムの場合，これらの金属は成膜する際にセラミックス表面を還元することによって密着層として機能するという報告がある[4]。密着層が薄膜表面に拡散しないように密着層上にバリア層を形成する。バリア層には白金やパラジウムといった白金族やモリブデンやタングステンといった高融点金属を用いる。なお，密着層は酸化しやすい金属が多いため，バリア層は密着層形成後大気に触れることなく成膜する必要がある。バリア層の上に所望の金属を成膜する。

薄膜金属の耐熱温度は主にバリア層の種類，厚みに依存する。白金のようなバリア効果の高い金属を用いれば 400℃ 程度の温度でも使用可能だが，バリア効果が白金より低いパラジウム等を使用すると耐熱温度は低下する。バリア効果は使用する金属コストに比例して高くなる傾向にある。そのため，コスト重視か，性能重視かによって使用するバリア層を検討する必要がある。また，一般的にバリア層は 1 μm 厚以下にすることが多いが，コスト重視設計の場合，金属コストが低いニッケルや銅を数 μm と厚く成膜することによりバリア層として使用することもある。

3.2.3　回路形成方法

薄膜を用いて回路パターンを形成するには主に 2 つの方法がある。

1 つがリフトオフ法と呼ばれる方法である。まずセラミックス基板表面にスピンコート法等でレジストと呼ばれる紫外線感光性樹脂を数 μm 塗布する。その後，露光機に基板をセットし，クロム等を蒸着したガラス基板に電子ビームで回路パターンを形成したマスクを用いて，レジストの必要な部分にのみ紫外線を照射する。レジストには，紫外線を照射した部分のレジストが硬化し，その他の部分が現像工程の現像液に溶けるネガタイプと，逆に紫外線を照射した部分のレジストが溶けるポジタイプとの 2 つの種類がある。一般的にポジタイプの方がパターニング精度は高い。レジスト現像後，基板全体に薄膜を成膜し，剥離液にてレジストを剥離する。レジスト上の薄膜はレジスト剥離の際に一緒に剥離されるため，必要な部分だけ薄膜が残り回路パターンが形成される。リフトオフ法は大規模な装置が成膜装置だけで済むため比較的簡便な方法である。

一方,レジスト上に成膜するため,成膜時の基板温度をレジストの耐熱温度より低く抑えることが必要で,成膜時の粒子エネルギーが高く基板温度が上昇しやすいスパッタリング法には向いていない。また,セラミックスと薄膜界面がレジストで一旦汚染されるため,薄膜の剥がれ等の不具合が発生しやすい方法でもある。パターニング精度は一般的に±20μm程度である。

もう一つがドライエッチング法と呼ばれる方法である。まずセラミックス基板表面に薄膜を成膜する。その後,薄膜上にレジストを回路パターン部分のみを覆うようにパターニングする。その後,ドライエッチングと呼ばれる加速したアルゴンイオンを照射する装置にて,薄膜をエッチングする。この際レジストもエッチングされるが,エッチングレートが樹脂であるレジストより金属の方が高いためパターニングが可能となる。ただ,このレート差を考慮したレジスト選択,レジスト厚の設定が必要となる。また,ドライエッチングでもアルゴンイオンの照射により基板温度が上昇するので適切な冷却を行う必要がある。一方でセラミックスと薄膜界面がレジストで汚染されないため,薄膜剥がれ等の不具合が発生しにくい。パターニング精度はリフトオフ法より一般的に高く±10μm程度である。

なお,レジストの観点から見ると薄膜のパターニング精度は年々上がっているが,単結晶の半導体とは異なり,セラミックス基板では表面の性状が大きく精度に影響する。両面から考えた精度向上が必要である。

最後に,各メタライジング手法の設計ルールの概略を表1に示す。

表1 各メタライジングの設計ルール

		ライン幅 (μm)	パターン間隔 (μm)	パターン公差 (μm)	パターンのピッチ公差 (μm)
厚膜	コファイア法	100	100	±50	±100
	ポストファイア法	100	100	±25	±50
薄膜	リフトオフ法	20	20	±20	<10
	ドライエッチング法	20	20	±10	<10

第1章　表面処理技術

文　　献

1) Yasuhiro Kurokawa *et al.*, *J. Am. Ceram. Soc.*, **72**, 612 (1989)
2) 中許昌美, マテリアルステージ, **3**, 35 (2004)
3) 矢口理英子, 上條栄治, 粉体および粉末冶金, **44**, 190 (1997)
4) 「新時代を拓くナイトライドセラミックス」, 387, ティー・アイ・シー (2001)

4 レーザードレッシングによるセラミックス用研削砥石の性能向上

石﨑幸三[*1],松丸幸司[*2]

4.1 研究の背景と目的

現在,機能性セラミックス部品の高性能化,多機能化,あるいは小型化によって高付加価値製品を得ることが主流となっている。これら製品の製造工程では高精度・高能率,かつエネルギー効率の高い加工が必要不可欠である。

セラミックスは,高硬度・硬脆性材料であるため,その機械加工はダイヤモンドを砥粒とした研削砥石(以降,砥石)を用いた研削加工が主流となっている。砥石は加工中,砥粒の脱落,摩滅,あるいは被削材による目詰まりが原因で,それ自身の研削能率や被削材表面精度の低下を招く。そのため,研削加工を中断して目立て(ドレッシング)作業を定期的に行い,砥石作業表面上の砥石母材や摩滅した砥粒を取り除き,研削に関与する有効砥粒を突き出させる必要がある。

一般的なドレッシングは,使用砥石の作業表面を異なる砥石(ドレッサー)で研削し,有効砥粒を発生してその効果を得てきた。しかし,この機械的方法では砥石母材だけでなく砥粒も同時に摩滅・除去してしまうという問題が発生する[1~3]。また,ドレッシングの効果は,対象となる砥石の要素,使用するドレッサー,ドレッシング条件(送り量,速度)に強く依存する。そのため,任意のドレッシングの効果を得るための最適条件を明らかにすることは,複雑で極めて困難な作業である。事実,産業界においてドレッシング工程は,作業者の経験と知識に強く依存している。

以上のさまざまな問題点を解決する方法として,我々はレーザードレッシング法を提案した[4]。本方法は非接触で砥石作業表面に高密度エネルギーを照射して砥石母材を選択的に溶融・蒸発除去しドレッシングの効果を得る方法である。非接触方式のためインプロセスドレッシングの適応が可能で,研削油も必要とせず,機械的応力で容易に変形,破損する薄刃砥石にも応用できる。また,エネルギー密度によって目立て度合いを制御できるため熟練を要しない画期的なドレッシング方法である[5~7]。さらに,レーザーエネルギーによる砥粒と砥石母材間の化学反応に伴う砥粒保持力の向上も期待できる[8],新しい方法である。

4.2 実験方法

本研究では,高能率研削砥石である多孔質鋳鉄母材ダイヤモンド砥石を作製し用いた。この砥

[*1] Kozo Ishizaki 長岡技術科学大学 機械系 教授
[*2] Koji Matsumaru 長岡技術科学大学 機械系 助教

石は,ダイヤモンド砥粒と鋳鉄母材が化学反応により強固に結合した砥石であり,適切なドレッシングを行うと砥粒の突き出し高さが高く,高能率研削が可能な砥石である[9~11]。一般に,硬脆性材料の研削加工用砥石には,砥石変形を防ぐため金属などの高ヤング率材料をその母材として用いるのがよいが,非ドレッシング性は低下する。本研究で用いた多孔質鋳鉄ボンドダイヤモンド砥石のダイヤモンド砥粒サイズは,150~200 μm である。また,砥粒,鋳鉄,気孔の体積割合はそれぞれ 19,56,25% であった。

作製した砥石の 4 mm×13 mm の砥石表面に対し,Nd-YAG の 2 倍波レーザー(波長:532 nm)をパルス照射して表面を観察,評価した。図1に本研究で用いたレーザー照射系を示す。レーザーヘッド(532 DQE,Quantronix 社製)でパルスモード(パルス繰り返し数:1 kHz,パルス幅:48 ns)発振された光は,光学系を通して砥石表面に照射される。照射ビーム径は,砥石表面で ϕ0.7 mm とした(パルスエネルギー密度:0.01 MJm^{-2})。走査速度は 0.05 mms^{-1},走査ピッチ(レーザー走査線の中心間距離)は 0.15 mm であった。

また,レーザードレッシングを施した砥石(以降この砥石を LGS と称す)との比較のため,従来ドレッシング法である機械的ドレッシングを施した砥石も用意した(以降この砥石を MGS と称す)。レーザードレッシングと同様に 4 mm×13 mm の砥石表面に対し,GC#180 ビトリファイド砥石(ドレッサー)で湿式ドレッシングを施した。図2に機械的ドレッシングの模式図を示す。ホルダーに固定した砥石を,カップ型に成型されたドレッサーに対して一定量(5 μm)切り込み,ドレッサーの中心方向に移動させる。この操作を砥石の厚みが約 50 μm 削り取られるまで(およそ 100 回)繰り返し行った。加工中,冷却水として水道水を用い,10 mm^{3}s^{-1} の水量で供給した。

ドレッシングを施した砥石の研削性能を評価するために,定圧研削システムを用いて実験を行

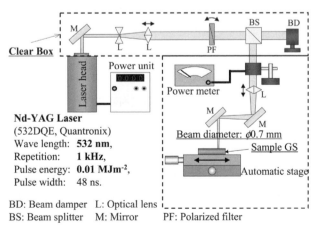

図1 レーザードレッシングの光学系

無機材料の表面処理・改質技術と将来展望

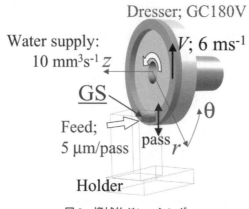

図2 機械的ドレッシング

った[12]。研削条件は，研削速度 10 ms^{-1}，研削時間 10 min，冷却水（水道水）流量 10 mm^{3}s^{-1} で，研削圧力 0.4 MPa であった。被削材には今回ジルコニアセラミックス（Y-TZP，ヤング率 211 GPa，曲げ強度 897 MPa，ビッカース硬度 11.9 MPa，破壊強度 7.2 MNm$^{-3/2}$）を使用した。

4.3 結果および考察

　LGS 表面および MGS 表面の電子顕微鏡写真とレーザー顕微鏡による3次元写真を図3に示す。LGS 表面の鋳鉄母材は一部蒸発・溶解し，結果表面粗さが増した。図3からは砥粒の突き出しを明確にかつ単純に判断することは困難である。一方，MGS 表面は，鋳鉄母材表面は平坦で，150～200 μm という粒径の砥粒の突き出しが確認できる。ただし，ドレッシング方向（図左から右）に対して砥粒後方にはボンドテールと呼ばれる母材の残留が見られる。他に注目すべきは，砥石表面に観察される砥粒数である。後に定量的に評価するが，LGS 表面には，MGS 表面に比べより多くの砥粒が存在していることが観察できる。これは機械的ドレッシングではドレッシング中ドレッサーによって砥粒が除去され，レーザードレッシングでは砥粒に掛かる機械的力は無く，砥粒の脱落はほとんど無かった為であると考える。さらに，MGS の表面には ϕ 100～200 μm 程度の穴が見られ，砥粒脱落痕であると考えられる。

　レーザーおよび機械的ドレッシングを施した砥石表面の共焦点レーザー顕微鏡観察結果の一例を図4に示す。図中上段に LGS 表面，下段に MGS 表面を示す。図4は光学画像に任意の深さでの表面断面（黒い部分）を重ねた図であり，砥石表面上空から砥石表面に向かって観察深さが増加すると表面断面積が増加する。また任意の観察深さに存在する砥粒数をカウントすることも可能である。この観察を通して得られる砥粒密度と表面断面積の観察深さ方向分布を図5に示す。MGS は LGS に比べおよそ 30% 低い砥粒密度を示し，機械的ドレッシング中の砥粒脱落を示唆する。また，ドレッシング後，研削加工を行うと LGS は，砥粒脱落がほとんど生じないのに対

第1章　表面処理技術

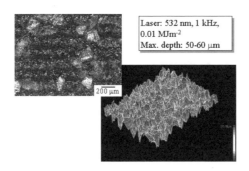

(a) レーザードレッシングを施した砥石表面状態

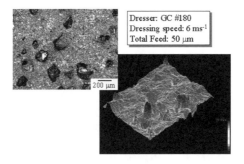

(b) 機械的ドレッシングを施した砥石表面状態

図3　ドレッシングを施した砥石表面の電子顕微鏡写真と3次元プロファイル

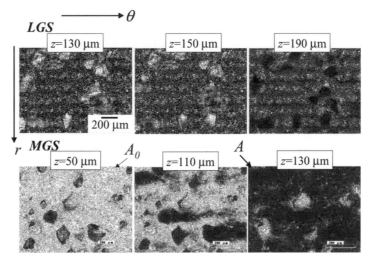

図4　砥石表面解析結果の例
上部：レーザードレッシング後の砥石表面，下部：機械的ドレッシング後の砥石表面

無機材料の表面処理・改質技術と将来展望

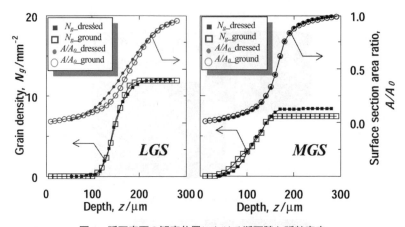

図5　砥石表面の観察位置における断面積と砥粒密度
左図：レーザードレッシングを施した砥石，右図：機械的ドレッシングを施した砥石

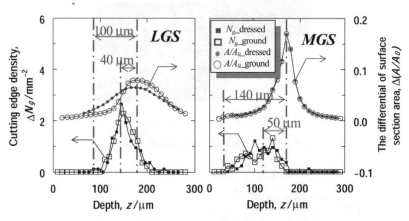

図6　砥石表面の観察位置における断面積勾配と砥粒密度の変化
左図：レーザードレッシングを施した砥石，右図：機械的ドレッシングを施した砥石

し，MGSは，さらに砥粒脱落が起こる。一方，LGSの表面断面積は，MGSの表面断面積に比べより広い観察深さに分布しており，母材に凹凸があることがうかがえる。また，母材の一部は研削加工中に変形もしくは除去されているため，研削加工後の表面断面積が減少している。図6は砥粒密度と表面断面積の深さ勾配，すなわち切れ刃密度と表面断面積勾配を示す。LGSは切れ刃密度が高く，観察深さ方向により緻密な砥粒分布を有することが分かる。これはLGSでは砥粒脱落なしにドレッシングが行えたためと考える。表面断面積勾配はMGSの方がより高い値を示し，機械的ドレッシング，つまり研削によって母材表面が平坦化されたことがよく分かる。ここでは，これら分布のピーク値の観察高さの差を平均砥粒突き出し高さと定めた[12]。すなわち表面断面積勾配のピーク値を砥石母材の基準表面と定め，砥粒分布確立密度の最高点を平均砥粒切れ刃位置とし，両者の距離を平均砥粒突き出し高さとした。またピーク値は，得られたそれぞ

第1章　表面処理技術

れの分布曲線にWeible分布関数を一致させて得られる曲線の最高値とした。その結果，LGSとMGSの平均砥粒突き出し高さは，それぞれ40 μm と50 μm であった。また，LGSとMGSの有効砥粒の最大突き出し高さは，それぞれ100 μm と140 μm であった。

4.4　結言

　レーザードレッシングを施した砥石表面を，表面トポグラフィーに着目してメカニカルドレッシングを施した砥石表面と比較した。その結果，レーザードレッシングは砥粒脱落無しにドレッシングできることから，砥粒分布を初期の状態に保てるドレッシングであることが明らかとなった。一方，機械的ドレッシングは，ドレッシング中に約30%もの砥粒脱落を伴い深さ方向の砥粒切れ刃密度が低下するドレッシング方法である。したがって，レーザードレッシングを施した砥石を用いた研削は，被削材の研削面精度が砥石の設計値に近い値で達成でき，より高精度な研削面を生成することが可能である。

文　　　献

1) J. Tamaki and S. Matsui, Characterization of Surface Topography of Metal Bonded Diamond Grinding Wheel, *Journal of the Society of Precision Engineering*, **55** (1), 185-190 (1989)

2) K. Syoji and L. Zhou, Studies on Truing and Dressing of Diamond Wheels (2nd Report) -Truing Mechanism of Metal Bonded Diamond Wheel with the GC Cup-truer, *Journal of the Society of Precision Engineering*, **55** (12), 2267-72 (1989)

3) H. Yasui, T. Kawashita, and H. Nakazono, Influence of Truing on the Grinding Performance of Metal Bond CBN Wheel-Studies on Optimum Truing and Dressing Method of Non-porous Type CBN Wheels (2nd Report)-, *Journal of the Society of Precision Engineering*, **59** (9), 1495-1500 (1993)

4) 高田篤，石﨑幸三，砥石の非接触ドレッシング・ツルーイング法およびその装置，特開平11-285971 (1999)

5) K. Jodan, H. Funakoshi, K. Matsumaru and K. Ishizaki, Laser dressing process of porous cast-iron bonded diamond grinding wheels for machining ceramics, *Advances in Technology of Materials and Material Processing Journal*, **2** (2), 117-123 (2000)

6) H. Funakoshi, K. Jodan, K. Matsumaru and K. Ishizaki, Laser dressing process of porous cast-iron bonded diamond grinding wheels for machining ceramics, *Interceram*, **50** (6), 466-469 (2001)

7) K. Jodan, K. Matsumaru and K. Ishizaki, Low Specific-Grinding Energy Machining of Ceramics by a Laser Dressed Diamond Grinding Stone, *Advances in Technology of Materials and Material Processing Journal*, **5** (2), 40-45 (2003)
8) 上段一樹，松丸幸司，石﨑幸三，Nd. YAG レーザー照射によるダイヤモンド／鉄系材料の接合，2001 年日本セラミックス協会春季大会講演予稿集，155 (2001)
9) 大西人司，近藤祥人，山本新，佃昭，石﨑幸三，多孔質鋳鉄ボンドダイヤモンド砥石の試作とその対難研削セラミックス研削性能評価，*J. of Ceram. Soc. Jpn.*, **104** (7), 610-613 (1996)
10) H. Onishi, Y. Kondo, S. Yamamoto, A. Tsukuda and K. Ishizaki, Fabrication of Porous Cast-Iron Bonded Diamond Grinding Wheels and Their Evaluation to Grind Hard-to-Grind Ceramics, *J. of Ceram Soc. Jpn. Int'l. Ed.*, **104** (7), 585-589 (1996)
11) H. Onishi, M. Kobayashi, A. Takata, K. Ishizaki, T. Shioura, Y. Kondo and A. Tsukuda, Fabrication of New Porous Metal-Bonded Grinding Wheels by HIP Method and Machining Electronic Ceramics, *J. of Porous Materials*, **4**, 187-198 (1997)
12) A. Takata, Y. Kondo, and A. Tsukuda, Grinding Forces and Elastic Recovery in Ceramic Materials, *J. of Ceram. Am. Soc.*, **77** (6), 1653-1654 (1994)

5 ショットコーティングによるセラミックスの表面改質

伊藤義康[*1]，須山章子[*2]

　固体粒子の繰り返し衝突により材料表面が機械的に損傷を受け，その一部が脱離していく現象はエロージョンと呼ばれている[1]。このような固体粒子の衝突に関する研究の歴史は古く，セラミックスなどの脆性材料[2]や延性材料である各種金属[3]のエロージョン損傷機構に関する研究，固体粒子の衝突角度や衝突速度などの影響のモデル定式化に関する研究[4,5]などが数多く行われてきた。産業分野においては，この固体粒子による材料のエロージョン現象が，サンドブラスト処理やショットピーニング処理として積極的に有効利用されている。

　一方，固体粒子の高速衝突時に，材料表面の温度が融点近くまで上昇することが知られている[1]。特に，アルミニウムや銅などの軟質固体粒子でショットピーニングを行うと，材料表面に固体粒子の一部が残留することが経験されている。この現象は固体粒子衝突がエロージョンを引き起こすのみならず，材質と条件によっては成膜，すなわちショットコーティングが可能であり，実際にアルミニウム，錫，亜鉛，銀，チタンなどでは粉末の高速噴射による成膜現象が知られている。このような簡便なコーティング手法が実用化されれば，重工業分野において幅広く適用されている防食・耐酸化コーティング[6,7]の代替プロセスとなる可能性がある。また，エレクトロニクス分野におけるセラミックスやガラス材料の導電性付与技術，すなわちペースト焼き付け法，蒸着法，無電解めっき法，溶射法が一般に使われているが，これらに代わる導電膜形成技術としても期待が出来る[8]。表1に示すように，ショットコーティングはその他のコーティングプロセスに比べて，ち密で密着性に優れ，低コストで環境負荷の低いプロセスである。また，図1に示すように粒子噴射型コーティングプロセスの代表である各種溶射プロセスに比べて搬送ガス温度

表1　ショットコーティングとその他のコーティングプロセスの比較

	皮膜の性質		皮膜をつくる時	
	ち密性	密着性	コスト	環境への影響
ショットコーティング	○	○	○	○
溶射	×	△	○	○
蒸着	○	○	×	○
CVD	○	○	×	×
めっき	○	△	○	×

---

*1　Yoshiyasu Ito　㈱東芝　電力・社会システム技術開発センター　首席技監
*2　Shoko Suyama　㈱東芝　電力・社会システム技術開発センター　主査

は常温付近と低く，粒子速度も音速程度以下と低い特徴を有していることから，基材に与える熱的・機械的損傷は極めて低い。

図2には，実際にセラミックス基材の表面に平均粒径10μmのアルミニウム粉末を高速噴射し，ショットコーティングを施工している状況を示す。また，図3には一例として酸化亜鉛（ZnO）セラミックス基材表面を研磨加工した後にアセトンで脱脂し，アルミニウム粉末を常温

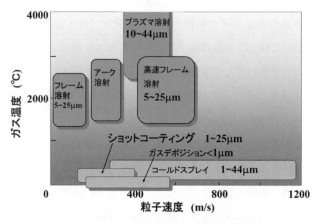

図1　粒子噴射型コーティングプロセスの比較

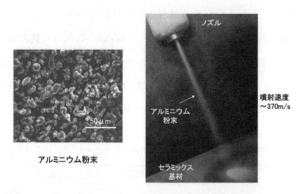

図2　ショットコーティングプロセスの一例

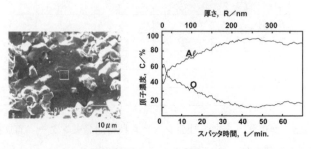

図3　ショットコーティングで形成されたAl皮膜のオージェ電子分光分析結果

第1章 表面処理技術

で高速噴射した表面を,走査型電子顕微鏡で観察した結果を示す。コーティング条件はノズル径を10 mm,ノズル先端から基材までの距離を100 mm,噴射空気圧は588 kPa,噴射時間60秒である[9]。図から明らかなように,研磨加工したZnOセラミックス基材表面がエロージョン損傷を受けて粗面化し,この粗面を埋めるように平滑なアルミニウム皮膜が形成され始めている状況が観察される。図中には,形成されたアルミニウム皮膜の表面付近のオージェ電子分光分析した結果も併せて示す。アルミニウム皮膜表面にはアルミナ(Al_2O_3)が形成されており,酸素分布は皮膜表面から200 nm程度の深さまで漸減する傾向が認められる。これらの観察結果から,初期にZnOセラミックス基材表面がアルミニウム粉末によりエロージョン損傷を受けて粗面化し,その後,アルミニウム粉末が高速で基材に衝突し,顕著な塑性変形を示して粗面化した基材表面に密着して成膜したものと考えられる。

図4には,上記の酸化亜鉛(ZnO)基材の場合と同一条件で,反応焼結炭化ケイ素(SiC),窒化ケイ素(Si_3N_4),マグネシア部分安定化ジルコニア(ZrO_2)の各種セラミックス基材表面に,平均粒径10 μmのアルミニウム粉末(Al)をショットコーティングした場合の,コーティング断面組織の観察結果を示す[10]。図から明らかなように,同一条件でショットコーティングを施したにも拘わらず,形成されたアルミニウムの平均膜厚は基材の種類によって1 μmから10 μmと大きく異なり,ZrO_2>ZnO>SiC>Si_3N_4の順に厚くなる傾向を示す。この傾向はセラミックス基材の熱伝導率(ZrO_2:3.3 W/mK,ZnO:18 W/mK,RB-SiC:41 W/mK,Si_3N_4:25 W/mK)を考えると,熱伝導率の低い基材の場合には断熱効果で皮膜温度が高温に保持され,皮膜形成速度が速くなるものと考えられる。また,セラミックス基材とアルミニウム皮膜の界面の形状に注目すると,ZnO>M-ZrO_2>Si_3N_4=SiCの順に凹凸が顕著となる傾向を示す。これは基材のビッカース硬さ(ZnO:240 HV,M-ZrO_2:1100 HV,Si_3N_4:1500 HV,RB-SiC:1700 HV)の順と一致している。また,このセラミックス基材とアルミニウム皮膜の界面の凹凸の影響は,直接に

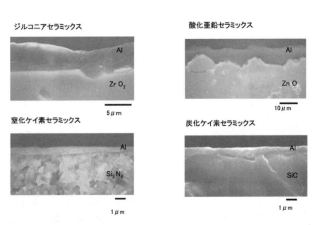

図4 各種セラミックス基材の表面にショットコーティングで形成されたAl皮膜

皮膜の表面粗さに反映される。

　図5には，ショットコーティングと大気中プラズマ溶射により形成したアルミニウム皮膜の断面組織を，走査型電子顕微鏡により観察した結果を示す。大気中プラズマ溶射皮膜には50μm程度の比較的大きな気孔が多数観察され，気孔率も高く，皮膜表面も粗いことが分かる。これに対して，ショットコーティングで得られたアルミニウム皮膜には数μm程度の気孔が散見されるものの十分に緻密であり，皮膜表面も比較的平滑であることが分かる。実際に，数ヶ所の断面組織写真を画像処理して得られた気孔率は，ショットコーティング皮膜の場合は全て0.5%以下で，大気中プラズマ溶射皮膜の場合には7.1～8.5%であった。図6には，ショットコーティングと大気中プラズマ溶射により形成したアルミニウム皮膜の表面粗さ測定結果を示す。図から明らかなように，ショットコーティングで得られたアルミニウム皮膜表面の中心線平均粗さは$Ra=1.8\mu m$であり，大気中プラズマ溶射の場合の$Ra=5.6\mu m$と比較しても平滑化する傾向を示した。最大高さRmax，十点平均粗さRzについても同様の傾向を示す。

　次に，ショットコーティングと大気中プラズマ溶射で形成されたアルミニウム皮膜について，任意の3ヶ所についてX線応力測定装置により残留応力を測定し，得られた結果を図7(a)，(b)にまとめて示す[11]。測定値には若干のばらつきが認められるものの，ショットコーティングで形成されたアルミニウム皮膜表面の平均残留応力は−177 MPaの圧縮応力であり，大気中プラズマ溶射により形成されたアルミニウム皮膜表面の平均残留応力−4.9 MPaと比較して高い圧縮応力値を示す。以下では，これらの残留応力発生機構について示す。

　ところで，溶射プロセスにより形成された皮膜に生じる残留応力は，飛来した溶融粒子が基材表面で急冷され，凝固する過程で生じる収縮が基材により拘束されることで生じる。そのため，一般に金属基材表面に形成された溶射皮膜には，引張残留応力が生じる。すなわち，図8(b)に

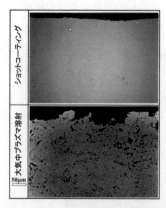

図5　ショットコーティングと大気中プラズマ溶射で形成されたAl皮膜の断面組織

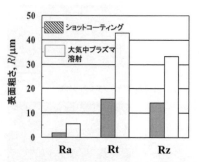

図6　ショットコーティングと大気中プラズマ溶射で形成されたAl皮膜の表面粗さ

第1章　表面処理技術

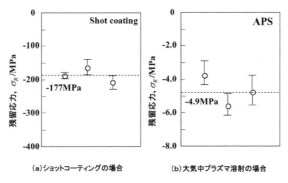

図7　ショットコーティングと大気中プラズマ溶射で形成されたAl皮膜の残留応力

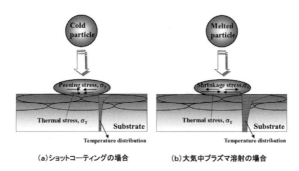

図8　ショットコーティングと大気中プラズマ溶射の皮膜形成機構の比較

示すように大気中プラズマ溶射過程においてアルミニウム溶融粒子はセラミックス基材表面に吹き付けられ，急冷されて皮膜が形成される。一般に，溶融粒子が凝固収縮する時の収縮ひずみにより皮膜には引張応力 σ_S が生じる。一方，溶融粒子から受けた熱が基材中に伝わり皮膜表面が高くなる温度勾配が生じた場合，コーティング部材は熱膨張により皮膜面が凸に変形した状態で皮膜が形成された後に冷却され，皮膜には圧縮応力 σ_T が生じる。したがって，最終的に溶射皮膜に生じる残留応力 σ_R は，これらの和で表される[11]。

$$\sigma_R = \sigma_S + \sigma_T \tag{1}$$

高熱伝導率の金属基材表面に溶射皮膜が形成された場合には，基材は溶融粒子からの熱を受けるものの熱はすばやく拡散する。そのため温度勾配による圧縮応力 σ_T は皮膜収縮による引張応力 σ_S に比べて低く，(1)式は正となり，溶射皮膜には引張残留応力が生じる。一方，低熱伝導率のセラミック基材表面に溶射皮膜が形成された場合には，基材中の熱拡散が遅くなる。そのため，温度勾配による圧縮応力 σ_T も皮膜収縮による引張応力 σ_S に比べて大きくなり，(1)式は負となり圧縮残留応力が生じる。

一方，ショットコーティングでは，アルミニウム粒子を常温・大気中で高速噴射する。そのた

め図8(a)に示すように，基材表面への衝突で扁平化したアルミニウム粒子は，後続のアルミニウム粒子で叩かれるピーニング効果により，さらに扁平化が進み皮膜の緻密化と表面の平滑化が進むと考えられる。両方の効果により皮膜には厚さ方向に大きな圧縮塑性ひずみが付与され，平行方向に付与される引張塑性ひずみに対応してピーニングによる圧縮応力 σ_P が誘起されると考えられる。また，高速で衝突したアルミニウム粒子は，セラミックス基材表面において，運動エネルギーが熱エネルギーに変換されて発熱する。したがって，付着したアルミニウム粒子は初期に膨張した後に，冷却過程で収縮するため皮膜の残留応力に及ぼす影響は近似的に無視できる。一方で，コーティング部材は熱膨張により皮膜面が凸に変形した状態で皮膜が形成された後に冷却され，皮膜には圧縮応力 σ_T が生じる。温度勾配による圧縮応力 σ_T の発生は，熱拡散の生じにくい低熱伝導率のセラミックス基材ほど顕著になると考えられる。最終的に皮膜に生じる残留応力 σ_R は，次式で示されるようにピーニングによる圧縮応力と温度勾配による圧縮応力の和で表され，高い圧縮残留応力が生じると考えられる。

$$\sigma_R = \sigma_P + \sigma_T \tag{2}$$

ところで，ショットコーティング研究の過程で，軟質のアルミニウム粒子を用いて脆性なセラミックス表面に圧縮残留応力を誘起出来ることが報告されている[12]。図9には，セラミックス表面に粒子衝突が生じた場合の損傷挙動を，(a)硬質粒子が衝突した場合と，(b)軟質粒子が衝突した場合とについて模式的に示す。硬質粒子が衝突した場合には，当然のことながら脆性なセラミックス表面には割れが発生する。しかしながら，軟質粒子が衝突した場合には衝突した粒子自体が顕著に塑性変形を生じることから，セラミックス表面に局所的な割れを発生させずに塑性変形を生じさせることが可能となる。

図10には，研削加工を施した3 mol%イットリア部分安定化ジルコニアについて，三点曲げ試験を実施した結果を示す。また，平均粒径45 μm のアルミニウム粉末を用いて，ノズル径10 mm，ノズル先端から基材までの距離100 mm，ノズル移動速度2 mm/sec.，噴射空気圧：588 Pa，

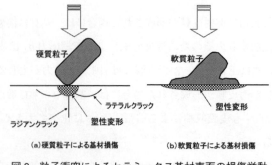

図9　粒子衝突によるセラミックス基材表面の損傷挙動

第1章　表面処理技術

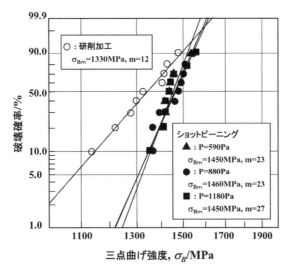

図10　部分安定化ジルコニアのショットピーニングによる曲げ強度の改善効果

882 Pa，1177 Pa の3条件でソフトショットピーニングを施した3 mol％イットリア部分安定化ジルコニアの三点曲げ試験結果も併せて示す。図中には，各試験片によって得られたワイブル分布の平均値 σ_{Bm} と，形状母数 m 値を示す。三点曲げ強度の平均値 σ_{Bm} に注目すると，研削加工を施したジルコニアに比べて，ソフトショットピーニングを施したジルコニアの曲げ強度は 120 MPa 程度向上することが分かる。また，強度のばらつきの指標である形状母数 m 値に注目すると，研削加工を施したジルコニアに比べて，ソフトショットピーニングを施したジルコニアの m 値は2倍程度に改善されている。また，この実験の範囲内においては，ソフトショットピーニングの噴射空気圧が三点曲げ強度には顕著な影響を及ぼさないようである。

　ソフトショットピーニングを施したジルコニアの平均曲げ強度の上昇分である 120 MPa は，X線応力測定装置により測定したソフトショットピーニングを施したジルコニア表面の残留応力値と比較的良い一致を示した。また，研削加工仕上げのジルコニアの場合に形状母数 m 値は12 であったが，ソフトショットピーニングを施すことで23～27と2倍程度に改善された。これはソフトショットピーニングを施すことで破壊起点となる欠陥が導入されることなく，表面近傍に研削加工仕上げ以上の圧縮残留応力が形成されたことによる効果と考えられる。ソフトショットピーニングによる部分安定化ジルコニアの残留応力発生メカニズムとしては，相変態の影響が考えられる。

文　　献

1) 腐食防食協会, エロージョンとコロージョン, 裳華房, 137 (1987)
2) G. L. Sheldon, I. Finnie, Trans. ASME, B：*J. Eng. Ind.*, **89**, 387 (1966)
3) C. E. Smeltzer, M. E. Gulden, W. A. Compton, Trans. ASME, D：*J. Basic Eng.*, **92**, 639 (1970)
4) G. L. Sheldon, A. Kanhere, *Wear*, **21**, 195 (1972)
5) I. M. Hutchinigs, J. Phys. D：*Appl. Phys.*, **10**, L 179 (1977)
6) 伊藤義康, 高橋雅士, 斎藤正弘, 柏谷英夫, 溶接学会論文集, **9**, 74 (1991)
7) Y. Itoh, M. Saitoh, M. Tamura, Trans. ASME：*J. Eng. Gas Turbine & Power*, **122**, 43 (2000)
8) 精密工学会表面改質に関する調査研究分科会, 表面改質技術, 55 (1988)
9) 伊藤義康, 須山章子, 新藤尊彦, 安藤秀泰, 日本金属学会誌, **65** (5), 443 (2001)
10) 伊藤義康, 須山章子, 斉藤雄二, 日本金属学会誌, **66** (5), 445 (2002)
11) 伊藤義康, 須山章子, 布施俊明, 高温学会誌, **30** (3), 154 (2004)
12) 伊藤義康, 須山章子, 布施俊明, *J. of Ceramics Society of Japan*, **111** (10), 776 (2003)

6 ショットコーティング法によるセラミックスコーティング技術

片岡泰弘[*1]，濱口裕昭[*2]

6.1 はじめに[1~4]

ショットピーニング技術は，古くから自動車や航空機を中心に部品の耐久性向上，またバリ取り研掃黒皮除去などの削食加工に利用されてきた。近年，高速で高精度なピーニングマシンの開発，新投射材の適用が図られ，従来のショットピーニング技術を基礎にした新たな展開が進み注目される（図1）。

そのひとつは，投射材の微粒子化の傾向である。これは，従来のショットピーニング投射材に比べて，かなり微小な粒径 40～100 μm の粒子を使用し，また，投射速度も従来に比べて2,3倍速い 150～200 m/sec で加工する新しい技術である。これまでのショットピーニング処理品よりも大幅な疲労特性および摩擦・摩耗特性の改善がもたらされ，数多くの機械部品に使用されつつある。

また，IT（情報技術）化にともない，もっと細かい超微粒子を使用し高精度で微細な立体加工を可能とする技術の開発も進んでいる。これは，20～40 μm の超微細砥粒によりガラス，セラミックス，シリコンウエハ等の硬脆材料への穴あけ，溝加工，エッチング等の微細加工を特徴とし，線幅 20 μm のエッチングが実現されている。

もうひとつの大きな流れは，新投射材の噴射によるショットコーティングである。従来の鉄鋼，

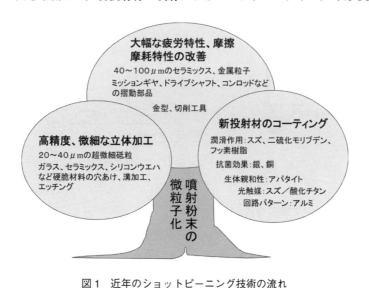

図1　近年のショットピーニング技術の流れ

---

*1　Yasuhiro Kataoka　愛知県産業技術研究所　常滑窯業技術センター
*2　Hiroaki Hamaguchi　愛知県産業技術研究所　常滑窯業技術センター

ガラス，セラミックス投射材に加えて，新素材や非鉄金属投射材の適用が進行している。その結果，潤滑効果や光触媒作用，生体親和性をもたらし，自動車や航空機などの機械金属部品だけでなく，一般生活用品，建材，医療福祉器具への適用も検討されているので紹介する。

6.2 ショットコーティング装置の原理

図2に吸込式のショットコーティング装置の概略を示す。ショットコーティング装置は，コンプレッサーからの圧縮空気をノズルより噴出させたときに，ノズル内で生じた負圧により噴射粉末を吸い込み，ノズル内の高速気流で加速させて相手材に噴射する装置である。

通常，噴射粉末には，鉄鋼やセラミックスなどの硬い球が使われ，相手材の加工硬化，圧縮残留応力の付与，削食の作用などがある。これに対して，噴射粉末の高速衝突・付着現象を利用したコーティング技術が研究され，スズやフッ素樹脂などのコーティングが行われている。

ショットコーティング法と呼ばれるこのコーティングは，噴射粉末の衝突・凝着あるいは硬質粒子の埋入により，噴射粉末またはその一部が相手材に付着する現象を利用したものであり，融点が低く軟らかい粒子や基材との硬さの差が大きい場合に付着しやすい。

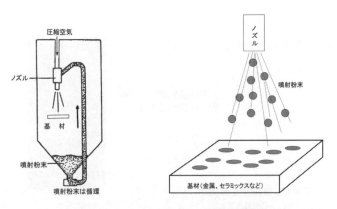

図2　ショットコーティング装置の概略

6.3 ショットコーティング法の特徴

ショットコーティング法は，他のコーティング技術①溶射（半溶融粉末を噴射），②コールドスプレー（融点以下の粉末を音速噴射），③メッキ（溶融金属中に浸漬），④蒸着（真空下で成膜）と比べて，次の特徴がある。

1) 常温・常圧下で処理するため，処理時間が短く，一製品につき数十秒単位。
2) 熱源を使用せず，圧縮空気を使用するため経済的である。
3) 加熱による二酸化炭素の発生もなく環境に優しい。

第1章　表面処理技術

4）付着しなかった粒子は，装置内を循環して再使用されるため廃棄物も出ない。
5）加熱しないため熱に弱い材料にも適用可能。
6）必要なところだけ繰り返し処理することができる。
7）皮膜の構造はポーラスで，凹凸がある。
8）厚膜の作製には不向き，膜厚はサブミクロンからせいぜい数十ミクロン程度。

6.4　コーティング事例1（ハイドロキシアパタイト粉末の噴射による生体親和性の付与）[5]

人工歯根や人工関節はチタンやステンレス鋼などの金属を直接体内に挿入する。金属は生体にとって異物であり，なじみ難く，時間の経過に伴いゆるみや逸脱する問題がある。この対策として，骨の成分に近いハイドロキシアパタイト（HAP）をプラズマ溶射などの手法により被覆することが検討されてきたが，溶射時の熱履歴によりHAPの水酸基が脱離したり[6]，高価な装置，熱源・ガスの使用によりコスト高になる課題があった。そこで，ショットコーティング法により，HAP粉末を高速衝突させて皮膜の形成を試みた。

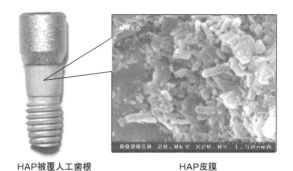

HAP被覆人工歯根　　　　HAP皮膜

図3　HAPをショットコーティングした人工歯根と表面の電子顕微鏡像

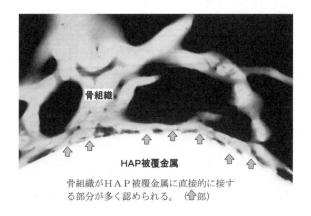

骨組織がHAP被覆金属に直接的に接する部分が多く認められる。（⇧部）

図4　HAP皮膜の動物実験結果

211

図3に，ショットコーティング法による人工歯根へのHAP被覆例とHAP皮膜表面の電子顕微鏡像を示す。

　また，人工関節用途に生体埋込用金属材料へHAPをショットコーティングし，ウサギを使った動物実験にてその効果を調べた。HAP被覆金属をウサギ大腿骨へ移植し，4週間経過後の組織標本のX線透過像を図4に示す。図中，白い繊維状の骨組織が，白い半円状の金属と直接接する部分が多く，骨誘導性，生体親和性に優れることが分かる。

6.5　コーティング事例2（光触媒担持金属及びフッ素樹脂粉末の噴射による光触媒性の付与）

　光触媒機能を持つ酸化チタンは粉末の状態では使用しにくく通常は膜として基材に固定化される。その手法としてコーティング後に熱により焼き付ける方法やバインダーとして有機物を用いて固める方法が取られている。しかし熱処理が必要なことによって耐熱性のない材料にコーティングできないことや，バインダー中に光触媒粒子が埋没し十分な光触媒効果が得られないなどの問題点がある。その解決法としてショットコーティング法を用いた光触媒膜の作製例を紹介する。

　酸化チタン単体をセラミックスの基材にショットした場合は酸化チタンの粒子が硬いため基材が削られてコーティングできない。そこで金属粒子や光触媒に分解されにくいフッ素樹脂粉末に酸化チタンを担持したショット材をセラミックスなどの基材に高速衝突させ，金属粒子やフッ素樹脂を基材に融着または圧着することにより光触媒機能を持った金属膜やフッ素樹脂膜を作製した。この方法により基材上に接着した光触媒膜は基材との接着強度も良好でセロハンテープによる剥がし試験での剥がれも全く見られなかった。またショット材の表面に光触媒粒子が担持されているので，光触媒粒子が効率よく膜の表面に露出することにより高い光触媒性能を示す膜が得

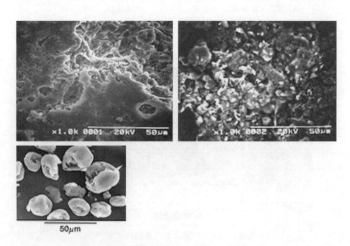

図5　ショットコーティング前（左上），ショットコーティング（右上），
　　　担体として使用したPTFE粒子（左下）

第1章　表面処理技術

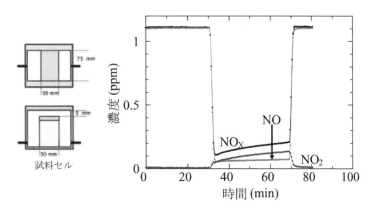

図6　窒素酸化物除去性能試験

られる。ショットコーティング法は熱処理が不要であるので，耐熱性のない素材に対して行うことも可能である。

ポリテトラフルオロエチレン（PTFE）粒子を担体とした光触媒膜を付与した陶器質タイル試験片の電子顕微鏡像を図5に示す。試験片一面にフッ素樹脂膜が付着している様子がわかる。

この試験片の窒素酸化物（NOx）分解性能を図6に示す。試験方法はNOガス濃度一定，流速0.5 l/minで流れている試料セルに7.5 cm×5.0 cmの試験片を置き，1 mW/cm^{2}の紫外線強度でブラックライトにより紫外線を照射した。紫外線照射開始と共にNOx濃度が低下していき初濃度の80％以上のNOxが分解されていることが分かる。紫外線照射を止めると元の濃度までNOx濃度が上昇する。このようにショットコーティング法を利用することによって高性能な光触媒皮膜を形成することができる。

文　　　献

1) 野口裕臣，表面技術，**52**（2），168（2001）
2) 加賀谷忠治，表面技術，**52**（2），169（2001）
3) 江上登，表面技術，**52**（2），173（2001）
4) 杉下潤二，表面技術，**52**（2），177（2001）
5) 片岡，服部ほか，愛知県工業技術センター研究報告，**37**，20（2001）
6) 西岡健ほか，アドバンストセラミックスの新展開，東レリサーチセンター，**131**（1991）

7 ショットピーニングによるセラミックスの表面強化

秋庭義明*

7.1 表面性状と圧縮残留応力

　多くのセラミックスは，高温では塑性変形が生じるものの室温では脆性的な挙動を示す。塑性変形は，転位運動によるすべり変形，双晶変形および相変態に基づき，高温ではさらにクリープ変形や粒界すべり変形が重畳する。室温では大きな塑性変形を伴わずに破壊する脆性材料においても，き裂先端近傍には転位構造が明確に認められることがシリコンやサファイヤで確認されており[1]，金属材料と同様に転位の運動を伴う塑性変形が生じることが知られている。また，硬さ試験に用いられるビッカース圧痕を試料表面に打ち込んだ場合には，圧痕の直下に転位が複雑にからみあった領域が形成されることが報告されている[2]。このように，金属材料のように大きな塑性変形を生じさせることは困難であるものの，セラミックスに塑性ひずみを導入することは可能である。

　塑性ひずみは固有ひずみの一つであり，その存在は塑性域と周囲の弾性域とのひずみのミスフィットに起因した残留応力を発生させる。従って，何らかの方法で塑性ひずみを導入することができれば，残留応力を付与することが可能となる。部材には残留応力と外部負荷応力が重畳して作用するため，圧縮の残留応力を導入することは部材の強化に極めて有効である。

　ショットピーニングは，部材表面に引張りの塑性ひずみを残留させることができるため，表面近傍に均質な圧縮残留応力を導入することができる。Pfeiffer らは窒化ケイ素およびアルミナセラミックスに，約 0.65 mm の WC 粒子をピーニング圧 0.2 から 0.3 MPa で投射することによって，圧縮の残留応力が導入できることを報告している[3~5]。図1はこのときの残留応力分布を示

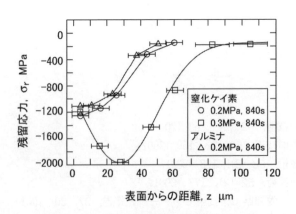

図1　ショットピーニング加工材の残留応力分布

---

*　Yoshiaki Akiniwa　名古屋大学　大学院工学研究科　機械理工学専攻　准教授

第1章　表面処理技術

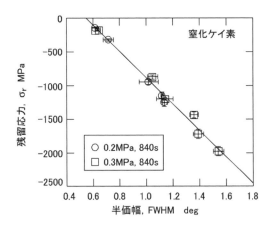

図2　半価幅と残留応力の関係

したもので，表面の圧縮残留応力はピーニング圧 0.2 MPa および 0.3 MPa に対して，おおよそ −1200 MPa の高い圧縮残留応力が導入されている。表面下の内部の残留応力は，3 μm のダイヤモンド粒によって表面を逐次研磨することによって測定されている。ピーニング圧 0.2 MPa では，材質によらずほぼ残留応力分布は一致しており，表面で最大圧縮残留応力となり，試料内部に入るに従って残留応力は減少する。一方，ピーニング圧 0.3 MPa の窒化ケイ素では，表面から約 30 μm 内部で −2000 MPa の最大圧縮残留応力を取った後に徐々に減少する。圧縮残留応力が作用している深さはおおよそ 80 μm 程度である。図2は，このときの回折プロファイルの半価幅（ピーク高さの 50% 高さにおけるプロファイルの幅で，微視的なひずみが大きくなるほど幅が広がる[6]）と残留応力の関係を示したもので，圧縮残留応力が大きくなるほど半価幅も大きくなり，転位密度の増加が示唆される。

田中らは窒化ケイ素に，直径 50 μm の高速度鋼をショット材とする微粒子ピーニングを施し，残留応力に及ぼすピーニング圧の影響を検討している[7]。ショット材が大きい場合には，ショット粒子が有するエネルギーが大きいために被加工物に与える損傷が大きくなるが，微粒子ピーニングでは損傷を抑制することができる。図3はピーニング処理された試料表面の走査型電子顕微鏡写真である。ラップ加工によって仕上げられた試料表面に 0.1 MPa のピーニング圧で処理した後の写真が図3(a)であり，表面に若干の加工痕が認められる。ピーニング圧 0.6 MPa の図3(b)では加工痕の面積割合が増加しており損傷が拡大しているのがわかる。このときの粗さとピーニング圧の関係を図4に示す。図中の白丸印が最大粗さ R_{max} で，黒塗三角印は中心線平均粗さ R_a である。R_a には大きな変化は認められないが，R_{max} についてみると，0.1 MPa から 0.4 MPa まではほぼ 0.5 μm 程度で一定となる。0.5 MPa 以上になるとおおよそ 2 倍程度まで増加し，その後ピーニング圧の増加とともに大きくなる傾向が認められる。このように，ある程度以上の強い

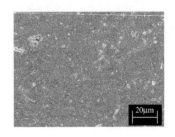

(a) ピーニング圧 0.1MPa

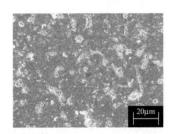

(b) ピーニング圧 0.6MPa

図3　ショットピーニング処理材の表面写真

図4　ピーニング圧と表面粗さの関係

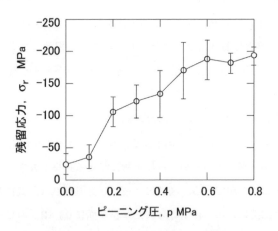

図5　ピーニング圧と残留応力の関係

加工条件では被加工物に与える損傷が増加するため，損傷を最低限に抑える最適な施工条件を設定することが必要となる．図5はこのときの表面残留応力の変化を示したものである．後述のように，ここに示す残留応力は通常のX線法で測定したものであり，深さ方向に変化する残留応力分布の重み付き平均値である．ラップ面である初期の−25 MPaの残留応力が，ピーニング圧

第1章 表面処理技術

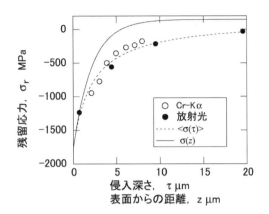

図6 材料内部の残留応力分布

の増加とともに圧縮に大きくなることがわかる。しかしながら，ピーニング圧が0.6 MPa以上ではほぼ−180 MPa程度で一定となり，これ以上にピーニング圧を増加させても効果はない。表面粗さと合わせて考えると，ピーニング圧が0.5 MPa以上では表面損傷が急激に大きくなる一方で残留応力は増加しないことから，最適条件が0.5 MPa程度であることが結論される。

材料内部の応力分布については，図1で示したように逐次研磨法による測定が一般に用いられるが，逐次研磨加工によって導入される残留応力の影響が十分小さいことを確認する必要があるとともに，表面除去によって解放された応力の効果を補正することが必要である[6,8]。さらには，特性X線としてCr-Kα線を用いた場合の窒化ケイ素へのX線侵入深さが10 μm程度であることを考慮すると，図5に示したような通常の方法で測定される残留応力は，表面からおおよそ7〜10 μm程度の重み付き平均を測定していることに注意が必要である。図6はこのような補正を必要とせずに内部の応力分布が測定できる侵入深さ一定法[9]で測定した結果である。図中の丸印が測定データ，破線がその近似曲線で，実線が実際の応力分布を表わしている。なお，図中の黒塗丸印は高輝度光科学研究センター（SPring-8）において放射光を用いて測定された結果である。この図よりわかるように，表面近傍では−1 GPa以上の高い圧縮残留応力が導入されているものの，内部に入るに従って急激に減少し，表面から5 μm程度の深さで圧縮残留応力は消失する。微粒子ピーニングでは，図1に示した通常のショットピーニングに比較すると圧縮残留応力域は比較的浅い。

7.2 ショットピーニングによる強化

部材表面近傍への圧縮残留応力の付与は，曲げ強度の向上に有効である。図7は平均粒径45 μmのアルミニウム粉末のショット材を，部分安定化ジルコニアに種々のピーニング圧で投射し

無機材料の表面処理・改質技術と将来展望

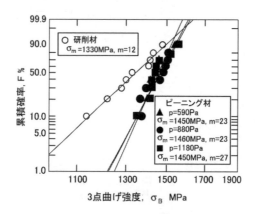

図7 ジルコニアの3点曲げ強度

た試料の3点曲げ試験結果をワイブル確率紙にプロットしたものである[10]。ピーニング圧590，880および1180 Paで得られた試料表面の残留応力は，それぞれ−250，−250および−340 MPaであり，ピーニング前の研削材は−130 MPaである。図中のσ_mは2母数ワイブル分布の平均値で，mは形状母数である。3点曲げ強度にはピーニング圧の影響がほとんど認められないものの，研削材に比較しておよそ120 MPa程度強化されており，この増加量はほぼ残留応力に対応している。また，形状母数はほぼ2倍大きくなっており，強度のばらつきが小さくなることがわかる。なお，部分安定化ジルコニアは，転位運動による塑性変形のほかに正方晶から単斜晶への応力誘起変態が生じるため大きな固有ひずみの導入に有利な材料であるが，本条件ではショットピーニングによる変態量の増加は認められていないようである。また，レーザピーニングによっても圧縮残留応力の導入が可能であり，窒化ケイ素の曲げ強度の向上ならびに強度のばらつきの低減が報告されているが[11]，加工損傷との関連から最適条件の把握が不可欠である。

圧縮残留応力の存在は曲げ強度のみならず破壊じん性の向上にも有効である。図8(a)は微粒子ピーニングされた窒化ケイ素の破壊じん性値を圧子圧入法で求めた結果である[7]。ピーニング圧の増加とともに破壊じん性値は大きくなり，ピーニング圧が0.5から0.8 MPaでは，ラップ面での約5.5 MPam$^{1/2}$の1.3倍程度まで強化されている。図8(b)は表面圧縮残留応力と破壊じん性の関係である。図中には，直径1.1 mmのWC粒子を用いて超音波ショットピーニングを施した試料のデータも黒塗丸印でプロットされている。試料表面における破壊じん性値は，表面圧縮残留応力の増加とともに大きくなり，圧縮残留応力の付与が破壊じん性値の向上に有効であることがわかる。同様の破壊じん性値の向上はアルミナにおいても認められており[12,13]，表面近傍の特性によって強度が決定されるようなセラミックス部材ではショットピーニングによる表面改質によって強化することが可能である。

第1章 表面処理技術

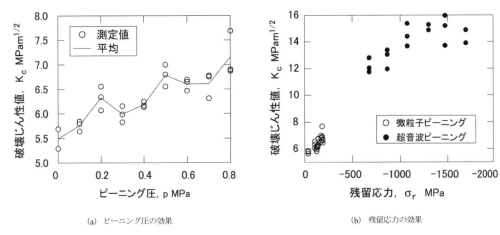

(a) ピーニング圧の効果 　　　　(b) 残留応力の効果

図8 ピーニングによる破壊じん性値の改善

文　　献

1) B. Lawn, Fracture of Brittle Solids-Second Ed, Cambridge University Press., p. 188 (1993)
2) W.-J. Moon and H. Saka, *Phil. Mag. Lett.*, **80** (7), 461 (2000)
3) W. Pfeiffer and T. Frey, *Mater. Sci. For.*, **404-407**, 101 (2002)
4) W. Pfeiffer and T. Frey, Proc. Int. Conf. Residual Stress, ICRS 7, CD-ROM D 107 (2004)
5) W. Pfeiffer and T. Frey, *J. European Ceramic Society*, **26**, 2639 (2006)
6) 田中啓介, 鈴木賢治, 秋庭義明, 残留応力のX線評価, 養賢堂, p. 86 (2006)
7) 田中啓介, 秋庭義明, 森下裕介, 日本機械学会論文集 (A), **71**, 1714 (2005)
8) SAE, Residual Stress Measurement by X-Ray Diffraction, J 784 a, 62 (1971)
9) 秋庭義明, 田中啓介, 鈴木賢治, 柳瀬悦也, 西尾光司, 楠見之博, 尾角英毅, 新井和夫, 材料, **52**, 764 (2003)
10) 伊藤義康, 須山章子, 布施俊明, *J. Ceramic Soc. Japan*, **111**, 776 (2003)
11) 高橋和馬, 秋田貢一, 大谷眞一, 佐野雄二, 内藤英樹, 佐藤真直, 梶原堅太郎, 日本材料学会第41回X線材料強度に関するシンポジウム講演論文集, 109 (2006)
12) T. Ito, S. Uchimura, W.-J. Moon, and H. Saka, Proc. Int. Conf. Adv. Tech. Exp. Mech., CD-ROM GSW 0171 (2003)
13) H. Tomaszewski, K. Godwod, R. Diduszko, F. Carrois and J. M. Duchazeaubeneix, Proc. Int. Conf. Residual Stress, ICRS 7, CD-ROM D 105 (2004)

第 2 章　表面処理応用技術

1　イオンビームによる窒化ケイ素セラミックスの表面改質とナノトライボロジー

中村直樹*

　本稿では，微構造制御した窒化ケイ素セラミックスの表面構造制御技術として，イオン注入およびイオンビームスパッタリングによる表面改質を取り上げる。イオンビームによる窒化ケイ素改質表面ナノ構造と摩擦・摩耗特性との関係を詳細に評価・解析した結果と，特性発現機構について述べる。本研究は，NEDO プロジェクト「シナジーセラミックスの研究開発 2 期」の一環として，ファインセラミックス技術研究組合シナジーセラミックス研究所にて行われた（2001年 4 月～2004 年 3 月）ものであり，詳細は NEDO 研究成果報告書[1～3]や論文[4～12]を参照されたい。

　ガス圧焼結法により作製した窒化ケイ素セラミックスにイオン注入（イオン種：B^+，N^+，Si^+，Ti^+，イオンエネルギー：200 keV，注入量：$2×10^{17}$ ions/cm^2）し，雰囲気制御（$25±3℃$，$25±2%$ RH）した無潤滑条件下のブロックオンリング法（垂直荷重：5 N，摺動距離：75 m，摺動速

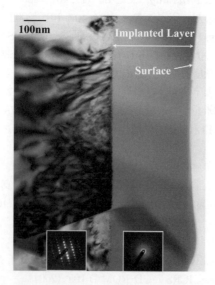

図 1　Si^+ イオン注入した窒化ケイ素の断面 TEM 像

＊　Naoki Nakamura　トヨタ自動車㈱　東富士研究所　第 3 材料技術部　主幹

第2章　表面処理応用技術

度：0.15 m/s)で摩擦摩耗試験を行った結果，イオン注入により耐摩耗性の著しい向上(7.31×10^{-9} mm²/N→1.64×10^{-9}mm²/N) が認められた[4]。図1にSi⁺イオンを注入した窒化ケイ素の断面TEM観察結果を示す。イオン注入深さはTRIMシミュレーションに良く一致しており，イオン注入層はアモルファス化していることが分かる。図2に，曲率半径2μmのRockwell型ダイヤモンドチップで，0→100 mNまで連続的に荷重を増加（スクラッチ速度：2 mm/min.）させたときの摩擦係数経時変化及びスクラッチ像（OM写真）を示す。スクラッチした試料は，Si⁺イオン注入試料及び未注入試料である。未注入試料は，スクラッチ初期から摩擦係数の変動が激しく90 mNで0.5まで上昇し，クラックやチッピングの発生も見られる。これに対して，イオン注入試料は摩擦係数の変動が小さくクラックやチッピングの発生も見られない。以上のことから，イオン注入によるアモルファス化（粒界の消失と組織の均質化）が微視的な剪断応力集中を緩和し粒界亀裂の進展を抑制することが，耐摩耗性向上に寄与していると考えられる。

この結果を基に，イオン注入を高強度・高靭性窒化ケイ素（一軸配向窒化ケイ素）の耐摩耗性向上に適用した結果について述べる[5]。窒化ケイ素粒子が一軸方向に配向している，いわゆる一軸配向窒化ケイ素（UA-SN，図3）は，種結晶添加手法と成形時に大きな剪断力が働く押出し成形手法とを組み合わせることにより作製される[13,14]。得られたUA-SNは，その構造異方性の

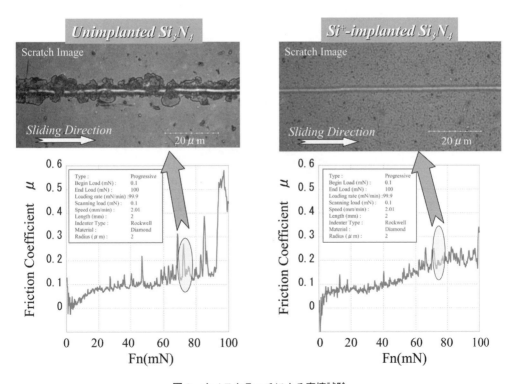

図2　ナノスクラッチによる摩擦試験

ため,高強度(1400 MPa)と高靱性(14 MPa·m$^{1/2}$)を両立させることのできた代表的なシナジーセラミックスである。また,この材料の摩擦・摩耗特性についても詳細に評価・解析し,その微構造と摩擦・摩耗特性との関係を明らかにしてきた[15]。このUA-SNのトライボロジー材料への適用を考えた場合,その形状から,特に,粒子配向方向に平行な面での耐摩耗性向上が求められる。図4に,各種イオン注入した試料の比摩耗量の比較を示す。最も耐摩耗性向上が大きかったSi$^+$イオン注入したUA-SNの配向方向に平行方向の摩擦摩耗試験結果で,比摩耗量を著しく低減(7.59×10^{-9}mm^2/N→3.11×10^{-10}mm^2/N)できた[5]。未注入試料では粒界亀裂や粒子脱落を

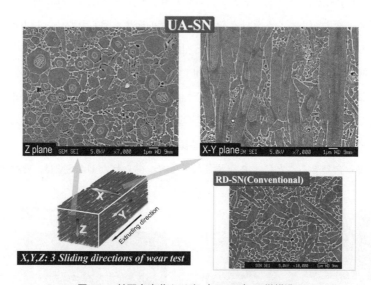

図3 一軸配向窒化ケイ素(UA-SN)の微構造

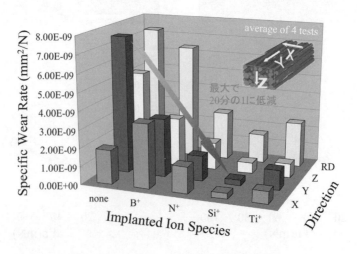

図4 イオン注入した窒化ケイ素の比摩擦量

第2章　表面処理応用技術

伴う所謂シビア摩耗が観察されるのに対して，イオン注入試料では摩耗面が滑らかな所謂マイルド摩耗である（摩耗面のSEM像：図5，摩耗断面図：図6）と言える。Si$^+$イオン注入試料に見られる摩耗堆積物を断面TEM観察（図7）した結果，イオン注入層表面には摩擦方向に流動的な様相を呈する異相が存在することが確認された[7]。また，XPS深さ方向分析（図8）の結果，非摩耗部におけるSi 2 p, N 1 sの結合エネルギーは，それぞれ101.8 eV，397.6 eVであり，窒化ケイ素の文献値と良く一致し，O 1 sの結合エネルギーは531 eVであり，焼結助剤として添加したアルミナ由来のAl-O結合の結合エネルギーと一致した。一方，摩耗部におけるSi 2 pのスペクトルは，左右非対称であり，酸化ケイ素SiO$_2$, SiOx, シリコンオキシナイトライドSiONの

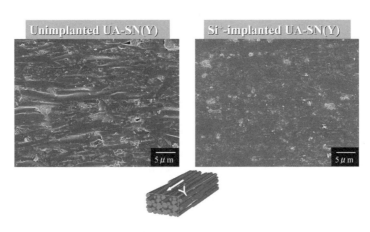

図5　摩耗痕表面SEM像

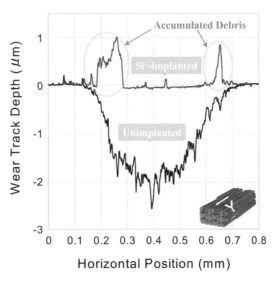

図6　摩耗痕の断面解析

無機材料の表面処理・改質技術と将来展望

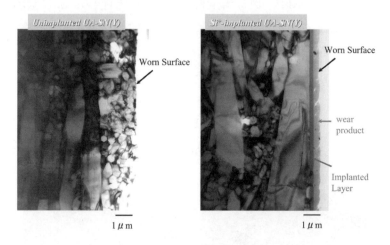

図7　摩耗痕の断面 TEM 像

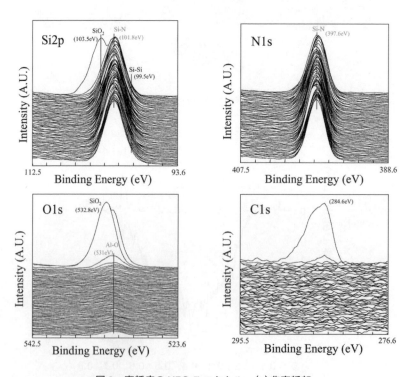

図8　摩耗痕の XPS スペクトル　(a)非摩耗部

第 2 章　表面処理応用技術

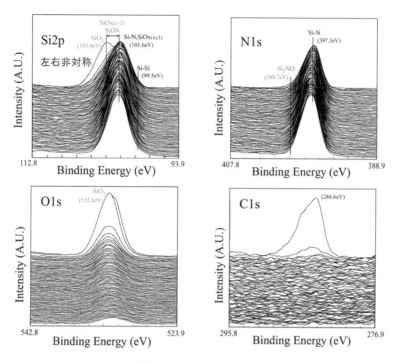

図 8　摩耗痕の XPS スペクトル　(b) 摩耗部

存在が確認された[7]。シリコンオキシナイトライドについては，N1s スペクトルにおいても 399.7 eV に Si_2NO の存在が示唆される。O1s の結合エネルギーは 532.8 eV であり，SiO_2 の文献値と一致した。以上の結果から，異相は相手リング材から移着した窒化ケイ素がトライボケミカル反応により生成した非晶質酸化シリコンが主成分であることが分かった。イオン注入層のアモルファス化による耐摩耗性向上に加えて，トライボケミカル反応で生成したシリカやシリコンオキシナイトライドが固体潤滑剤として作用し，低摩擦化・耐摩耗性向上に寄与しているという新たな知見が得られた。

得られた知見を基に，シリカ薄膜を被覆した各種窒化ケイ素の摩擦摩耗特性を評価した結果について述べる[10]。シリカ薄膜の成膜は成膜制御性の良さと化学量論組成の緻密な薄膜が形成できるイオンビームスパッタリング法（ターゲット：純度 99.99％ SiO_2，スパッタイオン Ar^+ エネルギー：1200 V，成膜速度：0.056 nm/s，膜厚：100 nm，500 nm）で行った。シリカコートにより，0.2 以下の低摩擦係数（図 9）と比摩耗量の著しい低減（1.59×10^{-10} mm^2/N）の両立を確認した[10]。摩耗痕の表面粗さ解析と断面 TEM 解析（図 10）から，摩耗試験によりシリカ層は摩耗しやすいものの，摩耗試験後でも 10〜20 nm 程度の厚さで維持されており，また，シリカコート試料の比摩耗量は基材の種類（窒化ケイ素の配向性の有無，イオン注入の有無）に関わらず

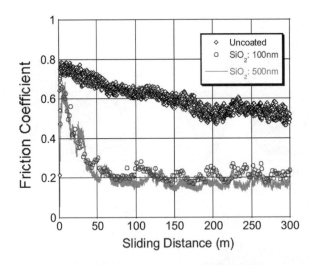

図9 シリカコートした窒化ケイ素の摩擦係数

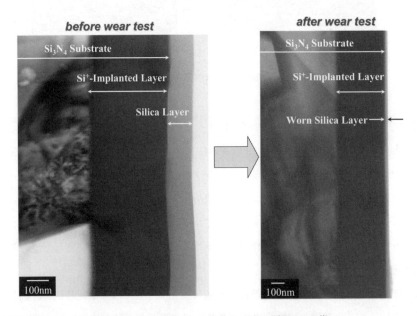

図10 シリカコートした窒化ケイ素の断面TEM像

ほぼ一定であったことから,シリカ薄膜がいわゆる固体潤滑剤として作用し下層および基材の摩耗を抑制していることが明らかとなった。

本研究では,特異構造を有するUA-SNのイオンビーム表面改質を通して,表面科学的見地から「セラミックスのトライボロジー」へアプローチする研究スタンスを取り,耐摩耗性を向上させる研究と各種表面分析手法を活用した改質表面ナノ構造分析と摩耗メカニズムの解析研究を行

第 2 章　表面処理応用技術

ってきた。得られた研究成果は，強度，靱性，耐食性，軽量性，耐熱性等の基材本来の特性を損なうことなく，耐摩耗性，低摩擦係数を有するセラミックスの実現，特に MEMS，生体材料・人工関節，特殊環境装置（クリーンルーム，宇宙）等のトライボマテリアルへの応用が期待される。

文　献

1) 平成 13 年度 NEDO 研究成果報告書「シナジーセラミックスの研究開発」
2) 平成 14 年度 NEDO 研究成果報告書「シナジーセラミックスの研究開発」
3) 平成 15 年度 NEDO 研究成果報告書「シナジーセラミックスの研究開発」
4) N. Nakamura, *et al. J. Eur. Ceram. Soc.*, **24**（2），219-224（2003）
5) N. Nakamura, *et al. J. Am. Ceram. Soc.*, **87**（6），1167-1169（2004）
6) N. Nakamura, *et al. Nucl. Instr. Meth. B*, **217**（1），51-59（2004）
7) N. Nakamura, *et al. Surf. Coat. Tech.*, **186**（3），339-345（2004）
8) N. Nakamura, *et al. J. Surf. Fin. Soc. Jpn.*, **56**（12），947-950（2005）
9) N. Nakamura, *et al. Nucl. Instr. Meth. B*, **227**（3），299-305（2004）
10) N. Nakamura, *et al. Surf. Coat. Tech.*, **197**（2, 3），201-207（2005）
11) N. Nakamura, *et al. ADVANCES IN SCIENCE AND TECHNOLOGY 30, 10th Int. Ceram. Cong.*, A, 323-330（2003）
12) N. Nakamura, *et al. Proc. 6th Int. Trib. Conf., AUSTRIB '02*, vol 2, 657-662（2002）
13) K. Hirao, *et al., J. Am. Ceram. Soc.*, **78**, 1687-90（1995）
14) 手島博幸ほか，*J. Ceram. Soc. Jpn.*, **107**, 1216-20（1999）
15) M. Nakamura, *et al., J. Am. Ceram. Soc.*, **84**, 2579-84（2001）

2 ゼオライトの表面処理―ゼオライト骨格に固定化した高分散四配位酸化チタン光触媒と酸化チタン／ゼオライト複合系光触媒の特徴

竹内雅人[*1]，安保正一[*2]

2.1 はじめに

ゼオライトは分子サイズの細孔を有する多孔体で，吸着剤，吸湿剤，イオン交換材料，触媒担体，機能性色素のホスト材料など様々な用途に応用されている。ゼオライトの細孔構造が同じであっても SiO_2/Al_2O_3 組成比が異なれば，固体酸密度や表面特性（親水性や疎水性）が大きく異なる[1]ので，用途に応じたゼオライトの選択が不可欠であると言える。

近年，居住空間の生活臭，建材から放出される揮発性有機化合物が原因とされる化学物質過敏症やシックハウス症候群の対策として空気清浄機の開発がさかんに行われている。その中で，酸化チタン光触媒とゼオライト[2~4]や活性炭[5~7]などの吸着剤を複合化することで，気相中に拡散した希薄な有害物質を効率よく無害な二酸化炭素と水にまで完全酸化分解するシステムが提案されている。一方で，スキーム1に示すように，ゼオライトやメソ多孔体の骨格や表面に分子レベ

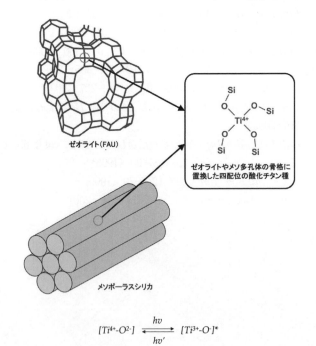

スキーム1 ゼオライトおよびメソポーラスシリカの骨格に高分散状態で組み込んだ四配位構造の酸化チタン種

---

*1　Masato Takeuchi　大阪府立大学　大学院工学研究科　物質系専攻　助教
*2　Masakazu Anpo　大阪府立大学　大学院工学研究科　物質系専攻　教授

第 2 章　表面処理応用技術

ルで固定化された四配位の酸化チタン種は，半導体の酸化チタン光触媒とは異なるユニークな光触媒特性を示すことからシングルサイト光触媒として高い注目を集めている[8]。

本稿では，メソ多孔体の骨格に組み込んだ四配位酸化チタン種の特異な光触媒特性，および，ゼオライトと複合化した酸化チタン半導体微粒子の光触媒性能について概説する。

2.2　メソポーラスシリカの骨格に組み込んだ四配位酸化チタン種の光触媒特性[9〜11]

メソポーラスシリカのひとつである MCM-41 は，細孔径が 20〜100 Å 程度の一次元細孔と約 1000 m^2/g にもおよぶ大表面積を有することを特徴とする蜂の巣状の多孔体である。細孔壁を構成する SiO_4 ユニットの一部を Ti, Cr, V, Mo などの遷移金属イオンに置換することで，高分散状態の触媒活性点を組み込んだメソポーラスシリカを合成することができ，様々な触媒および光触媒反応に応用されている。図 1-A には，SiO_4 骨格に Ti を組み込んだメソポーラスシリカ (MCM-41) の UV 吸収スペクトルを示す。Ti 含有量が約 1 wt% 以下の試料では，主な吸収が 250 nm より短波長側に観測されることから，MCM-41 に組み込んだ酸化チタン種は孤立高分散した四配位構造をとっていることがわかる。Ti 含有量が 2.0 wt% の試料では吸収が 300 nm 付近から立ち上がり，四配位構造の酸化チタン種だけでなく微小な酸化チタンクラスター種が一部混在していると考えられる。これら孤立高分散した四配位構造の酸化チタン光触媒は，NO の直接分解反応，炭化水素を還元剤とする NO の還元反応，二酸化炭素の水による還元反応，プロピレンの部分酸化反応などに高活性・高選択性を示すことがわかっている。

このように，四配位構造の酸化チタン種は優れた光触媒特性を示すが，250 nm より短波長側の紫外光を照射する必要がある。そこで，紫外光のみにしか応答しない酸化チタン半導体光触媒に可視光応答性を付与する際に金属イオン注入法が効果的であった[12]ことに着目して，四配位構造の酸化チタン光触媒をより長波長側の光照射で機能するように改質することを試みた。図 1-B には，約 1 wt% の Ti をシリカ骨格に組み込んだ MCM-41 に V イオンを極微少量注入した試料の UV-Vis 吸収スペクトルを示す。V イオンの注入量が多くなるにつれて，吸収は長波長側にシフトすることがわかる。XAFS 測定の結果より，注入した V イオンが O を介して四配位の Ti 種に隣接した特異的な構造をとることが確認された。また，量子化学計算から，上記のような構造をとるときのみ，O 2p から Ti 3d へのエネルギー遷移間隔が減少する結果が得られ，XAFS 測定の結果とよい一致を示した。これら V イオンを注入した Ti-MCM-41 は，350 nm 以上の比較的長波長側の紫外光照射で上述した各種の光触媒反応に対して高活性・高選択性を示すこともわかった。このように，金属イオン注入法による光触媒の長波長応答化は，半導体の酸化チタン光触媒だけでなく，高分散系のシングルサイト光触媒に対しても効果的であることが明らかとなった。

無機材料の表面処理・改質技術と将来展望

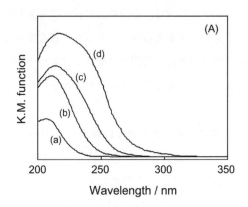

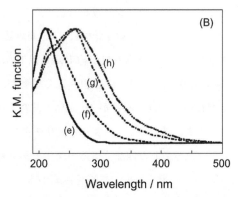

図1-(A) 骨格にTiを組み込んだMCM-41の拡散反射UV吸収スペクトル
Ti含有量：(a)0.15, (b)0.60, (c)0.85 and (d)2.0 wt%
図1-(B) Vイオンを注入したTi-MCM-41（Ti含有量：約1.0 wt%）の拡散反射UV-Vis吸収スペクトル
Vイオン注入量（μmol/g-cat）：(e)0, (f)0.66, (g)1.3, (h)2.0

2.3 TiO$_2$/ZSM-5複合系光触媒によるアセトアルデヒドの酸化分解除去

タバコの煙に含まれるVOCの一つであるアセトアルデヒドを高効率に分解除去するために，酸化チタン微粒子とZSM-5ゼオライトの複合系光触媒を検討した[4]。様々なSiO$_2$/Al$_2$O$_3$組成比を有するZSM-5ゼオライトが合成されており，シリカのみで構成されたSilicaliteはきわめて高い疎水性を示すことが知られている[1]。図2に示した，SiO$_2$/Al$_2$O$_3$比の異なるZSM-5の水吸着等温線の測定結果から，SiO$_2$/Al$_2$O$_3$比が小さく，すなわち，Al$_2$O$_3$含有量が高くなるにしたがい，水の吸着量が増加することがわかる。古くから，ゼオライトの酸点に吸着した水分子は，オキソニウムイオン（H$_3$O$^+$, H$_5$O$_2^+$）を形成するモデル[13～15]や水素結合を介して吸着するモデル[16]が提唱されており，ゼオライトのAl^{3+}近傍のH$^+$酸点が水の強吸着サイトであることが知られてい

第 2 章　表面処理応用技術

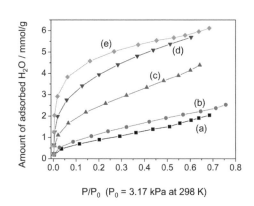

図2　H–ZSM-5(a-d)およびNa–ZSM-5(e)ゼオライトにおける水の吸着等温線
SiO_2/Al_2O_3 組成比：(a)1880, (b)220, (c)68, (d)23.8 and(e)23.8（水の飽和蒸気圧(27℃)：3.56 kPa）

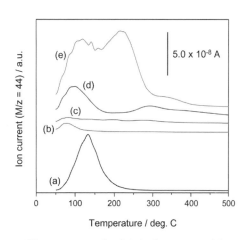

図3　H–ZSM-5(a-d)およびNa–ZSM-5(e)ゼオライトに吸着したアセトアルデヒドの昇温脱離(TPD)プロファイル
SiO_2/Al_2O_3 組成比：(a)1880, (b)220, (c)68, (d)23.8 and(e)23.8

る。さらに，Na型のZSM-5は，H型に比べ初期吸着の立ち上がりが鋭く，水分子はH^+よりもNa^+サイトに強く吸着することも確認できた。

　吸着等温線測定から見積もったZSM-5へのアセトアルデヒドの飽和吸着量は約2.5 mmol/gで，ZSM-5のSiO_2/Al_2O_3比にはほとんど依存しなかったが，アセトアルデヒドをZSM-5ゼオライトに飽和吸着させた後，室温で2時間排気してから測定したTPDプロファイルには，ZSM-5のSiO_2/Al_2O_3比による顕著な違いが観測された（図3）。疎水性の高いH–ZSM-5(1880)は，100〜200℃の温度範囲にアセトアルデヒドの脱離が観測でき，ゼオライト細孔内で吸着濃縮されたアセトアルデヒドが脱離していると考えられる。これに対し，Al_2O_3含有量が高く親水性が高いZSM-5はアセトアルデヒドの吸着濃縮効果が低いという結果になった。さらには，Na–ZSM-5(23.8)は，130℃付近と200〜400℃にアセトアルデヒドの脱離が観測され，後者の脱離ピークはゼオライトのNa^+サイトに強く吸着したアセトアルデヒドに帰属できる。H–ZSM-5(23.8)についても，300℃付近にアセトアルデヒドの脱離がわずかに観測されたが，Na–ZSM-5(23.8)をH型に変換する際に十分にイオン交換されずにNa^+イオンが残存しているためと考えられる。実際，尾中らは，NaYやNaXゼオライト細孔内のNa^+サイトと相互作用したアクロレインやホルムアルデヒド分子が，長期間安定に保存できることを報告している[17〜18]。

　これらSiO_2/Al_2O_3比の異なるZSM-5ゼオライトにシュウ酸チタンアンモニウム（$(NH_4)_2[TiO(C_2O_4)_2]$）水溶液からの含浸法で酸化チタン微粒子を10 wt%担持した光触媒によるアセトアルデヒドの完全酸化分解反応を行った結果を図4に示す。この酸化チタン担持方法は，水溶性のチタン塩を使用し有機溶媒を一切使用しないので，環境に調和した酸化チタン光触媒の調製法

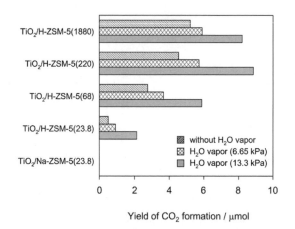

図4 H-ZSM-5 および Na-ZSM-5 ゼオライトと複合化した TiO_2 光触媒（10 wt%）によるアセトアルデヒドの酸化分解反応の結果（紫外光照射時間：3時間）

としても重要である。疎水的な表面特性を示した H-ZSM-5（1880）に担持した TiO_2 微粒子がもっとも高い光触媒活性を示し，図には示していないが，市販の酸化チタン光触媒である P-25 と比較しても約2倍程度の活性であった。Al_2O_3 含有量が増加しゼオライト担体の親水性が高くなるにつれて，光触媒活性は徐々に低下し，アセトアルデヒドの強吸着が観測された Na-ZSM-5（23.8）に担持した TiO_2 はまったく光触媒活性を示さなかった。これらの結果は，疎水的な H-ZSM-5（1880）により吸着濃縮されたアセトアルデヒドの吸着は比較的弱いため酸化チタンサイトに容易に拡散し酸化分解されるが，Na-ZSM-5（23.8）に強吸着したアセトアルデヒド分子は酸化チタンサイトに拡散できないためにまったく光触媒活性を示さなかったと解釈できる。

2.4 まとめ

ゼオライトやメソポーラスシリカの骨格に置換した四配位構造の酸化チタン種は，250 nm より短波長の紫外光照射下で，半導体酸化チタンとは異なるユニークな光触媒特性を示した。また，これらシングルサイト光触媒に遷移金属イオンを注入すると，より長波長側の紫外光照射で機能させることが可能となった。各種の分光測定と量子化学計算の結果から，四配位構造の Ti 種に O を介して隣接した V 種の存在が明らかとなり，このような特異な構造が光触媒の長波長応答化に重要であることが明らかとなった。

また，酸化チタン微粒子とゼオライトを複合化した光触媒によるアセトアルデヒドの完全酸化分解反応を検討した。Al_2O_3 含有量が少なく疎水性の高いゼオライトに吸着濃縮されたアセトアルデヒドは，複合化した酸化チタン微粒子表面に効率よく拡散できるので，高い光触媒分解活性を示した。一方，親水性の高いゼオライトと酸化チタン微粒子を複合化しても，反応基質である

第 2 章　表面処理応用技術

アセトアルデヒドがゼオライト表面に強くトラップされ酸化チタン側へ拡散しにくいため，光触媒活性が低下した。このように，ゼオライトに担持した酸化チタン微粒子の光触媒性能を支配する因子として，吸着剤であるゼオライト細孔内に吸着濃縮された反応基質が酸化チタン光触媒サイトの表面に効率よく拡散できることが重要であり，ゼオライトの主要な役割は"キャッチ（吸着）＆リリース（拡散）"効果であると結論付けられる。

文　　　献

1) 小野嘉夫，八嶋建明編，ゼオライトの科学と工学，講談社サイエンティフィク（2000）
2) M. Anpo, H. Yamashita, Heterogeneous Catalysis, ed. M. Schiavello, Willey, London (1997)
3) Photofunctional Zeolites, ed. M. Anpo, NOVA（2000）
4) M. Takeuchi, T. Kimura, M. Hidaka, D. Rakhmawaty, M. Anpo, *J. Catal.*, **246**, 235（2007）
5) H. Uchida, S. Itoh, H. Yoneyama, *Chem. Lett.*, 1995（1993）
6) T. Ibusuki, K. Takeuchi, *J. Mol. Catal.*, **88**, 93（1994）
7) H. Yamashita, M. Harada, A. Tanii, M. Honda, M. Takeuchi, Y. Ichihashi, M. Anpo, N. Iwamoto, N. Itoh, T. Hirao, *Catal. Today*, **63**, 63（2000）
8) J. M. Thomas, R. Raja, D. W. Lewis, Angew. *Chem. Int. Ed.*, **44**, 6456（2005）
9) M. Anpo, S. G. Zhang, S. Higashimoto, M. Matsuoka, H. Yamashita, Y. Ichihashi, Y. Matsumura, Y. Souma, *J. Phys. Chem. B*, **103**, 9295（1999）
10) K. Ikeue, H. Yamashita, M. Anpo, *J. Phys. Chem. B*, **105**, 8350（2001）
11) Y. Hu, G. Martra, J. Zhang, S. Higashimoto, S. Coluccia, M. Anpo, *J. Phys. Chem. B*, **110**, 1680（2006）
12) M. Anpo, M. Takeuchi, *J Catal.*, **216**, 505（2003）
13) A. Jentys, G. Warecka, M. Derewinski, J. A. Lercher, *J. Phys. Chem.*, **93**, 4837（1989）
14) L. Marchese, J. Chen, P. A. Wright, J. M. Thomas, *J. Phys. Chem.*, **97**, 8109（1993）
15) J. N. Kondo, M. Iizuka, K. Domen, F. Wakabayashi, *Langmuir*, **13**, 747（1997）
16) A. G. Pelmenschikov, R. A. van Santen, *J. Phys. Chem.*, **97**, 10678（1993）
17) T. Okachi, M. Onaka, *J. Am. Chem. Soc.*, **126**, 2306（2004）
18) S. Imachi, M. Onaka, *Chem. Lett.*, **34**, 708（2005）

3 溶射法によるコンクリートの表面改質

二俣正美[*1], 鮎田耕一[*2]

3.1 早期劣化と水中生物の付着

　コンクリートの耐用年数は50～80年程度と見なされているが，環境条件によっては短期間に劣化することがある。早期劣化の内的要因には①アルカリ骨材反応によるひび割れ，②塩化物による鉄筋の腐食に伴う剥離，外的要因には③凍結融解作用によるひび割れ，④大気中の炭酸ガス侵入による化学的中性化，⑤流砂，飛砂，波しぶきによる摩耗などが挙げられる[1]。実際にはいくつかの要因が複合化した場合も多いので劣化のメカニズムは複雑である。①，②については反応性骨材の排除と塩化物の総量規制を中心とした建設省通達（1986年）によって改善され，③～⑤については塗装やライニングによる表面改質，混和剤やポリマー添加による組織改善が実用化されている。

　一方，海洋や河川，湖沼に設置のコンクリート構造物，例えば発電所の取水・配水管（溝），水門，橋脚などへの藻や貝類の大量の付着は，水の流れを阻害して著しい場合には本来の機能を停止させることがある。水中生物の付着防止対策としては従来，主に船舶を対象にトリフェニルスズ（TPT）やトリブチルスズ（TBT）などの有機スズ系化合物の防汚剤が用いられ，1988年当時の年間使用量はTPTが約680トン，TBTが約5,800トンであった。しかし，TPTは毒性が強く，長期間摂取すると成長阻害やリンパ球，白血球減少などの免疫力低下を引き起こす恐れがあるとして1990年に使用禁止となった。TBTについても毒性が強く，血液系や中枢神経に悪影響を及ぼし呼吸困難や歩行障害をもたらす恐れがあるとして1990年に総量規制が実施され，既に使用している船舶については2008年までに完全に除去するか，新たな塗膜を被覆してTBTを溶出させないよう処理することが義務づけられている[2]。

　外的要因による劣化と水中生物の付着はいずれもコンクリートの表面特性に関連する問題であり，したがって表面改質が主要な対策法になる。以上のような背景から筆者らは，皮膜形成法の1つである溶射の応用による表面改質に取り組んできた。本稿では，まず溶射法の特徴および凍害によるコンクリートの劣化について概説し，次に溶射皮膜による凍害防止，水中生物の付着防止対策への応用について，筆者らがこれまでに得た知見を中心に紹介する。

3.2 溶射法の特徴とコンクリートへの皮膜形成

　溶射は1910年，M. U. Schoopによって発明されたコーティング技術の1つであり，現在，熱

[*1] Masami Futamata　北見工業大学名誉教授

[*2] Koichi Ayuta　北見工業大学　土木開発工学科　教授

第2章　表面処理応用技術

源にプラズマ，アーク，ガスフレーム，溶射材料に粉末，ワイヤを用いる各種方法が実用化されている。溶射法の特徴は，完全なドライプロセスで成膜速度が大，基材の材質・寸法・形状に対する自由度が大，新設および既設の部材・構造物に大気中での現場施工が可能など他の皮膜形成法に比べて優れた点が多く，広範な産業分野で利用されている。筆者らは，溶射法の特徴をコンクリートの表面改質に適用するとの観点から最適溶射条件，皮膜の密着強さ，耐透水性などに関する基礎研究を行い[3,4]，その知見を基に凍結融解作用による劣化防止，水中生物の付着防止あるいは景観材料開発への応用について研究を進めてきた[5,6]。コンクリートへの溶射に際しては，①強度の低下し始める250℃以上に加熱しないこと，②結合力の小さい表面層のレイタンスを除去することが必要である。一方，溶射の根本的問題として皮膜には数%から十数%の気孔が存在するので，③水の侵入を防ぐには気孔に樹脂などを含浸させる封孔処理が必要である[3]。これら①～③に配慮すればコンクリートへの溶射施工は塗装と同様，比較的容易である。

3.3 凍害による劣化と防止対策
3.3.1 凍害による劣化

　凍害によるコンクリートの劣化は月平均気温0℃以下の地域で発生するので，わが国では北海道，東北，北陸地方をはじめ，程度の違いこそあれ沖縄県を除くほぼ全域が対象になる[7]。特に北緯41～45度に位置する北海道では，コンクリート構造物の約60%に凍害による劣化が認められ，海岸・港湾に設置の構造物では内陸部のものに比べて2倍以上の発生率を示している[8]。凍害による劣化の主な形態は，スケーリングとひび割れである。前者は最も一般的に見られる凍害であり，内部へ侵入した海水，雨水あるいは融雪水が凍結と融解を繰返す際の体積変化（結氷時に約9%の体積増加）によって表層部がうろこ状に剥離・脱落する現象である。したがって，凍結融解回数が多い場所や波しぶきのかかる回数が多い場所ほど損傷を受けやすい。スケーリングは，初期にはセメントペーストやモルタルが剥離する程度であるが，進行するに従い粗骨材間のモルタルや粗骨材自体が剥落して鉄筋を露出して腐食させるなど，重大な損傷を及ぼすようになる（鉄筋が腐食すると体積が約2.5倍になり，その膨張圧によってひび割れや剥離を生じさせる）。

　図1に，凍結融解作用によるコンクリートの損傷事例を示す。(a)はビル屋上に設置の換気扇台座（設置後10年経過）の例である。日射面に相当する位置の台座で損傷が最も著しく，これは凍結融解の繰返し回数が日陰よりも日射面で多いことに起因する。(b)はオホーツク海に面した漁港に設置された防波堤の天端に生じた損傷例であり（設置後一冬経過），ポップアウトの発生が認められる。このような凍結融解作用による損傷は特殊なものではなく，多くのコンクリート構造物でかなり一般的に見られる。特に北海道の沿岸地域ではコンクリート打設後，一冬経過

(a) ビル屋上の換気口台座（10年経過）　　(b) 防波堤の天端（一冬経過）

図1　凍結融解作用による劣化事例

した構造物の約70％にスケーリングが発生し[9]，7年経過後のスケーリング深さは平均で1.3 mmに達するという報告がある[10]。

3.3.2　凍害防止と溶射皮膜の効果

凍害による損傷はコンクリート内部への水の侵入に起因するので，耐透水性を付与する表面処理・改質が主な対処法となる。防水工法としては塗膜（塗装）防水，アスファルト防水，シート防水，ステンレス防水およびこれらを組み合わせた複合防水などがあり，塗膜防水を除くと屋根や屋上の漏水対策に主に用いられる。塗膜工法が北海道で凍害や塩害防止対策に試験的に用いられるようになったの1965年頃からであり，本格的な試験開始は1980年代に入ってからである[11]。塗膜工法は他の方法に比べて施工性は良好であるが，塗膜に要求される耐透水性，耐候性，耐アルカリ性，耐摩耗性およびひび割れに対する追随性などを満足するコンクリート用塗料はほとんど見当たらない。

図2に，フェノール樹脂で封孔処理した溶射皮膜の断面写真を示す（皮膜厚さは約0.3 mmで防食皮膜の場合にほぼ相当）。封孔剤が皮膜を介してコンクリート内部へ4 mm以上侵入している（白い部分が封孔剤であり，観察を容易にするため着色料を添加）。複層仕上げ塗材透水試験（JIS A 6910）に準拠して測定した皮膜の透水量は，皮膜厚さにも依存するが封孔処理しない場合に1時間で5 ml以上であるのに対し，適切な処理をした場合には皆無である。

図2　封孔剤の浸透状況

第 2 章　表面処理応用技術

　図 3 に，皮膜の密着強さを薄付け仕上げ塗材の付着強さ試験（JIS A 6909）に準じて測定した結果を示す。封孔処理しない場合に約 0.9 MPa であるのに対し，封孔処理した場合には 1.5 MPa 以上になる。封孔処理した場合に密着強さが大きくなるのは，気孔を介して浸透した封孔剤が皮膜とコンクリートを縫うように結合するためである。ただし，透水量と密着強さは封孔剤の種類や処理方法によって異なる。

　図 4 に，水セメント比 51%，寸法 40×40×80 mm の試験片について，コンクリートの凍結融解試験方法（JIS A 1148）に準じ温度 −15〜9℃，1 サイクル 8 時間，最大 300 サイクルの凍結融解試験を行った際の表面状態の観察結果を示す。コンクリートのみの試験片では 60 サイクルまでは大きな変化は認められないが，78 サイクルの時点で表面の約半分にスケーリングが発生し，その面積はサイクルの増加に従って拡大した。また溶射皮膜に封孔処理を施さない試験片では，78 サイクルの時点で微細な亀裂と剥離が認められ，剥離面積はサイクルの増加に従い拡大

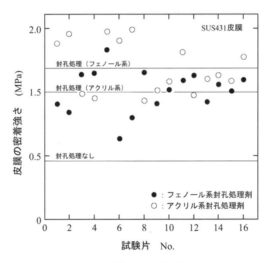

図 3　密着強さ試験の結果

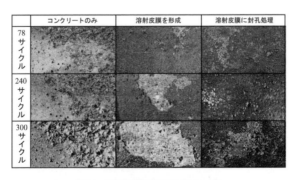

図 4　凍結融解試験結果の一例

した．これに対して溶射皮膜に適切な封孔処理を施した試験片では，300サイクル経過後にも色の変化を除くと異常はまったく認められなかった．凍結融解試験で与えた冷却速度は11.5℃／時間であり，一般自然界における3℃／時間に比べてかなり過酷な条件である．このことから溶射皮膜を被覆し適切な封孔処理したコンクリートでは耐凍害性は著しく向上することになる．実際に約20年間，オホーツク海沿岸飛沫帯で暴露試験を継続中の試験片にも皮膜の剥離は認められていない．

3.4 溶射皮膜による水中生物の付着防止
3.4.1 観察方法

溶射皮膜を被覆したコンクリートの海水中での暴露試験過程において，皮膜材質と付着生物との間には強い相関性があることに気づいた．そこで，溶射皮膜を水中生物の付着防止，あるいは逆に付着を積極的に促進する手段として利用できないかとの観点から1989～2005年までの17年間，サロマ湖において継続して観察した．サロマ湖はオホーツク海に2つの湖口を有する周囲約90 km，面積約150 km^2，最大水深19.6 m，塩分濃度3.1～3.3％の北海道を代表するホタテ貝の栽培水域である．実験定点は北海道立水産試験場の分類ではSt. 3に属する水深10 mの水域であり，一般食用の魚類，貝類の他，藻類，貝類，ホヤ類，ヒドロ虫類，苔虫類などの付着性生物が約30種類生息している[12]．これら付着生物の多くは6月に産卵し，幼生の一定期間を浮遊した後，着床先を見つけて付着しその場所で成長する．付着する際には優先種があり，成体になってからの付着はまれである．実験では，水産試験場関係者の助言によって試験片を6月上旬に設置し，付着生物をホヤ類，藻類，ゴカイ類の3つに大きく分類して付着状況を観察した．観察に供した試験片は，水セメント比51％，寸法150×150×50 mmのコンクリートに約30種類の皮膜を被覆したものが中心であり，その総数は約80個である．各試験片は，水面から3mおよび7mの深さに延縄方式でロープによって吊し，11月から翌年4月までの結氷期を含む約6カ月間は延縄に相当するロープをブイから外して湖底に沈めた．ここでは，皮膜材質と付着生物の関係について特徴的ないくつかの事例を紹介する．

3.4.2 水中生物の付着状況

図5に，水深3mに43週設置した試験片へのホヤ類，藻類，ゴカイ類の付着状況の例を「◎：著しい付着」，「○：わずかに付着」，「—：付着なし」に分けて示す．コンクリート，アルミニウムおよびアルミナセラミックス皮膜にはホヤ類の付着が著しく，低炭素鋼とステンレス鋼皮膜には藻類の付着が顕著である．これら生物の付着はかなり強固であり，除去するにはスクレバーを要するほどである．これに対して銅皮膜には付着がまったく見られず，亜鉛皮膜には藻類がわずかに付着したものの，指で軽くこすると除去できる程度であった．このときの試験片1個

第2章　表面処理応用技術

	コンクリート	アルミニウム	アルミナセラミックス	低炭素鋼	ステンレス鋼	銅	亜鉛
ホヤ類	◎	◎	◎	○	○	—	—
藻類	○	○	○	◎	◎	—	○
ゴカイ類	○	○	○	○	○	—	—

◎…著しい付着
○…わずかに付着
—…付着なし

図5　付着生物と皮膜材質の関係（43週経過時）

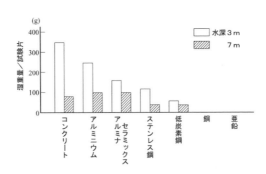

図6　全付着生物の湿重量（43週経過時）

当たりの付着量（湿重量）を水深3mと7mの場合について図6に示す。付着量は同一の皮膜であっても水深3mの場合に全般に多い傾向があり、これは太陽光の到達量の影響と考えられる。また水中生物の多くは最初に付着した場所で成長するので、付着量は時間の経過と共に多くなり、例えば53週後にはコンクリートで1,700g、アルミニウム皮膜で1,000gであった。

図7に、水深3mに設置したいくつかの試験片について、52週（1年）、260週（5年）、520週（10年）および730週（14年）経過時における観察結果を示す。水中生物は、コンクリートとアルミニウムには著しく付着しているのに対し、亜鉛と七三黄銅ではわずかに付着、銅ではほとんど付着していない。付着状況の観察は、1989～1992年までは6、9、11月の3回、1992～1996年までは6、11月の2回、それ以降は6月に1回行ったが、まず藻類が付着して次にホヤ類とゴカイ類が付着する傾向があり、付着・成長・脱落・付着のサイクルを示すようである。銅および亜鉛系皮膜で付着が少ないのは、海水中で塩基性硫酸銅（$CuSO_4 \cdot 3Cu(OH)_2$）や塩基性塩化亜鉛（$ZnCl_2 \cdot 3Zn(OH)_2$）など、藻類や無脊椎生物が嫌う成長阻害成分を表面に生成するためと考えられる[13]。

図8に、水中生物の付着防止効果を期待できる銅、七三黄銅および亜鉛皮膜について、730週経過時の断面写真を示す。海水中に長期間設置されていたにもかかわらず、皮膜には亀裂、ふくれ、剥離は認められずいずれも健全である。したがって、付着防止効果は、海水中での銅および

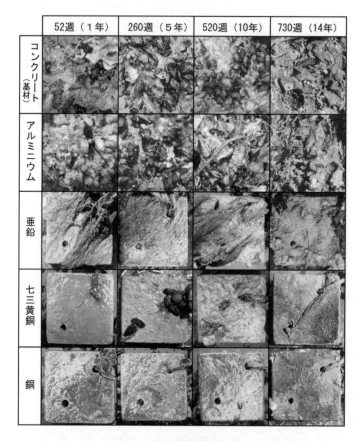

図7 水中生物の付着状況

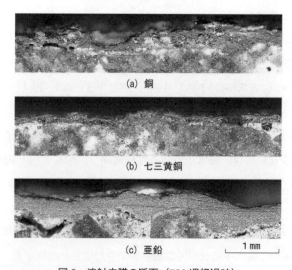

図8 溶射皮膜の断面(730週経過時)

第2章 表面処理応用技術

亜鉛の溶出速度を 0.015 mm／年とすると，皮膜厚さ 0.3 mm の場合には約 20 年間持続すると期待できる。付着防止効果をより長期化するためには，樹脂塗装や溶出速度の小さいアルミニウム（0.002 mm／年）皮膜を銅や亜鉛皮膜が部分的に露出するように薄く被覆して金属イオンの溶出速度を制御する方法が期待できる[5]。

3.5 課題と展望

コンクリートは，比較的安価な構造材料として極めて広範な分野で使用されている。しかし，凍害などによる早期劣化や水中生物の付着によって構造物本来の機能が低下したり，安全性を脅かすことがあり，社会資本蓄積の上からもその対策が急務となっている。凍害などの外的要因による劣化と水中生物の付着はいずれもコンクリートの表面特性に関連する問題であり，表面改質が主要な対策法になる。ここでは，表面改質に溶射皮膜を適用した場合の凍害防止と水中生物の付着防止効果について，筆者らの研究成果を基に紹介した。

凍結融解作用による劣化については溶射皮膜形成後，適切な封孔処理を施すことによって長期に渡り健全性を保つことができ，水中生物の付着防止については特に銅系皮膜で有効なことが明らかになった。溶射は，一般塗装に比べてコストが2倍前後と割高なこともあってコンクリートへの施工実績は多くはないが，凍害防止や水中生物の付着防止技術としての応用が期待できる。低コスト化と現場施工には溶射材料にワイヤを用いるガス溶射が有利であるが，現状ではワイヤの種類が少ない。溶射法によるコンクリートの表面改質の実用化には，ワイヤ内部に任意の機能発現粉末を充填した複合ワイヤ法[14]の応用が期待できる。

文　　献

1) 長瀧，コンクリートの長期耐久性，技報堂出版，pp. 30-34（1995）
2) 資源環境技術総合研究所 NIRE ニュース（2001）
3) 二俣，中西，溶射によるコンクリートの表面改質について，溶接学会全国大会講演概要，第 41 集，pp. 226-227（1987）
4) 二俣，冨士，中西，鮎田，鴨下，溶射法によるコンクリート表面の改質，ジョイテック，pp. 27-32（1989.9）
5) 二俣，冨士，中西，鮎田，鴨下，溶射成膜法によるコンクリートへの水中生物の付着防止—サロマ湖における観察結果—，溶接学会溶接法・溶接アーク物理研究委員会，No. SW-2107-91，pp. 1-7（1991）

6) 二俣, 冨士, 中西, 鮎田, 鴨下, 景観材料及び水中生物付着防止への溶射法の応用, 北見工業大学地域共同研究センター研究成果報告書第1号, pp. 83-88 (1994)
7) 林, 鮎田, コンクリート工学, 山海堂 (1993)
8) 今井, コンクリート工学, **14** (11), pp. 16-22 (1976)
9) 佐伯, 鮎田, 前川, 北海道における海岸および港湾コンクリート構造物の凍害表面剥離損傷, 土木学会論文報告集, **327**, pp. 151-161 (1982)
10) 桜井, 鮎田, 佐伯, 寒冷地海洋環境下に暴露されたコンクリートの表層部の劣化とその要因の検討, セメント技術年報, **41**, pp. 379-382 (1987)
11) 土木学会北海道支部大森大橋塗装材質調査委員会, 大森大橋の塗装材質に関する調査報告書, pp. 1-135 (1985)
12) 干川, サロマ湖におけるホタテガイ養殖施設上の付着生物に関する研究, 北海道立網走水産試験場昭和61年度事業報告書—増殖部門—, pp. 206-220 (1989)
13) 岡林, 海洋工学ハンドブックⅡ, 丸善, pp. 15 (1969)
14) 二俣, 中西, 中川, 鴨下, 倉本, 川田, 進藤, 斎籐, 山田, 複合ワイヤ法による溶射技術の新しい展開, 溶射技術, **24** (4), pp. 51-56 (2005)

4 セラミックスと金属の超音波接合

松岡信一*

4.1 はじめに

　接合法には，溶接をはじめ融接，ろう接，圧接，機械的結合および有機接着剤による接合など多くの種類があり，どの接合法を採用するかは，それぞれの製品，部品に要求される性能，機能，すなわち強度，剛性，通電性，耐熱性，経済性などの特性を考慮した上で決めなければならない。例えば，一つの構造体内に異なる性質をもつ材料の接合，すなわち異種材料間の接合が要求される場合には，通常，固相接合が適用される。この固相接合法には，摩擦圧接，爆発圧接，拡散接合，超音波接合および接着などがある[1]。しかし，数多い材料の中には接合の可能性を問うものも多く，これらの材料間では接合技術が重要な問題となっている。ここでは，従来の各種接合法に比べて，溶剤や接着剤等を用いないで迅速かつ容易に接合できる，環境に優しい超音波接合法について紹介する[2,3]。

　図1に，超音波接合機と接合部位を示す。セラミックスと金属を直接，接合させる方法と，バインダを用いる方法がある。前者は，超音波振動によって清浄な新生面が生成し，接合を促進させる効果がある。また後者は，あらかじめセラミックス材の表面に金属を真空蒸着し，その面と金属材料を加圧接触させた後，超音波振動を印加する方法と，低融点の金属などをインサート材料として接合する方法とがある[3]。

　いずれの場合も超音波出力600～1200 W，振動振幅30～50 μm (p-p)，接合圧力5～40 MPa，印加時間0.1～5 secの範囲で接合可能となる。

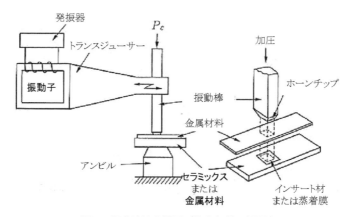

図1　超音波接合機及び接合部位の概要[2]

---

*　Shin-ichi Matsuoka　富山県立大学　工学部　機械システム工学科　教授

4.2 セラミックスと金属の直接接合
4.2.1 最適な接合条件と接合可能領域

材料の組み合わせや接合条件によって，それぞれに最適な条件が存在し，それらがうまく一致すると接合強度や特性が大幅に向上する。その一例を図2に示す。

接合圧力が増大すると印加時間が短縮でき，逆に圧力が低い場合には，印加時間を幾分長く付加しなければならない。また，銅に比ベアルミニウムの方が短時間で接合できる。これらのことから，金属材料の熱伝導率や融点およびセラミックスの硬さや表面性状などに起因するところ大であると推察される。なお，接合圧力が図中のそれ以上になると超音波振動が停止する場合があるため注意を要する。

4.2.2 接合強度

図3に，各種接合材の引張せん断試験による接合強度の一例を示す。いずれの接合材も伸びはほとんどなく全体に接合部で破断またはせん断が生じるか，あるいは延性材の母材部で破断する。また，Alは，すべてのセラミックスに直接，接合できる。なかでも図中の Al_2O_3/Al 接合材のようにAlの母材強度に近い接合強度が得られることから，充分実用に供することができる。

一方，アルミニウムの焼き鈍し材（処理温度550℃，2hr）を用いて SiO_2 との接合を試みた結果を図4[4)]に示す。接合圧力20MPa一定下において，印加時間0.3s程度までは印加時間の増加とともに接合強度も向上するが，それ以上では顕著な差は生じない。また，印加時間0.5s一定の場合，接合圧力約20MPaを境にそれ以下では，接合強度が極端に低く，逆にそれ以上では接合強度が大幅に増大し安定する。

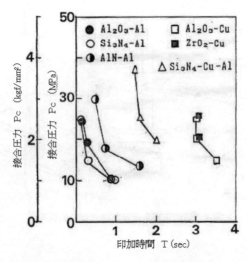

図2 材料の組み合わせと接合可能領域[4)]
（△印のCuは，バインダ材として試用）

第2章　表面処理応用技術

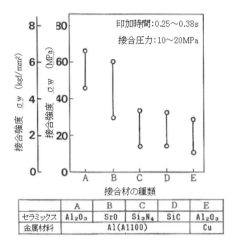

図3　各種接合材の接合（せん断）強度[2]
（せん断速度：3 mm/min）

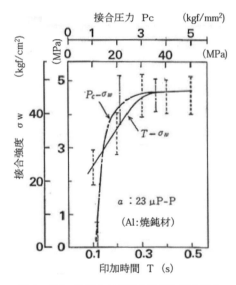

図4　SiO_2-Al 接合材の接合強度と接合圧力
および印加時間の関係[4]

　以上から，アルミニウムの材質を変えると，当然のことながら接合強度に大小は生じるが，接合の可否等にはまったく関係ない。このように，いずれの接合材についても，ある程度の接合強度が得られることは，単なる機械的接合のみでなく，結合反応（原子間接合等）の要素が十分含まれると考えられる。

4.2.3　接合部の性状

　図5は，SiC/Al(a)および Al_2O_3/Al(b) の各接合部の SEM 観察の一例である。接合条件は，

無機材料の表面処理・改質技術と将来展望

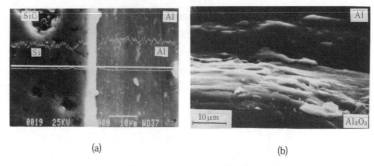

図5 SiC/Al(a)及びAl$_2$O$_3$/Al(b)の接合部のSEM観察[2]

いずれも超音波振動振幅23 μm，接合圧力20 MPa，および印加時間は0.5 sおよび0.3 sである。これらの接合部観察から，剥離や空孔等のない良好な接合界面が認められ，同図(b)では界面に塑性流動が生じている様子が分かる。いずれの接合界面も，両物質の相互移着（凝着）が生じて接合すると考えられ，比較的柔らかく，塑性変形しやすい材料ほど，その効果も大きく良好な接合材が得られる。

さらに，同図(a)のSiC/Alの接合界面では数μmの範囲で遷移層が確認され，微弱ながら反応層あるいは拡散層が形成されていることが推察される。

このように接合界面は微小ながら数μmの領域で拡散層（あるいは反応層）が形成されていることが明らかで，この状態が全域に到達すると強力な結合が得られるものと考えられる。なお，その他の接合材についても反応層の形成や分布に若干差はあるが，類似の傾向である。

4.2.4 接合面粗さの影響

超音波接合は，一定圧力下で材料どうしを強制的な振動を利用して接合するため，材料の表面粗さが問題となる。すなわち，その大小によって幾分接合性や接合強度に変化が生じるものと推

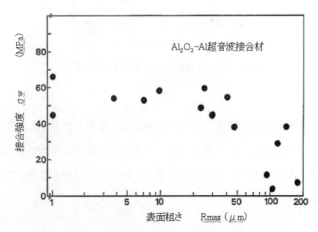

図6 接合強度に及ぼす表面粗さの影響[4]

察される。図6は，その一例で，Al_2O_3表面に任意の粗さを研磨によって付与し，アルミニウムと接合した場合の接合強度を比較したものである。

同図より，粗さが大きい粗面を用いるよりも，細かい滑面を用いる方が，接合強度は概して大きい。また，Al_2O_3表面の粗さの細かい方が，強度のバラツキも少なく安定した接合材が得られる。

このことから，超音波振動の振幅と，接合する材料表面の粗さが同程度か，あるいはそれより細かい方が，振動が効果的に作用し，接合強度が向上する傾向にある。また，振幅と粗さの関係から，表面粗さが小さい場合は，振動の振幅も小さくする方が効果的である。これに対して表面粗さが大きい場合は，振幅も大でよいことになる。しかし，振幅が大きくなると安定した強度も得られず，材料表面の破壊につながるため，注意を要する。

4.3 インサート材を用いた接合
4.3.1 最適な接合条件と接合可能領域

インサート材を用いた場合の接合例を図7[5]に示す。同図中の組み合わせ材料下のアンダーラインは，あらかじめセラミックス表面に金属を真空蒸着したインサート材を意味する。全体的な傾向は直接接合と（図2参照）同様で，接合圧力が増大すると印加時間が短縮され，逆に圧力が低い場合には印加時間を幾分長く付与することが必要となる。

ここで，活性金属や低融点金属をインサート材として用いるかあるいは接合面をメタライズしたものは，有効な接合補助材として効果を発揮し接合を促進させる。また，バインダとしてのCuに比べてAlやInを用いる方が，幾分短い時間で接合が完了する。これらは，材料のぬれ性，

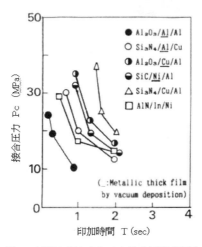

図7　材料の組み合わせと接合可能領域[5]

熱伝導率および融点などに起因すると考えられる[6]。

4.3.2 接合部の性状

図8は，Si_3N_4/Cu/Al(a)およびSiC/Ni/Al(b)の各接合部のSEM観察写真を示す。いずれも良好な接合界面が認められ，補助的な目的で用いたインサート材(a)や真空蒸着膜(b)は，接合を促進させることが分かったが，接合強度には顕著な差はみられない。

また，同図(a)の図中に示したX線マイクロアナライザー（EPMA）による線分析結果から，インサート材のCuがセラミックスおよび金属（Al）の双方の界面で微小な幅で遷移層が確認でき，微弱ながら反応層あるいは拡散層が形成されていると推察される。

4.4 接合界面に発生する温度

図5および図8で示した接合界面で反応が生じる場合，その界面に発生する温度が大きく影響を及ぼす。セラミックスと金属間に生じる温度を直接測定することが困難であるため，ここでは，一つの目安として図9に示す(a)銅／コンスタンタンおよび(b)Cu/Alの接合時に発生する起電

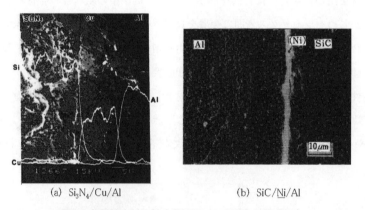

(a) Si_3N_4/Cu/Al　　　　　(b) SiC/Ni/Al

図8　各種接合材の接合界面のSEM写真と線分析[4]

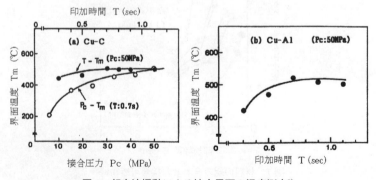

図9　超音波振動による接合界面の温度測定[5]

力から換算して得られる界面の温度を測定した。いずれの場合も，加圧力 50 MPa，印加時間 0.7 s 程度で界面の温度は約 500℃ まで上昇し，その後は安定する。ここで加圧力 30～50 MPa の範囲では顕著な差はみられない。したがって，単純に換算することはできないが，セラミックス／金属の場合にも，この程度の温度あるいはそれ以上の温度に上昇するものと推察する。

すなわち，接触界面では摩擦熱が発生して温度が上昇すると，微量ではあるが結合反応が生じることは否めない。このことから前節で示した接合界面における結合反応は充分期待できる。

4.5 接合のメカニズム

セラミックス／金属の直接接合は，図 10(a)に示すように，相接する材料表面は粗さも異なるため部分的に接触し，その後，接合圧力の上昇と共に接触箇所の数や接触面積が増大する。その後，所定の圧力に到達すると同時に超音波振動が速やかに印加され，それぞれの接触面で強制的な横振動が発生する（図 10(b)）。同時に，摩擦熱が発生し短時間のうちに高温域に達し，溶着状態となる。ここで問題となる材料表面の酸化膜あるいは有機皮膜などは振動エネルギーによって破壊されて飛散し，清浄な材料表面どうしとなる。

これは，一定圧力下で材料どうしを強制的に摩擦させることと類似で，相接する界面が溶着を呈し，最終的に図 10(c)に示すような空孔や剥離などが残留しない良好な接合ができるものと考えられる。

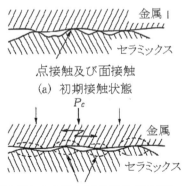

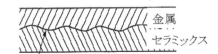

図 10　超音波接合における材料表面の変形挙動[2]

このように，相接する材料表面の粗さが異なるため，当然のことながら，その箇所に作用する接触面圧力も必ずしも等しくなく，また同一の変形もしない。このため，各々の接触面で微視的なすべり等が生じ，その上，超音波振動の印加によって，これらの接触面上ではかなりの摩擦熱が発生し，界面は予想以上に高温（図9参照）となり，両物質の相互移着（凝着）が生じて接合が完了するものと考えられる。したがって，この状況下では原子間結合あるいは反応層の形成も大いに期待できる。また，インサート材を用いた場合も同様で，特にインサート材が有効なバインダとしての効果を発揮し，接合を促進させる。

4.6 あとがき

本法は，従来の各種接合法に比べ，常温で容易かつ迅速に接合でき，さらにフラックス等を用いないで接合できることから，環境に優しい接合技術であり，その上，いかなる材料に対しても適用できることが分かった。

また，接合する材料の組み合わせによって，それぞれに最適な接合条件が存在し，それらが巧く一致すると接合強度や特性も大幅に向上し，充分実用に供することができると考えられる。このように，超音波振動を援用する超音波接合法は，多くの利点を有し常識を超えた接合能力として注目され，今後の展開が期待されている。

文　　献

1) 新成夫，溶接学会誌，31-5，334（1962）
2) 松岡信一，塑性と加工，28-322，1186（1987）
3) 特許第1607227号
4) 松岡信一，機論C，55-517，2481（1989）
5) 松岡信一，塑性と加工，34-392，1040（1993）
6) 今井久志・松岡信一，機論A，71-709，1270（2005-9）

5 界面制御によるガラス被覆カーボンの耐水蒸気酸化性と耐熱衝撃性の向上

北岡　諭[*1], 和田匡史[*2], 長　伸朗[*3], 稲垣秀樹[*4]

5.1 緒言

　飽和水蒸気を更に加熱して得られる過熱水蒸気は，加熱空気による乾燥に比べて，逆転点と呼ばれる温度を超えると乾燥速度を上回るという特異な性質を持つことや[1]，浸透作用が高く滅菌効果等があることから，近年，その利用技術に高い注目が集まっている。特に，誘導加熱（IH）方式によって生成した過熱水蒸気は，厳密な温度制御が可能であることから，食品加工の分野で急速に普及しつつある[2]。しかし，工業的に多量あるいは大容積のものを過熱水蒸気で処理する際には，加熱装置から被照射物までの距離が必然的に長くなるため，過熱水蒸気温度が急激に低下し，上述した過熱水蒸気特有の機能を十分に発揮することが困難となる。そのため，加熱装置出口の過熱水蒸気温度を一層高温にすることが望まれている。しかし，その結果として，加熱装置を構成する金属系材料（特に，ヒーター）が著しく酸化されると共に，揮発性の金属成分が蒸気中に混入し，被照射物を汚染することが懸念される。このことは，食品加工はもちろんのこと，その他の分野においても高温過熱水蒸気の清浄性が要求される際に問題となる。

　我々は，カーボン基板をIHヒーターに使用することにより，クリーンな高温過熱水蒸気を生成するシステムの開発に取り組んでいる[3]。また，カーボンは高温の過熱水蒸気により容易に酸化・減容することから，高温の過熱水蒸気に対して安定なガラス層でカーボン基板を全面被覆することを検討してきた。カーボン基板にガラスを被覆する際の問題点としては，①ガラスがカーボンに濡れ難いため低密着性であること，②水蒸気酸化に対して保護膜効果を有するガラス層がヒーター使用時の急峻な温度変化によって容易に熱衝撃破壊することである。

　これらの問題点を解決するために，我々は，図1に示す多層構造を有するカーボン発熱体を提案している[3]。この構造は，カーボン基板／結合層／緻密質ガラス層／多孔質ガラス層からなる。カーボンは溶融ガラスに対する濡れ性に劣るため，一般にカーボン基板上に予めSiやSiCを結合層として塗布し，濡れ性を改善した上でガラスを被覆する。しかし，ガラス被覆工程において結合層の一部が酸化し，ガラス層-結合層界面にSiO_2（クリストバライト等）が生成する。クリ

[*1] Satoshi Kitaoka　㈶ファインセラミックスセンター　材料技術研究所　主席研究員
[*2] Masashi Wada　㈶ファインセラミックスセンター　材料技術研究所　副主任研究員
[*3] Noburou Osa　中部電力㈱　技術開発本部　エネルギー応用研究所　都市・産業技術グループ　研究副主査
[*4] Hideki Inagaki　中部電力㈱　技術開発本部　エネルギー応用研究所　都市・産業技術グループ　研究主査

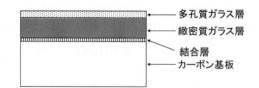

図1　カーボン基板上に被覆した多層膜構造の模式図

ストバライトは 545 K（高温→低温）において β 型から α 型に相転移し，著しい体積収縮（3.9％）を伴うことが知られている[4]。そのため，ガラス被覆後の冷却工程やヒーターとして使用する際の起動停止に伴う熱サイクル疲労によって，クリストバライト層にき裂が生成し，ガラス層が容易に剥離することが懸念される。したがって，カーボン基板をガラス被覆する際には，クリストバライトの生成を伴わない被覆が不可欠となる。

さらに，緻密質ガラス層の耐熱衝撃性を向上させるために，図1に示す様に多層構造体の最表面を多孔質層にしている。この場合，緻密質層と多孔質層間の熱膨張係数を同程度にすることでこれらの層間の密着性を向上させると共に，多孔質層自身も高強度にする必要がある。

本報においては，カーボン基板／緻密質ガラス層間の密着性を向上させるために，クリストバライトの生成を伴わずにカーボン基板にシリケートガラスを溶融被覆する条件を熱力学平衡計算により推定した。また，この計算結果に基づき結合層に Si-N 前駆体の熱分解生成物を選定すると共に，N_2 分圧を制御してカーボン基板にガラスを溶融被覆し緻密質ガラス層を形成した。この工程では，雰囲気中の窒素が緻密質ガラス層表面に固溶しオキシナイトライド層が形成される。そこで，次工程として，このオキシナイトライド層を水蒸気酸化させ，発生する NO_x ガスによる発泡によって緻密質ガラス層の表面近傍を多孔質化した。この方法の利点は，得られた多孔質ガラス層と下層の緻密質ガラス層の化学組成が同じであるため，熱膨張係数が同程度となり密着性に優れることである。また，ガラス粉末を焼結（粒子間のネック成長）させて多孔質構造を形成する方法に比べて，この方法の場合は気孔形状が球形であるため，熱衝撃時にガラス骨格にかかる応力集中が緩和され高強度であることが期待される。

各製造工程において得られたガラス被覆材について組織観察を行い，熱力学平衡計算による予測結果等と比較すると共に，耐水蒸気酸化性および耐熱衝撃性を評価し，上記の二つの界面制御の有効性を検証した。

5.2　熱力学平衡計算

クリストバライトの生成を伴わずにカーボン基板に Si 系結合層を介してシリケートガラスを溶融被覆する条件を熱力学平衡計算により推定する。なお，計算をより単純にするために，対象

第 2 章　表面処理応用技術

とする酸化物凝縮相としてはシリケートガラスの主成分である SiO_2 のみを選定した。また，表面改質層として，Si，SiC，並びに Si_3N_4 を選定した。さらに，カーボンが表面改質層である Si_3N_4 を介してシリケートガラスと接触する場合を想定し，Si_3N_4 と SiO_2 との反応に伴って生成する Si_2N_2O も凝縮相として計算対象に加えた[5]。計算温度については，シリケートガラスの溶融被覆温度である 1773 K とした。図 2 に 1773 K における Si-C-N-O 系のケミカルポテンシャル図を示す。この図は N_2 分圧，O_2 分圧，カーボン活量の対数値をそれぞれ座標軸とし，凝縮相の安定領域を三次元的に示したもので，Narushima らの表記方法を参考にしている[6]。また，Log a_C = 0 の面が純物質であるカーボンの安定領域を示している。なお，図中の点線は，種々の Log P_{CO} の場合について，Log a_C と Log P_{O_2} の関係を示したものである。このように三次元表示することにより，各窒素分圧において，カーボン基板からガラス層内部方向に対してとりうる界面構造を推定することができる。図 2 より，N_2 分圧下が $3×10^5$Pa 以上の場合では，O_2 分圧の上昇に伴い Si_3N_4，Si_2N_2O，SiO_2 と安定相が変化することがわかる。また，N_2 分圧が 4 Pa 以下では，安定相は O_2 分圧とカーボン活量に依存し，Si，SiC，SiO_2 が安定相となる。

　ここで，カーボン基板にガラスを溶融被覆する際の界面近傍の雰囲気を推定する。実際にガラスを溶融被覆する工程では，カーボン基板近傍において，カーボンとガラス由来の酸素が反応して生成した CO ガスの分圧が高いものと考えられるが，ガラス層中にバブリングが発生しない限り，設定した初期全圧を CO 分圧が超えることは無いものと予想される。以上より，Si_3N_4 を結合層に用いて高 N_2 分圧下（$3×10^5$Pa 以上）でガラス被覆を行う場合には，カーボン基板界面近傍の Si_3N_4 は酸化し Si_2N_2O が安定になるものと考えられる。一方，低 N_2 分圧下では，SiO_2 の安

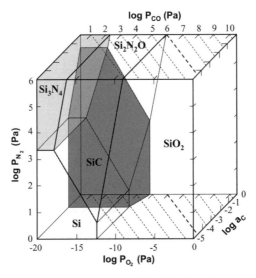

図 2　1773 K における Si-C-N-O 系のケミカルポテンシャル図

定領域がより拡大する。すなわち，クリストバライトの生成を抑制するためには，Si_3N_4を結合層に用いて，かつ，高N_2分圧下でガラス被覆を行うのが良いと予想される。

5.3 実験方法

基板には$\phi 46\,mm \times 3\,mm$の多孔質カーボン基板（Carbonics社製，ETU-10，気孔率15％）を用いた。また，結合層の原料としては，熱分解生成物がSi_3N_4になりうるSi-N前駆体溶液（Perhydropolysilazane（PHPS）；Clariant Japan社製，N-N 110，キシレン溶媒，PHPS＝20 wt％）を用いた。まず，PHPS溶液中でカーボン基板を減圧含浸した後，N_2（＝10^5Pa）中，873 K，1時間の条件で熱分解を行った。カーボン基板内部にまで結合層を浸透させるため，この含浸―熱分解の操作を3回繰り返した。その後，カーボン基板をカーボンモールド内に設置し，予め調整しておいたY-Al-Si-Oガラス粉末で充填した。ガラス粉末には，その組成がY_2O_3：Al_2O_3：SiO_2＝33：21：46（wt％）となるよう原料粉末を混合した後，1693 Kで溶融し，粉砕したものを用いた。なお，今回用いた組成のガラスは，カーボン基板と同程度の熱膨張係数を有し，ガラス転移点は1150 K程度である[7]。

ガラスの溶融被覆は，N_2雰囲気（全圧＝10^6Pa），1773 K，1時間の条件で行った。また，熱力学平衡計算の妥当性を検証するために，比較として，Ar雰囲気（低N_2分圧）でも同様のガラス溶融被覆を行った。ガラス被覆層の厚さは約1 mmである。

この工程では，雰囲気中のN_2が緻密質ガラス層表面に固溶しオキシナイトライド層が形成される。そこで，次工程として，このオキシナイトライド層をガラス転移点近傍の1173 Kにて80 vol％の水蒸気環境下（キャリアガス＝O_2，流速100 mL/min，500 h）で処理し，発生するNO_xガスによる発泡によって緻密質ガラス層の表面近傍を多孔質化した。

各工程で得られたガラス被覆試験片については，走査型電子顕微鏡（SEM）にて断面観察を行った。また，ガラス層―カーボン基板界面の微細構造については，透過型電子顕微鏡（TEM）を用いて観察を行うと共に，エネルギー分散型X線検出器（EDS）と電子線回折（ED）によって分析した。

ガラス被覆試験片の耐水蒸気酸化性については，試験片を1173 K，80 vol％の水蒸気環境下（キャリアガス＝O_2，流速100 mL/min）で2000 h，曝露させた後，試験前後の質量変化を評価した。さらに，耐熱衝撃性については，ガラス被覆試験片を1173 Kの大気中に30分間保持した後，293 Kの蒸留水中に投下し熱衝撃を与え，このサイクルをガラス層中に発生したき裂がカーボン基板にまで到達し試験片が急激に崩壊するまで繰り返した。

5.4 結果および考察

図3に溶融ガラス被覆した試料断面のカーボン基板／ガラス層界面近傍のSEM像およびEDSラインプロファイルを示す。N_2中で溶融ガラス被覆した試料の界面（図3(a)）の場合，ガラス相がカーボン基板表面のみならず，基板内部にまで浸透していることが確認された。また，この界面近傍をTEM/EDSにて分析した結果，クリストバライトの生成は認められなかった。一方，Ar中で溶融ガラス被覆した試料の界面（図3(b)）においては，ガラス相はカーボン基板の表面を覆っているのみであり，カーボン基板内部への浸透は見られなかった。また，この界面近傍をTEM/EDS，EDにて分析した結果，クリストバライトからなる変質層（数μm）が界面に形成していた[3]。これらの結果は，図2で予測された熱力学平衡計算の結果とも良い対応を示した。Ar中で溶融ガラス被覆した試料の界面にクリストバライトが生成したのは，Si-N結合層の酸化によるものと考えられる。また，この酸化に伴い発生したガスによりガラスのカーボン基板内部への浸透が抑制されたものと考えられる。

N_2中で溶融ガラス被覆すると，雰囲気中の窒素が緻密質ガラス層表面に固溶し，オキシナイトライド層が形成される。ガラス層中に固溶した窒素量を二次イオン質量分析法にて定量した結果，本条件下では表面近傍に約0.1at％の窒素の偏析領域（数百μm）があることが確認された。オキシナイトライドガラスの水蒸気酸化はガラス転移温度以上において著しく促進されると共に，

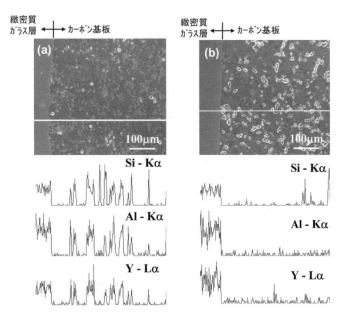

図3　溶融ガラス被覆した試料断面のカーボン基板／緻密質ガラス層界面近傍の
SEM像およびEDSラインプロファイル
(a)N_2中ガラス被覆，(b)Ar中ガラス被覆

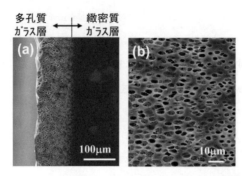

図4 N_2 中で溶融ガラス被覆後,1173 K で水蒸気処理した試料断面の SEM 像
(a)多孔質ガラス層／緻密質ガラス層界面,(b)多孔質ガラス層の拡大

その温度以上においてガラスの粘度も急激に低下するため,酸化に伴い発生する NO_x ガスによりガラス層の多孔質化も促進される。図4に N_2 中で溶融ガラス被覆後,ガラス転移温度近傍の 1173 K で水蒸気処理した試料断面の SEM 像を示す。ガラス転移温度近傍で処理することにより,均一な球状気孔を有する多孔質構造（平均気孔径 2.65 μm,気孔率 37 ％）を形成することができる[3]。当然ながら,Ar 中で溶融ガラス被覆したものを上記と同様の条件で水蒸気酸化しても多孔質構造は形成されない。

最表面を多孔質化したガラス被覆カーボンを更に 1173 K,80 vol％の水蒸気環境下（キャリアガス＝ O_2）で 2000 h 曝露させた結果,質量減量は 0.01 wt％とほとんど変化が見られなかった。これは緻密質のガラスがカーボン基板上を完全に覆っていることを示しており,このガラス層が極めて良好な耐水蒸気酸化性を示すことが確認された。

図5にガラス被覆カーボン基板の耐熱衝撃性（ガラス層が崩壊するまでに要する熱衝撃回数）を示す。Ar 中でガラス被覆した試料（図5(a)）は 10 回未満の熱衝撃でガラス層の崩壊に至るが,N_2 中でガラス被覆した試料（図5(b)）の耐熱衝撃性は Ar 中被覆試料の約 4 倍に向上する。さらに,N_2 中でガラス被覆後,水蒸気処理し最表面を多孔質化した試料（図5(c)）の耐熱衝撃性は Ar 中被覆試料の約 8 倍にまで向上する。このようにカーボン基板上に被覆した多層膜構造の違いにより耐熱衝撃性が大きく依存するのは,Ar 中被覆試料の場合は,カーボン基板／緻密質ガラス層界面に熱サイクル疲労破壊を誘起するクリストバライト層が形成されているのに対して,N_2 中被覆試料の界面にはクリストバライト層が形成されていないからであると考えられる。さらに,N_2 中被覆後に最表面を多孔質化した試料の場合は,界面にクリストバライト層が形成されていないことに加えて,多孔質層が遮熱層として作用すると共に,それが低弾性体であるため,熱衝撃を与えた際に下層の緻密質ガラス層にかかる熱応力を緩和させたからであると推察される。

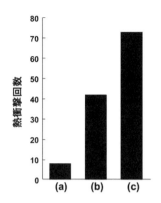

図5 ガラス被覆カーボン基板の耐熱衝撃性
（ガラス層が崩壊するまでに要する熱衝撃回数）
(a) Ar中でガラス被覆した試料，(b) N_2 中でガラス被覆した試料，
(c) N_2 中でガラス被覆後，水蒸気処理し最表面を多孔質化した試料

5.5 結論

多孔質カーボン基板をPerhydropolysilazane溶液中で減圧含浸し，熱分解することにより，カーボンと溶融シリケートガラスの濡れ性を改善した。その後，カーボン基板を高 N_2 分圧下でガラス被覆を行うことにより，結合層の酸化により生ずるクリストバライトを形成することなく，カーボン基板に緻密質ガラスを全面被覆することが可能となった。さらに，N_2 中ガラス被覆時に緻密質ガラス層の表面近傍に窒素が固溶しオキシナイトライド層が形成される現象を利用して，ガラス転移温度近傍で水蒸気酸化することにより，緻密質ガラス層表面に均一な球状気孔径を有する多孔質ガラス層を形成することに成功した。この多層構造体（カーボン基板／結合層／緻密質ガラス層／多孔質ガラス層）は優れた耐水蒸気酸化性と耐熱衝撃性を兼ね備えている。

文　献

1) H. Iyota *et al.*, *Trans. Jpn. Soc. Mech. Eng.*, **66**, 2681 (2000)
2) 野邑泰弘ほか，水の特性と新しい利用技術，191, NTS (2004)
3) M. Wada *et al.*, *J. Am. Ceram. Soc.*, **89**, 2134 (2006)
4) D. Taylor, *Br. Ceram. Trans. J.*, **83**, 129 (1984)
5) A. H. Heuer *et al.*, *J. Am. Ceram. Soc.*, **73**, 2785 (1990)
6) Narushima *et al.*, *Mater. Trans. JIM*, **38**, 821 (1997)
7) M. J. Hyatt *et al.*, *J. Am. Ceram. Soc.*, **70**, C 283 (1987)

6 生体材料の表面処理技術

上條榮治*

　生体材料として金属，セラミックス，高分子がそれぞれの特徴を生かして実用に供されており，生体との親和性が大きな課題である。ここでは，生体材料全般を展望し，生体適合性を付与する表面処理技術の現状と将来の再生医療に必要な生体セラミックス材料の研究について概要を述べる。

6.1 生体医療材料に要求される性質[1]

生体医療用材料に要求される性質は以下の通りである。
① 毒性が無く耐食性が高いこと
② 使用目的に応じた強度を備えていること
③ 疲労強度が大きいこと
④ 硬組織適合性が良好なこと（骨形成が早く，骨との接着性が高いこと）
⑤ 軟組織適合性が良好なこと（軟組織との接着性が良いこと）
⑥ 血液適合性が良いこと（血栓を生じず，血小板の粘着が少ないこと）
⑦ 生体分子の非特性的吸着，細胞接着を抑制すること

　この①～③の要求は，材料の選択ならびに組成あるいは製造プロセスを含む材料設計によって対応できる項目であるが，④～⑦の要求は，金属材料では材料自体で生体機能性を持たず，材料設計のみでは対応できない。セラミックスでは生体機能性原料の利用あるいは複合化することで，また高分子では生体機能性セグメントあるいは官能基の導入，表面修飾することで生体機能性を付与できる。

6.2 人工生体材料の現状[2]

　人工生体材料としてセラミックス，高分子，金属ならびにこれらの複合材料があり，実用的に用いられている人工生体材料について現状を以下に要約した。

(1) セラミックス（Al_2O_3, ZrO_2, カーボンなど）

　バイオイナートな素材としてアルミナ，ジルコニア，カーボンは，骨組織親和性が良く優れた機械強度を持つことから人工関節，大腿骨骨頭などとして広く用いられている。アルミナは骨欠損に対するスペーサーとしても利用されている。

＊　Eiji Kamijo　龍谷大学名誉教授；龍谷エクステンションセンター（REC）フェロー

第2章 表面処理応用技術

(2) カーボン (C)

カーボン繊維は，バイオイナートな素材で抗血栓性にも優れることから，低温熱分解炭素は人工心臓弁として用いられている。骨や関節においては摩耗粉が周囲組織に取り込まれることや，リンパ節に移動蓄積するなどの問題がある。

(3) ガラスセラミックス（SiO_2-CaO-P_2O_5-MgO-CaF_2系など）[5]

バイオアクティブなガラスセラミックスとして，バイオガラスが挙げられる。バイオガラスは，無機材料で生態の骨組織と化学的に結合する素材であり，骨置換材として長期の追跡調査で良好な結果が得られている。

(4) ハイドロキシアパタイト（$Ca_{10}(PO_4)_6(OH)_2$；HA）

ハイドロキシアパタイトは，骨の無機質の主成分であるリン酸カルシウムから成り，骨と直接結合することが明らかになり骨欠損の補填材，スペーサー，人工歯根，人工関節などの臨床実験に応用されている。

焼成温度が1250℃で合成されたHAは，結晶性で機械強度や硬さが高く安定で吸収置換がない反面，生物活性が低いので，緻密体としてスペーサー，人工歯根などに用いられている。焼成温度が1000℃以下で合成されたHAは，生体活性が高く吸収置換が徐々に進行するので，多孔体や顆粒体として骨欠損の補填材として用いられている。

(5) リン酸三カルシウム（β-Tricalcium phosphate；β-TCP）

メカノケミカル法で作製されたβ-TCP（$CaHPO_4 \cdot 2H_2O$；$CaCO_3$，Ca/P＝1.5）は，骨腫瘍による骨欠損の補填材として利用し，良好な吸収と自家骨に置換されることが示されている。高温型のα-TCPはより吸収性が良いとされている[16]。

(6) バイオアクティブ骨ペースト（BABP）

骨欠損補填材としてバイオアクティブなリン酸三カルシウムを主体にしたペーストが用いられている。リン酸カルシウムの粉体を水で練り合わせたもので水和反応により徐々にHAに常温で転化する自己硬化セメントで，吸収性と骨置換が期待される[13]。

(7) 吸収性ポリマーならびに吸収性ポリマー複合材

生体内分解吸収材料は，吸収性の縫合糸，骨接合材として開発されてきたが，その多くはα-ヒドロキシ酸誘導体に属する脂肪酸ポリエステルで，polyglycolic acid（PGA）およびpolylactic acid（PLA）が代表的である。この高分子材料は，生体内で加水分解され水と炭酸ガスに分解される。この材料の問題は，生体への吸収のスピードと機械強度のバランスであり，複合化によりバランスを取ることが研究されている。

また，これらの高分子は，骨との結合性が無いので，バイオアクティブなHAとの複合化により優れた骨伝導能と骨癒合が確認されている。

(8) 金属材料

　人工骨としての金属材料は，長期間体内に埋植されるため腐食が最も大きな問題となる。この課題に耐ええるものとして316Lステンレス鋼が開発され，さらに機械強度に優れるCo-Cr-Mo合金が人工関節の素材として開発され広く用いられている。さらに軽量で強度も高く耐食性に優れ剛性の低い純チタン，($α+β$型）チタン合金がステンレス鋼に代わって用いられている。

　合金元素であるCo, Cr, Ni, Al, Vなどは生体に対して有毒であるとする報告もあり，これら元素を含まないで，骨皮質の剛性率に近い合金が望まれ，$β$型チタン合金（Ti-29 Nb-13 Ta-4.6 Zr）が開発されている[7]。

6.3　生体材料の表面処理・改質[3〜9]

　金属系生体材料は，耐食性，耐摩耗性，生体組織適合性，更には人工歯根では抗菌性を改善する目的で表面処理・改質が行われ，骨形成促進，骨組織との結合を目指している。骨組織適合性を向上させる目的では，合金表面にハイドロキシアパタイト（HA）の被覆が主に行われているが，界面破壊やアパタイト層内での破壊の危険性がある。被覆HAは結晶性が低く生体内での溶解性が大きいため，加熱により結晶性を高めることも行われている。

　骨形成を促進するHA被覆法は，乾式法ではRFマグネトロンスパッタ法，湿式法では水溶液から電気化学的方法で炭酸含有HAを板状，針状あるいは顆粒状に析出させる方法などが開発されている[5]。

　材料表面にHAを被覆するのでなく，骨組織適合性の表面層を形成し，骨組織に埋入したときに骨形成が促進されることを目的にした表面改質法が検討されている。Tiへのカルシウムイオン注入により，表面にCaOおよび$CaTiO_3$を含有するTiO_2層が構成されていることから，骨芽細胞培養中に骨様組織の形成が未処理材に比較して速くなることが報告されている。また$CaTiO_3$をスパッタ蒸着しながらTiイオン注入を行う方法も考案されている。

　金属をステント，ガイドワイヤー，人工弁，人工歯根などに利用する場合には，血小板粘着抑制，血液中潤滑性，細菌付着抑制などの生体機能性が要求され，生体機能分子が固定化された材料が必要になる。血液に接触する材料や血液診断チップなどにおいては，蛋白質吸着や細胞接着を抑制するため，機能分子であるポリエチレングリコール（PEG）を自在に固定化することが求められる。金属酸化物を利用しPEGを固定化し，血小板，蛋白質，ペプチド，抗体，DNAなどの吸着を抑制する研究が行われている。また他の材料との複合化は，金属とセラミックス，金属とポリマー，金属と生体分子などがあり，今後はポリマーや生体分子の表面固定化が大きな課題であろう[10]。

第 2 章　表面処理応用技術

6.4　再生医療用の足場材料[10]

　一方，再生医療の進展に伴い，生体から細胞を取り出し増殖させた後，足場材料にその細胞を組み込んで培養し，これを生体内に埋入し組織を再生させる試みが積極的に進められている。特に骨再生においては多孔質セラミックスの足場材料が重要な役割を担っており，生体適合性の高い水酸アパタイト（$Ca_{10}(PO_4)_6(OH)_2$；HA），生体に吸収される α および β-Tricalcium phosphate（$Ca_3(PO_4)_2$）がこれまでに検討されてきた。これらの足場材料に骨髄由来の細胞で骨芽細胞に分化させたもの，成長因子として骨形成蛋白質 BMP（Bone Morphogenetic Protein），細胞の増殖に寄与する bFGF（Basic Fibroblast Growth Factor）などを担持させることが研究されている。詳細については文献を参照されたい[10〜16]。

文　　献

1) 塙　隆夫,「生体用金属材料開発・評価の現状と将来戦略」, まてりあ, **43** (3), 176 (2004)
2) 丹羽滋郎,「人工骨用生体材料の現状と将来展望」, まてりあ, **43** (3), 186 (2004)
3) 佐野健一他,「チタン表面に特異的に吸着するペプチド TBP-1 の創出とその利用」, まてりあ, **44** (10), 799 (2005)
4) 春山哲也,「電気化学反応を利用した金属表面へのタンパク質の固定化」, まてりあ, **44** (10), 804 (2005)
5) 興戸正純,「水溶液プロセスによる水酸アパタイトコーティング」, まてりあ, **44** (10), 808 (2005)
6) 春日敏宏,「チタン合金へのリン酸カルシウム結晶化ガラスコーティング」, まてりあ, **44** (10), 812 (2005)
7) 新家光雄,「チタン合金を中心とした生体・歯科用合金の研究・開発」, まてりあ, **46** (3), 198 (2007)
8) 塙　隆夫,「表面改質による金属の生体適合化・機能化」, まてりあ, **46** (3), 203 (2007)
9) 塙　隆夫,「生体内における金属材料の表面反応」, まてりあ, **46** (7), 464 (2007)
10) 田端泰彦,「再生誘導能力をもつ新世代型バイオマテリアル」, まてりあ, **46** (7), 472 (2007)
11) 大串　始,「セラミックスを利用した再生医学・組織工学」, セラミックス, **40** (10), 823 (2005)
12) 中州正議, 他,「気孔径の異なる高気孔率水酸アパタイトの骨形成」, セラミックス, **40** (10), 828 (2005)
13) 澤村武憲ほか,「生体活性骨ペーストの開発およびスキャホールドへの応用」, セラミックス, **40** (10), 831 (2005)

14) 入江洋之,「吸収性セラミックスの骨再生への応用」, セラミックス, **40**(10), 835 (2005)
15) 菊池正紀ほか,「ソフトテクノロジーによる組織再生材料の開発―骨組織再生スポンジ―」, セラミックス, **40**(10), 858 (2005)
16) 大槻主税ほか,「骨組織の自己再生を支援するセラミックスの材料設計」, セラミックス, **40**(10), 862 (2005)

7 ナノ周期構造高次構造セラミックス応用

横川善之*

7.1 ナノ材料

ナノサイズでの組織制御が可能なファインセラミックスは，近年，シリカ，炭素系をはじめとして多く報告されている。光の波長（可視光で400 nm以上），導体の平均自由行程，磁性体の磁区の大きさより小さくなると，量子サイズ効果により物質のバルク状態と異なる光学的，電子的，磁気的特性等を示すようになる。「材料国家産業技術戦略」（2000.12）[1]では，ナノ材料[2]がキーテクノロジーとして位置づけられ，機能の高度化に伴う超小型化，省エネルギーの点で革新的な材料創製が期待されている。ナノ材料は，医薬製剤の分野では100 nmを超えるものも含むが，概ね100 nm以下の構造周期性を持つものを指す。さらにIUPAC基準によれば，ミクロ（2 nm以下），メソ（2～50 nm），マクロ（50 nm以上）に分類される。半導体産業で進められてきた微細加工は主としてトップダウンであり，メソ領域の構造周期性を実現することは難しかった。光を使うフォトリソグラフィーでは光の波長により最小加工寸法が100 nm程度に止まり，電子線リソグラフィーは加工時間に問題があった。そこで，ナノ空間の構造規制として自己組織化などのボトムアップ的な手法が開発されている。アルコール還元（ポリオール）法，ゾル―ゲル，マイクロエマルション法など様々な形態のナノ粒子が合成され，製品としても各社から発表されている[3]。ナノ粒子は，微粒子―抗体複合体を用いた抗原部位検出法で蛍光プローブなどとしてナノ粒子自体が活用されるほか，電子デバイスの基本構成粒子（ビルディングブロック）として3次元的に凝集，超格子構造を形成することも検討されている。

ナノスケールの空隙が規則的に配列したナノあるいはメソ多孔体の研究が近年活発に進められている。界面活性剤の自己組織化を利用したメソ多孔体は，1992年にモービル社がアルキルトリメチルアンモニウムMCM塩を用いたシリカメソ多孔体を*Nature*と*JACS*に発表し大きな影響を呼び，メソ多孔体研究が大きく拡大している[4]。界面活性剤は，濃度などの条件により，所定の形状の会合体ミセルを形成する。ミセルを鋳型として，金属イオンを加え焼成することにより，所定の形状の金属酸化物（セラミックス）などを得ることができる。構造周期性として，2～30 nmの任意のサイズで，1次元六方形状，ワームホール型，3次元立方形状，層状構造などが報告されている。層状化合物（kanermite）と陽イオン性界面活性剤アルキルトリメチルアンモニウムから得られるFSM-16，臭化ヘキサデシルトリメチルアンモニウムとトリメチルベンゼンを組み合わせることで気孔径を2～10 nmで制御したM 41 S，M 41 Sのひとつにおいては MCM-41が

---

*　Yoshiyuki Yokogawa　大阪市立大学　大学院工学研究科　教授

ある。非イオン性親水基を持つ中性界面活性剤ポリエチレンオキシド（PEO）を用いPEO-ポリプロピレンオキシド（PPO)-PEOブロック共重合体によるSBA-15などが知られている。SBA-15では気孔径は7～30 nmであり，MCM-41より安定性に優れている[5]。

本稿では，ナノ空間を高度に活用するナノ周期構造高次構造セラミックスとその応用例について述べる。

7.2 高次構造セラミックス

セラミックス多孔体は，用途に応じ様々な気孔径のものがあり，合成法は極めて多様である[6]。気孔径数～数十mm，気孔率80％以上の軽量骨格材から，気孔径1 μm～数mmと用途に応じ広い幅がある断熱材，1 nm～数十 μmの貫通気孔の触媒担体，吸着材，フィルタなどがある。フィルタは，分離，捕捉する対象物質のサイズに近い気孔サイズのものが使用される。数 μmまでの一般ろ過，0.1 μmまでの精密ろ過（MF）膜，数nmまでの限外ろ過（UF）膜，それ以下のガス分離（NF）膜など，分離対象により異なるサイズのセラミックスフィルタがある。ミクロン単位の大腸菌などの菌体やそれより大きな赤血球はMF膜で分離でき，ウィルスや酵素の分離にはUF膜が必要である（図1）。ゼオライトは結晶構造に基づくナノメートル以下の気孔を持ち，分子量の小さな有機物の分離，精製に適している。1980年にユニオン・カーバイド社により開発された$AlPO_4$組成の分子ふるいは，ゼオライトより気孔径を自由に制御できるメリットがある。一方，バイオリアクターなどで用いるセラミックス担体や多孔質人工骨は，対象となる微生物，細胞に対し数倍の大きさの気孔を持つものが使用される。微生物や細胞が良好に増殖するには，その栄養分となる溶液あるいは体液が良好に流通しなければならない。微生物や細胞が占める空間には，その通路となる空間が必要である。微生物や細胞は10～50 μm程度の大きさがあり，気孔径として数十～200 μm程度が必要とされる。人工骨で生体骨の無機成分と同

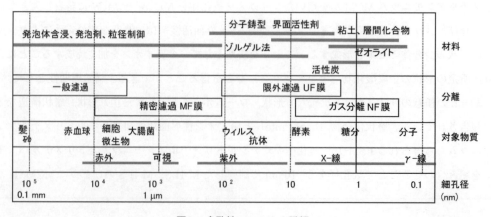

図1　多孔性フィルタの種類

第 2 章 表面処理応用技術

じ水酸アパタイトなどリン酸カルシウム系のセラミックスが使用される場合,骨欠損部に充填したセラミックスが次第に生体骨に置換されていくことが期待される。骨細胞が内部に入り込み骨の代謝系に組み込まれるためには貫通気孔であることが望ましく,また体液が浸透しより速やかに骨と同化するため数 μm 以下のより小さな気孔があるように合成される[7,8]。よって,微生物,細胞の存在する場として,栄養分が流通する気孔の壁面があり,その壁面にさらに小さな気孔があるという3次元的な構造となっている。水処理で実用化されている 0.1 μm の気孔径を持つセラミックスフィルタは,粒径を制御した粉体を焼き固めることにより合成されるが,粒径の異なるいくつかの層が累積した傾斜組織であり,水の流通性,機械的強度を併せ持つ構造を持つ。

細胞,微生物内あるいは細胞,微生物同士の情報伝達に関する研究が進み,様々な生理活性物質が関わっていることが判明している。生体の様々な機能に関わる生理活性物質であるサイトカインは,分子量数万から数十万,サイズとして数 nm〜数十 nm である。このようなメソ領域の分子を担体に固定することにより,担持する細胞,微生物の機能を制御し,さらに高度に細胞,微生物の機能を活用することができると期待される。汚染土壌などの生息する微生物は汚染物質を分解する消化酵素を持ち,酵素も数 nm 程度の大きさである。このような酵素を固定することで,微生物と同様の機能を発揮させることも可能となる。

多孔質材料設計においては,用途に応じて様々な気孔の組み合わせが可能である。例えば,数十〜200 μm,数 μm,さらに数 nm の気孔のサイズ,形状,配置を組み合わせることにより,様々なスケールでそれぞれの構造を制御した高次構造多孔性セラミックスは,それぞれのサイズに応じた多機能性を有し,例えばバイオや環境など広い分野での応用が期待される。

7.3 水環境浄化への応用

ナノ周期高次構造セラミックスの応用として,水環境浄化への応用例について紹介する。近年,水域の有機汚濁,富栄養化等による水源の汚染が深刻化し健康障害が指摘されている。特に閉鎖性水域のうち湖沼の環境基準達成率は河川や海域のそれを大幅に下回っており,回復の兆しも見えていない。富栄養化を抑制するためには,汚水中の BOD 分だけでなく,栄養塩類を除去し,溶存有機物(DOC)を削減する必要があり,総務省,環境省,国土交通省,農林水産省等から対策強化の通知がなされている。オゾン,活性炭などを用いた高度水処理は効果的であるが,省エネなどの観点で有用微生物を用いた生物ろ過法が有用である。効果的な環境負荷削減には,所定の箇所に有用微生物を固定し,増殖させるために適切な担体が必要であり,様々な地域に特有の廃棄物として微生物担体に適切な陶磁器屑,廃ガラスなどを未利用資源と位置づけ活用することにより,低コストでより環境負荷の小さいシステムの構築が期待される。

微生物担体としては,7.2 項で触れたように気孔径として数十〜200 μm 程度が必要である。多

孔質セラミックスに有用微生物を担持し，室温で振とうしながら培養し，グルコースなどから合成した人工汚水を所定時間毎に供給，採取する実験室内での評価を行った。気孔径が数十μmに満たない多孔質セラミックスと比べ，気孔率がほぼ同じで気孔径がそれ以上の多孔質セラミックスを担体に用い菌体数を測定すると後者の菌体量が多い[9]。また多孔質体の表面電位が負に大きく，より水に濡れやすい方が付着菌体量が多い[10]。汚泥などから合成した多孔質材料はシリカが主成分であり，担体の化学的特性に大きな差は見られず，多孔質体内部の空間が，微生物の増殖，汚水中の成分の消化により支配的である。

　汚染された土壌などにも微生物が生息し，それが体内に持つ消化酵素により汚染物質と共存している。よって有害汚染物質中の分解菌より分解酵素を抽出すると，微量有害汚染物質の削減に効果がある[11]。酵素は分子量数万から数十万，サイズとして数nm～数十nmである。このような酵素は，メソポアに選択的に固定され，繰り返し使用しても高い活性を保持する[12]。メソポアにそれと同程度の大きさの分子が吸着するメカニズムは明確ではない。マイクロ孔の場合，細孔の壁が接近しているためvan der Waalsポテンシャルが重なり，細孔径が小さくなると吸着質と壁の相互作用が大きくなり，吸着質がより強く吸着される[13]。界面相互作用など今後の解明が期待される。

　ヘドロより合成した微生物担持に適した数十ミクロン以上の気孔を有する微生物担持用多孔質セラミックスに，生体触媒（酵素）担持に適したメソ気孔を形成した。SBA-15あるいはSol-gel法によるメソポーラスシリカ皮膜を，数十ミクロン以上の気孔の内部あるいは多孔質セラミックス表面に形成した。また，密閉した容器中NaOH水溶液に浸漬することでアルカリリーチングを行った。いずれの手法も，多くの酵素サイズである数～10nmにナノサイズのメソ気孔を形成することができた。図2に，SBAコーティングにより形成した皮膜断面のTEM像を示す。ヘドロセラミックス基材に，0.2～1μm程度の厚みの皮膜が形成されている。皮膜には，メソサイズの気孔の存在が観察される。ヘドロセラミックス基材あるいはメソポーラス層のEDXによる元素分析プロファイル（図3）では，ヘドロセラミックス基材にはアルミナのピークが見られるが，メソポーラス層ではシリコンに相当するピークのみが見られる。SBA-15については，1, 3, 5-trimetlybenzeneを使用することにより，数～45nmの範囲でメソ気孔の気孔径を調整することが可能だった[14]。

　上記の3種類の方法で表面処理をした多孔体と未処理の多孔体を用い，菌体の付着性を調べた。ポンプを用いて多孔体を充填したシリンジに培地を循環させ，O. D.$_{660}$を測定した。菌体は全ての多孔体において1日間でO. D.$_{660}$=0.1ほどの菌体濃度で定着し，担体間の差は顕著ではなく，メソポーラスコーティングによって微生物担体としての担持量には影響が少ないことが分かった（図4）。小規模事業所からの含油排水処理として使用されている油分解酵素（リパーゼ）を担持

第 2 章　表面処理応用技術

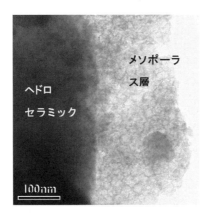

図2　ブロックコポリマーを用いる手法（SBA コーティング）で調整したナノポーラスヘドロセラミックスの TEM 像

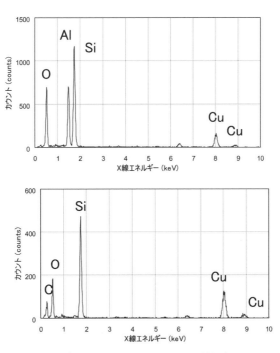

図3　ブロックコポリマーを用いる手法（SBA コーティング）で調整したナノポーラスヘドロセラミックスの EDX 分析
上：ヘドロセラミックス，下：メソポーラス層

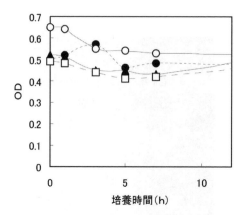

図4　各ナノポーラスセラミックス担体への分解菌の定着
■：未処理，○：アルカリリーチング，
△：Sol-gel コーティング，●：SBA コーティング

し，酵素固定化担体の性能を評価した。シリンジに酵素固定化多孔体を充填したリアクターを作製し，食品加工工場排水を供試原水とし，通水速度は50 m／時，空気による逆洗工程は1回／日とした。酵素を固定化していない多孔体を充填したリアクターでは，油分濃度は40～60 mg・L^{-1}であったのに対して酵素固定化多孔体系では安定して20 mgL^{-1}前後と基準値をクリアできた。

メソポーラス層を気孔内や表面に形成した高次構造セラミック多孔体は，菌体／酵素／汚染物質の接触反応場を効果的に形成し，有機汚濁物質や富栄養化の原因となる窒素・リンの処理以外に，従来困難とされてきた油脂分の高効率処理も可能とすることができる。このような多孔体を，高度処理槽の充填材として使用することにより，高度処理槽をコンパクト化することが可能であり，省エネ化が可能である。

7.4　まとめ

ナノ空間を高度に活用するナノ周期構造高次構造セラミックスとその応用例について述べた。またナノ周期構造高次構造セラミックスは，水環境浄化用担体としてばかりでなく，細胞培養担体としても有用である[15]。生理活性物質等，ナノサイズの機能性生体分子を固定することにより，特定細胞の活性を制御し，高度に細胞，微生物の機能を活用することができると期待される。量子効果のようなナノサイズによる高機能化ではないが，ナノサイズの空間を活用することによる高機能化，それによる小型化，省エネルギーが可能であり，さらに様々な分野の新材料への展開が期待される。

第2章　表面処理応用技術

文　　献

1) 岸　輝雄, まてりあ, **40**, 462 (2001)
2) 小泉光恵, 目　義雄, 中條　澄, 新原皓一編, ナノマテリアルの最新技術, シーエムシー, 2 (2001)
3) 奥山喜久夫, 中曽浩一, 無機マテリアル, **8**, 409 (2001)
4) 黒田一幸, 化学と工業, **56**, 1069 (2006)
5) 前川英己, まてりあ, **45**, 359 (2006)
6) A. R. Studart, U. T. Gonzenbach, E. Tervoort, L. J. Gauckler, *J. Am. Ceram. Soc.*, **89**, 1771 (2006)
7) E. N. Ozgur, and C. Tas, *J. Euro. Ceram. Soc.*, **19**, 2569 (1999)
8) N. Passuti, G. Daculsi, J. M. Rogez, S. Martin, and J. V. Bainvel, *Clin. Orthoped.*, **148**, 169 (1989)
9) 横川善之, 用水と廃水, **39**, 61 (1997)
10) K. Nishizawa, M. Toriyamna, T. Suzuki, Y. Kawamoto, Y. Yokogawa, and H. Nagae, *J. Ferment. Bioeng.*, **75**, 435 (1993)
11) T. Saito, P. Honog, K. Kato, M. Okazaki, H. Inagaki, S. Maeda, and Y. Yokogawa, *Enzyme and Microbial Technology*, **33**, 520 (2003)
12) K. Kato, I. Roxana, T. Saito, Y. Yokogawa, and H. Takahashi, Biosci. *Biotech. and Biochem.*, **67**, 203 (2003)
13) 近藤精一, 石川達雄, 安部郁夫, 吸着の科学, 丸善, 70 (2005)
14) S. Seelan, K. Kato, and Y. Yokogawa, *Key Eng. Mater.*, **317-318**, 717 (2006)
15) Y. Yokogawa, S. Seelan and Y. Zhang, *Key Eng. Mater.*, **309-311**, 939 (2006)

第 3 編

ガラス編

あらすじ

サンプル

第1章 ガラスへのコーティング技術と応用

1 真空アークプラズマ蒸着法

南　内嗣*

1.1 はじめに

近年，アークプラズマ発生源としてLaB_6カソードを用いる圧力勾配型プラズマガン（通称；浦本ガン）[1]を採用する真空アークプラズマ蒸着（Vacuum Arc Plasma Evaporation；以下ではVAPEと略記する）技術が大面積基板上に高速成膜が可能な実用薄膜形成技術として注目されている[2~8]。VAPE法は，アークプラズマによる成膜機構自体が十分に解明されているとは言い難く，薄膜形成技術として種々の名称で呼ばれている。例えば，開発当初からイオンプレーティング（IP）法と呼ばれている[3,4,9]。現在，VAPE成膜技術は耐摩耗膜等への応用を目的とする窒化物薄膜形成及び電子工学，光・電子工学及び光学分野での応用を目的とする酸化物薄膜形成等に実用化されている。競合するマグネトロンスパッタリング成膜技術と比較して多くの利点を有するが，成膜原理上の欠点に加えて装置が高価なこともあり，現状では広く普及するには至っていない。ここでは，VAPE成膜技術を酸化物薄膜形成に適用した場合について述べる。

1.2 VAPE法の原理と特徴

筆者らが使用している市販のVAPE装置の基本構成を図1に示す。比較的高いガス圧下での

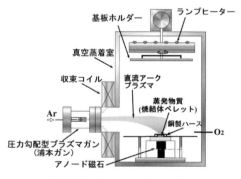

図1　アークプラズマ蒸着装置

---

* Tadatsugu Minami　金沢工業大学　光電相互変換デバイスシステム研究開発センター　教授

大電力（低電圧，大電流）直流アーク放電を利用するアークプラズマ発生装置を備え，発生したアークプラズマを真空チャンバー内の円形加熱蒸発源（銅製ハース）に導き，ハース内に充填された蒸着物質を加熱蒸発させて，基板上に堆積させる。すなわち，アルゴン（Ar）ガスの直流放電を利用するアークプラズマ発生室から磁界でガイドされたArプラズマを圧力差を利用して真空蒸着室へ引き出し，蒸発源に照射することにより蒸着物質が加熱される。真空蒸着室に導入されたプラズマは拡散等により真空蒸着部全体に広がっているため，蒸発した蒸気や導入したガスがプラズマにより活性化される可能性があり，活性化反応性蒸着（Activated Reactive Evaporation；ARE）を実現できる。特に，低電圧アーク放電を使用して発生するプラズマのエネルギーは低いため[9]，マグネトロンスパッタリング（MS）法の場合と比較して基板上へ到達する粒子のエネルギーは，数十eV程度と報告されているので粒子による衝撃やスパッタリング等によるダメージを生じる可能性が極めて低い。したがって，VAPE法はMS法と比較してソフトなAREが可能な成膜技術と言える。

　市販のVAPE装置では，蒸着物質を加熱蒸発させる加熱蒸発源として異なる2つの方式が採用されている。上述の筆者らが使用している加熱蒸発源では，ハース内に充填する蒸着物質は任意の形状，大きさを有する粒塊（ペレット）が使用可能である。連続運転する場合は，蒸発材料の連続補給機構を備えている[3,10]。また，試験・研究目的での成膜では，水冷銅製ハース内にインナーハース（BN製）を入れてハース内に充填する蒸着物質の容量を調整できる。したがって，MS法の場合のような高価な大型ターゲットやその成型加工等が不要である。一方，他の方式の加熱蒸発源では，円柱状もしくは円盤状のペレット（タブレットあるいはターゲットと呼ぶ場合もある）を使用しているため，連続して成膜するためにはペレットの送り出し機構（もしくは搬送機構）を備えている[4,7,9]。この方式では，ペレットの冷却が困難であり，ペレットの焼結密度を高くすると割れてしまうので低密度の焼結体を準備する必要がある。しかし，いずれの方式においても大面積基板上への成膜は，横長形状のアークプラズマ発生部と蒸発源の採用やこれらの対を複数個設置し，かつ基板搬送機構を備えたVAPE装置の採用によって実現している[10,11]。すなわち，固定（静止）した大面積基板上に厚さが均一な膜を形成することは原理上困難である。

表1　成膜条件

ガラス基板	OA-2，OA-10
蒸発源―基板間距離	約58 [cm]
成膜圧力	0.08～0.3 [Pa]
成膜温度	室温－450 [℃]
プラズマ主電力	2.0～20.0 [kW]
アルゴン（Ar）流量	20～25 [sccm]
酸素（O_2）流量	0～30 [sccm]

第1章　ガラスへのコーティング技術と応用

また、VAPE装置のアークプラズマ発生部は、約250時間毎のメンテナンス（簡単なクリーニング）が必要である。

表1に、以下に述べる酸化物薄膜作製において採用する基本的な成膜条件をまとめて示している。ガラス基板（基板ホルダ）を回転させながらランプで加熱しているため、以下に記載の成膜温度（Ts）は、基板表面ではなく基板近くでモニターしている。また、蒸着物質のペレットは、酸化物粉末からなる成形体を750～1400℃の適当な雰囲気中で焼結して作製された。

1.3　各種酸化物薄膜の作製

VAPE法の原理上、蒸気圧が大きく異なる材料からなるペレットを使用する成膜は困難であるが、これまでに多くの酸化物材料の薄膜形成が報告されている。例えば、プラズマディスプレイパネル（PDP）の電極保護（兼2次電子放出）膜として使用されるMgO薄膜を、大面積基板上に高速形成するVAPE技術が実用化されている[10,12]。また、表2はVAPE装置を使用して筆者らがこれまでに作製した酸化物薄膜の種類とペレット作製に使用した原材料及び使用したプラズマ主電力（放電電力）とその時に得られた成膜速度をまとめて示している[6,8]。以下にこれら

表2　成膜した酸化物と使用原料

2元酸化物透明導電膜

材料	原料	成膜レート [nm/min]	プラズマ主電力（放電電力）[kW]
ZnO	ZnO	180～345	5.5～8.0
In_2O_3	In_2O_3	250	8.0
SnO_2	SnO_2	140	3.5
TiO_2	TiO_{2-X}	4～11	4.0～7.0
SiO_2	SiO_2	48～84	9.0～11.0

2元及び多元系酸化物透明導電膜

材料	原料	成膜レート [nm/min]	プラズマ主電力（放電電力）[kW]
$ZnO：Ga$ (GZO)	$ZnO + Ga_2O_3$	150	4.5
$ZnO：B$ (BZO)	$ZnO + B_2O_3$	150	4.5
$ZnO：F$ (FZO)	$ZnO + ZnF_2$	120～170	4.5～6.0
$In_2O_3：Sn$ (ITO)	$In_2O_3 + SnO_2$	190	4.5
$ZnO-In_2O_3$	$ZnO + In_2O_3$	180～222	8.0
$In_2O_3-SnO_2$	$In_2O_3 + SnO_2$	90～150	4.0
$ZnO-SnO_2$	$ZnO + SnO_2$	42～150	4.0

の薄膜作製及びその得られた特性の一例を紹介する。

1.3.1 酸化物透明導電膜の作製

これまでに各種の透明導電性酸化物（Transparent Conducting Oxide；TCO）薄膜が開発されているが，スズ添加酸化インジウム（In_2O_3：Sn；通称ITO（Indium-Tin-Oxide））に代表される In_2O_3 系透明導電膜が実用の主流である。しかし，主原材料のインジウム（In）が高価なレアメタルであり，将来的な安定供給に不安があるため，ZnO系透明導電膜が最有力代替材料として近年注目されている[13~15]。また，PET（ポリエチレンテレフタレート）やPC（ポリカーボネート）等のプラスチック基板上への透明導電膜の作製が報告されている。表3は筆者らがVAPE装置を使用して作製した酸化物透明導電膜とその得られた特性をまとめて示している。

ITO透明導電膜のVAPE法を用いる作製は，これまでに多くの報告がある[2~4]。表3からも明らかなように，VAPE装置で作製したITO透明導電膜では，直流マグネトロンスパッタリング法を用いて作製される膜と同程度以上の優れた電気的及び光学的特性を実現できる。

ZnO系透明導電膜のVAPE法を用いる作製では，これまでに多くの報告があり，$1×10^{-4}Ωcm$ 台の低抵抗率GZO透明導電膜が実現されている[5,11]。筆者らのVAPE装置で作製したGZO透明導電膜では，表3に示したように，最低抵抗率を実現するための最適な Ga_2O_3 添加量は2~4 wt.%程度であった。また，使用するペレットの Ga_2O_3 添加量によって作製する膜中のGa含有量（Zn/（Ga＋Zn）原子比）を制御できた。VAPE法では成膜速度が放電電力を変化するとある程度制御可能であり，高い成膜速度を実現できる。しかし，成膜速度は成膜時の圧力（蒸着圧

表3 作製した透明導電膜の特性

略式 （ドーパント）	添加量 [wt.%]	抵抗率 $×10^{-4}$ [Ωcm]	キャリア密度 $×10^{20}$ [cm^{-3}]	ホール移動度 [cm^2/Vs]	基板温度[℃] ／（膜厚 [nm]）
GZO（Ga）	2-4	5.5	8.2	14.6	100／（319）
		2.3	7.6	35.5	350／（319）
FZO（F）	5	7.4	8.4	10.2	100／（284）
GZO：F（F, Ga）	1, 1	4.5	8.3	16.5	100／（436）
	2, 3	2.1	7.9	37.6	350／（351）
AZO（Al）	30	4.3	2.9	50.3	250／（435）
BZO（B）	0.5	5.2	2.5	48.0	220／（500）
ITO（Sn）	5	2.6	7.2	33.0	100／（178）
$ZnO-In_2O_3$	10-30 (Zn [at.%])	3-4	4.0-5.5	38.0-55.0	100／（100）
$In_2O_3-SnO_2$	6-30 (Sn [at.%])	3-8	3.0-7.5	30.1-25.0	200／（200）
$ZnO-SnO_2$	40-60 (Sn [at.%])	40-80	0.3-0.9	15.0-20.0	300／（300）

第1章 ガラスへのコーティング技術と応用

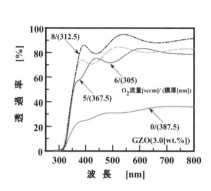

図2 GZO透明導電膜の透過スペクトルの
O₂ 導入量依存性

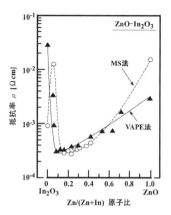

図3 ZnO–In₂O₃系透明導電膜の
抵抗率のZn含有量依存性

力)に影響される。例えば，放電電力 4.5 kW で作製された GZO 透明導電膜では，成膜圧力が 0.1 Pa において約 150 nm/min の成膜速度を実現できるが，成膜圧力が 0.2 Pa まで上昇すると約 80 nm/min まで低下した。また，VAPE 法で作製された GZO 薄膜の電気的及び光学的特性は，成膜温度と導入 O₂ ガス流量に大きく影響された。例えば，Ga_2O_3 添加量 3 wt.%のペレットを使用して，O₂ ガスの導入なし，成膜圧力 0.15 Pa，放電電力 4.5 kW の条件下で，成膜温度 350℃ において，約 $2×10^{-4}$ Ωcm の低抵抗率 GZO 透明導電膜（膜厚は約 300 nm）を実現できた。一方，図2は成膜温度 100℃ で作製した GZO 薄膜の光学透過スペクトル（基板ガラスを含む）の O₂ ガス導入流量依存性を示している。約 20 sccm までの O₂ ガス導入量の増加に伴って，抵抗率はほとんど変化することなく透過率が改善された。成膜温度 100℃ において，抵抗率が約 $5×10^{-4}$ Ωcm で平均可視光透過率が 80% 以上の GZO 透明導電膜（膜厚は約 300 nm）を実現できた。最近，基板搬送機構付きの VAPE 装置を用いて，成膜温度 200℃ で作製された 30 nm 厚の GZO 透明導電膜において抵抗率 $4.4×10^{-4}$ Ωcm の実現が報告されている[11]。

一方，VAPE 法を用いて作製した F もしくは B 添加 ZnO（FZO もしくは BZO），並びに F と Ga の共添加した ZnO：Ga, F（GZO：F）等の ZnO 系透明導電膜の作製が報告されている[6, 8, 16]。表3から明らかなように，GZO：F 透明導電膜では成膜温度 100℃ で抵抗率 $4.5×10^{-4}$ Ωcm，350℃ で $2.1×10^{-4}$ Ωcm の低抵抗率を実現でき，かつ不純物共添加による化学的特性（エッチング速度）の改善が実現される。しかし，アークプラズマ加熱において ZnO は，容易に昇華するが，Al_2O_3 は溶解するが蒸気圧が低いためほとんど蒸発しない。結果として，VAPE 法では低抵抗率 AZO 透明導電膜の作製が困難である[6, 8]。

近年，特定用途に適合する特性を実現できる多元系（複合）酸化物透明導電膜が MS 法を用いて開発されている[8, 13, 15]。一方，VAPE 法を用いて多元系酸化物材料を成膜する場合は，その原

理上組成ずれを生ずる可能性がある。図3はVAPE法及びMS法で作製したZnO-In$_2$O$_3$系透明導電膜の抵抗率のZn含有量（Zn/(Zn+In)原子比）依存性の比較を示している。成膜条件は，成膜温度100℃，成膜圧力0.1 Pa，放電電力4.5 kWであり，膜厚は約100 nmであった。作製されたZnO-In$_2$O$_3$系薄膜は全組成範囲で組成ずれを生じることなく成膜でき，ペレット中のZn含有量は作製された膜中のZn含有率と同じであった。成膜温度100℃の基板上にZn含有量が約10～20 at.%で作製したアモルファスZnO-In$_2$O$_3$系透明導電膜において，3×10^{-4}Ωcmの低抵抗率を実現できた。また，表面の凹凸も小さく，均一な膜であり，MS法（室温；加熱なし）で作製された膜の電気的及び光学的特性と比較して勝とも劣らぬ優れた透明導電膜を作製できた。

一方，ZnO-SnO$_2$系，In$_2$O$_3$-SnO$_2$系及びZnO-In$_2$O$_3$-SnO$_2$系，（もしくはZn-In-Sn-O系）透明導電膜においても，表3に示したように上述の（ZnO-In$_2$O$_3$）系の場合と同様に全組成範囲で組成ずれを生じることなく成膜でき，ペレットの組成と同じ組成の多元系酸化物透明導電膜を作製できた[17]。また，VAPE法で作製されたこれらの多元系酸化物では，MS法で作製される場合と同程度以上の優れた電気的・光学的特性を有する透明導電膜を実現できた。

1.3.2 その他の酸化物薄膜

安定で高い屈折率を有するTiO$_2$薄膜は，古くから光学的用途に幅広く利用されている。また最近，光触媒や透明導電膜用途においても注目されている。TiO$_2$薄膜の形成技術としては，従来真空蒸着法が主流であったが，近年MS法やVAPE法等を用いる高速成膜技術が検討されている。表1に示すようにTiO$_2$ペレットを使用して放電電力を7 kW，成膜圧力を0.15 Paの条件下でVAPE法を用いてTiO$_2$薄膜を作製した結果，成膜速度16 nm/minが得られた[18]。成膜温度を室温から400℃の範囲で変化させて作製した薄膜の光透過スペクトルを図4に示す。これらの膜は，成膜温度が約300℃以上において，X線回折測定からアナターゼTiO$_2$の結晶化が確認

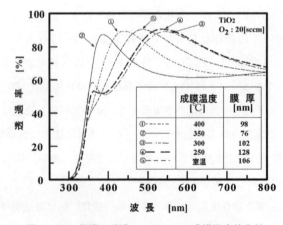

図4　TiO$_2$薄膜の透過スペクトルの成膜温度依存性

第1章 ガラスへのコーティング技術と応用

でき，紫外線照射による高い光触媒活性を呈した。一方，成膜温度が 400℃ 一定で，O_2 ガス導入量を 0〜30 sccm の範囲で変化させて作製したアナターゼ TiO_2 薄膜では，O_2 ガス導入なしで $2.6×10^{-1}$ Ωcm の低抵抗率を実現でき，O_2 ガス導入量の増加に伴って抵抗率が急増した。

一方，安定で低屈折率の SiO_2 薄膜は TiO_2 薄膜と同様に光学薄膜を始めとする広範な用途で使用されている。光学的用途の SiO_2 薄膜では，真空蒸着法や MS 法が成膜技術として実用されているが，近年 VAPE 法等を用いる高速成膜技術が検討されている[19]。表1に示すように SiO_2（石英）ペレットを使用して，放電電力を 20 kW，O_2 ガス導入量を 10 sccm，成膜圧力を 0.2 Pa の条件下で VAPE 法を用いて SiO_2 薄膜を作製した結果，成膜速度は 3.7 nm/s であった。また，前述の ITO 薄膜と積層した ITO/SiO_2 多層薄膜を PET やガラス基板上への作製が報告されている。

1.4 まとめ

直流アーク放電プラズマ（圧力勾配型プラズマガン）を加熱源として使用する真空アークプラズマ蒸着（VAPE）技術は大面積基板上に高速成膜が可能な実用薄膜形成技術である。酸化物ペレットを使用する VAPE 技術で作製した各種酸化物薄膜の特性を紹介した。特に，低抵抗率 ZnO 系透明導電膜の作製に必須である酸化抑制雰囲気中での成膜が実現できるため，GZO 透明導電膜ではマグネトロンスパッタリング（MS）法と同程度以上の優れた電気的・光学的特性を実現できた。また，MS 法で必須の大面積焼結体ターゲットを使用しないため，材料コスト及び成膜コストを低減できる。しかし，VAPE 法では蒸発した蒸着材料の基板上への被着率が MS 法と比較してかなり低い。更に，真空蒸着法の原理上，蒸気圧の大きく異なる材料からなるペレットの蒸着は困難である等の多くの問題点もある。

文　　献

1) J. Uramoto, *Res. Rep. Inst. Plasma Phys.*, IPPJ-406 (1979)
2) S. Takaki, Y. Shigesato, H. Harada and H. Kojima, *SID 90 Digest of Tech. Papers*, p. 76 (1990)
3) N. Nakamura, H. Nakagawa, K. Koshida and M. Niiya, *Proc. of the 5 th Int. Display Workshops*, p. 511 (1998)
4) T. Sakemi, Y. Ushigami and K. Awai, *J. Surface Finishing Soc. Jpn.*, 50, 782 (1999)
5) H. Hirasawa, M.Yoshida, S.Nakamura, Y.Suzuki, S.Okada, and K.Kondo, *Sol. Energy Mater.*

So. Cells, **67**, 231（2001）
6) 南　内嗣, 宮田俊弘, 真空, **47**, 734（2004）
7) 山本哲也, 酒見俊之, 粟井　清, 白方　祥, 真空, **47**, 742（2004）
8) 南　内嗣, セラミックス, **40**, 88（2006）
9) 山本哲也, 酒見俊之, 粟井　清, 白方　祥, コンバーテック, **375**, 68（2004）
10) 古屋英二, 月刊ディスプレイ, **13**, 83（2007）
11) 山本哲也, 山田高寛, 三宅亜紀, 牧野久雄, 岸本誠一, 山本直樹, 月刊ディスプレイ, **13**, 83（2007）
12) 斎藤友康, キヤノンアネルバ技報, **12**, 37（2006）
13) T. Minami, *MRS Bulletin*, **25**, 38（2000）
14) 南　内嗣, 応用物理, **75**, 1218（2006）
15) T. Minami, *Semicond. Sci. Technol.*, **20**, S 35（2005）
16) T. Miyata, Y. Honma and T. Minami, *J. Vac. Sci. Technol.*, **A 25**,（2007）in press.
17) T. Minami, S. Tsukada, Y. Minamino and T. Miyata, J. Vac. Sci. Technol., **A 23**, 1128（2005）
18) T. Miyata, S. Tsukada and T. Minami, *Thin Solid Films*, **496**, 136（2006）
19) T. Minami, T. Utsubo, T. Yamatani, T. Miyata and Y. Ohbayashi, *Thin Solid Films*, **426**, 47（2003）

2 オンラインCVD法

藤沢　章*

2.1　はじめに

　CVD（化学気相成長）法は，形成しようとする薄膜材料の元素から成る化合物の気体を基板に供給することで成膜を行う方法であり，マイクロエレクトロニクスを初めとする様々な分野で応用されている。CVD法は，原料ガスを何らかの励起エネルギーを使って分解および化学反応を起こして成膜するが，励起エネルギーに何を使うかにより，熱CVD，プラズマCVD，光CVDに大きく分けられる。プラズマCVDは，低温での成膜という要求に応える方法で，低電離・低励起のグロー放電により反応ガスを分解し，成膜する。電子温度が数万度Kにもなる高温の電子の衝突で生じたラジカルが反応種となっている。光CVDは，光エネルギーで原料ガスを分解する方法で，紫外光やレーザー光がエネルギー源として利用されている。光分解の生成物を基板上に成膜できることから，プラズマCVD同様に低温プロセスが可能となる[1,2]。これらの方法に対し，熱CVDは，加熱された基板近傍での熱分解反応により薄膜を形成する方法であり，一般的には高温プロセスとなる。

　ところで，広い面積の板ガラスへのCVD法は，連続で送られるガラス基板上に大気圧の熱CVD法で成膜することが行われてきた。ここでは，板ガラスを基板としたCVD法の一例でありフロートガラスの製造ラインに設置され，ガラスのもつ熱エネルギーを利用してガラスへの薄膜形成を行う"オンラインCVD法"を紹介する。さらにこの方法で形成される酸化錫膜を利用した商品を説明する。

2.2　オンラインCVD法

　板ガラスメーカーでは，30年以上前よりフロートガラスの製造ラインで，スプレー熱分解法によりTiO_2やCo酸化物などの金属酸化物膜を成膜し，建築用や車両用の熱線反射ガラスを製造することが行われてきた。スプレー熱分解法は，金属化合物を水や有機溶剤に溶解させ，細かなミストにして高温のガラスに吹き付け成膜する方法である。この方法は装置が簡便であるという利点を有するが，吹き付けるミスト粒子の大きさや供給ミスト流と排気の流れを十分にコントロールしなければ膜厚ムラが発生してしまうことや多層膜化が困難という欠点があった。これに対し，CVD法は成膜による温度低下が少なく，膜厚の均一性が良いため多層膜での商品設計が可能となる。ただし，膜厚の均一性を保つには，原料ガス供給部と基板との距離を一定にすることが重要となる。約20年前にフロートガラス製造ラインのフロートバス内にCVD成膜装置を

---

*　Akira Fujisawa　日本板硝子㈱　BP研究開発部　グループリーダー

無機材料の表面処理・改質技術と将来展望

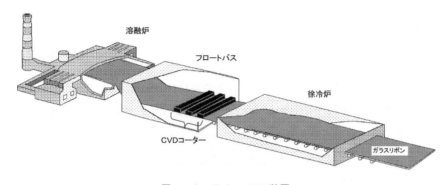

図1　オンラインCVD装置

設置し，CVD成膜を行うという画期的な方法が，米国Libbey-Owens-Ford社（現ピルキントン社）において開発された。弊社は，この技術を日本に初めて導入し，以下で述べるLow-E（低放射率）ガラスや太陽電池基板の生産を行っている。

　この方法は，板ガラス製造ライン上で同時にCVD成膜を行うことから"オンラインCVD法"と呼ばれる[3,4]。図1に示すように，オンラインCVD法は，フロートバスと呼ばれる溶融スズに浮かべたガラスリボン成形部に，コーターと呼ばれる成膜装置を設置して行われる。フロートバス内は溶融スズの酸化を防ぐため，水素を含んだ窒素ガスで満たされているが，原料吹き付け口と排気口を設けているコーターの供給と排出の流量調節をすることで原料ガスをフロートバス内に漏らさないようにしている。

　切断されたガラスを加熱した後に成膜する"オフラインCVD法"に比べて，オンラインCVD法は，次の3つの利点を有している。まず第1に，板ガラス製造ラインでの成膜であるため，CVDでの成膜におけるエネルギーとして，ガラスリボンがもつ熱エネルギーを利用できる。そのため，加熱工程および徐冷工程を別に設ける必要がないことから，エネルギー負荷およびCO_2排出などの環境負荷の少ない方法である。第2に，ガラスリボンはガラスの厚みにもよるが，10 m/分程度となる高速で移動しており，このスピードで移動する大面積のガラスに成膜するという生産性の高い成膜方法といえる。第3に，同じガラスリボン上の成膜法であるスプレー熱分解法に比べて，複数のコーターを設置することにより，多層膜を形成できる点もオンラインCVD法の利点として挙げられる。なお，スパッタリング法による成膜も板ガラスのコーティングで行われているが，板ガラス製造と同時に成膜を行うオンラインコーティングを行えることがCVD法の利点の一つともなっている。

2.3　CVD法によるSnO_2膜

　CVD法を用いた板ガラスのコーティング品として，Low-E（low-emissivity：低放射率）ガ

第1章　ガラスへのコーティング技術と応用

ラスと太陽電池基板が代表的である。両者ともに，可視光域において透明で伝導性を示す透明導電膜 SnO_2 の特性を利用している。SnO_2 はルチル型構造を示し，酸素欠損やドーパントにより導電性を示している n 型半導体である[5]。

　一般に CVD の原料は，高い蒸気圧を有すること，気化後の分解が少ないように沸点と分解温度差が大きいこと，大面積に成膜し多量に使用するため爆発性等の危険性および毒性が低く安価であることが必要となってくる。Sn 原料としては，一般的に $SnCl_4$ や $C_4H_9SnCl_3$（MBTC）や $(CH_3)_2SnCl_2$（DMT）のような Sn 塩化物が使われ[6~8]，H_2O や O_2 と反応させて SnO_2 を得る。Sn 原料に含まれる Cl も膜中に取り込まれるが，SnO_2 中で Cl はキャリア濃度の増加による導電性の増加に寄与する。さらに導電性を増すために F が添加され，HF や CF_3COOH や CHF_2 などが使われる[9]。

2.4　Low-E ガラス

　冬季の窓ガラスの断熱性を高める目的で，2枚のガラスの中間を空気あるいは Ar とした複層ガラスや，真空層とした複層ガラス（真空ガラス）が用いられている。この複層ガラスの断熱性を更に高める目的で，赤外線を反射し，室内からの熱放射を低くする機能をもつ薄膜をコーティングしているのが Low-E ガラスである。窓ガラスに導電膜を形成することで，図2に示すように赤外線を室内側に反射させ暖房熱を室外に逃がさないようにしている。導電膜は窓ガラスに用いられるため，可視光域では透明であることが必要となり，このような機能を示す物質として透明導電膜や非常に薄い金属薄膜が用いられる。透明導電膜は，キャリア濃度が高々 $10^{21}cm^{-3}$ 程度であるため自由電子によるプラズマ振動数[10]が近赤外域となって，可視光域は透明で近赤外域より長波長側では反射する。透明導電膜は SnO_2 の他に ITO（Indium Tin Oxide）や ZnO があ

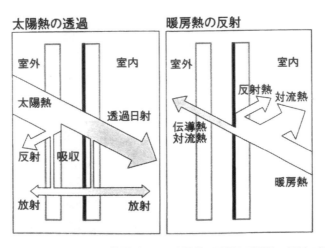

図2　Low-E ガラスを用いた複層ガラスの太陽熱の透過と暖房熱の反射の概念図

るが，化学的耐久性や大面積コーティングという生産性等から SnO_2 が最も適している。近年は薄い Ag 膜を用いた Low-E ガラスが断熱性の面で優れた特性を示しているが，SnO_2 を用いた Low-E ガラスは可視光透過率が高いため，室内を明るくし，日射を多く室内に取り入れるという利点を有している。

また，ガラスに SnO_2 膜を成膜すると，ガラス中の Na が拡散し SnO_2 の導電性を低下させる[11]。このため，アルカリバリアー層として SiO_2 膜が成膜される。SnO_2 膜はガラスや SiO_2 膜よりも屈折率が高く，膜厚 300 nm 程度の SnO_2 が成膜されると光の干渉により虹彩色が現れる。この虹彩色を消すために下地膜としてそれぞれ 30 nm 程度の SnO_2/SiO_2 膜が形成される[12]。オンライン CVD では，複数のコーターを用いて複数の膜を積層できることから，下地膜も含めた成膜を一度に行っている。

2.5 太陽電池基板

現在，電力用太陽電池としては単結晶及び多結晶 Si 太陽電池が広く用いられている。これら結晶系の次に来る薄膜系太陽電池の中で，Si 系薄膜太陽電池が有力な候補となっている。Si 系薄膜太陽電池はアモルファス Si 太陽電池がその代表であり，変換効率が結晶系 Si 太陽電池より劣るものの，原料として使う Si の使用量が少なく，製造プロセスが簡単で製造エネルギーが少ないことから次世代の太陽電池として期待されている。最近では，より長波長の光も活用して変換効率を高めるため，アモルファス Si と，アモルファス Si をより結晶化の方向へ発展させた微結晶 Si とを積層したハイブリッド型太陽電池も量産化されている[13]。

アモルファス Si 太陽電池は，ガラスやプラスチック基板に透明導電膜を形成し，a-Si の p, i, n 形層を成膜し金属電極を形成したスーパーストレート形構成[14]が一般的である（図3）。スーパ

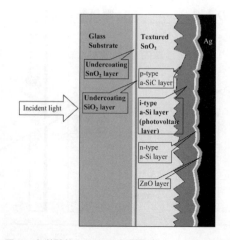

図3　光学計算のための太陽電池セルのモデル図

第 1 章　ガラスへのコーティング技術と応用

ーストレート形構成では透明導電膜上に a-Si 層を形成させるため, a-Si 層形成時の透明導電膜へのダメージも問題となる。通常 a-Si 層は H_2 で希釈されたモノシランを原料にプラズマ CVD 法で形成されるが, ITO を電極として用いた場合には H_2 プラズマにより ITO が還元されて黒化するという現象が起こり, 透過率が低下する[15]。このため, a-Si 太陽電池の研究において当初は ITO が使われていたが, より黒化の起こりにくい SnO_2 やさらに SnO_2 に ZnO がコートされたものが使われるようになってきた。スーパーストレート形構成では, ガラス基板を光の入射側に配置することで太陽電池モジュールの耐紫外線性を高められるという利点もある。

　透明導電膜としての高い透過率および高い導電性という基本的な機能に加え, 透明導電膜上に形成される a-Si 成膜時のプラズマ耐性の問題や大面積コーティングの生産性等から総合的に判断すると, CVD 法による SnO_2 膜が最も適した透明導電膜といえる。そして, アモルファス Si 太陽電池における SnO_2 膜を含めたガラス基板の原価低減が必要といわれており, 生産性の高いオンライン CVD 法による SnO_2 膜の成膜が期待されている。

　また, a-Si は Staebler-Wronski 効果と呼ばれる光照射による初期劣化の問題を抱えている[16]。このため, a-Si の光電変換層である i 層の膜厚を薄くする必要がある。i 層膜厚の低下に伴う吸収光量の減少を補うため, SnO_2 表面を凹凸構造にしたテクスチャ形状にして光閉じ込め効果を起こすことが要求されている。透明導電膜から a-Si 層に入射した光はテクスチャ界面において散乱され, 光電変換層である a-Si i 層を通る光路長が長くなるため a-Si i 層での光吸収量が増加する。さらに, 透明導電膜のテクスチャ形状は a-Si 層形成後の金属膜との界面形状にも影響を及ぼし, 金属膜界面で反射された光は透明導電膜のテクスチャ界面で a-Si 層側に反射され, これの繰り返しによる光閉じ込め効果が起こる。この結果, a-Si 層での光路長が長くなり, 光吸収量が多くなる。また, 透明導電膜にテクスチャがあるとその谷を埋めるように a-Si が形成されるため, 透明導電膜から a-Si 層に向かいテクスチャ領域では屈折率が徐々に変化していき, 反射損失が低減されて a-Si 層への入射光量が増加するという効果がある。テクスチャを表す指標として, 拡散透過率／全光透過率であるヘイズ率が使われ, 一般的にはヘイズ率 10% 程度の透明導電膜が使われる。この表面凹凸形状も a-Si 太陽電池基板の重要な要素の一つとなっている。表面凹凸形状は, 多結晶膜である SnO_2 の結晶粒を利用している。結晶粒を発達させ, 導電性を向上させるために F ドープ SnO_2 の膜厚は, 600 nm 以上にする必要があり, オンライン CVD で複数のコーターを使って厚い SnO_2 膜を得ている。

　さらに, 太陽電池基板においても Low-E ガラスで用いられている 2 層の下地膜を形成している。これは次の 3 つの効果をもたらしている[17]。第 1 に, Low-E ガラスと同様に虹彩色を減じることにより, 反射色の大面積および長時間の均一性を高めている。太陽電池は建築物の屋根や壁面に設置されることから, 外観上の美しさも必要な要件となるため, 2 層下地膜は重要な構成

要素である．第2に，太陽電池セルの反射率を低減し，光電変換層である Si 層の光吸収量を増している．図3の構成での有限要素法による光学計算より，表面テクスチャを有する SnO_2 膜に2層の下地膜を導入したとき，下地 SnO_2 膜の膜厚を調整することで，太陽電池セルの反射率が低減し，光電変換層である Si 層の光吸収量を増すことが確認された．つまり，この2層下地膜の導入は太陽電池の電流値の向上に寄与しているといえる．さらに，結晶質膜である下地 SnO_2 層の凹凸が，ガラスと SnO_2 膜との線膨張係数の違いから起こる SnO_2：F 膜の膜剥離を，アンカー効果により防止する効果がある．

近年，製造工程で真空装置を用いない低コストの新たな太陽電池として，色素増感太陽電池が注目を集めている．色素増感太陽電池では，透明導電膜の電極の上に TiO_2 微粒子をコートさせ，約 400〜500℃ の大気中の熱処理により，TiO_2 微粒子同士の密着を良くするという工程がある．オフラインの CVD により成膜された SnO_2 膜は，この大気中の熱処理時にシート抵抗が大きく増加してしまう．一方，オンライン CVD 膜は，大気中の熱処理でほとんど抵抗変化がない．この熱安定性が良いこともオンライン CVD 膜の一つの特徴となっている．

2.6 おわりに

板ガラス製造ラインの充分な熱エネルギーを活用したオンライン CVD 法は，板ガラスメーカーの強みを生かした成膜方法である．SnO_2 や SiO_2 といった酸化物について説明したが，この他に，ピルキントン社から光触媒活性を示す TiO_2 膜を形成したセルフクリーンガラスも開発されている．さらに，フロートバス内の非酸化性雰囲気を利用して TiN 等の窒化物や Si 膜も成膜されている[18,19]．今後，これらの膜物質や新たな物質を使った製品が生まれていくことが期待される．

文　献

1) 権田俊一監修，薄膜作成応用ハンドブック，エヌ・ティー・エヌ，376 (1995)
2) 応用物理学会編者，応用物理ハンドブック，丸善 (2002)
3) R. J. McCurdy, D. A. Strickler and M. J. Soubeyrand, *Electrochem. Soc. Proc.*, [96-5], 484
4) M. Hirata, A. Fujisawa, T. Otani, Y. Nagashima, K. Kiyohara and M. Hyodo, *Proceedings of the 3rd International Conference on Coatings on Glass*, 395 (2000)
5) A. Fujisawa, T. Nishino and H. Hamakawa, *Jpn. J. Appl. Phys.*, 27, 552 (1988)
6) K. Sato, Y. Gotoh, Y. Wakayama, Y. Hayashi, K. Adachi and H. Nishimura, Reports Res.

Lab. Asahi Glass Co., Ltd., 42, 129 (1992)
7) 加藤之啓, 河原秀夫, 兵藤正人, 特許公報 1405077 号
8) M. J. Soubeyrand and A. C. Halliwell, US Patent 5, 698, 262 (1997)
9) 加藤之啓, 河原秀夫, 兵藤正人, 特許公報 1378539 号
10) 工藤恵栄, 光物性の基礎, オーム社 (1977)
11) M. Mizuhashi, Y. Gotoh, K. Matsumoto and K. Adachi, Reports Res. Lab. Asahi Glass Co., Ltd., 36 (1), 1 (1986)
12) R. G. Gordon, US Patents 4, 377, 613 (1983) ; 4, 419, 386 (1983)
13) Y. Tawada, *Technical Digest of the International PVSEC-12*, 553 (2001)
14) 小長井誠編著, 薄膜太陽電池の基礎と応用, オーム社 (2001)
15) 水橋衛, 安達邦彦, セラミックス 19 [4], 295 (1984)
16) D. L. Staebler and C. R. Wronski, *Appl. Phys. Lett.*, **31**, 292 (1977)
17) A. Fujisawa, M. Nara, M. Hirata, K. Kiyohara and M. Hyodo, *Proceedings of 3rd World Conference on Photovoltaic Energy Conversion*, 1745 (2003)
18) US Patent 5, 217, 753 (1993)
19) WO 95/18772 (1995)

3 有機触媒CVD法—有機・無機ハイブリッド薄膜の低温成膜—

中山 弘*

3.1 はじめに—低温成膜の物理と化学—

　薄膜成長は，基板表面での原料分子・原子，イオン，ラジカル，の分解，吸着，拡散，核形成，原子取り込み，などの素過程を通して進行する．特に，CVD（化学気相成長）は基板表面近傍での分子間，分子と基板表面原子（分子）との化学反応を利用するため，活性化エネルギーを供給するための基板加熱が必要である．また，熱的に加熱しない場合でも，プラズマCVD過程における電子やイオンの運動エネルギー，スパッタリングやレーザーアブレーションにおける粒子の運動エネルギー，光CVD過程での水銀ランプやレーザーからのフォトンエネルギーを照射して，化学反応を促進している．一方，半導体集積回路をはじめとする，エレクトロニクスデバイスの形成においては，素子構造の微細化・複雑化に伴い，プロセス温度の低温化が必要になってくる．LSI工程では，素子の微細化に伴い，熱的な拡散による素子構造の変性を抑えるために，プロセス温度の低温化が必要である．また，LCD（液晶表示）プロセスではガラス基板を用いることから，ポリSi-TFTなどの成膜プロセスが500℃付近の低温で行われる．また，アモルファスSi太陽電池やアモルファスSi-TFT作製プロセスでは200℃付近のプロセス温度である．さらに，有機ELでは，すべてのデバイスプロセスを100℃前後の低温で行うことが必要とされている．これは有機分子の揮発性（蒸気圧）が高く，また有機分子が熱分解しやすいことと，有機分子が雰囲気中の酸素や水蒸気と反応し，デバイスが劣化するためである．

　一般的に，気相成長においては，①成膜する薄膜物質の蒸気圧（昇華圧）と供給原料の等価圧力との比，即ち過飽和比（過飽和比から1を引いたものを過飽和度という）と②供給原料の等価圧力に対応する熱平衡温度と成長温度の差，即ち過冷却温度，および③基板や下地のデバイスの耐熱温度，との相関で成膜温度範囲が決定される．さらに最適温度は，所望の物性が得られ，かつ成長速度が得られる温度になる．デバイス用半導体であるSi，GaAs，GaNなどにおいては，適度な過飽和度で，基板の耐熱性が維持できる条件で成長を行うのが良いということになる．具体的には，Siのエピタキシーは800～1000℃で，GaAsは500～600℃程度，GaN系半導体は1000℃～1100℃程度の高温で行われる．では，融点が数千度もあるAl_2O_3，Si_3N_4などのセラミックス材料を数百度でガラスやプラスチック基板に成長するということはどのような結晶成長理論によっているのか？　単純化していえば，化学反応，特にラジカル反応を利用することであるが，結晶成長学という立場からは，未解決の問題である．しかしながらテクノロジーが要求す

　　＊　Hiroshi Nakayama　㈲マテリアルデザインファクトリー　取締役・CTO；大阪市立大学
　　　　大学院工学研究科　教授

るのは，既存の結晶成長学にとっては「未解決な条件」下でいかに良質な薄膜を作るか，ということである。このような技術を総称して，「低温成長」と呼ぶが，結晶成長学的には「超過飽和成長」あるいは「超非平衡成長」とも言うべきである。先述のように，低温成長かどうかは物質の蒸気圧で決まるが，ここでは単純に，200℃以下の基板温度での薄膜成長を「低温成長」とよんでおくことにする。ガラス基板上の成膜でも，電子デバイスではガラス基板上にITO電極が形成されている場合には，ITOの熱変質による抵抗率の上昇を低減するために，200℃以下での成膜が要求される。

3.2 有機触媒CVD法による有機・無機ハイブリッド材料薄膜形成

低基板温度では，基板表面での全ての化学反応過程が抑制されるため，①基板と成長薄膜との強固な界面が形成されにくい，②表面での原子，分子拡散が抑制される，③成長フロントでの化学反応が抑制され，成長速度が抑制される。④結晶成長学からみると，過飽和度が高い成長条件になっている。そのために，臨界核サイズが極小化（原子1個のサイズ）になり，成長表面が荒れていることとあいまって，デンドライト的な膜になりやすい，などの諸現象が起こる。これらの結果として，マクロな現象としては①基板と成長薄膜との密着性の低下，②島状成長やデンドライト成長が起こりやすく，平坦性が低下，③成長速度の低下，④ボイドやダングリングボンドなどの欠陥が導入されやすい。⑤過飽和度が高い状態で無理やり成長した場合，未反応，非平衡物質が形成される，⑥化学量論的組成からのずれが起こりやすい⑦これらの結果，大気中に取り出した途端に，空気中の酸素や水蒸気と反応して劣化する，あるいはデバイス作製後に急速に劣化する，などの由々しき事態となる。これらの中で特に，密着性の低下と成長後の膜の劣化は重大かつ決定的な問題である。

これらの問題を解決するための試みとして筆者らは，二つのことを提案している。一つは，低温で作製されるデバイスの素材として有機物でもない，かといって単なる無機物でもない，有機・無機ハイブリッド薄膜材料[1]を用いること，二つ目は，そのハイブリッド材料の作製法としての有機触媒CVD法である。近未来デバイスとしてのフレキシブルデバイスはプラスティックフィルム上に形成されるということを念頭に置くと，フィルムの主成分である，炭素を主成分として，その機能性（発光，電気伝導，絶縁性，ガスバリヤ性など）を担う無機元素を含む，有機・無機ハイブリッド材料こそが，フィルムとの密着性，柔軟性，安定性を有するものと考えられる。また，有機触媒CVDは筆者らが提案している低温成膜法であるが，最近研究から，この成膜法が，従来の薄膜成長（結晶成長）の枠組みを越えた新しい概念の成膜法であるということが分かってきた。特に，低温成膜では堆積する物質の骨格を気相中で形成する必要があり（基板に到達してからでは遅すぎる！），この点で，有機触媒CVDは気相空間の化学反応を制御する

無機材料の表面処理・改質技術と将来展望

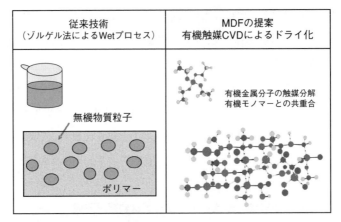

図1　有機触媒 CVD を用いた，有機・無機ハイブリッド材料の
　　ドライ成膜と従来法の比較

ことが可能である。

　有機ポリマー中での金属アルコキシドのゾル−ゲル反応を利用して，ポリマー中に無機物質粒子を埋め込んだハイブリッド材料を作ることが出来る。これを有機・無機ポリマーハイブリッドと呼ばれている[1]。このハイブリッド材料は従来の複合材料のナノスケール版である。ハイブリッド材料は有機物質と無機物質のそれぞれ有する特徴を複合化することにより，新しい機能性材料を提供することができる。図1に示すように，有機・無機ハイブリッド材料のドライ化・薄膜化には①有機金属化合物分子の分解（触媒分解）による CVD，および②有機モノマー分子と有機金属分子との共重合による，有機ポリマーへの無機元素の原子レベルの添加（ハイブリッド化）である。この全く逆の分解反応と重合反応を可能にするのが，「有機触媒 CVD 法」である[2~7]。見方を変えると，上記①の有機金属化合物の触媒分解では無機化合物（例えば SiO_2, TiO_2, Al_2O_3 などの酸化物，Si_3N_4 などの窒化物など）に C をドープした物質が形成されるのに対し，②の共重合では，有機ポリマーに無機元素あるいは無機酸化物クラスター，無機窒化物クラスターを埋め込んだ物質である。これはまさに，前述の有機・無機ポリマーハイブリッドのナノ材料バージョンである。また，これらの共重合型のハイブリッド材料は有機触媒 CVD のみで形成されるのではなく，プラズマ CVD の有機版である，有機プラズマ CVD によっても形成される。表1には，マテリアルデザインファクトリー（MDF）で開発した有機・無機ハイブリッド薄膜材料の一覧を示す。酸化物，窒化物，カーボン系，さらには金属などの種々の薄膜の低温成長が可能である。さらに，有機モノマーを用いることにより，各種の有機ポリマー，さらにはこれらに有機金属を共重合させたハイブリッドポリマーの形成もできる。これらのハイブリッド材料群は全く新規な材料であり，広範囲の有機・無機ハイブリッド材料群の創成が可能となる。

第1章 ガラスへのコーティング技術と応用

表1 有機触媒CVDで成膜される有機・無機ハイブリッド薄膜の例

酸化物系	原 料	主な用途
SiOx and Si-O-C	TEOS, DMDMOS	光学膜, Low-k 材料
TiOx and Ti-O-C	$Ti(O-i-C_3H_7)_4$	光学膜, 抗菌膜, 太陽電池
ZnOx and Zn-O-C	$Zn(C_5H_7O_2)_2$	半導体, 透明導電膜
AlOx and Al-O-C	$Al(O-i-C_3H_7)_3$	絶縁膜
InOx and In-O-C	$In(C_5H_7O_2)_2$	透明導電膜
窒素物系		
Si-N-C	TDMAS, 1 MS	絶縁膜, ガスバリヤ
Ti-N-C	TDMAT	皮膜
炭化物, カーボン系		
SiCx	1 MS, 2 MS, 3 MS	半導体, 絶縁膜, 皮膜
DLC	$CH_4 + H_2$	絶縁膜, 皮膜
CNx	$CH_4 + N_2$, $CH_4 + NH_3$	絶縁膜, 皮膜
金属系		
Al	$Al(O-i-C_3H_7)_3 + H_2$	電極材料
Cu	$Cu(C_5H_7O_2)_2 + H_2$	電極材料
Ni	$Ni(C_5H_7O_2)_2 + H_2$	電極材料
有機ポリマー系		
PS (ポリスチレン)	スチレン	皮膜
PA (ポリセチレン)	アセチレン	半導体
CF 系 (テフロン系)	フルオロカーボン	皮膜 (撥水)

3.3 有機触媒CVDの原理—「気相空間で物質の骨格をつくる」

　触媒CVD（Cat-CVD, Cat は Catalytic ＝触媒的の略）は松村（現・北陸先端大）らが提案した新しい概念のCVD法であるが，図2に示すように，装置の原理としては，メタンと水素でダイヤモンドを作る，熱フィラメントCVD（ホットフィラメントCVDあるいはホットワイヤーCVD）と同じものである。いわゆる Cat-CVD は原料としてシラン系のガスを用い，アモルファス Si やアモルファス SiNx の成膜に利用されてきた。中山らは，従来のホットフィラメントの原料に有機金属化合物あるいは有機化合物を用いると，高融点金属表面での触媒分解，重合反応を含む複雑な気相反応が起こり，種々の有機・無機ハイブリッド材料を成膜することができることを見出し，この方法を有機触媒CVD（O-Cat-CVD あるいは MO-Cat-CVD）と名づけた[3~5]。これは単にCVD原料を有機化合物，有機金属化合物に変えただけではなく，後述するように，高融点フィラメント（典型的には W）上での触媒的分解反応によって，種々のラジカルが形成され，それらが，元の分子の骨格と成る結合を保持したラジカルセグメントを含むことを最大の特徴としており，この点では分子を微細に分解し，イオン化する，プラズマCVDとは基本的に

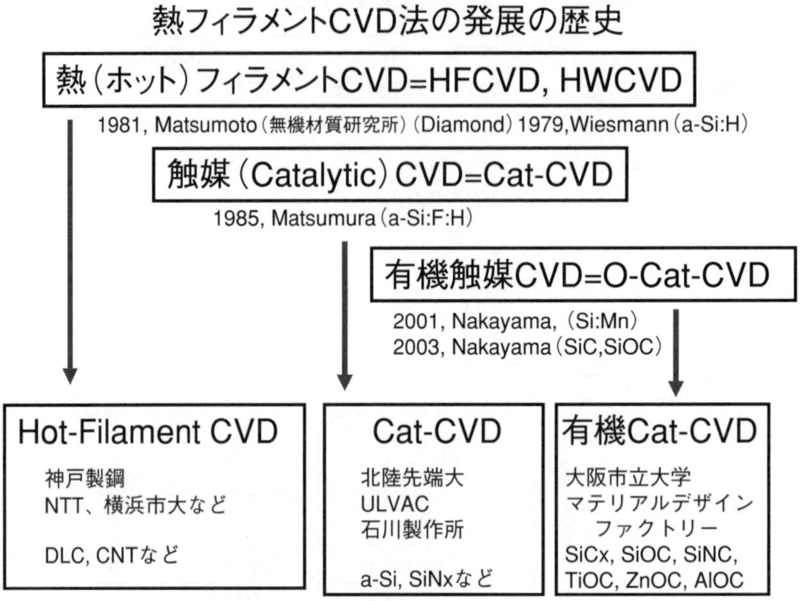

熱フィラメントCVD法の発展の歴史

熱（ホット）フィラメントCVD＝HFCVD, HWCVD
1981, Matsumoto（無機材質研究所）（Diamond） 1979, Wiesmann (a-Si:H)

触媒（Catalytic）CVD＝Cat-CVD
1985, Matsumura (a-Si:F:H)

有機触媒CVD＝O-Cat-CVD
2001, Nakayama,（Si:Mn）
2003, Nakayama（SiC, SiOC）

Hot-Filament CVD	Cat-CVD	有機Cat-CVD
神戸製鋼 NTT、横浜市大など DLC, CNTなど	北陸先端大 ULVAC 石川製作所 a-Si, SiNxなど	大阪市立大学 マテリアルデザイン ファクトリー SiCx, SiOC, SiNC, TiOC, ZnOC, AlOC

図2　触媒CVD（Cat-CVD）の分類

異なっている。

　有機触媒CVDはWやTaなどの高融点金属表面での分子の解離吸着現象を利用した触媒作用によって有機（金属）化合物分子の効率的分解，ラジカル化を行い，そのラジカルを基板上まで輸送・拡散することによって基板上での成膜プロセスを行うものである。したがって通常の熱CVDと違い，気相空間での分子の分解反応を利用するため，基板表面での化学反応を抑制した状態，すなわち低温で成膜できるところが大きなメリットである。低温成長という点ではプラズマCVDと同様であるが，プラズマ損傷を基板に与えないで比較的マイルドな成膜ができること，およびフィラメント表面・近傍で形成されたラジカルを利用する点がプラズマCVDとは異なる。図3にはWフィラメントを用いたTEOS（テトラエトキシシラン，$Si(OC_2H_5)_4$）およびDMDMOS（ジメチルジメトキシシラン，$Si(CH_3)_2(OCH_3)_2$）原料により形成したSiOC薄膜におけるSi-2p状態のXPSスペクトルとDMS（ジメチルシラン，$Si(CH_3)_2H_2$）で形成したSiCx薄膜中におけるそれを比較している。Si-2p準位の束縛エネルギーがSiCxからDMDMOSソースSiOC，TEOSソースSiOCの順に大きくなっている。これはもともと分子の状態で，TEOS分子には4個の酸素原子が結合しているのに対し，DMDMOSでは2個の酸素原子が結合しているところに起因していると考えられる。

　図4は，触媒作用のある，フィラメントの種類を変えて，DMSを原料分子に，SiCx薄膜を成長したときの，膜の炭素組成をプロットしたものである。高融点金属の融点が異なるため，実験

第1章　ガラスへのコーティング技術と応用

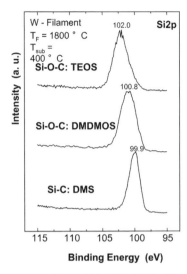
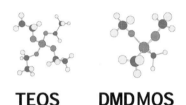

図3　CVD原料を変えて作製した，SiCx，SiOC薄膜における Si-2p準位のXPSスペクトルの比較

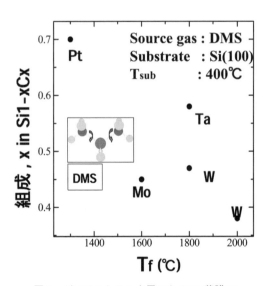

図4　ジメチルシランを用いたSiCx薄膜の形成と触媒作用

では異なる温度での成膜となっている。TaやWではフィラメント温度が1800〜2000℃の高温になっており，Ptでは1300℃である。その炭素組成は，Ptの場合が約0.7であるが，これは，原料分子である，DMS分子内の炭素の比率が2/3であることと対応している。フィラメント温度が1600〜1800℃では炭素組成は0.5付近になるが，これは，DMSのメチル基が脱離した状態に対応する。さらにWの場合，フィラメント温度が2000℃になると，その組成が1/3程度にな

るが，これはメチル基が完全に脱離した裸の Si の存在を示唆する。実際に，質量分析の結果，裸の Si が大量に形成されていることが確認された[4,5]。

　これらの結果から，有機触媒 CVD では，形成される膜の組成，ミクロな構造が原料分子の構造に依存しており，これは，見方を変えると，原料分子の骨格が気相反応で保存されていることを示している。図 4 の結果はさらに，それが，触媒金属の種を変えることで制御されうることを示唆している。

3.4　有機触媒 CVD 装置―プラズマアシスト触媒 CVD 装置―

　ガラス基板上での低温成膜や PET，PEN などのポリマーフィルム基板上での成膜を念頭に置いた場合，①基板表面の清浄化，活性化処理方法，②チャンバー内壁のクリーニングとパーティクル対策，③触媒 CVD での加熱フィラメントからの熱輻射の制御，が問題となる。マテリアルデザインファクトリー（MDF）では，①，②の解決のために触媒 CVD チャンバーにプラズマ電極を挿入して，プラズマにより基板表面やチャンバー内壁，シャワーヘッドなどの清浄化・活性化を行うことができるプラズマアシスト有機触媒 CVD 装置を開発している。③の熱輻射の低減は加熱フィラメントを用いる触媒 CVD にとっては避けられない問題である。一般には触媒 CVD ではフィラメント温度を 1500 から 2000℃ 程度に設定する。成膜の際にはフィラメントからの熱輻射を考慮して，フィラメントと成膜基板との距離を調節する。フィラメント基板距離が 150～200 mm 程度であれば，フィラメント温度 1200～1500℃ に設定しても基板温度を 100～150℃ 程度に保つことができる。また，MDF で開発したプラズマアシスト有機触媒 CVD システム（P-Cat-CVD MD 501）では，プラズマ電極の移動により電極を成長室に挿入，引き出すことができ，かつ，下部電極が設置されている。プラズマは電極間に閉じ込められ，穿孔付き電極からのラジカルや分解種の拡散によって，基板に大きなプラズマ損傷を与えることなく，種々の薄膜のプラズマエンハンス CVD ができるようになっている。MDF ではこの方式をリモート RF プラズマ CVD 法と呼び，有機金属分子あるいは有機化合物を用いた，ポリマーや無機元素ドープハイブリッドポリマーの形成も行っている。図 5（写真）には MDF で開発したプラズマアシスト有機触媒 CVD システム（P-Cat-CVD MD 501）の概観写真を示す。3 室構成で，中心部分が成膜室，その奥がプラズマ電極の格納室，手前がグローブボックス付きのロードロック室となっている。各種の有機・無機ハイブリッド材料の合成をするとともに，リモート RF プラズマ CVD 法および有機触媒 CVD モードで有機 EL の薄膜封止やガスバリヤフィルムの開発などに威力を発揮している。

第1章 ガラスへのコーティング技術と応用

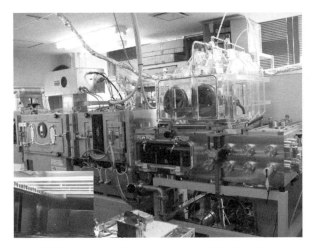

図5 （写真） MDF製プラズマアシスト有機触媒CVDシステム

3.5 有機触媒CVD法の応用例
3.5.1 SiOC系低誘電率絶縁材料

SiOCはLSIの多層配線用の低誘電率材料として用いられている実用材料である。図6にはSiO_2とSiOC（実際は水素添加SiOC）の概念図を示す。LSIプロセスでは，DMDMOSを原料とするプラズマCVD-SiOCが用いられているが，将来的には，プラズマフリーSiOCへのニーズも出てくるものと思われる。図7には，TEOS，DMDMOS，および1MS（モノメチルシラン，$Si(CH_3)H_3$）とO_2を原料として有機触媒CVDで形成した3種類のSiOC薄膜のFTIRスペクトルを比較している。それぞれ成膜条件に依存するが，Si-OおよびSi-C結合が混合している。これらのSiOCはガラス基板上のTFTなどの電子デバイスやITOへの低誘電率酸化膜，高出力半導体レーザーの保護膜[6]としても用いられる。

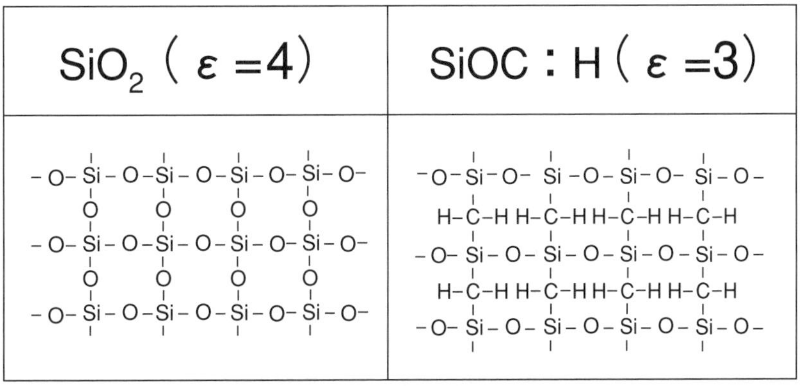

図6 SiO_2およびSiOCの構造の概念図

無機材料の表面処理・改質技術と将来展望

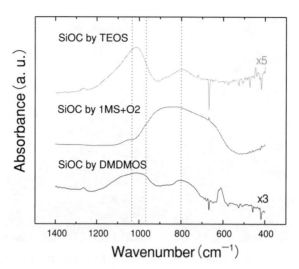

図7　TEOS，DMSDMOS，1 MS＋O_2 で形成した SiOC 膜の FTIR スペクトル

3.5.2　SiNC 系デバイスパシベーション材料

　SiNC 薄膜は水蒸気および酸素バリヤ性があるため，デバイスのパシベーション膜，酸化防止膜などとしてすぐれた材料である[7]。特に，微量な水蒸気，酸素でデバイスが劣化する有機 EL 用薄膜封止材料としての SiNC 薄膜への期待がもたれている[8]。SiNC 層はリモート RF プラズマ法および有機触媒 CVD で形成することができるが，一般的にいって，プラズマ CVD で形成した SiNC より，有機触媒 CVD で形成した SiNC 膜の方が，大気中での安定性がよく，バリヤ性もよい。図8には 1 MS と NH_3 との流量比と膜組成の関係を示している。組成費 N/Si は流量比

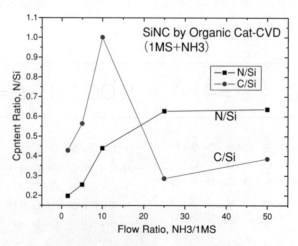

図8　IMS＋NH_3 で形成した SiNS 膜の組成と流量比，NH_3／1 MS との関係

第1章 ガラスへのコーティング技術と応用

$NH_3/1MS$ が25以上ではほぼ飽和している。これに関係して，バリヤ性も流量比 $NH_3/1MS$ が25以上が必要となる。概算で，$Si:(N+C)=1.0$ 程度になり，$H/Si=0.3$ になっているものと思われる。流量比 $NH_3/1MS$ が25以上で形成したSiNCの可視領域での吸収係数は $500\,cm^{-1}$ 以下であり，透明性は良好である。また，PEN基板上に形成したガスバリヤ膜の酸素透過率は約 $0.005\,cc/m^2/day$，水蒸気透過率は $0.03\,g/m^2/day$（Lyssy法の検出限界）以下の値が得られている[8]。

文　　　献

1) 高分子化学分野で研究開発されているいわゆる有機・無機ハイブリッド材料については，例えば，中條善樹，化学総説 No. 42，日本化学会編，無機有機ナノ複合物質，学会出版センター，p. 75（1999）
2) H. Nakayama, H. Ohta and E. Kulatov, *Thin Solid Films*, **395**, pp. 230–234（2001）
3) H. Nakayama, K. Takatsuji, S. Moriwaki, K. Murakami, K. Mizoguchi, M. Nakayama, *Thin Solids Films*, **430**, 309–312（2003）
4) H. Nakayama, K. Takatsuji, K. Murakami, N. Shimoyama, H. Machida, *Thin Solids Films*, **430**, 87–89（2003）
5) K. Takatsuji, H. Nakayama, M. Kawakami, Y. Makita, K. Murakami, N. Shimoyama, H. Machida, *Thin Solids Films*, **430**, 116–119（2003）
6) T. Yagi, H. Nakayama, Y. Miura, N. Shimoyama, and E. Machida, *Jpn. J. Appl. Phys*, **43**, No. 6 A, 3530–3534（2004）
7) H. Nakayama and T. Hata, *Thin Solids Films*, **501**, 190–194（2006）
8) H. Nakayama and T. Hata, Digest of Technical Papers, The Thirteenth International Workshop on Active-Matrix Flatpanel Displays and Devices 2006, 251–254（2006）

4 ゾルゲル法

神谷和孝*

4.1 はじめに

ゾルゲル法は，シリコンアルコキシド等の有機金属化合物を含む液から，有機金属化合物の加水分解，脱水縮合反応により，金属酸化物を得る方法である。有機金属化合物を含む液は，ゾルと呼ばれ，これを固体表面に塗布すると，溶媒の乾燥とともに反応が進行し，ゲル（つまり，ゼリー状）の状態を経て，熱処理を行うことで，酸化物皮膜とすることができる。反応の制御性に優れることから，有機金属化合物としては，シリコンアルコキシドが使用されることが多いが，チタン，ジルコニウム，ホウ素，アルミニウム等，様々な金属酸化物膜を得ることが可能である。ガラスの主成分は一般的に珪素酸化物であり，ゾルゲル法による金属酸化物皮膜とは比較的相性が良く，ゾルゲル法によるコーティング皮膜を施した製品は，様々な形で実用化されている。ここでは，そのような技術をいくつか紹介したい。

4.2 ゾルゲル反応

ゾルゲル法においては，溶液中での反応をいかに制御するかで，同じ出発物質を使用しても，得られる膜の構造，性質などが大きく異なる。つまり，目的とする膜を得るためには，溶液中での反応を適切に制御することがポイントとなる。図1に一例として，シリコンアルコキシドの反応を示す。シリコンアルコキシドからシリカ膜を得る際，一般的なコーティング液は，テトラエトキシシラン（TEOS）等のシリコンアルコキシド，加水分解反応に必要な水，酸やアルカリ等加水分解や縮合反応の触媒，および，溶媒としてのアルコールで構成される。このうち，触媒は，

1: 加水分解反応

$$Si-OR + H_2O \Longrightarrow Si-OH + ROH$$
$$\underset{OH^-}{\overset{H^+}{\Longleftrightarrow}} Si(-OH)_n(-OR)_{4-n}$$
$$Si(-OH)_4$$

2: 縮合反応 （脱水縮合 / 脱アルコール縮合）

$$Si-OH + HO-Si \overset{OH^-}{\Longleftrightarrow} Si-O-Si + H_2O$$
… 微粒子形成

$$Si-OH + RO-Si \overset{H^+}{\Longleftrightarrow} Si-O-Si + R-OH$$
… 鎖状オリゴマー形成

3: エステル交換反応

$$Si-OR + HO-R' \Longleftrightarrow Si-O-R' + HO-R$$

図1 シリコンアルコキシドの反応

---

* Kazutaka Kamitani 日本板硝子㈱ BP事業本部 BP研究開発部 グループリーダー

第1章　ガラスへのコーティング技術と応用

溶液中で形成されるオリゴマー，あるいは，粒子の形成に関与するため，特に重要である。図1に示すように，アルカリ触媒を添加した場合には，溶液中で微粒子が形成されやすく，そのようなコーティング液から得られる膜は，ポーラスになりやすい。一方，酸触媒を使用した場合には，鎖状のオリゴマーが形成されやすく，得られる膜は比較的緻密な膜となる。通常強固なシリカ膜とするために熱処理を行うが，この熱処理中に，残留溶媒や水の揮発，および，縮合反応に伴う膜収縮が起こり，クラックが発生することがある。それを避けるために，風乾段階では，かえってポーラスな膜であったほうが良い場合があり，アルカリ触媒で故意にポーラスな膜とすることもある。このようにアルコキシドの反応の理解は，目的とする膜を得るために，非常に重要である。

4.3　撥水コーティング

撥水コーティングは，ガラスの表面処理として，比較的古くから実用化されている。特に自動車の窓においては，雨天時にも良好な視界を確保するため撥水のニーズが高く，現在も開発が続けられている。ここでは，自動車用の撥水コーティング技術を簡単に紹介したい。

自動車ガラスへの撥水コーティング剤としては，1970年代頃に発売された"レインX"が有名である。しかし，このような，いわゆる"後塗り"タイプの撥水剤は，様々な改良はなされているものの，ガラスとの結合を十分に確保することが難しく，徐々に撥水性が失われてしまう。撥水性が失われれば塗り直せばよいわけであるが，長期間にわたって塗り直しせずに撥水性が維持して欲しいというニーズは当然あり，いわゆる"持続的な"撥水ガラスが，開発，市販されるようになった。

持続的な撥水ガラスが自動車用途として実用化されたのは，1990年代である[1]。フッ素置換されたアルキル基を有するシリコンアルコキシドを撥水剤として使用し，ゾルゲル反応により，ガラスにシロキサン結合を介して撥水剤を固定化したものであったが，現在も自動車用の高耐久撥水ガラスとしては，ゾルゲルをベースとする有機無機ハイブリッド材料が主流である。自動車の撥水ガラスに要求される性能を整理すると以下のようにまとめられる。

①　撥水性であること

撥水ガラスであるから，撥水性であるのは当然であるが，撥水性であることに起因して，水を寄せ付けにくくなり，たとえ水が付着したとしても，球状に近い液滴となり，雨の日でも比較的良好な視界が確保できる。

②　はじかれた水滴が転がり落ちやすいこと（滑水性）

良好な視界の確保のためには，はじかれた水滴が転がり落ちることが重要である。はじかれて，ガラス表面上で丸くなっても，そのままそこに留まっているようではかえって視界の妨げとなる。この，水滴が転がり落ちやすいかどうかという性質は，必ずしも撥水性とは対応していない。つ

まり，撥水性が高いほど水滴も転がりやすいというわけではないので，注意が必要である。このような水滴の転がり落ちる性質は，一般的に滑水性として最近議論されるようになった。

③　耐久性

　自動車用としての実用を考えると最低3年程度，リペアなしで性能を維持することが求められる。特に厳しいのは，耐摩耗性である。フロントガラスではワイパーによる磨耗，サイドのガラスでは窓の上下動の際の磨耗に耐えなければならない。また，耐紫外線性能，あるいは，屋外の暴露に対する耐久性能も重要である。撥水性能は膜最表面の性質であり，現状では有機物がその役割を担っていることを考えると，3年間屋外にさらされても性能を維持するというのは，極めて難易度の高い要求である。

　自動車用の撥水ガラスに一般的に使用される，撥水剤を図2に示す。(a)，(b)は，フルオロアルキル基（Rf）で変性されたシランであり，Rf基が撥水作用を有し，シランの部分でガラスと結合する。一般的にRf基は炭素数が8個の直鎖状フルオロアルキル基であることが多い。炭素数が多いほど撥水性は高くなるが，炭素数8程度で接触角的にはほぼ飽和する。工業製品としての入手の容易さもあり，フルオロアルキルシラン（FAS）といえば，炭素数8個のものを指すことが多い。

　反応性のシランの部分については，(a)のシリコンアルコキシドのタイプが使用されることが多い。アルコキシドの部分の加水分解により生成したシラノールと，ガラス表面のシラノールが脱水縮合によりシロキサン結合を形成する。一方，(b)のようなクロロシランのタイプは，アルコキシシランに比較して，反応の活性が非常に高いために，ガラスにより強固に結合させることを目的として使用されることがある。クロロシランは水と反応してシラノールを，アルコールと反応してアルコキシドを形成するが，その反応は非常に早いため制御が難しいのが難点である。

　(c)，(d)は，"レインX"などにも使われているポリジメチルシロキサン系の材料である。ポリジメチルシロキサンの部分で撥水性が発現するが，膜にした場合，接触角的にはフルオロアルキルシラン系が110°前後となるのに対し，ポリジメチルシロキサン系の材料では，100°前後と若干低い。しかし，滑水性に関しては，フルオロアルキルシラン系の材料よりも，一般的に優れるのが特徴である。

$(RO)_3Si-CH_2CH_2-Rf$
(a)

$Cl_3Si-CH_2CH_2-Rf$
(b)

$HO-[Si(CH_3)_2O]_nSi(CH_3)_3$
(c)

$(RO)_3Si-CH_2CH_2-[Si(CH_3)_2O]_nSi(CH_3)_3$
(d)

図2　代表的な撥水剤

第1章　ガラスへのコーティング技術と応用

　ポリジメチルシロキサンはその名の通り，それ自体シロキサン骨格を有しており，ガラスとの親和性が高い。一旦ガラスに付着すると，乾布などでは，なかなか拭き取りきれないほどに吸着するが，水のある状態で（雨天時）ワイパー磨耗を行うと比較的容易に撥水性が低下してしまう。より強固にガラスと結合させるために，各種の変性ポリジメチルシロキサンが使用される。(c)は末端にシラノールを配したものである。ガラス表面のシラノールとシロキサン結合させることを期待して使用される。(d)は，アルコキシシランで変性されたタイプである。(a)と同様にアルコキシシランの加水分解により生成したシラノールとガラス表面のシラノールとの反応を意図して使用される。(c)，(d)いずれも一方の末端のみが変性されたものを例示したが，両方の末端が変性されたもの，側鎖が変性されたものなど，そのバリエーションは極めて多岐にわたる。さらに，ポリジメチルシロキサンの側鎖をフルオロアルキル基で変性したものなども考えられ，様々な思惑で使い分けられているのが現状である。

　膜構成に関しては，自動車用の高耐久撥水ガラスの場合，ガラスに直接上述した撥水剤が塗布されることは少なく，テトラアルコキシシラン等の加水分解物を塗布，固化させた，シリカ層を介して撥水層が形成されることが多い。シリカの下地層を設けることにより，撥水剤側のシラノールと結合可能な，基板側のシラノール基の数がより多くなり，撥水剤と基板との結合がより強固になると考えられる。撥水性は最表面の性質であることから，撥水剤は単分子層レベルでも，強固に固定化されていることが重要で，膜厚は，下地層を含めても 100 nm 以下，あるいは，50 nm 以下であることが多い。

　ゾルゲル法によるコーティングでは，たとえ同じ原料を使用しても，それ以外に様々なパラメーターが存在し，最終的に得られるものは大きく異なることとなる。例えば，組成的には，濃度，触媒種量，水分量，溶媒等，また，塗布方法や加熱方法などをいかに制御するかということがポイントとなる[2~4]。

4.4　防汚ガラス

　先述した撥水ガラスと対照的に，親水性表面処理技術が適用されているのが，防汚ガラスである。ここでは，防汚ガラスについて簡単に紹介したい。

　窓ガラスは，その特性である透明性ゆえに汚れてしまえば，当然視界を悪くし，透明性は損なわれ美観を著しく損ねることになる。それに加えて，ビルの高層化，デザインの斬新性や複雑化はガラスの汚れに対してより悩ましい問題になりつつある。ガラスは，元来親水性の表面を有するが，親水性表面は汚れを吸着しやすく，汚れを吸着した表面はもはや親水性ではない。汚れを防ぐために，特殊な表面処理が必要とされるのはそのためである。

　そのような防汚コーティングとして，図3に示すような構成の膜が商品化されている[5]。シリ

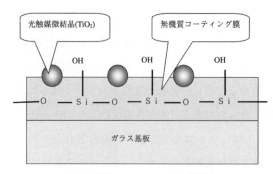

図3 防汚コーティングの膜構成

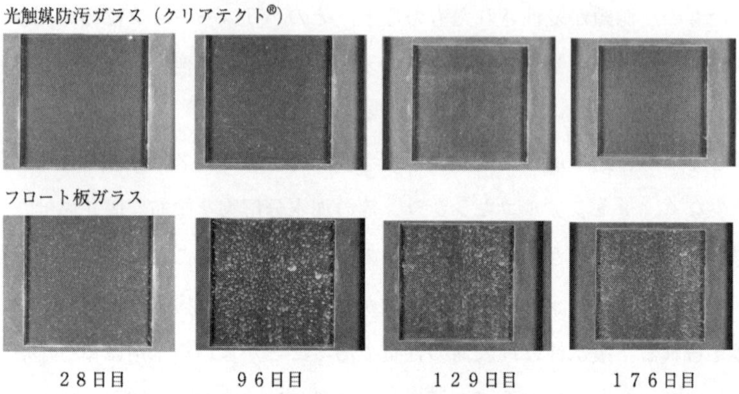

光触媒防汚ガラス（クリアテクト®）

フロート板ガラス

28日目　　96日目　　129日目　　176日目

図4 屋外暴露での汚れの経時変化

カを主成分とした無機物質中に酸化チタンからなる光触媒粒子を分散させたものを薄くガラス基板上に塗布し焼付け加工したもので，透明性に優れると共に非常に強固な膜を持ったガラスとなっている。チタニア微粒子には，光触媒作用があることが知られているが，このチタニア微粒子の光触媒作用により，表面に付着した汚れが分解される。大きな汚れの場合，全てが分解され消失してしまうことはないが，汚れの表面への密着性が低下する。また，チタニアは，光が照射されることにより，親水化することも知られている。そのような状況で雨が降ると雨水が付着力の弱まった汚れと表面の間に入り込み，汚れの自重も作用してそれらの相乗効果により汚れが流し落とされるのである。

図4に，このような防汚ガラスの防汚性能を示す。屋外に暴露して，表面への汚れの付着の様子を観察したものであるが，明らかに未処理のガラスよりも，汚れがつきにくくなっている（ついても雨水によって流れ落ちている）ことが分かる。

4.5　おわりに

ゾルゲル法による表面処理（コーティング）に関しては，低温プロセスである等のメリットが

第 1 章　ガラスへのコーティング技術と応用

ある一方,厚膜（一般的には 500 nm 以上）を得ることが困難（クラック,あるいは,膜剥離が生じやすい）というデメリットが従来から指摘されてきた[6]。しかし,近年それを克服する技術が見出されるようになってきており[7,8],今後楽しみな分野であるといえる。

文　　献

1) 小林浩明, 工業材料, **44** (8), 38 (1996)
2) K. Kamitani *et al.*, *J. Sol–Gel Sci. Tech.*, **26**, 823 (1997)
3) Y. Akamatsu *et al.*, *Proc. 5th ICCG*, 823 (2004)
4) T. Morimoto *et al.*, *Thin Solid Films*, **392**, 214 (2001)
5) 田中啓介, 田中博一, 工業材料, **51** (7), 56 (2003)
6) 作花済夫, ゾルゲル法の応用, アグネ承風社 (1997)
7) T. Muromachi *et al.*, *J. Sol–Gel Sci. Tech.*, **40** (2), 267-272 (2006)
8) 斉藤真規, 赤松佳則, 日本ゾルゲル学会第 5 回討論会講演予稿集, 49 (2007)

5 ガラス上への無電解めっき法

橋本貴治*

5.1 緒言

めっきは半導体パッケージやチップ部品，これを搭載するプリント配線板やハードディスクドライブ等電子機器の製造には欠かせない技術である。被めっき物は金属だけでなく，樹脂やセラミック等の絶縁体まで幅広く用いられている。

ガラスへのめっきについては多くの用途があるが，一例をあげると，光ファイバへのはんだ付け用に無電解ニッケル／金めっきが，シャドウマスク用に無電解ニッケルめっきが使用されている。光ファイバに関しては，通信システムの高速，大容量化に伴い，光ファイバネットワークの構築が進められており，光ファイバー光部品間の接合にファイバ端部を無電解ニッケル／金めっきを行っている。また，シャドウマスク用としてはガラス全面に無電解ニッケルめっき皮膜を形成し，硝酸系や硝酸－リン酸系のニッケル剥離液を用いてパターン以外のめっき皮膜を剥離しパターンを形成している。さらに近年著しい成長を遂げている液晶テレビ，プラズマテレビ等のフラットパネルディスプレイ（FPD）用の電極形成にも使用可能である。めっきに必要な設備は真空成膜装置（スパッタリング）と比較して安価な投資ですみ，皮膜析出速度が速く，量産性において優れている。

表1にガラスへの無電解めっき工程の例を示す。

表1 ガラスへの無電解めっき工程

工程	処理液
脱脂	アルカリ性脱脂液，超音波併用
↓水洗	
エッチング	フッ化物系エッチング液
↓水洗	
コンディショニング	シランカップリング剤
↓水洗	
触媒付与	パラジウム系触媒処理液
↓水洗	
活性化	ポストアクチベーター液
↓水洗	
無電解めっき	酸性無電解ニッケルめっき液
↓水洗	
フラッシュ金めっき	置換型薄付け金めっき液
↓水洗，乾燥	
熱処理	250℃　30分

* Takaharu Hashimoto　メルテックス㈱　研究部第1研究室　主任

第1章　ガラスへのコーティング技術と応用

5.2　無電解めっき工程
5.2.1　脱脂

　脱脂工程では，ガラスに付着した汚染物を除去する。放置によってガラス表面には種々の無機系および有機系の汚れが吸着し，表面の性質が変化する可能性がある[1]。このため，脱脂工程では，ガラス表面の汚染物を除去して，めっき皮膜の密着を阻害する因子を排除する。脱脂処理にはアルカリ性界面活性剤溶液を40〜80℃に加温して用い，洗浄効果を高めるために超音波を併用する。超音波が洗浄液を振動させることで液中に微小な空隙が生じ，この空隙がつぶれる際に衝撃波が生じる。この一連の過程はキャビテーションと呼ばれ，この衝撃力が汚れを引き剥がすように作用するとされている。さらに，亜座上らは，超音波洗浄機構を洗浄時の表面の直接観察や洗浄痕の解析から検討し，洗浄に関与する気泡は共振気泡であり，共振気泡が表面を摩擦しながら移動することで異物粒子を除去するという洗浄機構を報告している[2]。超音波は洗浄効果を飛躍的に高めるが，印加条件によっては素材にダメージを与える可能性も指摘されている。MH_z領域の周波数の超音波を用いて洗浄するいわゆるメガソニックは，素材にダメージを与えにくく，洗浄効果も高いといわれており，例えば，西山らはウエハーの精密洗浄においてメガソニックの有効性について報告しており[3]，これはガラスに対しても同様に有効であると考えられる。

5.2.2　エッチング

　めっき皮膜の密着を確保するために最も重要な処理はエッチング工程である。ガラスへのめっき工程で用いられるエッチング液はフッ化物を含むもので，ガラスを溶解し，表面を粗化することで良好な密着をもたらすものと考えられてきた。一般に，被めっき物やめっき皮膜の表面状態の観察には光学顕微鏡や走査型電子顕微鏡（Scanning Electron Microscope：SEM）が，表面粗さの測定には触針式ないしは光学式表面形状測定装置が用いられる。このような装置を駆使し，前処理工程における表面状態の変化やめっき粒子の観察を行い，前処理工程やめっき液組成の最適化を試みることが常法である。しかしながら，ガラスのような透明で平滑な被めっき物やその表面へのめっき皮膜表面の観察では，これらの被めっき物はいずれも光を透過するため光学的に表面状態を観察することは原理的に難しく，さらに，通常のSEM解像度では製膜方法による皮膜状態の差異，前処理による表面状態の変化およびめっき粒子を観察することは困難である。したがって，エッチング処理機構も処理液の特性から類推して説明されるのみであり，フッ化物系エッチング液による粗化効果も確認されていなかった。近年，従来のSEMよりも高解像度のField-Emission型SEM（FE-SEM），走査型トンネル電子顕微鏡（Scanning Tunneling Microscope：STM）や原子間力顕微鏡（Atomic Force Microscope：AFM）等を利用することで，より平滑な表面状態観察やめっきの初期析出反応の解析が試みられてきている[4]。図1にFE-SEM

図1 エッチング処理後の
　　ガラス表面

図2 AFMによるガラス表面観察結果

を用いたソーダガラスのエッチング後の表面像を，図2にAFMを用いたソーダガラスのガラス表面像を示す。これを見ると微細にガラス表面が粗化されているのが分かる。エッチング後の表面粗さが大きいほどアンカー効果による密着強度の向上が認められるが，実際にはガラスの透過度が低下するため，透過度の低下しない微細なエッチング状態が最適と考える。

5.2.3 コンディショナー

　無電解めっきを施すには，被めっき物にめっき反応の開始剤となる触媒を吸着させる必要がある。一般的な触媒としてはパラジウムがあげられるが，非導電体であるガラスには基本的に触媒が吸着しない。これはPWB等に用いられる銅電極上にはパラジウム－銅間で金属結合が形成されるため，めっき浴に浸漬するとパラジウムが核となりめっきが析出するが，ガラス－パラジウム間では金属結合が形成できないため，ガラス上にパラジウムが吸着せずめっきが析出しないことによる。このため，めっきを析出させるためにはガラス表面の改質が必要となる。

　ガラス上に無電解で金属を析出させる方法のひとつとして，シランカップリング剤を使う方法があげられる[5]。シランカップリング剤は次のような化学構造式で表される。

$$H_2N\sim Si\text{-}(OR)_3$$

（OR）：加水分解性のアルコキシ基で，これがガラス表面と結合すると考えられている[6]。

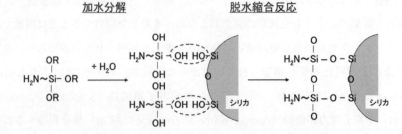

図3　シランカップリング剤のシリカ表面への作用機構

第 1 章　ガラスへのコーティング技術と応用

シランカップリング剤は 10 倍から 1000 倍程度の希釈で使用するが，このとき水溶性のシランカップリング剤を選択することが望ましい。次にガラス－シランカップリング剤の反応模式図を図 3 に示す。この処理によりアミノ基上にパラジウムが吸着し，均一な分布状況となる。なお，シランカップリング処理後のガラス表面は透明であり，処理によるガラスの白濁や表面粗さに変化は認められない。

5.2.4　触媒付与

ガラスへのめっき処理で用いられる触媒付与処理は，全面にスズ－パラジウムコロイド系触媒を付与した後に活性化処理液に浸漬させ，過剰のスズを除去し，パラジウム触媒核を活性化する方法とパラジウムコロイド系触媒を用いる方法の二通りが考えられる。前者は，スズとパラジウムの異種金属の混合が原因で無電解ニッケルめっき後の皮膜にムラが発生し，無光沢となる傾向がある。

このため，ガラス用のパラジウム触媒には弱酸性に調整しパラジウム－水酸化物コロイドを形成させ，使用するのが適している。

なお，塩化第二スズと塩化パラジウムの二段処理では，前処理各段階でのスズ，パラジウムおよび塩素の表面密度や存在比が放射性同位元素[7]や XPS[8]を用いて解析されている。

5.2.5　活性化処理

触媒処理により，ガラス上に吸着したパラジウムは積層化しており[9]，この積層に差が存在するため無電解ニッケルめっき後の皮膜外観に光沢ムラが発生すると考えられる。この積層化防止に有効なのが活性化処理である。この活性化処理により積層化したパラジウムを除去し，ガラス上に均一層のパラジウムが形成すると考えられる。これにより無電解ニッケルめっき後の皮膜表面は，鏡面でムラのない良好な皮膜を得ることができる。活性化処理による無電解ニッケルめっき後の皮膜表面を図 4 に示す。これにより活性化処理を行うことでめっき粒子が緻密で平滑になることが確認されている。

活性化処理有　　　　　　活性化処理無

図 4　ガラス上無電解ニッケルめっき皮膜

5.2.6 無電解ニッケルめっき

ガラスへ最も密着良く製膜できるめっき皮膜は,無電解ニッケルめっき法によるニッケル−リン皮膜である。無電解ニッケルめっき液は,一般的な次亜リン酸を還元剤とする酸性タイプの組成で,めっき膜厚の制御を容易にするために低温で稼動する例が多い。FPDによってはナトリウム等のアルカリ金属による汚染を嫌うものがあるため,必要に応じてナトリウムフリーの無電解ニッケルめっき液が求められる。めっき工程を最適化することで,表面粗さ10 nm以下,くもりやむらのない鏡面光沢のめっき皮膜が得られる。エッチング処理後のガラス表面はRa＝1 nm程度と平滑であるため,めっき皮膜の物理的なアンカー効果が得られず,密着良くめっきできる最大膜厚は無電解ニッケルめっきで0.5 μm程度である。この最大膜厚は,ガラスの種類,保管方法によって若干変化する。なお,ニッケルを厚膜化する方法として,最近では無電解めっき法で酸化亜鉛皮膜を形成し,その上に無電解めっきの厚膜化が可能との報告もある。

5.2.7 無電解金めっき

無電解金めっきは一般的に置換型と自己触媒型に分けられ,ニッケル皮膜の酸化防止,はんだ接合信頼性およびワイヤーボンディング強度向上のために行う。接合信頼性には一般に置換金めっきと呼ばれる薄付けタイプの金めっき浴を使用する。置換金めっきは,下地金属（ニッケル）と金イオンのイオン化傾向の差を利用した析出システムである。置換金めっき浴は還元金めっきに比較して浴組成が単純であり,浴安定性に優れ,管理が容易,金析出コストが安いなどの特長を有する[10]。しかし,ニッケル表面が金ですべて置換されるとニッケルから電子が供給されなくなり反応が停止してしまうため,得られる金膜厚は一般に0.05～0.1 μmであり厚膜化には適していない。また,置換金めっきはニッケル皮膜の置換反応によりブラックパッドと呼ばれる酸化ニッケルが金−ニッケル界面に形成され,はんだ接続強度が低下するといわれている。そのため,現在ではブラックパッドの生成しない置換金めっき浴も開発されている。

自己触媒金めっきには,シアン含有型と非含有型がある。昨今の環境問題の点から,ユーザーはシアン非含有型を選択することが多くなってきている。しかし金皮膜性能ではシアン含有型の方が優れており,またシアンが金の強力な錯化剤であるのに対し,非含有型に使用する亜硫酸金溶液および塩化金溶液は容易に金が沈殿し,安定性に劣るためシアン含有型の方が浴安定性に優れている。どちらも特徴としては一長一短といえる。

5.2.8 熱処理および皮膜の密着

無電解ニッケル／金めっき後の熱処理は,密着増強のための必須工程である。熱処理による密着増強効果は120℃程度から現れるが,密着を確実にするために200～250℃,30分程度の熱処

第1章　ガラスへのコーティング技術と応用

理が一般的である。

　熱処理後のニッケル-リン皮膜の密着は非常によい。通常，熱処理後はテープテスト，クロスカットテープテストでは剥離は認められない。鈴木は，ガラス基板上にドライプロセスで製膜した比較的密着性の高い皮膜を直接引っ張り試験で評価した結果を報告しているが[11]，同様に2mm角のめっきパターンに金属線をはんだ付けして引っ張り試験を行うと，ガラス／めっき皮膜界面での剥離は認められず，ガラスをえぐるようにパターンが剥離するかガラス自体が破壊される。従って，この試験法では，接合強度値を求めることができないが，ガラス／めっき皮膜界面には充分な接合強度があることを確認できる。また，はんだ接合を用いた直接引っ張り試験には，接合面に熱処理以外の熱履歴がかかるため，熱処理条件を含めたプロセスの評価には向かないという欠点もあり，引っ張り試験用プローブはエポキシ系接着剤等でめっき面と接合することが好ましい。

5.3　結言

　ガラスへのめっきプロセスは10年以上前からの技術であるが，ここ数年導入検討例が増加しており低コストで製造するために有効な技術であると考えられる。さらに，めっき技術に対して，めっき皮膜の膜質改善や低抵抗化，超微小パターンへのめっき選択性の向上，耐熱性の高いめっき皮膜の導入等，より一層の改良が求められている。

文　　献

1) 土橋正二，実務表面技術，**32**，390（1985）
2) 亜座上瑞美，菊池　廣，表面技術，**47**，37（1996）
3) Y. Nishiyama, T. Kujime, T. Ohmi, Proceedings Institute of Environmental Sciences, P 100（1996）
4) 山岸憲史，八重真治，西羅正芳，松田　均，表面技術，**51**，215（2000）
5) 浜谷健生，熊谷八百三，表面技術，**41**，1159（1990）
6) 平松　実，川崎仁士，表面技術，**40**，407（1989）
7) C. H. de Minjer, *J. Electrochem. Soc.*, **120**, 1644（1973）
8) L. R. Pederson, *Solar Energy Materials*, **6**, 221（1982）
9) 浜谷健生，熊谷八百三，表面技術，**41**，57（1990）
10) 加藤　勝，佐藤　潤，沖中　裕，逢坂哲彌，表面技術，**52**，600（2001）
11) 鈴木すすむ，表面技術，**48**，698（1997）

6 液相析出法

青井芳史*

ここでは，水溶液を用いて，高エネルギーを必要としない穏和な条件で，種々の基板上に，各種の機能性を有する，主として酸化物薄膜あるいは酸化物前駆体薄膜を析出させる成膜法である液相析出法（LPD法：Liquid Phase Deposition）について紹介する。

機能性薄膜の成膜法としては，大別して蒸着法，スパッターに代表される物理的成膜法とCVD，ゾル―ゲル法，電気めっき等に代表される化学的成膜法に分けられる。後者の成膜法の内，溶液を用いる湿式法が大きなエネルギーを必要とせず，環境負荷が少ないことから，最近，環境・エネルギー問題の高まりと共に注目を集めるようになってきており，ソフト溶液プロセスとも呼ばれている。

このような湿式法の一つである液相析出法（LPD法）は，処理溶液中に基板を浸漬させるだけで，水溶液中から酸化物もしくはオキシ水酸化物を，以下の2種類の水溶液反応を用いて基板上に均一に薄膜を成長させる成膜法である。

金属フルオロ錯体（TiF_6^{2-}, SiF_6^{2-}等）の加水分解平衡反応

$$MF_x^{(x-2n)-} + nH_2O \rightleftarrows MO_n + xF^- + 2nH^+ \tag{1}$$

金属Al，ホウ酸等の添加によるフッ化物イオンの捕捉反応

$$H_3BO_3 + 4HF \rightarrow BF_4^- + H_3O^+ + 2H_2O$$
$$Al + 6HF \rightarrow H_3AlF_6 + 3/2\,H_2 \tag{2}$$

前者(1)を析出反応，後者(2)を駆動反応と呼ぶ。

液相析出法では，両反応の組み合わせにより基板上へ金属酸化物薄膜が成膜される。水溶液中での短い平均自由行程の中での物質移動であるため，薄膜は，表面積，表面形状に拘わらず溶液と接した表面に均一に析出する特徴を有する成膜法である。乾式法（気相法）に代表される物理成膜法と異なり，高電圧，真空等の高価な装置も必要とせず，その成膜工程は非常にシンプルで（図1），必要とするものは反応容器のみである。

水溶液からの析出は，常温で，基板を選ばず，ガラス，セラミックス，金属，プラスチックス等様々な材料，板状，粉体，繊維等の基板形状に拘わらず均一に析出する。また，水溶液が均一で且つ多成分系であることから溶液混合により，多成分系酸化物薄膜，複合材料薄膜等の複合化

---

* Yoshifumi Aoi　龍谷大学　理工学部　物質化学科　講師

第1章　ガラスへのコーティング技術と応用

図1　液相析出法の成膜工程

も比較的容易である。

　水溶液中での金属フルオロ錯体の加水分解反応を利用して，酸化物薄膜を基板上に直接合成するLPD法は，日本板硝子㈱のグループによりSiO$_2$薄膜の合成に関する報告がなされて以来，盛んに研究がなされている[1]。最近では，電子デバイスの絶縁層形成への適用に関する研究が台湾の研究グループを中心に精力的になされている[2]。SiO$_2$薄膜は基本的には以下のような原理より析出させる。処理液としては，二酸化ケイ素を飽和溶解したケイフッ化水素酸水溶液を用いる。この水溶液中では，式(3)のような加水分解平衡状態にあると考えられ，この平衡反応が右側つまりSiO$_2$析出側にシフトすることにより，処理液中に浸漬した基板上にSiO$_2$薄膜が析出する。平衡反応をシフトさせるために，処理液中に，フッ化物イオンと容易に反応して安定なフルオロ錯体を形成する物質を添加する。これには，式(4)に示す反応でフッ化物イオンを捕捉する金属Al，ホウ酸が用いられる。

$$H_2SiF_6 + 2 H_2O \rightleftarrows SiO_2 + 6 HF \quad (3)$$

$$\left.\begin{array}{l} H_3BO_3 + 4 HF \rightarrow BF_4^- + H_3O^+ + 2 H_2O \\ Al + 6 HF \rightarrow H_3AlF_6 + 3/2 H_2 \end{array}\right\} \quad (4)$$

　また，温度により平衡反応をシフトさせSiO$_2$薄膜を析出させることも可能である。このLPD法によるSiO$_2$薄膜の特性およびその応用研究に関しては，日本板硝子㈱の研究グループにより詳しく調べられており，以下にその一部を簡単に紹介する[3]。

　LPD法によるSiO$_2$薄膜は，室温付近の水溶液中という非常にマイルドな条件からの析出であるにもかかわらず，非常に良質な物が得られている。膜構造は非常に緻密であり，ケミカルエッチングレートでその緻密性を評価すると，室温付近で成膜したSiO$_2$薄膜についてはCVD法，スパッタ法並であり，また，析出後の熱処理により熱酸化膜，石英ガラス並にその緻密性は向上する。このような，LPD法によるSiO$_2$薄膜の優れた緻密性を生かし，ソーダライムガラスのアルカリバリヤー膜として表示デバイス用ガラスに実用化されている。

　LPD法の析出反応において，基板表面に存在するOHが関与していることが知られている。

無機材料の表面処理・改質技術と将来展望

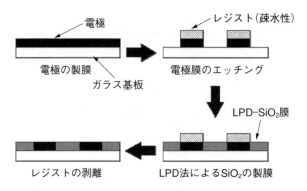

図2 選択成膜法による積層構造作成成膜工程

すなわち，析出の初期過程において基板表面のOH基と溶液中の金属錯体イオン種とが脱水縮合反応を生じることにより析出が始まる。このことはつまり，疎水性表面への析出が生じにくいことを示しており，この性質を利用した選択成膜法という方法が開発され，半導体集積回路分野における積層構造作成時の電極埋設に利用され，プロセスの簡素化に応用されている。その工程の概念図を図2に示す。

最近，液相析出法の表面形状に拘わらず溶液と接した表面に均一に析出するという特徴を活かし，ナノメートルオーダー，もしくはサブマイクロメートルオーダーの構造を有するテンプレートを用い，金属酸化物を析出し3次元規則構造体を作製するという試みがなされている。すなわち，自己組織的に3次元に規則配列させたサブマイクロメートルオーダーの球状ポリスチレン（以下PS）ラテックス粒子をテンプレートとし，液相析出法によりテンプレートに形成された間隙をTiO_2で充填することによりPS複合薄膜を得る。また，この複合薄膜を熱処理することによりPSが除去され，空孔が規則的に配列した3次元多孔質TiO_2薄膜を合成することが可能である。工程および得られる3次元多孔質TiO_2薄膜のSEM像を図3に示す[4]。

またテンプレートとして，単一のポリスチレン粒子を用い，中空球状の金属酸化物粒子を作製することも行われている[5]。

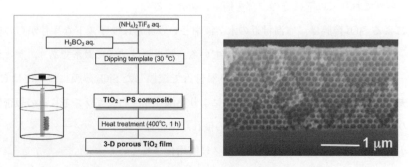

図3 液相析出法による3次元規則多孔質TiO_2薄膜

第1章　ガラスへのコーティング技術と応用

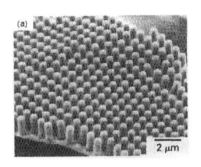

図4　LPI法により作成された2D
アレイ構造を有するTiO$_2$

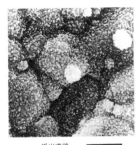

図5　アルミナセラミック基板上に合成
された酸化バナジウム薄膜

出来らは，数10 nm〜数μmの孔径と間隔を有するナノホールアレイを加工したシリコン基板，あるいはシリコン基板形状を転写したポリマーレプリカフィルム等をテンプレートとすることにより，酸化物構造体を作成しており（図4），液相充填（Liquid Phase Infiltration：LPI）法と称している。これによると，テンプレートの高次構造内に隙間なく反応溶液が浸透，拡散し，金属酸化物が均一に析出，充填されることにより，任意の形状を持つ高次ナノ構造セラミックスを作成することができるとしている[6]。

酸化ケイ素，酸化チタン以外についても種々の金属酸化物薄膜について合成が試みられている。酸化バナジウム薄膜の合成には，五酸化バナジウム粉末をフッ化水素酸水溶液に溶解したものを反応母液として用い，この溶液中にフッ素イオン捕捉剤として金属アルミニウムを添加し，基板を浸漬後数十時間静置反応させることにより得られている（図5）[7]。得られる薄膜は透光性のある茶褐色であり，X線回折，IR，ESR測定より，アモルファスで4価のバナジウムイオンから構成されていることが明らかとなった。この薄膜は空気中での熱処理により結晶化と共にバナジウムイオンの酸化が生じV_2O_5となった。一方，窒素雰囲気中での熱処理においてはVO_2薄膜が得られている。

α-FeOOH/NH$_4$FHF溶液とほう酸水溶液を混合したものを反応溶液とすると，基板上に橙色

図6　得られた酸化鉄薄膜のSEM像

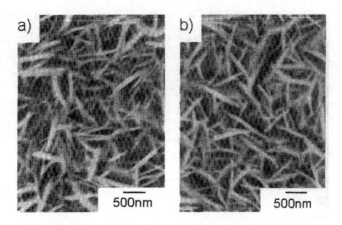

図7 液相析出法により作成したタングステン酸化物薄膜

透明の薄膜の析出が確認された。X線回折の結果，析出直後の薄膜は結晶性のβ-FeOOHであった。この薄膜を空気中で熱処理したところ，アモルファス状態を経てα-Fe_2O_3への転移が生じ，600℃，1時間での熱処理により結晶性の赤色のα-Fe_2O_3が得られた。図6に示すように薄膜は微細な粒子より構成されていることが明らかとなった[8]。

反応溶液として，$WO_3 \cdot H_2O$をHFに溶解したものを用い，フッ化物イオン捕捉剤としてホウ酸を用いると$H_2WO_4 \cdot H_2O$が析出する（図7）[9]。この薄膜は用いる基板により薄膜の形状が異なり，ガラスおよびアルミナ基板上に生成した薄膜は板状の結晶成長がみられ，Siウェハを基板として用いた場合には微小な針状結晶が析出することが見出されている。また，これらの薄膜は500℃，1時間の熱処理により斜方晶系を有するWO_3となる[9]。

上述した例の他に酸化ニオブ[10]，酸化スズ[11]，酸化ジルコニウム[12]等の薄膜等の種々の金属酸化物薄膜の合成もこのLPD法で可能であることが神戸大学の出来らにより見出されている。

LPD法は，水溶液という均一凝集系からの製膜法であるため，多成分化が容易であるという特徴を有する。以下に，LPD法による多成分系複合酸化物薄膜の合成の試みについて紹介する。

酸化チタン薄膜合成の際の反応溶液である$(NH_4)_2TiF_2$とH_3BO_3の混合水溶液中に$HAuCl_4$水溶液を添加混合し製膜することにより薄膜中にAuが取り込まれる[13]。薄膜中のAu/Ti比は，反応溶液中に添加する$HAuCl_4$量を調節することにより容易に制御可能である。析出直後の薄膜は無色であったが，熱処理により紫色に変化し，金超微粒子の存在が示唆された。XPSスペクトル測定より，析出直後の薄膜中では金はAu^{III}イオンとして存在しており，熱処理によりこれが還元されて金属Auの超微粒子として分散していることが確認されている。500℃での熱処理膜のTEM写真を図8に示す。これより，薄膜中でAuは直径十数nmの微粒子として酸化チタンマトリックス中に均一に分散していることが分かる。得られた薄膜の可視吸収スペクトルを測

第1章　ガラスへのコーティング技術と応用

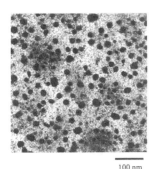

図8　得られた金微粒子分散酸化チタン薄膜のTEM像

定したところ，200℃以上での熱処理膜において600 nm付近に金微粒子の表面プラズモン共鳴に帰属される吸収バンドが観察された。この吸収バンドは，熱処理温度の上昇に伴い長波長側に大きくシフトした。

まとめ

　従来，製膜法としては，乾式法，中でも物理的製膜法が主として用いられることが多かったが，それらに無い長所を有する湿式成膜法にも関心が移りだした。中でも，液相析出法（LPD法）は，その多様性に今後注目すべきであろう。板状基盤のみならず粉体，繊維等の多様な基盤表面上に，多様な酸化物薄膜を製膜することにより，多層構造を有する新しい材料の設計，表面修飾に依る機能性賦与への展開も考えられる。最近では，薄膜析出領域のパターニングや3次元構造体の作製等も活発に試みられてきており，今後の展開が期待される。

文　　献

1) H. Nagayama, H. Honda, and H. Kawahara, *J. Electrochem. Soc.*, **135**, 2013 (1988)； A. Hishinima, T. Goda, M. Kitaoka, S. Hayashi, and H. Kawahara, *Appl. Surf. Sci.*, **48/49**, 405 (1991)； T. Homma, T. Katoh, Y. Yamada, and Y. Murao, *J. Electrochem. Soc.*, **140**, 2410 (1993)； C. F. Yeh and C. L. Chen, *J. Electrochem. Soc.*, **142**, 3579 (1995)； C. F. Yeh, C. L. Chen, W. Lur, and P. W. Yen, *Appl. Phys. Lett.*, **66**, 938 (1995)； C. F. Yeh and S. S. Lin, *J. Non-Cryst. Solids*, **187**, 81 (1995)； C. F. Yeh, S. S. Lin, and W. Lur, *J. Electrochem. Soc.*, **143**, 2658 (1996)； S. Nitta and Y. Kimura, *J. Soc. Mat. Sci. Jpn.*, **43**, 1437 (1994)；

C. T. Huang, P. H. Chang, and J. S. Shie, *J. Electrochem. Soc.*, **143**, 2044 (1996); K. Awazu, H. Kawazoe, and K. Seki, J. Non-Cryst. *Solids*, **151**, 102 (1992); J. S. Chou and S. C. Lee, *J. Electrochem. Soc.*, **141**, 3214 (1994)

2) C. F. Yeh, S. S. Lin, and T. Y. Hong, *IEEE. Electron Device Lett.*, **16**, 316 (1995); C. F. Yeh, S. S. Lin, and T. Y. Hong, *Microelectronic Engineering*, **28**, 101 (1996); W. S. Lu and J. G. Hwu, *IEEE. Trans. Electron Device Lett.*, **17**, 172 (1996); J. S. Chou and S. C. Lee, *IEEE Trans. Electron Devices*, **43**, 599 (1996); T. Homma and Y. Murao, *Thin Solid Films*, **249**, 15 (1994); T. Homma, J. Non-Cryst. *Solids*, **187**, 49 (1995); T. Homma, *Thin Solid Films*, **278**, 28 (1996); Y. P. Shen and J. G. Hwu, *IEEE. Photonics Technology Lett.*, **8**, 420 (1996)

3) 河原秀夫, 溶融塩, **33**, 7 (1990); 竹村和夫, セラミックス, **26**, 201 (1991); 河原秀夫, 電気化学および工業物理化学, **60**, 866 (1992); 阪井康人, 表面技術, **49**, 35 (1998)

4) Y. Aoi, S. Kobayashi, E. Kamijo, S. Deki, *J. Mater. Sci.*, **40**, 5561 (2005)

5) Y. Aoi, H. Kambayashi, E. Kamijo, S. Deki, *J. Mater. Res.*, **18**, 2836 (2003)

6) S. Deki, S. Iizuka, A. Horie, M. Mizuhata, and A. Kajinami, *J. Mater. Chem.*, **14**, 3127 (2004); S. Deki, S. Iizuka, M. Mizuhata, and A. Kajinami, *J. Electroanal. Chem.*, **584**, 38 (2005)

7) S. Deki, Y. Aoi, Y. Miyake, A. Gotoh, and A. Kajinami, *Mater. Res. Bull.*, **31**, 1399 (1996)

8) S. Deki, Y. Aoi, J. Okibe, H. Yanagimoto, A. Kajinami, and M. Mizuhata, *J. Mater. Chem.*, **7**, 1769 (1997)

9) 出来成人, 小谷友規, 水畑 穣, 日本学術振興会フッ素化学第155委員会研究発表資料集, 平成17年度, 1 (2005)

10) Hnin Yu Yu Ko, M. Mizuhata, A. Kajinami, and S. Deki, *J. Electroanal. Chem.*, **559**, 91 (2003)

11) S. Deki, S. Iizuka, M. Mizuhata, and A. Kajinami, *J. Electroanal. Soc.*, **584**, 38 (2005)

12) K. Kuratani, Y. Uemura, M. Mizuhata, A. Kajinami, and S. Deki, *J. Am. Ceram. Soc.*, **88**, 2923 (2005)

13) S. Deki, Y. Aoi, H. Yanagimoto, and A. Kajinami, *J. Mater. Chem.*, **6**, 1879 (1997)

第2章　ガラスの表面処理技術

1　表面清浄化技術

三谷一石*

1.1　はじめに

　近年，ガラス表面にゾルゲルコーティング，スパッタコーティングなど様々なコーティング処理を行う製品が増えてきており，製品の高品質化に伴うガラス洗浄のニーズも高まりつつある。洗浄方法は湿式洗浄と乾式洗浄に大別され，除去対象となる汚れの種類に応じて単独もしくはこれらを組み合わせて用いられる。洗浄媒体として，湿式洗浄では水系，有機溶剤系，超臨界流体などが用いられ，乾式洗浄では不活性ガス，蒸気，プラズマ，紫外線などが用いられる。ここではガラスの水系湿式洗浄に絞って述べる。

　精密洗浄の要素技術は，1970年にW. Kernが提唱したRCA洗浄に端を発したシリコンウエハー洗浄技術に牽引される形で発展してきており，最近では機能水を用いたポストRCA洗浄をはじめとした多種多様な要素技術が実用化されている[1,2]。

　また，多成分系ガラスは，空気中に放置されると表面が変質することが古くから知られており，例えば窓ガラスを長期間使用すると，ガラス内部から表面にNa等の金属イオンが滲出し，空気中に存在するCO_2やSO_2等の酸性ガスと反応してガラス表面に白い斑点状の化合物が形成される。同時にその下には，金属イオンが抜けてSiO_2に富む層ができ可視光屈折率が変化した虹色層（通称：青ヤケ）が形成される[3,4]。ソーダライムガラスなど変質が起こり易い組成のガラスを用いたコーティング製品においては，しばしば，変質層を除去したのちに成膜前の洗浄処理が行われる。

1.2　ガラスの変質層除去

　ガラス表面の変質層は，ガラスに対して浸食作用を持つフッ化水素酸やアルカリ性水溶液によるエッチング，あるいは研磨で除去することができる。ガラス研磨には表面の仕上がりがよく高い研磨レートが得られるという理由で古くから酸化セリウム系研磨剤が使用されてきた。酸化セリウム系研磨剤が他のジルコニア，アルミナなどと比べて突出して研磨能力が高いのは，粒子による機械的な作用にガラスとの化学的な作用が加わるためと考えられている[5]。図1に等電点と

＊　Kazuishi Mitani　日本板硝子㈱　BP研究開発部　研究開発グループ　グループリーダー

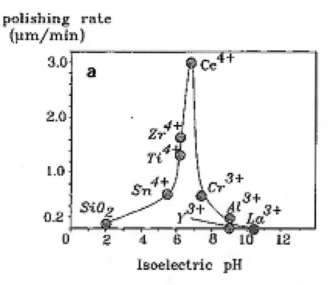

図1　等電点と研磨速度の関係

研磨速度の関係を示した[6]。セリウムイオン Ce^{4+} のみが突出して研磨速度が大きいことが分かる。

高品質が要求される磁気ディスク用ガラスにおいても酸化セリウム系研磨剤が使用されており，そこでは研磨剤粒子を溶解除去する高精度な薬液洗浄技術が導入されている。酸化セリウムを溶解する古典的な薬液として熱濃硫酸が知られているが[7]，最近では，稀硝酸にアスコルビン酸等の還元剤を加えた洗浄液など，生産工程に導入し易いよりマイルドな洗浄液も開発されている[8]。

1.3 湿式洗浄

1.3.1 洗浄対象

洗浄対象となる汚れは，形状から粒子状，被膜状，不定形汚れ，種類から無機系（金属系，非金属系），有機系（油脂系，たんぱく質系，炭水化物系）など様々な分類が可能であり，その種類毎に適切な洗浄方法を選ぶ必要がある。洗浄方法を決める上で洗浄対象の分類は重要である。

1.3.2 ガラス洗浄の設計における留意事項

図2にガラスの洗浄を考える上で欠かせない視点をまとめた。洗浄設計における重要な観点は，「除去」と「再付着防止」であり，ガラス組成や要求される表面品質レベルによっては「ガラスへのダメージ抑制」も重要になる。汚れの除去方法は「溶解」と「リフトオフ」に分類される。リフトオフの手段としては，静電気的反発力や超音波などの物理的作用，あるいはガラス基板のエッチングを利用する方法などがある。再付着防止の手段としては洗浄工程での静電気的反発力の利用，界面活性剤による包み込み，乾燥工程のクリーン化などが挙げられる。

第2章　ガラスの表面処理技術

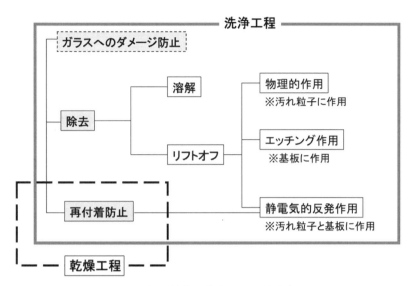

図2　ガラス洗浄の設計における留意事項

1.3.3　液中での汚れ粒子の除去性

　廃液処理などの煩雑さがあるにもかかわらず，従来の湿式洗浄がなくならない理由の一つに，液中では汚れ粒子のファンデルワールス力が気中の約1/2に減少し，汚れの除去が容易になることが挙げられる。以下もう少し詳しく説明する。通常，薬液中で基板に付着した粒子に働く主な力としてファンデルワールス力，静電気力，重力が挙げられる。このうち粒子に働く重力はファンデルワールス力の$1/10^6$程度であり無視できる。例えば直径1μmのシリコン粒子（密度2.33 g/cm^3）に働く重力は$9.6×10^{-6}$mdynと極めて微小な値であり，溶液中でシリコンウエハー上の直径1μmのシリコン粒子に働くファンデルワールス力13.5 mdynの約$1/10^6$程度である。気中では，ファンデルワールス力は静電気力に比べて数倍程度大きいが，薬液中では，ファンデルワールス力は気中の約1/2程度に減少し，静電気力と同等に比較できる大きさになる[9,10]。

　図3に示したように，薬液中では汚染粒子・基板間の相互作用として，ファンデルワールス力と，電気二重層による静電気力の2つを考えればよく，さらに，ファンデルワールス力は粒子半径と粒子・基板間距離で決まる引力なので，薬液のpHや薬液種等の影響を考える際は，電気二重層による静電気力にのみ注目すればよい。静電気力は基板および粒子の液中における表面電位によって決定され，通常は表面電位の代わりに電気泳動法から求められるゼータ電位が用いられる。薬液中でのガラス，研磨剤のゼータ電位測定を行うことで再付着防止効果のある薬液条件が得られる。

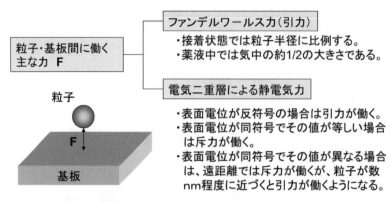

図3 薬液中でパーティクルと基板の間に働く主な力

1.4 ガラスへのダメージを考慮した洗浄

シリコンウエハー洗浄技術として培われた精密洗浄技術は基本的にガラスへの適用が可能であるが,磁気ディスク用ガラス基板のように高さ10 nm程度の表面凹凸が品質問題になる場合には,「多成分系ガラスの表面は変化しやすい」という点に留意しなければならない。磁気ディスク基板では基板表面に異物が付着したり,平滑性が悪くなったりすると,読み書き時に磁気ヘッドが異物や基板凸部と衝突しヘッドクラッシュの原因となる。また基板に傷があると磁性膜や導電膜を積層した場合に,傷の部分で読み書きができずエラーが発生したり,電圧がかからず文字エラー等が発生するという問題が生じることがある。

一例として,酸に弱い成分を含むアルミノシリケートガラス基板をフッ化水素酸系薬液で処理するケースを紹介する。フッ化水素酸中ではガラスは負に帯電する性質を持つのに対し,研磨剤をはじめとする多くの汚れ粒子は,正に帯電する性質を持つため,両者に静電気的引力が働く。そのため一旦除去した研磨剤等の汚れがガラス基板に再付着して高い清浄度が得られない。

そこで,フッ化水素酸で処理したあとに更にアルカリ洗剤で処理すると,アルカリ中では汚れ粒子とガラスがいずれも負に帯電して静電気的反発力が働くので,汚れ粒子が基板に再付着する問題は解決されるが,新たに潜傷が発生しやすくなるという問題が生じる場合がある。ここで潜傷とは,研磨工程を経た基板ガラス表面に潜在する研磨痕がガラス表面のエッチングにより顕在化した傷のことである。なお,アルカリで洗浄した場合に潜傷が発生しやすくなるのは以下の理由からである。すなわち,多成分から形成されるガラスを酸性水溶液中で処理する場合は,ガラスの成分毎の溶解は一様でなく,酸に弱い成分が優先的に溶解する。その結果,酸に強い部分からなる多孔質な層が形成されるために平滑性が悪くなったり,潜傷が発生しやすくなったりする。

このような問題を解決するために,特許第3801804号ではフッ化水素溶液のpHを中性に近づけることで酸に弱い成分の選択溶解を抑制し,アルカリ洗剤で洗浄する際の潜傷の発生を抑える

第2章 ガラスの表面処理技術

多成分系ガラス基板の洗浄方法が提案されている[11]。

1.5 おわりに

ガラスの精密洗浄はこれまで，フォトマスク用ガラス，液晶等ディスプレイ用ガラス，磁気ディスク用ガラス，光学部品が中心に行われてきたが，今後は建築用ガラスや車両用ガラスにおいても高品質化が進む中，表面清浄化技術に対するニーズが高まるものと思われる。

文　　献

1) W. Kern and D. A Pution, *RCA Review*, **31**, 187 (1970)
2) 村岡久志，クリーンテクノロジー，**13** (No. 8), 57 (2003)
3) 土橋正二，ガラスの化学，講談社，P. 155 (1972)
4) 土橋正二，ガラス表面の物理化学，講談社，P. 208 (1979)
5) 土橋正二，ガラス表面の物理化学，講談社，P. 247 (1979)
6) Lee M. Cook, *J. Non-Crystalline Solids*, **120**, 152 (1990)
7) 化学大辞典 3，共立出版，P. 916 (1960)
8) 特許第 3956587 号
9) R. Allen Bowling, *J Electrochem. Soc.*, **132** (9), 2208 (1985)
10) J. N. イスラエラチビリ，分子間力の表面力，マグロウヒル出版，P. 159 (1991)
11) 特許第 3801804 号

2 大気圧プラズマ処理

小駒益弘[*]

2.1 はじめに

　液晶 DP ガラス表面のクリーニング技術に関しては，一般に長尺のエキシマーランプを用いた VUV 光照射が使用されている．しかし高価であることやランプ寿命が短いなどで，プラズマ照射に替わることが求められている．

　低圧下におけるプラズマ技術は，高速電子の発生により，常温の状態で気体中に様々な化学反応を容易に起こす事ができる為，半導体リソグラフィー，高分子への接着力の付与，重合物の堆積，素材の表面改質等，各種固体表面の改質処理法として永年多くの研究が蓄積されてきた．一方大気圧下における低温放電プロセスは，その簡便さや有効性から，新しい応用分野を大きく広げる技術として脚光を浴びつつ有る．ここで圧力のちがいによる温度効果を考えてみると，低圧下の低温プラズマは電子，分子間の衝突に関する自由行程が長いことから，ガス温度が低い割に電界中の電子エネルギーが高い熱非平衡状態にある．均質なグロープラズマは化学反応に適しているとは言え，工業規模の表面処理装置では低圧下ではなく大気圧下で稼動させることが望ましい．しかし気体圧力を上げていけば，粒子間の衝突が激しくなり，各粒子はエネルギーを交換して熱平衡に近付いていくので，放電を持続する為の電子エネルギーの低下を補うために，外部から更に多くの電力を必要とする結果，大気圧では高温のアークプラズマと化してしまう．ここで放電開始直後に直ちに放電を停止すれば，極く短時間，広い圧力範囲においてグロー状低温プラズマが存在し得ることは，以前より知られている[1]．両電極間に誘電体を挟んだ，いわゆる DBD 放電が大気圧低温プラズマ装置として 100 年以上前からオゾン生成の為に使われてきた経緯から，筆者等は種々のキャリヤガスの中から He，Ar といった貴ガスを用いて誘電体層を隔てた間欠放電を行えば，大気圧拡散グロー放電が可能である事を見いだし報告した[2]．その後，この方式を用いて，従来低圧下で行われていた多くのプラズマ処理が大気圧下でも実現可能なことがわかり，応用分野も大きく広がって来た[2,3,4]．He を使えば大気圧中においてもオゾナイザー放電のような酸素，空気中におけるストリーマ（線状）放電ではなく，拡散したグロー放電が起こる．He の陽光柱は放電間隙の中で実際に観察することが出来る．He 放電の発光分光分析では，He の準安定原子や混合した分子気体の励起状態からの強い発光が観察される．酸素を混合した場合，発光する酸素原子の励起状態レベルは He の準安定レベルと一致しており，以下に示すようなペニング反応が起こっている事が示唆される．

---

　[*] Masuhiro Kogoma　上智大学　理工学部　化学科　教授

第2章 ガラスの表面処理技術

$$He + electron \rightarrow He^*(2^3S, 2^1S) + electron \quad (1)$$
$$He^* + O_2 \rightarrow He + O^* + O^+ + e^- \quad (2)$$

　Heプラズマ中に必要な気体を少量混入する事によって，低圧放電と同様，ラジカル反応や重合反応によるプロセッシングが期待される。HeやArといった希ガスは，他の分子ガスに較べて特に高い準安定励起状態を持つので，混入されたプロセスガスを効率よく解離し，後続の化学反応を容易に起こさせる事が出来る。

2.2 固体表面処理

　ガラス表面のクリーニングは基本的にガラス表面に付着した有機物の除去に他ならないから，その意味では一種の有機物のエッチング技術とも言える。古くからプラスチックフィルムの接着性改善技術として広く応用されているコロナ放電処理機は大気中におけるDBD放電であるが，前述の様に線状のストリーマ放電であることから，表面に与える影響は化学的にも物理的にもグロー放電とは劣るものである。例えばHe-O_2を用いた大気圧グロー放電の場合，(2)式のように酸素原子が生成するから，有機表面はその表面官能基の種類によらず直ちに酸化されるが，一方空気コロナ放電では酸素原子は直ちにオゾンに転換され，表面酸化速度は極めて遅くなることがわかっている。すなわち大気圧グローでは少量混入された活性気体の分解によって生じたラジカルが表面に対して化学的作用をすることが出来るので，活性気体の種類を変えれば，たとえばガラス自体のエッチングも可能である。また堆積にいたるモノマーを導入すれば，モノマーの構造を一部残したポリマーの薄膜堆積も可能であるため汎用性が高い。

　一般に空気中保管の場合，ガラス基板やプリント基板などの固体表面の汚染物資は，ダストを除けば浮遊油ミスト成分や接着材揮発成分が最も多いことが考えられる。その厚みも数nmから数十nmであるとされているので，処理速度の点からプラズマ酸化処理が有利である。そこで分子構造が比較的単純であるポリエチレン薄膜を標準汚染物質として選び，XPSと特殊な表面化学反応を利用して詳細な分析を試み，固体表面での有機汚染物質のプラズマ酸化機構を検証した。

2.2.1 高圧ポリエチレン表面のプラズマ酸化

　実験に用いた大気圧グロー放電装置を図1に示した。プラズマ酸化の場合，導入気体はHeに対して1%以下の酸素を混入し，高圧電源として一般に100 kHzから27.12 MHz程度の高周波電源を用いて放電処理する。処理時間は0.5〜10分である。試料はHDポリエチレンフィルムである。表面分析手段としてXPS（X線光電子分光）が最も多く用いられているが，XPSスペクトルの分解能の低さから化学的官能基の種類を特定できない。そこで最近開発された化学修飾法を用いて表面の官能基の選別と濃度変化を推測した。各官能基に対して，選択的に反応する以下

無機材料の表面処理・改質技術と将来展望

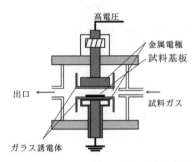

図1　平行平板型大気圧グロー放電装置

の試薬を用いて，プラズマ酸化表面を予め表面修飾する。修飾表面の XPS 測定結果を用いて個々の濃度を計算で求める方法である。ここでは表面に発生した酸化に関与する生成官能基を OH, CO, COOH と仮定した。これら官能基に対して以下の反応が起こる。矢印上面に示されたのが選択反応試薬である。

$$R\text{—}OH \xrightarrow{(CF_3CO)_2O\,(TFAA)} ROCOCF_3 + CF_3COOH$$

$$R\text{—}\underset{R'}{C}=O \xrightarrow{NH_2NH_2\,(Hydrazine)} R\text{—}\underset{R'}{C}=N\text{—}NH_2$$

$$R\text{—}COOH \xrightarrow{CF_3CH_2OH\,(TFE)} R\text{—}COOCH_2CF_3$$

標準物質として以下の高分子化合物を用い，予め個々の官能基とそれぞれの試薬の反応確率を求めておく。その後にポリエチレン酸化表面をそれぞれの試薬で処理し，OH では F 原子濃度，CO では N 原子濃度，COOH では F 原子濃度の XPS 測定値を用いて計算でそれぞれの表面存在濃度を求めることが出来る。

　OH：poly (vinyl alcohol) 1000 (PVA)
　C=O 基：poly (vinyl methyl ketone) (PVMK)
　COOH：poly (acrylic acid) (PAA)

図2に XPS のみ，及び XPS と化学修飾法によって求めたトータル O/C の値を示した。次に，各官能基ごとに，各官能基の存在率と時間変化の関係を調べた。図3に OH 基，図4に CO 基，図5に COOH 基をそれぞれ示した。

XPS と化学修飾法との結果を比べてみると，処理時間とともに増加する傾向は同じとは言え，変化の仕方は必ずしも同じではない。また電力との相関も一致していない。この違いは主に XPS

第2章　ガラスの表面処理技術

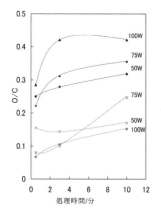

図2　XPS, 化学修飾法で求めた O/C の値
上の三本が XPS のみ, 下の三本が XPS と化学修飾法で求めた O/C である。

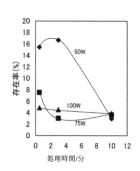

図3　OH 基の存在率と処理時間

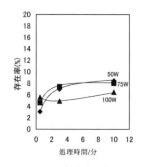

図4　CO の存在率と処理時間

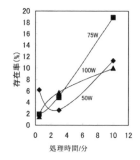

図5　COOH の存在率と処理時間

(C_{1S}) スペクトルのそれぞれの官能基に対するピーク分解に限界があることと, 後者の方法に OH, CO, COOH 以外の酸素含有基（エーテル酸素）が含まれないことから生じているものである。各条件に共通して, OH 基は短い処理時間に増加しその後低下していく。一方処理時間が長くなるにつれて, CO 基や COOH 基が多くつくられるようになると考えられる。これは処理時間が長くなるにつれて, 酸化がより進むためであると考えられる。処理時間をこれ以上長くしていった場合, 官能基が生成する速さと, PE 表面での過酸化物濃度の増加及び分解, ガス化反応の速さが平衡に達するのではないかと考えられる。電力を増加していった場合でも, 処理時間増加傾向と類似の変化がみられた。

以上の結果からポリエチレン表面の酸化過程は概ね以下のように逐次的反応で進んでいくものと考えられる。この結果表面は少しずつ蒸発し, エッチングが進んでいくことになる。

$$R\text{—}CH_2 + O \rightarrow R\text{—}C\text{—}OH$$

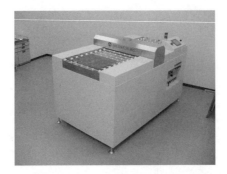

図6 エア・ウォーター社の搬送型小型基板処理装置

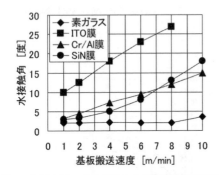

図7 各種表面の水滴接触角と処理基板搬送速度

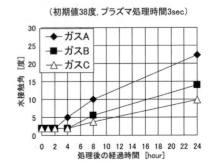

図8 処理ガスを換えたときの水滴接触時間と処理後の空気中経過時間

$$R-C-OH + O \rightarrow R-C=O$$
$$R-C=O + O \rightarrow R-COOH$$
$$R-COOH + O \rightarrow RCOOOH \rightarrow RC=O + CO_2 + H_2O$$

上記のような反応過程は,ガラス面に存在する有機汚染層の酸化過程においても,ほぼ同様に起こっていると考えられる。

2.2.2 ガラスなどの固体表面のプラズマ酸化処理の実例

図6にエア・ウォーター㈱製[5]の小型大気圧グロープラズマ処理実機を示した。被処理基板はプラズマ処理部に搬送され,上部からのプラズマ照射にさらされることになる。プラズマガスはArを主体とし,酸素,CO_2など被処理基板の種類や用途に応じて変えることが出来る。

図7に素ガラス,ITO,Cr/Al,SiNxなどをコートしたガラス表面を処理したときの搬送速度と水滴接触角の変化を示した。未処理素ガラスの接触角は30〜45度であったが,放電処理後,瞬時に測定不能の状態(数度以下)になり,搬送速度が10m毎分程度になっても4度程度にとどまることが判る。水滴接触角は表面に堆積された,他物質の内部構造に混入した有機物にも関

第2章　ガラスの表面処理技術

係するので，堆積物質により接触角の処理時間変化が異なる。しかしバルク固体の酸化反応にも関与するので，長時間照射した場合は堆積物の組成変化にも注意する必要がある。

図8にガラス基板に短時間プラズマ処理した後，空気中に放置した際の接触角の時間経過を示した。表面エネルギーの高い（接触角の低い）表面は空気中では不安定で，最終的には初期値に戻るが，処理気体の種類により，時間経過を遅くすることも可能である。

2.3　まとめ

半導体基板や，液晶 DP などに対する大気圧プラズマ表面処理は小型機器を中心に現在すでに相当の規模で実施されているものと思われるが，2 m 幅以上の大型処理機に関しては，液晶 DP などの大面積化に対応すべく，使用ガスの転換（He-Ar 系から N_2 系へ）や処理速度の均一化への改良等が進むとともに，徐々に現場に導入されつつあるのが現状である。大気圧プラズマ技術は現在進められているシリカや TiO_2 などの物質堆積技術の向上にともない，いままでに予想できなかった多くの場面での活躍が期待されている。

文　献

1) Kekez, M. M., Barrault, M. R. & Craggs, J. D.：J. Phys. D. Appl. Phys., **13**, p. 1886 (1970)
2) S. Kanazawa, M. Kogoma, T. Moriwaki, and S. Okazaki, *Proc. Japan Symp. Plasma Chemistry*, **3**, 1839, Tokyo (1987)
3) T. Yokoyama, M. Kogoma, S.Kanazawa, T. Moriwaki and S. Okazaki, *J. Phys D, Apply. Phys.*, **23**, 374-377 (1990)
4) M. Kogoma, R. Prat, T. Suwa, S. Okazaki and T. Inomata, "Plasma Processing of Polymers, NATO ASI Series," E, *Applied Sciences*, **346**, 379-3939 (1997)
5) エア・ウォーター㈱パンフレットより

3 フェムト秒レーザー表面・内部改質

渡辺　歴[*1], 玉木隆幸[*2], 伊東一良[*3]

3.1 はじめに

これまで，物質の線形吸収波長に一致する波長のレーザー光を用いて，材料を加熱，溶融し，主に表面のレーザー改質が行われてきた。近赤外領域のフェムト秒レーザーパルスを集光すると集光点近傍のみで非線形吸収を誘起することが可能であり，ガラス表面の精密改質および内部の改質が可能である。フェムト秒レーザーのパルス幅は数百フェムト秒以下であるため，そのパルス幅が電子―格子緩和時間よりも短く，集光点以外への熱影響の少ない改質が可能である。このため，空間選択的な微細改質が可能である。本節では，フェムト秒レーザーパルスを用いたガラス表面および内部の改質技術について述べる。

3.2 フェムト秒レーザーパルスによるガラス表面構造の改質

3.2.1 アブレーション

物質表面のアブレーションを行うには，光パルスのエネルギーから自由電子に供給されたエネルギーが格子へ移動する必要がある。一般的に，電子系から格子振動系へのエネルギー移動に要する時間はピコ秒オーダーである。ピコ秒より長いナノ秒レーザーを用いた場合，パルスの持続している間に，パルスエネルギーが格子振動系へ移動し，その結果，熱が集光領域以外に拡散し，集光領域以外にも構造変化が生じる。これに対し，フェムト秒レーザーを用いると，パルス幅がサブピコ秒であるため，パルスエネルギーが電子系から格子振動系に移動するまでにパルスが通過し，周囲への熱拡散による影響が少なく，高精度の改質が実現できる。

たとえば，シリカガラスを改質対象とした場合，その吸収端が180 nmにあるため，フェムト秒レーザーとして一般的に用いられているチタンサファイアレーザーの波長である800 nmでは5光子，あるいは6光子吸収過程となる。すなわちこの波長帯域では線形吸収はなく，多光子吸収が生じる。このような多光子吸収過程に基づく多光子イオン化に加え，トンネルイオン化，アバランシェイオン化といった非線形イオン化により，プラズマが発生し，表面アブレーション（孔あけ）が可能となる[1～6]。

3.2.2 ガラス表面への回折格子の作製

近赤外領域のフェムト秒レーザーパルスの2光束干渉により，ガラス表面近傍に回折格子を書

[*1] Wataru Watanabe　㈱産業技術総合研究所　光技術研究部門　研究員
[*2] Takayuki Tamaki　奈良工業高等専門学校　電子制御工学科　助教
[*3] Kazuyoshi Itoh　大阪大学大学院　工学研究科　教授

第2章 ガラスの表面処理技術

き込むことができる[7~9]。中心波長800 nm，パルス幅約100 fsの光パルスをビームスプリッターにより等しい強度の2つのビームにわけ，焦点距離150 mmのレンズによりガラス表面に集光する。時間的にも空間的にも重畳したときのみ干渉縞が形成され，干渉縞による強度分布に対応した周期構造（周期1 μm程度）がガラス表面に書き込まれる（図1(a)）[7]。ガラス表面に書き込まれた回折格子の光学顕微鏡像を図1(b)に示す。回折格子はシングルショットで書き込むことができる。また，試料をさらに90度回転させ2重の干渉露光を行った後の表面形状を図1(c)に示す。このように，光吸収をもたない波長領域のフェムト秒レーザーパルスを用いて，ガラス表面に干渉縞を記録することができる。本手法の応用として，2光束の干渉縞によるホログラムをガラス表面に記録後，参照光により記録したホログラムの再生が報告されている[9]。従来，ホログラムの記録・再生は光感応性材料を用いる必要があったが，フェムト秒レーザーを用いると線形吸収がない材料への記録・再生が可能となる。

3.3 フェムト秒レーザーパルスによるガラス内部への構造の改質

1990年代後半に近赤外領域のフェムト秒レーザーパルスを透明媒質内部に集光すると，表面を傷つけることなく，集光点近傍でのみ，微小空泡（ボイド）が形成されること[10,11]，集光領域でのみ屈折率変化が誘起されることが報告された[12]。従来のレーザーを用いた改質法である，紫外光を用いた改質では，材料による吸収のため内部改質が難しく，また，可視域，近赤外領域のナノ秒レーザー，ピコ秒レーザー改質では，透明材料内部に集光できるものの，パルス幅が長いため，熱拡散によりクラックが生じ，微細改質が難しいという欠点があった。これに対してフェムト秒レーザーでは，アブレーションの原理で述べたように，透明媒質内部の任意の位置を微細に改質することができる[13,14]。

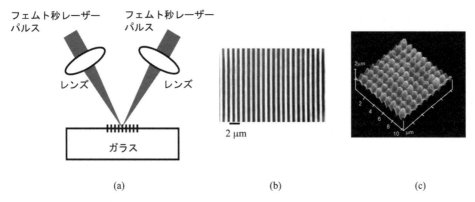

図1 (a)フェムト秒2光束干渉によるガラス表面への回折格子作製光学系，(b)ガラス表面に書き込まれた干渉縞の光学顕微鏡像，(c)(b)の干渉露光後，ガラス試料をさらに90度回転させ干渉露光した後の表面形状

3.3.1 ガラス内部改質の種類

フェムト秒レーザーパルスをガラス内部に集光することにより得られる構造変化のメカニズムについて概説する。近赤外領域のフェムト秒レーザーパルスをガラス内部に集光した場合，集光点近傍の強度が強く，非線形イオン化（多光子イオン化，トンネルイオン化）が生じ，引き続きアバランシェイオン化が起こる。この非線形イオン化により，集光点近傍でのみプラズマが発生し，永続的な構造変化が生成する[15]。フェムト秒レーザーパルスをガラス内部に集光した場合，物質の種類（バンドギャップ，熱膨張係数など），集光条件（パルス幅，波長，エネルギー，繰り返し周波数など），集光レンズの開口数により誘起される構造変化は異なる。生成されるプラズマ密度により大きく分けて，等方性屈折率変化，複屈折性屈折率変化，ボイドの3つの構造変化が誘起される（表1）。ただし，材料によりクラックが発生したり，カラーセンターが生じたりすることもある。フェムト秒レーザーによる改質は非線形イオン化プロセスに基づくため，表面に損傷を与えず，ガラスなどの透明材料内部の集光点近傍でのみ空間選択的に構造変化を誘起できるのが特長である。

(1) ボイド

フェムト秒レーザーパルスを高い開口数の対物レンズにより透明媒質内に集光すると，集光点近傍において緻密化した媒質に囲まれ，内部が空泡であるボイドが形成される[10, 11]。ボイドの生成メカニズムはmicroexplosion（微小爆発）が主要因とされている[11]。透明媒質中にフェムト秒レーザーパルスを集光すると，集光点付近では非常に大きなエネルギーが閉じ込められ，非線形光イオン化が起こる。一度，自由電子が生成されると，この電子は周囲の原子やイオンと衝突し，アバランシェイオン化が起きる。このとき，集光点付近ではプラズマ密度が急激に増加すると同時に，光子は電子によって吸収され，微小領域に閉じ込められたプラズマが爆発的に拡散する。プラズマの拡散は極めて高速であり，プラズマの拡散後には衝撃波が拡散する。その後，媒質内部に内部が空泡のボイドが生成すると考えられている。ボイドの大きさは直径が200 nmから1 μm程度であり，ボイドの内部は空泡のため，周囲との屈折率差が大きい。集光点近傍のみボイドを生成することができるので，3次元光メモリー[10, 11, 16]，フレネルゾーンプレートの作製[17]が報告されている。

表1 ガラス内部に誘起される構造変化の種類

プラズマ密度	誘起構造変化	メカニズム
大	ボイド	微小爆発（microexplosion）
中間	複屈折性屈折率変化	ナノグレーティング
小	等方的屈折率変化	溶融後の再凝固

第2章 ガラスの表面処理技術

(2) 複屈折性屈折率変化の誘起

ガラス内部に誘起される構造変化領域内部には，書き込みレーザーパルスの偏光に依存した複屈折性があると報告された[18]。この複屈折性は，レーザーパルスとレーザー誘起プラズマ波との干渉により，周期的なプラズマ密度を形成し，構造変化領域内部に形成される20 nm程度の周期構造（ナノグレーティング）に起因することが報告されている[19]。また，残留応力または残留歪みによる屈折率の異方性（光弾性）も報告されている[20]。レーザーパルスの集光点を2次元的に走査し，複屈折性屈折率変化をガラス内部に誘起することにより，偏光依存を有する回折光学素子の作製が報告されている[18,21]。

(3) 等方性屈折率変化の誘起

ガラス内部へのフェムト秒レーザーパルスの集光照射による屈折率変化の原因は，熱的モデルが有力であるとされている。熱的モデルでは，レーザーパルスによるエネルギーが集光点近傍でガラスを溶融し，再凝固する際に密度変化が生じると考えられている。通常シリカガラスの分子ネットワークにおいて，6員環あるいは5員環が支配的であるが，フェムト秒レーザーパルスを照射後，員環の数が減少し，3員環，4員環の数の増加やSi-O-Siの角度変化より緻密化することが報告されている[15]。屈折率変化の大きさはガラスの種類や集光条件などにより10^{-4}から10^{-2}程度である。

集光点の位置をガラス内部で走査し，屈折率変化を誘起することにより，光導波路，結合・分波器の作製が報告されている[12,22,23]。さらに，ガラス内部に周期的な構造変化を誘起し，回折格子や回折レンズの作製が報告されている[24]。

3.3.2 応用

(1) 光学素子の作製

前節で述べたように様々なガラス材料内部に導波路，結合・分波器などの導波路デバイスの作製，回折格子，回折レンズなどの回折光学素子の作製が可能である。表2にガラス内部に誘起される構造変化の種類とその応用例をまとめる。

表2 ガラス内部に誘起される構造変化の種類と応用例

構造変化	応用例				
	光学素子			マイクロ流路	接合
	導波路素子	回折光学素子	メモリー		
等方性屈折率変化	○	○			○
複屈折性構造変化		○		○ （エッチング処理）	
ボイド		○	○	○ （液中アブレーション）	

（2） 接合

旧来のレーザーマイクロ接合法は線形吸収現象による熱発生を用いるため，レーザー光が照射される全領域にわたり被接合材料の溶融が生じる。つまり，材料の境界面のみを溶融するためには，レーザー波長に対して透明な材料と不透明な材料を用いるか，透明材料間に不透明な材料を介在させる必要があった。しかし，最近，フェムト秒レーザーを用いた非線形吸収の原理に基づき，レーザー波長に対して透明な材料を介在物なしで接合できる方法が提案されている[25〜27]。2枚の透明基板を密着させ，境界面にフェムト秒レーザーパルスを集光すると，前節で述べた屈折率変化誘起メカニズムと同様に，集光点近傍でのみ2つの材料の溶融が生じ，再凝固するために，透明材料間を接合することが可能となる（図2(a)）。図2(b)に2枚のガラス基板の接合部分の側面図を示す。フェムト秒レーザーを用いた接合法の特長として，中間層が必要でないこと，透明材料間の接合が可能であること，マイクロメートルオーダーの微細領域での接合が可能であることがあげられる。また，同種ガラス，異種ガラス同士の接合への適応も可能である。集光フェムト秒レーザーの局所溶融性を利用した応用である。

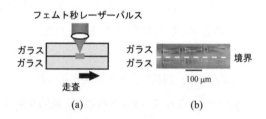

図2　2枚のボロシリカガラス基板の接合部分の光学顕微鏡像
フェムト秒レーザーパルスの照射部分が接合されている。

（3） マイクロチャネル

ガラス材料内部への3次元マイクロチャネルの作製には次の3つの手法がある。1つは，水をシリカガラスの裏面に接触させ，フェムト秒レーザーパルスを集光することにより，マイクロ空孔を作製している[28]。水を接触させることにより，アブレーション時に堆積するガラスのデブリを水の中に分散させることができるため，アスペクト比の高い穴あけ改質が可能である。また，レーザー光照射による構造変化の誘起後，フッ化水素水溶液による選択的エッチングにより，シリカガラス内部への3次元マイクロチャネルの形成が報告されている[29]。さらに，レーザー光照射，アニール処理，エッチング処理により，光感応性ガラス内部にマイクロチャネル，マイクロリアクターを作製し，μTAS（マイクロ総合分析システム）などへの応用が試みられている[30]。

3.4　今後の展望とまとめ

ガラス改質用フェムト秒レーザー光源として，これまで繰り返し周波数が1 kHz〜200 kHzの

第2章　ガラスの表面処理技術

再生増幅器が用いられていたが，高速改質の必要性から，繰り返し周波数が数 MHz～数十 MHz のオシレーターあるいはコンパクトかつ安定なファイバーレーザー増幅器が開発されている。繰り返し周波数では1つのレーザーパルスにより構造変化が誘起されるが，高繰り返し周波数領域では，パルスとパルスの間隔がガラスの熱緩和時間より短いため，パルス数とともに熱が蓄積し，熱蓄積による構造変化を誘起することができる[15]。また，低繰り返しの領域では回折光学素子，液晶光変調器を用いて，ガラス表面，内部に一括露光し，高速改質の試みが行われている[31]。

　フェムト秒レーザーパルスによるガラス表面の改質，内部の改質例について紹介した。フェムト秒レーザーパルスによる微細改質技術は，光の波長程度の微細改質，直接改質による融通性と高速改質といった特長をもち，ガラス表面，内部改質の新たなツールとしての産業応用が期待できる。

文　　献

1) M. E. Fermann et al., *Ultrafast Lasers*, Marcel Dekker, New York (2003)
2) D. Du et al., *Appl. Phys. Lett.*, **64**, 3071 (1994)
3) B. C. Stuart et al., *J. Opt. Soc. Am. B*, **13**, 459 (1996)
4) X. Liu et al., *IEEE J. Quantum Electron.*, **33**, 1706 (1997)
5) M. Lenzner et al., *Phys. Rev. Lett.*, **80**, 4076 (1998)
6) 小原　實，精密工学会誌，**72**，943 (2006)
7) K. Kawamura et al., *Appl. Phys. B*, **71**, 119 (2000)
8) Y. Li et al., *Appl. Phys. Lett.*, **81**, 1952 (2002)
9) Y. Li et al., *Appl. Phys. Lett.*, **80**, 1508 (2002)
10) M. Watanabe et al., *Jpn. J. Appl. Phys.*, **37**, L 1527 (1998)
11) E. N. Glezer et al., *Opt. Lett.*, **21**, 2023 (1996)
12) K. M. Davis et al., *Opt. Lett.*, **21**, 1729 (1996)
13) 平尾一之ほか，フェムト秒テクノロジー，化学同人 (2006)
14) 渡辺　歴ほか，精密工学会誌，**72**，947 (2006)
15) K. Itoh et al., *MRS Bulletin*, **31**, 620 (2006)
16) W. Watanabe et al., *Opt. Lett.*, **25**, 1669 (2000)
17) W. Watanabe et al., *Opt. Express*, **10**, 978 (2002)
18) L. Sudrie et al., *Opt. Commun.*, **171**, 279 (1999)
19) Y. Shimotsuma et al., *Phys. Rev. Lett.*, **91**, 247405 (2003)
20) K. Yamada et al., *J. Appl. Phys.*, **93**, 1889 (2003)
21) E. Bricchi et al., *Opt. Lett.*, **27**, 2200 (2002)

22) K. Yamada *et al.*, *Opt. Lett.*, **26**, 19 (2001)
23) W. Watanabe *et al.*, *Opt. Lett.*, **28**, 2491 (2003)
24) K. Yamada *et al.*, *Opt. Lett.*, **29**, 1846 (2004)
25) 玉木隆幸ほか, レーザ加工学会誌, **14**, 39 (2007)
26) T. Tamaki *et al.*, *Jpn. J. Appl. Phys.*, **44**, L 687 (2005)
27) W. Watanabe *et al.*, *Appl. Phys. Lett.*, **89**, 021106 (2006)
28) Y. Li *et al.*, *Opt. Lett.*, **26**, 1912 (2001)
29) A. Marcinkevieius *et al.*, *Opt. Lett.*, **26**, 277 (2001)
30) M. Masuda *et al.*, *Appl. Phys. A* **76**, 857 (2003)
31) Y. Hayasaki *et al.*, *Appl. Phys. Lett.*, **87**, 031101 (2005)

4 超撥水の機能発現メカニズムと超撥水有機薄膜

鄭　容宝*

4.1 はじめに

材料表面の撥水性や潤滑性を付与することを目的とした表面改質は，フッ素系高分子材料を用いて広く研究開発され，現在工業的規模で応用されている。特に，テフロン加工と称される表面加工は我々の生活の中で最も身近に応用されている一例である。

フッ素系高分子の代表的なものはテフロン（PTFE：ポリテトラフルオロエチレン）であり，これは，ポリエチレン構造の水素を完全にフッ素原子で置換したものである。炭化水素の水素原子をフッ素原子で置換すると，その表面エネルギーは大きく低下する。これは，炭素―フッ素間の強い結合エネルギーと炭素―フッ素結合の分極率が小さいことに由来しており，表面エネルギーは，材料末端基の種類に強く依存し，-CF_3基が最も低い。

我々は，1990年代初め，ポリテトラフルオロエチレン粒子をフッ素ガスで直接反応することにより，より高い撥水性を持ったオリゴマーを合成し，この粒子を用いる分散めっき法により超撥水金属複合体を作成した[1~3]。この超撥水金属複合体表面でほぼ真球状の形状を呈して輝く水滴の様子を発表した後，『超撥水材料』の研究開発が精力的に行われ，はすの葉，桃の表皮，アメンボウの足，農家の茅葺屋根をイメージした，表面形状を考慮した表面改質へと発展し，さらに，撥水性に加え滑落性（転落性），撥油性，防汚性，透湿性，帯電防止性などの表面特性を持つ機能材料の研究開発が活発に進められてきた。

さらに，撥水（超撥水）という現象を単に固体と液体の界面現象をして捉えるのではなく，固―液―気の三相界面現象として捉えることによって，撥水材料は新たな機能材料の分野にとってより広い可能性を持った分野に発展している。近年，精密機器などの発達に伴い半導体や液晶の分野において要求される微細加工に対応する含フッ素有機膜（薄膜）についての研究が精力的に進められている。

本節では，超撥水の機能発現原理と超撥水有機薄膜について述べる。

4.2 撥水性に及ぼす諸因子

液体がはじくという原理は表面の撥水性と液体の表面張力が深く関わっている。ここで，液体を水に限定すると（生活の中で水との係わり合いが著しく多い。）水がはじくという現象，つまり撥水性を支配する因子は二つ考えられる。その二つとは，表面の化学的因子（性質）と物理的因子（構造的）である。

＊　Yong-Bo Chong　㈶応用科学研究所　研究部　第2研究室　研究室長

4.2.1 表面の化学的性質と濡れの関係

テフロンのようなフッ素系材料は水に比べて表面張力が小さいために水をよくはじく。この特性は上述した二つの要因のうち化学的因子に起因するものである。この化学的因子を支配するものは固体表面を構成する物質そのものであり，その表面を濡らす液体（ここでは水）との間に働く相互作用（固／液間の界面張力）を決定する。図1は，いくつかのフッ素系固体表面上での n-Alkane（直鎖アルカン）の接触角の $\cos\theta$ をプロットしたものである。$\cos = 1$ への外挿から臨界表面張力 γ_c が求まる[4]。この結果から，固体表面が $-CF_3$ で覆われると，γ_c は $6\,mNm^{-1}$ という極端に小さい表面張力（表面自由エネルギー）を持つ表面となる事が理解できる。また，固体表面が $-CH_3$ で覆われた場合でも，γ_c はフッ素系の場合ほど小さくはないが，それでも $22\,mNm^{-1}$ と比較的小さい値を呈する。さらに，Cl，O などの極性基を持つ官能基で覆い尽くした場合には，γ_c は $30\sim40\,mNm^{-1}$ にまで増大することがわかる。

図1に示すようなフルオロカーボン，ハイドロカーボンの系は，分散力成分のみがお互いに働く場合（Cl や O などの極性成分に由来する極生力成分や水素結合成分は働かない）である。Girifalco[5] らによれば，分散力成分のみが働く固体系において次式が成立する。

$$\gamma_{\ell s} = \gamma_\ell + \gamma_s - 2\sqrt{\gamma_s^d \cdot \gamma_\ell^d} \tag{1}$$

ここで，γ_s^d，γ_ℓ^d はそれぞれ固体，液体の分散力に起因する表面自由エネルギーである。したがって，Young-Dupre の式(2)と(1)式より(3)式が成立する。

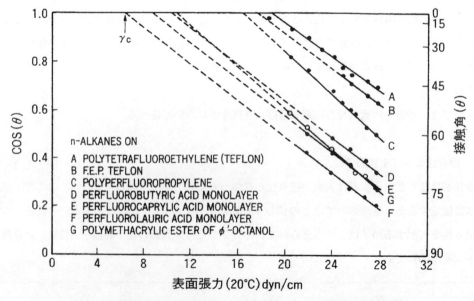

図1　フッ素系 n-Alkane（直鎖アルカン）類の接触角と表面張力の関係

第 2 章　ガラスの表面処理技術

表 1　接触角より求められた低表面エネルギー固体の表面自由エネルギー γ_s^d

固　体	γ_s^d (mjm-2)	表面組成
フッ化グラファイト	6±3	>CF
ペルフルオロドデカン酸（白金上）	10.4	−CF$_3$
ポリヘキサフルオロプロピレン	18.0	−CF$_3$, >CF$_2$
テフロン	19.5	>CF$_2$

$$\gamma_s = \gamma_{s\ell} + \gamma_\ell \cos\theta \tag{2}$$

$$\cos\theta = 2\sqrt{\gamma_\ell^d \cdot \gamma_s^d}/\gamma_\ell - 1 \tag{3}$$

(3)式を変形して

$$\cos\theta = 2\sqrt{\gamma_s^d} \cdot (\sqrt{\gamma_\ell^s}/\gamma_\ell) - 1 \tag{4}$$

(4)式より明らかなように，$\sqrt{\gamma_\ell^d}/\gamma_\ell$に対する$\cos\theta$は直線となるために，その勾配より$\gamma_s^d$を求めることができる。

フッ素化された固体表面は，CF$_2$，CF$_2$とCF$_3$，CF$_3$，CFなどの化学種で覆われているが，その表面自由エネルギーの値は単位面積あたりのフッ素原子の密度の増加とともに低下し，中でも炭素材料をフッ素ガスで完全にフッ素化したフッ化グラファイトの表面自由エネルギーは6±3 mNm^{-1}と最も小さくなり，それに伴い撥水性も向上する。表1に各種フッ素系材料の表面組成と表面自由エネルギーを示す。

先に述べたとおり，フッ素系材料のように分散力成分のみが働く系では式(1)が成立する。この式とYoung-Dupreの式(2)により，次の関係が導き出される。

$$2\sqrt{\gamma_s \cdot \gamma_\ell^d} = \gamma_\ell(1+\cos\theta) \tag{5}$$

前述したように，"水"に対する濡れ性すなわち撥水性について考えると，(5)式に，水の値 $\gamma_\ell = 72.8$，$\gamma_\ell^d = 29.1$ (mNm^{-1})を代入すると

$$\gamma_s = 45.5(1+\cos\theta) \tag{6}$$

(6)式が得られる。この式は，固体の表面自由エネルギー (γ_s) が求められると，水に対する接触角が推定できることを示唆している。表2にこの式より求められた接触角の値を示す。これより明らかなように，計算値と実測値はよく一致している。このことは，最も小さい表面自由エネルギーをもった場合（表面が−CF$_3$で覆われた時）でも接触角は，129°であり超撥水表面とは言えない。しかしながら，固体表面を出来るだけフッ素原子で覆うことにより高い撥水性が得ら

表2 各種材料及び端面基構造の表面張力及び接触角

構造／材料	γ_s (mN/m)	γ_s^d (mN/m)	液適法によって求めた接触角 θ(°)	式(6)より求められる接触角 θ(°)
CF₃ 基	6	6		129
CF₂ 鎖	18	18		112
CH₃ 基	22	22		108
CH₂ 鎖	31	31		100
ポリジメチルシロキサン	20	18	101	112
ポリテトラフルオロエチレン	22	19	110	111
ポリプロピレン	30	30	95	101
ポリエチレン	41	34	90	96
ポリスチレン	36	36	85	98
ポリメチルメタクリレート	43	42	80	92
ポリエチレンテレフタレート	44	43	81	92
鉄（Fe）	>200	≒160		29
アルミ（Al）	>500	≒450		0

れることが理解できる。

4.2.2 表面の物理的性質（表面粗度）と濡れの関係

次に撥水性を決めるもう1つの因子である表面の微細な構造因子について述べる。蓮や芋の葉はフッ素材料ではないにもかかわらず，水をほぼ完全にはじく。その原因は，葉の表面の微細な凹凸にあると考えられる。表面の凹凸構造は真の表面積を増大させ，その結果，濡れる表面はより濡れるように，はじく表面はよりはじくようになる。

その理由は，表面が平滑でなく，微細な凹凸構造を有していると，実表面積は何倍も大きくなる。表面張力とは単位面積あたりの表面自由エネルギーであるから，もし表面積がr倍大きくなったとすると，式(2)中の固体の表面張力と固／液界面張力のみにrを乗じる必要がある。

$$\cos\theta f = r(\gamma_s - \gamma_{s\ell})/\gamma_l = \cos\theta \tag{7}$$

ここで，$\cos\theta f$は凹凸のある粗い表面上での接触角である。rは常に1より大きな正数であるから，$\cos\theta$が正（$\theta>90°$）か負（$\theta<90°$）かによって，$\cos\theta f$はより大きな正または負の値となる。つまり，表面が粗くなることによって，はじく表面はよりはじき，濡れる表面はより濡れるようになる。

このことは，水との接触角が90°より大きな材料であれば，フッ素系材料でなくても，表面を微細な凹凸構造にすることにより超撥水表面が得られることを示唆している。また，90°より小さい材料であれば一旦表面を超親水化し，その後微細な凹凸構造を形成しさらに撥水処理することにより，超撥水表面が得られる。

第2章　ガラスの表面処理技術

4.2.3　超撥水の機能発現

以上述べたように，超撥水表面の機能発現には表面の化学的因子と物理的（構造的）因子とがある。これらはお互いに補完しており，実際に超撥水表面を利用する場合に重要な指針となる。また，水に対する接触角がどのくらいであれば超撥水と呼ぶことができるのか明確な基準はないが，水滴の滑落性などを考慮すると，接触角が約145°以上であれば超撥水表面と言えるだろう。

4.3　ガラス表面の超撥水処理[6]

一般に，ガラス表面の撥水処理としてシランカップリング剤或いはフルオロシランカップリング剤（以下FAS）を用いて行っている。本稿では，ガラス表面およびステンレス316金属表面（以下SUS）へのFASによる撥水処理，さらに，通常のシランカップリング剤とフルオロシランカップリング剤を用いるハイブリッド膜について述べる。

4.3.1　FAS (heptadeca-fluoro-1,1,2,2,-tetrahydrodecyltriehoxysilane) を用いる透明膜

用いたFASは，図2に示すように反応官能基としてエトキシ基を3個持っている。この種のFASには，反応末端基として，塩素を含むものがあるが，反応時に塩酸の発生がなく，反応機材や金属基板への腐食を防止できることより，金属基板へのコーティングも可能となる。反応は，液相法および気相法があるが，ここでは操作が簡便で均一な膜が得られる気相法について述べる。

基材をテフロン容器内に置きFASを1～2滴容器内に入れ，電気炉により所定の温度で反応を行った。なお反応雰囲気は大気圧下空気中で行った。

図3にガラス基板及びSUS基板を用いて反応したときの反応時間に対する接触角の変化を示す。それぞれ反応時間とともに接触角は大きくなり115°を超えたところで一定となる。これは反応温度や基板の違いによってあまり差はなかった。次に，反応時間と表面粗さの関係を図4に示す。ガラス表面ではほとんど変化なく反応時間60分を過ぎると約2nm程度となる。しかし，

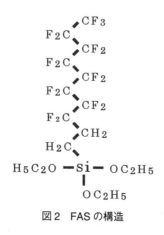

図2　FASの構造

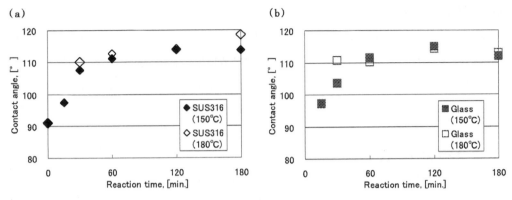

図3　反応時間と接触角の関係
(a)SUS 316, (b)ガラス

SUS基板を用いた場合では反応時間60分までは反応温度に差はないが，それを過ぎると，反応温度が高い場合表面の応答は大きくなる。これは，図3で見られたように180分の反応で接触角が約120°となることより表面のフラクタル化が進み接触角が大きくなったと考えられる。この時の表面写真を図5に示す。この表面を光学式干渉計で測定した表面凹凸（Ra）は，100～150 nmであった。膜の生成前後による表面変化をXPSによって分析した。図6にC_{1s}及び図7にF_{1s}のスペ

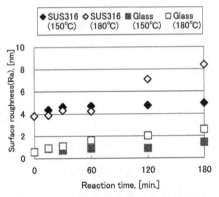

図4　反応時間と表面粗さ（Ra）の関係

クトルを示す。C_{1s}スペクトルは膜生成前では，285 eVにハイドロカーボンのピークが認められ，それより高エネルギー側の289 eV付近に酸素との結合によるピークが観測される（図6a, b）。F_{1s}のピークは認められない（図7a, b）。これに対して，膜生成後（反応温度180℃，反応時間2時間）では，図6（c, d）に示すように-CF3に起因するピークが293 eVに，-CF2-に起因するピークが291 eVに観測される。また，F_{1s}（図7c, d）に関しても686 eVにC-F共有結合に起因するピークが観察された。このシランカップリング反応は，基板表面の水酸基（-OH）とシランカップリング剤の反応基とが，脱水縮合反応し表面上で-O-Si-O-結合が生成される。従って，本反応においては基板表面の-OHの存在が重要な因子となる。図8にガラス基板及びSUS基板の反応前の表面スペクトルを示す。SUS表面の観察結果では，二つのピークが認められ532 eV付近に-OHに起因するピークが，また，530 eVには酸化物に相当するピークが認められる。表面の水酸基の酸化物に対する相対割合は，SUSの場合で55.4％で，ガラスの場合85.5％である。SUS表面では主に酸化物で覆われており反応サイトとなる-OH基の割合は低いものの，反

第2章 ガラスの表面処理技術

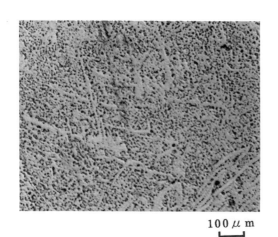

図5 HFTSにて処理したSUS 316の表面画像

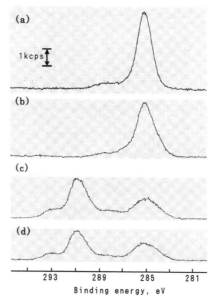

図6 XPS(C 1s)スペクトル
(a)処理前のSUS 316, (b)処理前のガラス
(c)処理後のSUS 316, (d)処理後のガラス

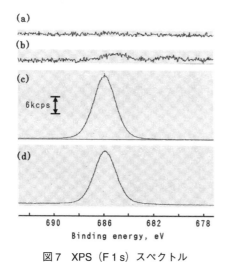

図7 XPS(F 1s)スペクトル
(a)処理前のSUS 316, (b)処理前のガラス
(c)処理後のSUS 316, (d)処理後のガラス

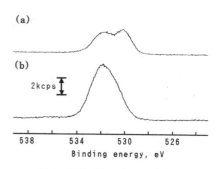

図8 XPS(O 1s)スペクトル
(a)処理前のSUS 316, (b)処理前のガラス

応初期では基板上の-OH基とFASの反応が進行する。一方，ガラス表面のカップリング反応は，表面にある-OH基とカップリング反応し均一な膜が形成される。これは，表面の水酸基がFASの三つの反応基としっかり反応し表面との反応に多くの反応基が消費されるため，表面密度の高い膜が形成され，先ほど述べたように表面の凹凸も大きく変化しない（図9(b)）。それに比べて，

無機材料の表面処理・改質技術と将来展望

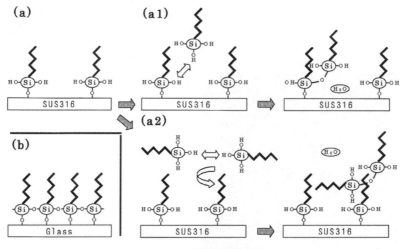

図9 FAS皮膜形成の概要図
(a)SUS 316, (b)ガラス

図9(a)に示すようにSUS表面の場合，-OH基の表面上における相対的比率が小さいため初期に生成される単分子膜は密度が低く，反応していない-OH基が残っている。そのため，さらに反応が進むと表面ではなく余剰分のFASが反応し，グラフト反応によって膜が成長して凹凸の激しい膜となると考えられる。

4.3.2 膜特性

得られた膜の強度について検討した。まず煮沸実験に伴う接触角の変化について検討した。結果を図10に示す。図中の括弧内の数値は反応時におけるFASの量を表す。FASの量が多いほど接触角が高くなり，煮沸による耐加水分解性も上昇している。FSAの量が最も少ない0.1 mg/cm^{2}の基材は，時間とともに接触角は直線的に低下し，10時間後には100°まで低下する。これ

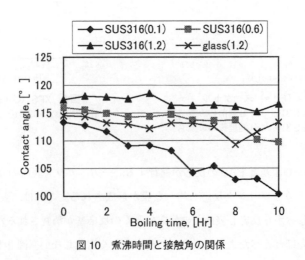

図10 煮沸時間と接触角の関係

第2章　ガラスの表面処理技術

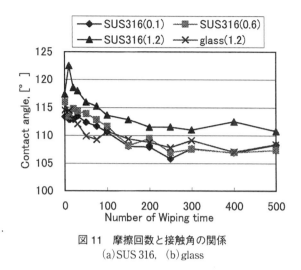

図11　摩擦回数と接触角の関係
(a) SUS 316, (b) glass

に対して，FASの量が最も多い1.2 mg/cm^{2}の基材は接触角の低下が起こらず115°前後を保った。

次に，表面磨耗試験に対する接触角の変化を図11に示す。接触角は磨耗回数200回までに約5°程度の低下が見られ，その後は500回までは安定した。しかし，膜の表面観察では200回の磨耗で表面のフラクタル構造はかなり失われ，鏡面に近くなっている。

4.4　二種のシランカップリング反応を用いるハイブリッド膜の生成

FASによる表面処理では得られる接触角は110°程度である。超撥水表面を得るには表面の化学構造と共に物理的構造が重要である事はすでに述べた。超撥水表面と共に化学的に安定で潤滑性のある皮膜を得るには表面でのフッ素化学種の存在は不可欠である，また，反応の簡便さから気相反応法を用いたハイブリッド皮膜の生成について述べる。

4.4.1　DDS（dimethyldiethoxysilalne（$C_6H_{16}O_2Si$））とFASによるハイブリッド皮膜の生成

ハイブリッド皮膜生成の第一段階としてDDSによる表面グラフト重合を行った。DDSは，反応官能基が2つあるのでガラス表面でカップリング反応が起こるとDDS同士でさらにカップリング反応を起こし皮膜が成長する。図12に反応温度220℃における反応時間と接触角の変化を示す。反応時間が20分を過ぎると接触角はほぼ140°以上となり超撥水表面を与える。それに伴って，表面の凹凸は大きくなりRaは20〜30 nmとなる（図13）。このことから，一層目がガラス基板と反応し，その後，DDS同士がグラフトし膜成長が行われている事がわかる。さらに，第二段階としてFASによる反応を行うと，接触角は平均で約10°程度上昇し同じように超撥水表面を与える。これらの皮膜はFASのみの反応と違ってその接触角は140°以上となることより，第一段階のDDSによる皮膜形成で，物理的構造をデザインしている事がわかる。

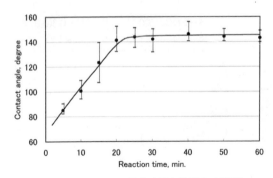

図12　DDSによる反応時間と接触角の関係

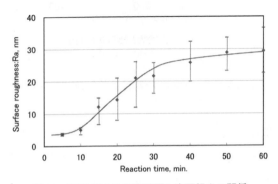

図13　DDSによる反応時間と表面粗さの関係

4.4.2　皮膜特性

次に，これら皮膜のアルカリ水溶液中での浸漬による安定性と，磨耗特性について検討した結果を述べる。

図14に示すように，0.01 N KOH溶液中での浸漬では，ハイブリッド皮膜の場合6週間後でも接触角は130°を維持している。DDSの単膜では，当初超撥水を与えるものの，直線的に低下し6週間後では90°まで低下する。一方，FAS単膜では当初の接触角は110°と低いものの4週間程度撥水性を維持するが，その後同じように低下する。このことは，ハイブリッド皮膜の場合，表面のフッ素官能基によってその安定性が維持されている事が示唆される。表面の磨耗特性の結果を図15に示す。ハイブリッド皮膜は，ガラス基板，SUS基板においても500回の磨耗で接触角は130°を維持する。しかしながら，DDS単膜では急激に低下する。特にSUS基板では，表面の-OH基が少ないために，DDS皮膜が強固ではなく磨耗によって機械的に損失しているものと思われる。FAS単膜の場合は，500回の磨耗では変化が少ない，このことはC-F結合の潤滑性と密接な関係があることが示唆される。これらの皮膜の耐候性を，DDS単膜とハイブリッド皮膜について比較検討した。どちらの皮膜も当初の接触角を160°のものを作成し，30°の角度で固定し野外で6ヵ月放置した。DDS単膜は，6ヵ月後には140°まで接触角が低下するが，ハ

第2章　ガラスの表面処理技術

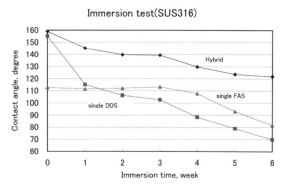

図14　ハイブリッド膜の浸漬による変化

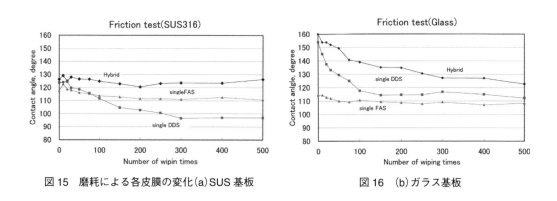

図15　磨耗による各皮膜の変化(a)SUS基板　　　図16　(b)ガラス基板

イブリッド皮膜は160°を維持している。このことは，表面のC-F結合が紫外線等による耐候性に優れているためであり，炭素—フッ素結合が内部を保護しているものと思われる。

文　　献

1) Y. Chong, N. Watanabe., *kagaku*, **46**, 493 (1991)
2) Y, Chong, Fluorine-Carbon and Fluoride-Carbon mateeials, chapter 11, Marcel Dekker, Inc., (1995)
3) T. Ibe, H. Kiyokawa, Y. Cjhong, and S. Yonezawa, *Materials Science Research International*, **4**, 148 (1998)
4) E. Fhare, E. G. Shafrin and W. A. Zisman, *J. Phys. Chem.*, **58**, 236 (1954)
5) L. A. Girifalco and R. J. Good,, *J. Phys. Chem.*, **61**, 904 (1957)
6) 桐野，秋本，鄭，表面技術，**55**, 614 (2004)

第 4 編

表面処理・改質装置編

第1章　熱処理装置

下里吉計*

　熱処理装置は，使用目的により炉型や使用雰囲気は多岐にわたり，かつ，その温度域は液体窒素の気化温度である－169℃より約3000℃までの広い範囲で使用される。

　実際の使用目的や処理材からは，下記に大別できる。

① 直火式熱処理炉
② 雰囲気熱処理炉
③ 真空熱処理炉
④ 誘導加熱焼入れ装置

1　直火式熱処理炉

　炉内の雰囲気に特別なガスを用いず，空気もしくは熱源に用いた燃焼ガス中で加熱冷却を行う。主として機械加工前の鋼材（粗材）の焼なましや焼ならしといった組織調整や残留応力の除去，あるいはアルミニウムの熱処理に多く用いられる。図1は，熱間鍛造の残熱を利用したベルトコンベヤ型の恒温焼なまし炉で，自動車のミッションギヤなどに用いられている。1000℃以上で

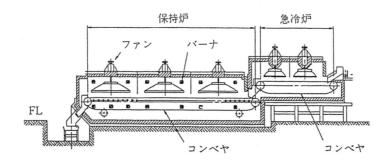

図1　残熱利用恒温焼なまし炉

---

*　Yoshikazu Shimosato　中外炉工業㈱　熱処理事業部　シニアアドバイザー

熱間鍛造された後，急冷炉で650℃まで冷やされ，所定時間保持された後抽出される。

2　雰囲気熱処理炉

雰囲気熱処理には，大別して①鋼材表面の酸化や脱炭を防ぐ無酸化（光輝）熱処理，②浸炭や窒化のように，処理材料をとりまく高温の雰囲気ガスより炭素や窒素などを処理材料表面に拡散浸透させ，疲労強さや耐摩耗性といった機械的性質や耐食性を改善する表面熱処理がある。

無酸化熱処理炉は，炉内有効高さ2mで炉長70mといった大型のローラハース型線材コイル焼鈍炉から，小径軸受を1個ごとに焼入れする小型の焼入れ炉まで幅広く使用されている。図2は，ローラハース型球状化焼なまし炉で，強靭性などの機械的強さや冷鍛性を改善するため，鋼中の炭化物を球状化する。炉内雰囲気にはLPGや都市ガスを改質した吸熱型のガスが用いられる。図3は，メッシュベルト型焼入れ焼戻し炉である。この炉は，人手を介さずにボルトや軸受などの小物部品を対象に，加熱→焼入れ→洗浄→焼戻しの一連の処理が効率よく行える。

前者の熱源は都市ガスやLPGで，後者はこのほか電気も多い。ガス燃料は，電気に比べ安く，電気は扱いが簡便である。

表面熱処理の代表としては，浸炭焼入れ焼戻しが挙げられる。部品の表層に炭素を拡散浸透させ焼入れることにより，表面が硬くて疲労強さや耐摩耗性に優れ，内部が柔らかいことにより衝

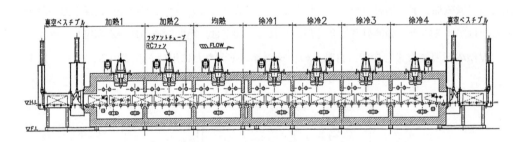

図2　ローラハース型球状化焼なまし炉

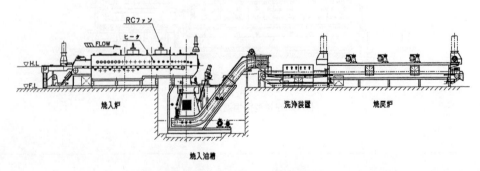

図3　メッシュベルト型焼入炉

第1章　熱処理装置

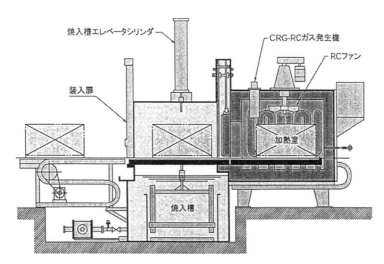

図4　バッチ型浸炭炉

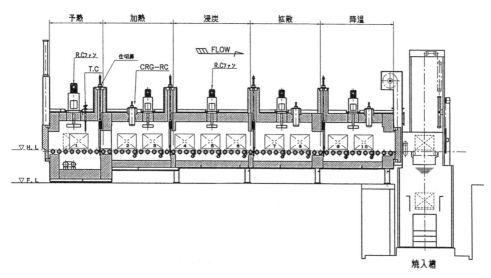

図5　ローラハース型連続ガス浸炭炉

撃に耐えることができる。自動車のトランスミッションギヤをはじめとする各種歯車やシャフト類はその大部分が浸炭焼入れ処理を施され，軸受やボルト類も浸炭焼入れされるものが多い。図4はバッチ型ガス浸炭炉で，浸炭焼入れのほか，ガス軟窒化，無酸化焼入れ，焼なましなど種々の熱処理に使用されることからオールケース炉ともよばれる。図5は連続型ガス浸炭炉で自動車メーカ，自動車部品メーカ，軸受けメーカなどで大量の部品処理に幅広く用いられている。

3 真空炉

　真空は，究極の保護雰囲気である。真空ポンプで炉内の不純ガスを追い出すことにより，容易に処理材に酸化や浸，脱炭等の悪さをしない不活性な高純度保護雰囲気状態を作ることができる。

　真空熱処理の代表格としては，金型鋼や工具鋼の焼入れが挙げられる。これらの鋼種はCrなどの酸化されやすい成分を多量に含んでおり，これの保護に真空炉は好都合である。炉のヒータや搬送冶具として広く用いられている耐熱鋼は，1000℃を超えると，寿命が短くなる。1000℃を超える高温の炉には，高温でも強くかつ寿命の長い黒鉛が炉の構成要素として多く用いられるが，酸化されやすい。この保護手段としても真空が用いられる。さらに高温を必要とするセラミックや炭素，黒鉛などの熱処理も，その多くが黒鉛を炉の構成要素とする真空炉や真空パージ式雰囲気炉で実施され，最高温度は，約3000℃である。図6は，3室型真空炉で主に金型や工具の熱処理に用いられており，真空パージ兼ガスクエンチ室，真空加熱室，オイルクエンチ室の3室で構成される。真ん中の部屋での加熱後，鋼種によりガス冷却や油焼入れされる。図7はホットプレスで，セラミック粉を数十トンで加圧しながら高温焼成することにより，緻密な製品を得ることができる。

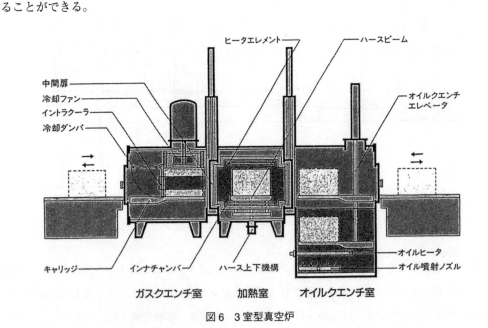

図6　3室型真空炉

第1章 熱処理装置

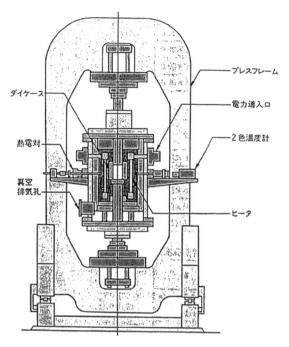

図7 ホットプレス

4 誘導加熱焼入れ装置

　鋼などの部品を銅製のコイルで囲みコイルに電流を流すと，部品表面に誘導電流が流れジュール熱でその部分が加熱される。部品の必要個所だけを加熱焼入れでき，炉加熱のように全体を加熱する必要がないため必要熱量が少なく，かつ歪みにくい。また，加熱時間は数～数十秒と短く，1個ずつ処理でき，仕掛り時間が短い。自動車部品の熱処理などに広く用いられているが，焼入れ硬さを得るため鋼中の炭素濃度を高くする必要があり，炭素量0.2％くらいの浸炭鋼にくらべ，鋼材の被削性や冷鍛性が劣る。また，単一部品で複数の硬化個所がある場合，処理回数が多くなる。

第2章　直流グロー放電を利用する表面改質装置

舟木義行*

1　はじめに

　工業的に利用されるプラズマ現象は，平衡プラズマと非平衡プラズマの二つに大別される[1]。非平衡プラズマは，熱エネルギーに代わり化学反応の推進力として利用すれば反応温度の著しい低温化が実用化でき，半導体製造プロセス[2]や工業製品の表面改質技術[3]への応用が盛んである。

　本報では，処理する製品の大型化や大量処理への装置上の対応が容易な直流グロー放電に限定した非平衡プラズマを利用する表面改質装置について解説する。直流グロー放電とは，真空下のガス雰囲気中で，マイナス極表面を取り巻く様に発生する薄い靄状の発光を伴う放電を言う[4]。直流グロー放電は，例えば処理槽内を圧力10～100 Pa程の窒素雰囲気とし，槽内に挿入したプラス，マイナス両極間に直流電圧300～400 Vを印加すると得られる。グロー放電の中では，窒素ガス分子が電離し，窒素イオンとなってマイナス極に衝突を繰り返す。表面改質処理では，この作用を利用し，製品表面の清浄化や加熱そして改質を行う。

　直流グロー放電を利用する代表的な表面改質法に，プラズマ窒化[5,6]がある。プラズマ窒化は，窒化性雰囲気中での直流グロー放電を利用し鉄鋼製品を400～550℃程度に加熱しながらその表面に窒素原子を拡散浸透させてこれを硬化し，製品の耐摩耗性，耐焼き付き性そして疲労強度を

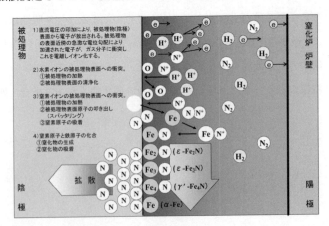

図1　プラズマ窒化の機構モデル図

---

*　Yoshiyuki Funaki　日本電子工業㈱　技術部　取締役　技術部長

第2章 直流グロー放電を利用する表面改質装置

向上させる表面改質法である。プラズマ窒化中の被処理物（マイナス極）表面近傍での現象のモデル図を図1に示す。

　直流グロー放電は，直流電源の出力と雰囲気の圧力により放電時の電圧や電流を制御することが容易なうえ，放電雰囲気のガス組成や圧力とも明確な相関関係が有ることから工業的利用に適している。また，低温プラズマ発生源として，大出力電源の製作が比較的容易である。直流グロー放電を利用する表面改質では，様々な形状や材質の製品を最適な条件で処理する必要があり，処理中の安定したプラズマの発生と被処理物の温度を制御するためにも放電出力の制御性は重要である。

2　直流グロー放電を利用する表面改質法

　国内の直流グロー放電を利用する表面改質装置では，プラズマ窒化装置が1973年から国産化されている。その後，浸炭性雰囲気中での直流グロー放電を利用した「プラズマ浸炭」[7]が実用化されている。さらに，窒化と同時に鉄鋼製品表面に硫化鉄層を形成する「プラズマ浸硫窒

表1　直流グロー放電を利用する表面改質処理

処理名称	使用ガス	処理温度(℃)	特　徴	主な適用鋼種例
プラズマ窒化 （イオン窒化）	N_2, H_2, Ar	400〜550 (800〜900)	・低温度処理 ・無酸化処理 ・窒化，浸炭防止（マスキング）対応 ・難窒化材対応（耐熱鋼，SUS） ・非鉄金属（Ti, Al）処理 ・無公害，作業環境良好 　（H_2Sは使用量微量，除外は容易） ・設備管理が容易 ・処理条件の多様化	SPCC, SKD 11 SKD 61 Ti SCM, SKH 51 SACM
プラズマ軟窒化 （イオン窒化）	N_2, H_2, Ar, CH_4	500〜580		SPCC, SS, SC
プラズマ 浸硫窒化	N_2, H_2, Ar, H_2S	500〜580		SKD 61, SCM SACM SUS, SK, SC SS
プラズマ浸炭 （グロー放電，HCD）	N_2, H_2, Ar, CH_4	800〜1000		SUS, Ti
プラズマ浸炭 （槽内ヒーター併用）	N_2, H_2, Ar, CH_4	800〜1000		Ti, SUS, SCr
ラジカル窒化 （槽外ヒーター併用）	N_2, NH_3, Ar	400〜500	・光輝処理 ・化合物層生成制御 ・複合硬化下地処理 ・窒化防止（マスキング）対応	SKH 51, SKD 11 SKD 61
プラズマCVD	N_2, H_2, Ar, CH_4	200〜600	・DLC ・プラズマ窒化＋DLCの連続処理可	SKH 51, SKD 11 SKD 61, SUS SCM, SUS, SUJ 2
プラズマCVD （槽外ヒーター併用）	$H_2, NH_3, CH_4,$ $TiCl_4$	400〜600	・低温CVD処理（TiN, TiCN） ・ラジカル窒化からの連続処理可	

プラズマ窒化装置(出力60kWタイプ)

プラズマCVD装置(DLCコーティング対応)

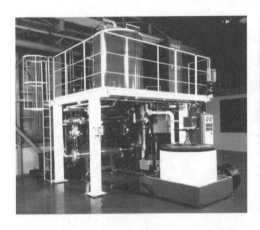
ラジカル窒化装置(光輝窒化対応)

プラズマ浸炭装置(カーボンヒーター併用)

写真1 直流グロー放電を利用する表面改質装置外観

化」[8]や処理前後の製品の表面状態の変化が極小でイオンプレーティングによるセラミックス薄膜との複合表面改質に利用される「ラジカル窒化」[9,10]などの直流グロー放電を利用する表面改質装置も実用化されている。また，熱CVDに非平衡プラズマを導入し処理温度を低温化したプラズマCVDは，金属製品の表面性能を向上させるためにセラミックスやDLCなどの薄膜を高い生産性でめっきする装置[11,12]として用いられている。表1に直流グロー放電を利用する表面改質処理を示す。また，写真1に直流グロー放電を利用する表面改質装置を示す。

3 直流グロー放電装置

直流グロー放電を利用する装置の代表的な構成について解説する。装置の構成例を図2に示す。

第2章　直流グロー放電を利用する表面改質装置

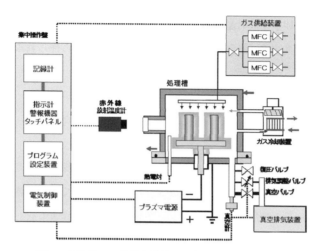

図2　直流グロー放電を利用する表面改質装置構成図

3.1　処理槽（真空容器）

3.1.1　処理槽

　処理槽は，一般構造用圧延鋼またはSUS 304等のオーステナイト系ステンレス鋼などで製作され，耐真空気密性，被処理物に対する耐荷重強度などを満足する構造が必要である。多くの場合，処理槽壁は，加熱時の被処理物からの放射熱による加熱対策のために冷却水を通水し，オペレーターの保護と同時に真空気密に用いるゴム製シール，槽及び付属部品の過熱を防止している。また，槽内には，必要に応じて処理物を加熱するための電気ヒーターや槽内からの熱損失を低減させるための断熱材などを取り付ける場合もある。処理槽には，一箇所以上の被処理物を出し入れするための開閉部を備える。この他に真空測定子や熱電対温度計などの測定機器部品の取り付け口，処理用ガス導入口そして真空排気口などを備える。これらは，ゴム製シールや真空フランジそしてテーパーネジなどを利用し処理槽に固定される。処理槽は，グロー放電時には，プラス極となる。

3.1.2　マイナス電極

　処理槽には，槽とは電気的に絶縁され耐真空，耐荷重そして耐熱構造を兼ね備えたマイナス電極軸が挿入される。電極は，広範囲な直流グロー放電の放電電流・電圧域と雰囲気によって変化するグロー放電の形態に十分対応する絶縁特性が必要となる。

　被処理物は，マイナス電極と十分に電気的接触を確保しながら固定できるようにテーブルや各種の治具が用いられる。被処理物は，これらの電極部品を経て安定した給電を受けることで均一に処理される。

3.1.3 観察窓

処理槽には,槽内の観察や放射温度計による被処理物の温度測定の為に複数の観察窓が備えられる。窓ガラスは,耐真空性,耐熱性を考慮した透明ガラス板から作られる。

3.1.4 真空計[13]

処理槽内の圧力測定には,ピラニー真空計や隔膜式真空計が用いられる。ピラニー真空計は,測定する雰囲気ガス種により測定誤差を生じるので注意が必要となる。

3.1.5 温度測定[14]

被処理物の温度制御には,接触式の熱電対,非接触式では赤外線放射温度計などが用いられる。熱電対による温度測定は,被処理物に高電圧が常に印加されるので十分な絶縁対策が必要となる。また,赤外線放射温度計の使用では,被処理物の表面状態や色調による放射率の変化および観察窓の汚れや赤外線透過率の測定値への影響に注意する必要がある。

3.1.6 ガス冷却装置

処理後の被処理物を短時間で大気に取り出す際は,被処理物表面への酸化膜による着色の防止や作業者保護のため,これを室温近くまで冷却する必要がある。そこで,冷却時間短縮のために処理終了後の処理槽内に大気圧近くまで窒素ガスを導入し,これを電動ファンで水冷式熱交換器内と槽内を循環させながら被処理物の冷却を促進するガス冷却装置が利用される。分離型ガス冷却装置を写真2に示す。

3.2 真空排気装置[15]

直流グロー放電を用いる表面改質生産装置の真空排気装置は,操業圧力が10～1000 Pa程度となり油回転ポンプが用いられる。また,必要に応じて補助ポンプとしてメカニカルブースターポ

写真2 ガス冷却装置(分離型)

第2章　直流グロー放電を利用する表面改質装置

油回転ポンプ（キニー型）

メカニカルブースターポンプ（上）と
油回転ポンプ（ゲーデ型）の組み合わせ

写真3　真空ポンプ

ンプが併用される。排気量は，処理槽の大きさと被処理物の総表面積を基に，操業時の真空排気時間，処理槽内のガス放出量などを考慮して選定される。油回転ポンプ運転時の油煙の飛散防止のため，オイルミストトラップを用いる。最近では，環境保護を目的として真空油を使わないドライポンプも用いられている。写真3に真空排気装置を示す。

　真空ポンプと処理槽は真空配管と真空バルブを経て接続され，排気量は連続可変式の自動排気量調整バルブや手動排気調整バルブを用いて調整する。

3.3　ガス供給装置

　プラズマ表面改質装置では，処理槽にその処理目的に応じたガスを供給する必要がある。多くの場合，窒素，水素，メタン，アルゴンなどの高純度ガスが高圧充填されたボンベから個別に圧力調整器で降圧後，流量計により適量が供給される。流量計には，フロート式流量計やマスフローコントローラーが用いられる。また，予め所定の混合比率のガスを製造元で充填し，混合ガスとして処理槽に供給する場合もある。

　ガス漏れを検知・警告する警報システムや地震時のガス漏れの予防策として感震遮断システム等が，必要に応じて取り付けられる。また，ガスの使用時には，予め販売店から使用するガスの性質や危険性などの情報および関係法令を入手することが望ましい。

3.4　プラズマ電源

　現在，利用されているプラズマ電源は，サイリスター方式とIGBTなどの素子を利用する直流パルス方式に大別される。直流グロー放電用の電源には，アーク放電による被処理物の溶損防止や電源保護のためにアーク放電防止機能が備えられている。これは，アーク放電発生時に瞬時に

無機材料の表面処理・改質技術と将来展望

写真4　直流パルスプラズマ電源（出力60 kW型）

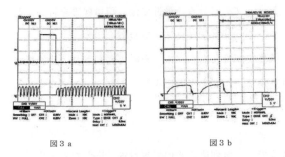

図3 a　　　　　　　　　図3 b

図3　アーク発生時の放電電流波形

放電を遮断したり直流電流をパルス化したりする方法が用いられる。前者は，アーク放電の発生を電気回路上で感知し，一定時間放電電流を停止した後に自動復帰させる機構を持ち，後者ではアーク放電の発生と持続ができない程の高い周波数により放電電流のON-OFFを繰り返しながら直流放電させアーク放電を防止するという機能を持つ。写真4に直流パルスプラズマ電源の外観を示す。

　パルス電源のアーク放電防止機構の一例を示す。アーク放電は，一度放電電流を遮断しない限り持続し続け正常なグロー放電に戻ることはない。図3(a)は，アーク放電発生時の放電電流波形で，正常な放電電流（パルス波形）がアーク放電に移行した瞬間を示している。画面上段の波形は，アーク放電の発生を検出して放電を遮断するための遮断信号を示す。図3(b)は，図3(a)の拡大写真でアーク放電に移行してから約2μsecで放電電流を遮断している。アーク放電は，遮断しなければその成長角度で成長し続け，数μsecで数倍に成長することが知られている。こ

第2章　直流グロー放電を利用する表面改質装置

のように，アーク放電発生後数10 nsec以内にアーク放電を検出し，アーク放電が増大する前に遮断することにより，短時間の放電停止後に再び元の安定した放電状態を回復することができる。

3.5　運転制御盤

表面改質装置は，処理槽，真空排気装置，ガス供給装置，プラズマ電源そして運転制御盤から構成される。生産装置では，被処理物を処理槽内のマイナス極上に配置した後はボタン一つの操作で，

　　真空ポンプ起動（処理槽内の真空排気）→ガス導入→グロー放電開始（被処理物の加熱）→
　　被処理物の処理温度保持（表面改質処理）→グロー放電停止→ガス停止→真空ポンプ停止→
　　冷却

の各工程が予めプログラム設定された処理条件に従って自動運転される。

運転制御盤では，運転内容の設定と運転状況の表示を行う。運転制御には，プログラム設定機，シーケンサーそしてタッチパネルをはじめマイクロコンピューターを利用する制御機器が利用される。また，オペレーターは，盤上のタッチパネルや表示灯，各指示計などから装置の運転状況を容易に把握することができる。写真5に運転制御盤の例を示す。被処理物の表面改質処理条件は，真空圧力，処理温度，放電電圧および放電電流，ガス流量そして処理時間などが専用プログラム制御装置に設定される。全ての運転操作は，制御盤内機器により総合的に制御され，各パラメータが予めプログラムされた内容から逸脱した場合には，被処理物や装置への損傷が最小限になるように自動対応すると共にオペレーターに警報を発する。また，運転中の主要なパラメータの変化は，逐次記録計に記録される。記録計は，従来の記録紙を用いる物から，データを電子化して蓄積する物などがある。後者は，LANにより遠隔地のパソコンに蓄積データを移動させ，ビジネスソフトを利用してのデータ整理や解析に対応できるものなども選択できる。

写真5　直流プラズマを利用する表面改質装置の操作盤面例
左）ガス供給制御盤，中）タッチパネル，プログラム設定機他
右）受電電流電圧計，記録計

無機材料の表面処理・改質技術と将来展望

　直流グロー放電をはじめとする非平衡プラズマを利用する表面改質技術は，次世代に向けた新素材や新技術の開発と共にその適応範囲を拡げるものと期待される．更に，プラズマを利用する表面改質技術は，地球環境への負荷が小さいことから，従来熱処理，表面処理の改善技術としての用途拡大も期待できる．

文　　献

1) 小沼光晴，プラズマと成膜の基礎，p. 4, 日刊工業新聞社（1986）
2) 菅野卓雄，半導体プラズマプロセス技術，p. 50, 産業図書（1980）
3) 仁平宜弘，三尾　敦，はじめての表面処理技術，p. 63, 工業調査会（2001）
4) 飯島，近藤，青山，はじめてのプラズマ技術，p. 58, 工業調査会（1999）
5) 舟木義行，第47回例会資料，p. 3, 表面技術協会材料機能ドライプロセス部会（2001）
6) 山中久彦，イオン窒化法，日刊工業新聞社（1972）
7) 阿久津幸一，熱処理，30, 327（1997）
8) 型技術協会熱間金型の寿命改善委員会，熱間用金型の寿命対策，p. 198, 日刊工業新聞社（2001）
9) 舟木，伊藤，精密工学会誌，68, 1539（2002）
10) 近藤恭二，素形材，47, 46（2006）
11) 太刀川，森，中西，長谷川，舟木，まてりあ，44, 245-247（2005）
12) 近藤，菊地，横山，舟木，表面技術協会講演大会要旨集，第115回講演大会，216（2007）
13) 麻蒔立男，とことんやさしい真空の本，p. 22, 日刊工業新聞社（2002）
14) 日本熱処理工業会，新版熱処理技術入門，p. 52, 大河出版（1981）
15) 麻蒔立男，とことんやさしい真空の本，p. 26, 日刊工業新聞社（2002）

第3章　表面被覆装置
―スパッタリング法と小型スパッタリング装置―

鈴木康正*

1　はじめに

$10^2 \sim 10^3$eV 程度のエネルギーをもった荷電粒子が固体に衝突したとき，入射した粒子との運動量の交換により，固体を構成する原子が固体表面より空間に放出される現象をスパッタリングと呼び，これは基板や基材上に被膜を形成する手法として広く用いられている。スパッタリング現象の発生は，一般に容器内にターゲットと呼ばれる固体を置き，同容器内にアルゴンなどの希ガスを導入し，ターゲットに印加した直流または高周波電力によりアルゴンガスを電離させ，イオン化したアルゴンがターゲット表面に入射した際の運動量交換によりターゲット原子が空間に放出される過程を採る。このとき，容器内に基板や基材を適当に配することにより，空間に放出されたターゲット原子がこれらに到達して付着し，基板や基材上に被膜を形成することができる。これがスパッタリング法による成膜であり，真空蒸着法と並んで広く用いられている。スパッタリング法による成膜と蒸着法による成膜の大きな違いは，空間に飛び出す粒子のもつエネルギーの大きさである。蒸着法，即ち熱エネルギーによる蒸発では，空間に飛び出す粒子のエネルギーは $10^{-1} \sim 10^{-2}$eV 程度であるのに対し，スパッタリング法によって空間に飛び出す粒子のエネルギーは $10^2 \sim 10^3$eV 程度であり，スパッタリング法で形成された膜は蒸着法で形成された膜に比べて一般に付着力が高く，膜応力も大きい。

2　スパッタリング法が適用される膜の種類

熱エネルギーを用いた蒸着法においては，材料の蒸気圧が低い場合の成膜に大きな困難を伴う。これに対して，スパッタリング法では，空間に飛び出す粒子は蒸気圧に関係無いため，蒸気圧の低い材料を含め広範な材料の成膜が可能である。スパッタリング法による成膜技術は，集積回路の電極や配線，フラットパネルディスプレイにおける金属や透明導電膜，光磁気ディスクやハードディスクなどの記録メディア，光学部品への無反射コーティング，また機械工具や機械部品表面への各種機能性被膜の形成など広範かつ多様な用途に用いられている。

---

*　Yasumasa Suzuki　㈱アルバック　先端機器事業部　技術部　部長

3 スパッタリング装置

スパッタリング装置の構成を図1に示す。スパッタリング装置はターゲットが取り付けられ，放電用に直流または高周波電源が接続されるカソード，成膜される，または被膜が形成される基板，基材，放電ガス導入系，排気系で構成される。図1は膜が形成される基板表面が上向き，それに対向してターゲットが配されたデポダウン平行平板型の構成を示している。複数のカソードが取り付けられる構成や，基板表面に立てた法線に対してターゲット表面に立てた法線が斜めに交わる斜入射型構成，基板とターゲットが相対しないオフアクシス構成，基板とターゲットが鉛直に対して直交するように配されたサイドスパッタなど，基板とカソードは，目的によって種々の配置が採られる。また酸化物の成膜などでは，アルゴンなどの希ガスに酸素ガスなどを加えた反応性スパッタリング法といった手法も一般におこなわれている。基板はウェーハやガラス板，樹脂フィルム，工具や機械部品など広範におよび，サイズも 10 mm×10 mm 程度の小片から直径 300 mm 程度のウェーハ，2000 mm を超えるガラス基板，幅 1000 mm を超えるフィルムなど多岐にわたり，容器内でそれぞれに適した固定方法が用いられる。また，膜質のコントロールや膜応力の調整などのために，基板を加熱，冷却する機能が付加されたり，膜厚の均一性を確保するために基板を回転させたりする場合もある。

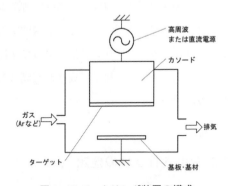

図1 スパッタリング装置の構成

4 jsputter の概要・構成・特徴

スパッタリング法は汎用性に優れた成膜，被膜形成手法であり，理工学分野における物性研究や種々開発，民生機器の生産まで幅広く用いられている。公共研究機関，大学，民間研究所などにおいても多数の研究・開発用スパッタ装置が使用されているが，近年，各種製品の開発サイクルが短くなり，スパッタ装置に対して，単なる研究・開発用途ではなく，少量規模生産として多

第3章　表面被覆装置—スパッタリング法と小型スパッタリング装置—

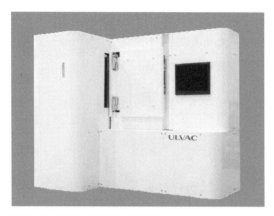

図2　研究・開発・小規模生産用超高真空対応スパッタ装置 jsputter「JSP-8000」

種多様な要求に即座に応えられることが求められている。また，既存の材料やプロセスばかりでなく，磁性材料，強誘電体膜，MEMS など各種デバイスに対して微細化，薄膜化が求められており，製造装置に対しても高機能化が求められている。アルバックの研究・開発・小規模生産用超高真空対応スパッタ装置 jsputter「JSP-8000」（図2）は，それらの要求に対応するもので，従来の研究・開発・小規模生産用超高真空対応スパッタ装置の概念を大きく変えるものである。一般に，従来の研究・開発用スパッタ装置の構成は，デポアップスパッタ（試料が上にあって成膜する），またはデポダウンスパッタ（試料が下にあって成膜する）方式で，基板とスパッタカソードが鉛直上下の位置関係となっており，成膜時にパーティクルやフレークが基板，基材，カソード上に落下，付着するなどして所望の成膜ができないという課題が指摘されていた。ここで紹介するスパッタ装置 jsputter「JSP-8000」は，従来方式に対して，スパッタカソードと基板を直立させたサイドスパッタ方式を用いているのが最大の特徴である。同方式を用いることで，成膜時にパーティクルやフレークが試料やカソードの上に落下することがなく，高品質な膜付けが可能となっている。また JSP-8000 は，アルバックの成膜ノウハウを盛り込んだ豊富なオプションを簡単なモジュール，ユニットの交換で利用することができ，プロセスに応じた所望の成膜装置構成を実現することが可能である。さらに JSP-8000 は，制御系にパソコンを標準装備させたことにより，成膜をレシピ管理でき，研究開発のみならず少量生産にも充分対応可能となっている。使用可能基板サイズは，不定形小片，2インチウェーハから 200 mm ウェーハまでと広範に選択可能で，薄膜の特性制御のための基板温度制御は，水冷から 300℃（標準）に対して，オプションで，最高 800℃ まで昇温可能と，高温での使用にも対応可能となっている。研究・開発・少量生産に対応して装置コンセプトに基づき，特に次のような成膜プロセスへの応用に威力を発揮できる装置となっている。

① 極薄の多層膜が必要な磁性体材料研究

無機材料の表面処理・改質技術と将来展望

② MEMSなどの研究に必要な電極材料・絶縁材料の成膜や埋め込み
③ 太陽電池研究などに必要な透明導電膜の成膜
④ ピエゾ効果が必要な強誘電体材料の作製

第4章 溶射装置

佐々木光正*

1 はじめに

　溶射法は乾式表面改質手段の一種であり，基材表面に皮膜を形成する方法である。熱源を用いて主に固体の材料を溶融または加熱して噴霧した粒子を加速し，基材表面に衝突させて皮膜を形成する技術である。先端産業の要求に応えて開発された優れた特性を有する各種のセラミックス・金属材料および樹脂等を，大気中で成膜することができる有力な手段である。

　溶射は概ね大気中で加工処理され，粉末，線，あるいは棒状の固体等の材料に熱を加えて溶融し，同時に噴霧された液滴粒子（およそ5〜150μm）の状態で加速されて高速度（およそ50〜900 m/sec.）で基材表面に衝突させた扁平粒子（スプラット）の積層により基材表面に皮膜（厚さおよそ30μm〜10 mm）を形成することで表面に機能を付加・改善を行う技術（概念を図1に示す）である。

　溶射による成膜は，低い加工温度（およそ400 K）で，数十ミクロンから数十ミリの厚膜形成が可能で，成膜材料（混合成分）の自由度が大きく，多種類の基材表面に，1分間におよそ5 gから400 gの皮膜を作製でき，他の表面改質技術と比較すると成膜形成速度が著しく速い長所がある。一般に①前処理工程，②溶射（成膜）工程，③後処理工程から成っており，成膜工程で溶射装置を用いる。

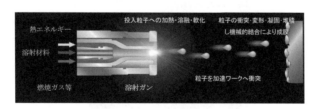

図1　溶射の成膜概念図

＊　Mitsumasa Sasaki　スルザーメテコジャパン㈱　技術開発部　マネージャー

2 溶射皮膜の特徴

溶射皮膜と基材間および溶射粒子の密着機構は，図2に示すような分子間結合および機械的結合であるが，多くの溶射皮膜は，主として基材面への機械的な噛付き（投錨効果と称す）によって密着[1]しているので，適度な先端の鋭い凹凸面が有効であり，基材面の粗面化が重要である。

溶射現象は一般に図3に示す溶射材料の熱源中への投入，加熱，溶融，図4に示す飛行粒子の基材への衝突，扁平化，凝固，積層の一連のプロセスがおよそ10^{-5}s級の短時間に進行する非平衡現象である[1,2]。図5にはプラズマ溶射法で作製した皮膜断面の模式組織を示すが，溶射皮膜の共通な特徴が示されている。

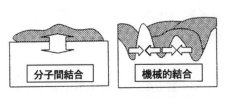

図2 溶射粒子の主な結合機構

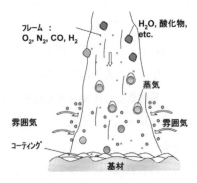

図3 粒子の飛行過程

1 熱移動＋溶融粒子の飛行

2 単一スプラットの基材表面への衝突／結合

3 基材への熱移動／固化

4 複数のスプラットによる皮膜形成

図4 溶射粒子の積層工程

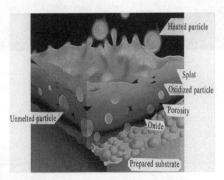

図5 プラズマ溶射皮膜断面模式図

第4章 溶射装置

　形成する溶射皮膜の特性は，溶射材料は勿論のこと溶射プロセス（熱源の種類，投入エネルギーの大きさなど）である溶射装置・方法に強く影響される。溶射肌の状態では扁平粒子の凹凸で皮膜の表面が粗く，摺動部等に用いるには，溶射面の仕上げ加工が必要で切削あるいは研削が施される。さらに，超仕上げ，封孔処理，熱処理，HIP処理およびレーザー照射処理などの後処理などの加工が行われることもある。

3　溶射装置

　現在，使用されている溶射法を分類すると，熱源の種類により，燃焼および電気エネルギーに大別されており，各種溶射法の特徴を概念的に表1にまとめる[3]。各溶射法により装置の性能・構成が異なり成膜方法および膜質の特徴が異なる。広く用いられている装置はプラズマ溶射法で，種類が多く大気，減圧および水中等で成膜が可能である。

表1　溶射法の分類と比較

溶射プロセス			火炎温度 (K)	粒子速度 (m·sec^{-1})	溶射材料		溶射皮膜の特徴		生産性		コスト	
					形態	種類	密着強さ	緻密性	制御	成膜速度	設備	ランニング
ガス燃焼式	溶線式（Wire）		～3300	～200	線	M, A	△	△	△	○	◎	○
	溶棒式（Rod）		～3300	～200	棒	CM, CR	△	△	△	△	○	○
	粉末式 (Powder)	低速フレーム	～3300	～100	粉末	M, A, CM CR, R	△	△	△	○	◎	○
		高速フレーム HVOF	～3000	～900	粉末, 線	M, A, CM	◎	◎	○	△	○	△
		爆発 Detonation	～3300	～900	粉末	M, A, CM CR	◎	◎	△	△	▼	△
電気式	アーク式（Arc）		～5500	～250	線	M, A	△	△	○	◎	◎	◎
	プラズマ	大気圧（APS）	～16000	～450	粉末, 線	M, A, CM CR, R	○	○	○	○	△	△
		水圧（WPS）	～30000	～300	粉末	M, A, CM CR	△	△	△	○	△	△
		減圧（VPS）	～5000	～700	粉末	M, A, CM CR	◎	◎	△	○	▼	△
	線爆発式 (Explosion)	線（Wire）	～5500	～800	線	M, A	◎	◎	▼	▼	△	○
		複合チューブ	～5500	～900	チューブ 粉末	M, A, CM CR	◎	◎	▼	▼	▼	▼
	レーザー式（Laser）			～250	粉末, 線	M, A, CM CR	△	△	▼	△	△	△

M；金属，A；合金，CM；セラミックス，CR；サーメット，R；樹脂// ◎；優良，○；良，△；普，▼；不

3.1 プラズマ溶射装置

プラズマ溶射装置は，プラズマの特性を生かした工学的応用であり，プラズマ溶射法はつぎのような特徴がある。①プラズマのエネルギー密度が高いのでセラミックスなどの高融点粉末材料を溶融し，高速度に加速して溶射することができ，成膜速度が速い。②基材に対しては，プラズマの熱影響を小さく保つことが可能で，プラスチック等の低融点基材へも容易に成膜できる。③溶融粒子の急冷凝固を利用した皮膜組織やプラズマ中で反応を利用した皮膜組織を製作することが可能である。

溶射に用いられるプラズマとは，電極間の直流アークでガスを電離させ，ノズルより噴出させた高温の熱プラズマ[4]のことである。一般的なDCプラズマ溶射ガンの典型的な構造を図6に示す[5]。水冷構造の棒状タングステンを陰極（カソード）とし，同じく水冷構造の銅製ノズルを陽極（アノード）とし用いている。アノード（以下はノズルと称す）とカソード（以下は電極と称す）間に作動ガス（主にArガス）を流し電圧をかけ，高周波点火装置によりアークを発生させて作られた一部熱プラズマ化した作動ガスを含むプラズマとして，ノズルより高速で外部へ噴出させる。作動ガスは安定したプラズマ状態にする目的で回転させることが多い。そのプラズマはノズル内壁より周辺部が冷却され，いわゆるサーマルピンチ（熱集束）効果で，その中心に熱が集中されノズルより高速で噴出するので，大きな騒音と紫外線を伴う高温のプラズマジェットフレームになる。溶射は，この高温・高速の熱プラズマを粉末材料の加速・加熱に利用している。

作動ガスには，一般にアルゴンあるいは窒素を，またこれにヘリウム，水素，窒素等を混合したガスが用いられる。ガスの種類により保有エネルギーが異なり，使用するガスの種類によってプラズマの保有エネルギーが決まる。また，飛行中の溶射粒子に対する雰囲気の影響[6]があり，プラズマジェットフレーム中への激しい空気の巻き込みが発生し，溶射皮膜内に酸化物や窒素との反応物の混入は避けられない。このため，粉末の持つ性質が損なわれず皮膜を作製することが難しい面もある。プラズマ内を飛行中の粉末は酸化，還元および熱分解などの反応が不可避であ

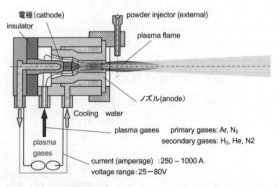

図6　汎用DCプラズマガンの模式図

第4章 溶射装置

るため,材料の製造条件(混合,焼結,合金,造粒等)も溶射材料としての出発条件になり,形成する皮膜の性質に影響を及ぼしている。最近では,飛行中の粒子の速度・粒径・温度・分布が測定できる簡易装置が開発され,その場観察が容易になり成膜条件の適正化が敏速になっている。

3.1.1 プラズマ溶射装置の構成

　プラズマ溶射装置の基本的構成を図7に示す[7]。溶射ガン,溶射用DC電源,プラズマ制御(ガス,電源,冷却水)装置,粉末供給装置,冷却水循環装置および各機器用電源ケーブル,ホース類などからなるシステムで,均質な皮膜を作製するため間接的につぎの諸条件を制御・管理する。①プラズマの温度分布と速度を一定に保つため,使用する各ガスの質と量,出力の電流と電圧値および高温部の十分な冷却を制御し,溶射ガンの消耗部位の形状変化を最小限の変動に維持している。②溶射材料にはおもに粉末を用い,送給ガスにのせて粉末をプラズマ中へ投入する。常時粉末を一定量供給するため,溶射材料の実供給重量を計測し,例えば材料の送給ガスの流量と圧力,それにガスと粉末材料の攪拌を制御する。さらに皮膜を形成するためには,③基材に対して一定の方向と距離を確保しながら溶射ガンの基材に対する姿勢と位置,さらに皮膜や基材の温度,それに皮膜厚さを考慮した移動速度を制御する必要がある。

3.1.2 プラズマ溶射ガンの種類

　①図6に示した汎用DCプラズマガン,②図8の模式図に示した最新の直流3電極プラズマ溶射ガンは[8],プラズマジェットを長時間安定維持できるように,溶射ガンのノズル電極間のアークを長く保ち,プラズマ化の効率を上げ,アークを均等に3分割した結果としてノズル・電極へ

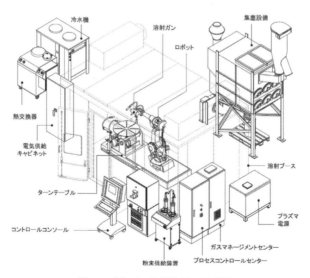

図7　プラズマ溶射装置の構成図

無機材料の表面処理・改質技術と将来展望

図8　3電極ガンと高エネルギー高速プラズマジェット（下）外観

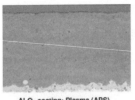

図9　溶射皮膜断面　──50μm

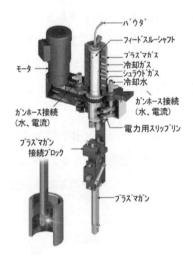

図10　自転式プラズマガン

の熱負荷の集中が分散し，寿命が5倍以上延びている。プラズマジェットが安定し3箇所の粉末投入方法で多量の溶射粉末分（240g／以上）を供給可能にし，かつ80％以上の溶射材料の歩留を達成し生産性が3倍向上し，成膜した皮膜組織（図9の上）は気孔が減少し緻密である。③円筒等の内面に溶射できるプラズマ内面溶射ガンは，ワークを回転や移動をさせる必要があるが，近年内面溶射ガンを自転させて成膜する装置（図10）[9]が開発され，応用範囲が広くなった。回転不可能なワークの内面等に容易に成膜することができる。

3.1.3　その他のプラズマ溶射装置

装置は使用環境，熱プラズマの生成方法などによって分類され適切に使用される。④，DCツインアノード型およびツインカソード型溶射ガン（図11）は理化学研究所で開発されたプラズ

第4章 溶射装置

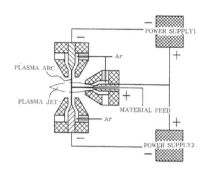

図11 ツインカソード型溶射ガンの略図

マ溶射装置[1]で，装置の特徴はプラズマエネルギーを有効利用できるように，プラズマ軸方向に材料供給を可能にした電極構成のツインカソード型溶射装置である。出力は，低電流（<200 A）高電圧特性の電源を用い，およそ20〜100 kW である。プラズマガスは通常はアルゴン単体を使用するが，エア等をはじめ使用ガスを選ばない利点がある。⑤．水プラズマ溶射装置[1]の機器構成はガスプラズマ溶射装置とほぼ同じであるが，作動ガスの替わりに，水を用い電気で熱プラズマを作り溶射に利用する装置である。消耗型の炭素電極を使用し出力200 kW 以上で多量の粒度範囲（5〜300 μm）の広い溶射材料を利用することができ，経済的で生産性に優れている。しかし，溶射ガンが大きく重量があり，ハンドリングが難しいため，単純形状の部品に厚い皮膜の作製には適している。⑥．雰囲気制御プラズマ溶射装置（CAPS，VPS，LPPS 等）はプラズマ溶射を低真空あるいは雰囲気制御（5〜20 kPa）のタンク内で行うものである。雰囲気との反応を利用した皮膜作りも可能であり，皮膜は基材との密着強さが大きく，皮膜に気孔や酸化物の含まれる量が少ない特徴がある。更に低い圧力下（0.1〜0.5 kPa）で高性能の皮膜を作製できるLPPS-TF（Low Pressure Plasma Spray-Thin Film）システム[10]を図12に示し，プラズマジェットが膨張し径が200〜400 mm で長さおよそ2.5 m になるフレームを大気溶射と比較して図13に示す。また，このフレームで成膜したYSZ皮膜断面写真（図14）に見られる柱状晶組織を有する皮膜も成膜することが可能である[11]。他に，膜の緻密化と基材との密着強さを向上させるために減圧でプラズマとレーザーの複合利用ができる装置がある。⑦．RFプラズマ溶射装置[12]は，高周波（HF：3〜30 MHz）を利用して熱プラズマを作り，溶射材料を溶融して皮膜を作製する装置である。溶射ガンは，冷却した筒の外周に冷却したコイルがセットされ，あらゆるガスが作動ガスとして用いられ，筒の上部から供給される。また，溶射材料も上部の中心からガスで搬送され投入される構造である。消耗電極を持たないためプラズマはクリーンで，プラズマの速度が遅く溶射材料の溶融に優れているが，皮膜に気孔が残り易い。

溶射ガンはワークの表面に合わせ動作することが難しく，ワークをハンドリングしなければならない。⑧．ハイブリッドプラズマ装置は，DCプラズマの速度とRFプラズマの安定溶融を利

図12 LPPS-TF装置の外観

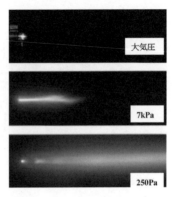
図13 プラズマジェット形状比較

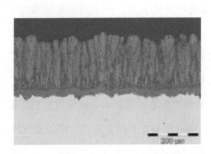
図14 LPPS-TFで成膜のYSZ皮膜断面

用するために，RFプラズマガンの上にDCプラズマガンを組合せた溶射装置[13]である。まず，DCプラズマで溶射材料が加熱，加速され，RFプラズマで再加熱，溶融されるため，気孔等の欠陥の少ない緻密な皮膜を作製することができ，かつ密着強さの向上が期待できる。さらに減圧で成膜するとその効果はより顕著になる。

3.2 ガスフレーム溶射装置
3.2.1 高速ガスフレーム溶射（HVOF）装置

HVOF溶射法は，溶射装置の耐久性・操作性に優れ，かつ皮膜の緻密性，均質性，密着強さ等を向上させることができ溶射の応用範囲を拡大させた。図15に示すシステム構成[14]のHVOFは，燃料ガスとしてプロピレン，プロパン，水素，アセチレンあるいは灯油などが用いられ，支燃ガスとして圧力の高い酸素または圧縮空気を用いる。燃料により差異はあるが，連続内燃による高速ガスフレームが可能な燃焼室と，長い燃焼筒を持つ構造（図16）が主になっている。フレーム温度はおよそ2800〜3200Kで，フレーム速度はおよそ1300〜2400 m/sec.と高速になり，溶射材料は主に金属・合金・サーメット粉末を用い，フレームの中心軸に投入され，粉末粒子も大きな運動エネルギーが得られるため，高速ガスフレーム溶射法の長所として，高速のフレーム

第4章 溶射装置

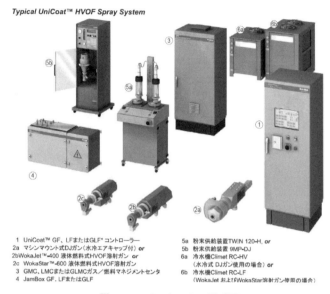

図15 HVOFシステム構成図

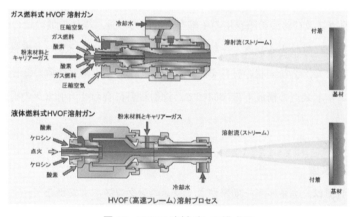

図16 HVOF溶射ガンの模式図

で加速された粉末粒子が高速で基材に衝突する。粉末粒子はフレーム中での滞留時間が短くなり，過熱されることが少なく，酸化が比較的少なくなる。このためWC-Co皮膜（図9の下）は，緻密で基材への密着強さが大きく，溶射材料の変質が少ない皮膜組織が得られる。また，同様以上の皮膜特性が得られやすい爆発溶射法があるが，爆発エネルギーを利用し断続的に成膜するため，生産性や操作性がやや劣る。

3.2.2 汎用のガスフレーム溶射装置

フレーム溶射装置は，古くから広く用いられている溶射装置・方法で，酸素と可燃ガス（アセチレン，プロパン等）との燃焼フレームにより溶射材料を溶融し，主に圧縮空気を用いて噴霧し

無機材料の表面処理・改質技術と将来展望

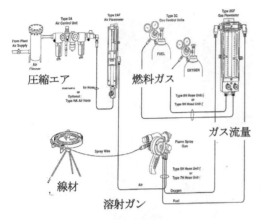

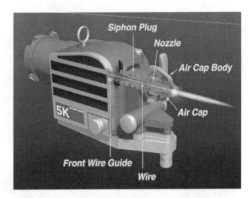

図17 溶線式ガスフレーム溶射装置の構成図　　図18 生産用の大型溶射ガンの模式図

溶滴を基材表面に衝突させて積層し皮膜を形成する装置である。使用する溶射材料の形態により主に，3種類の装置に分類される。①線形の材料を用いるのが溶線式フレーム溶射装置[15]で，図17に示すように，主な構成は，溶射材料の燃焼フレームで溶融し，圧縮空気で噴霧する溶射ガン（図18），燃料ガス及び溶滴の噴霧用の圧縮空気の圧力・量，線材の供給量の管理等をする制御装置，線材をガンに供給する装置，圧縮空気を供給するコンプレッサー，燃料ガスの供給設備から成っている。また，②粉末状の材料を用いる粉末式フレーム溶射装置，③棒状の材料を用いる溶棒式フレーム溶射装置の構成もほぼ同様で，溶射材料に合わせ溶射ガンの構造がそれぞれ異なっている。

3.3 アーク式溶射装置

アーク式溶射装置は，エネルギー効率がよくランニングコストも安価なアーク式溶射法で広く使用され，大別すると4つの装置・機器から構成される。2本の線材を供給する駆動部を有し，この線材をアークで溶融し，圧縮空気で噴霧する溶射ガン（図19），線材を溶融するエネルギーを供給する直流または交流電源，同時に2本，同量の線材をガンに供給する装置，溶滴の噴霧用の圧縮空気の圧力・量，線材の供給量，電流・電圧を調整等の制御をする装置，他に，圧縮空気を供給するコンプレッサー，給電設備から成る主な構成を組上げ図20に示す[16]。その成膜方法は，溶射材料に2本の線材を使用し，アークの放電エネルギーで2本の陽極・陰極とした溶射材料を溶融し，この溶融した材料を圧縮空気で噴霧すると，溶滴が基材の表面に衝突し扁平凝固し，積層して皮膜を形成する。

第4章 溶射装置

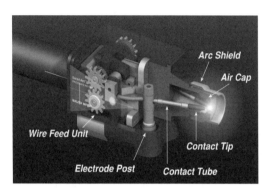

図19 アーク式溶射ガンの模式図

図20 アーク式溶射装置の構成

3.4 その他の溶射装置

今後の開発が期待されるコールドスプレー溶射装置がある。低温で溶射粒子の速度を上げ，より大きな衝突エネルギーで成膜する方法である。また，ナノ粉末が溶射可能なエアゾルデポジション溶射法，電気エネルギーを利用した電熱爆発粉体溶射法，線爆溶射法およびプラズマワイヤ溶射法等がある。

4 溶射材料および適用例

溶射材料の線材は主に溶線式フレームおよびアーク溶射法に用いられる金属・合金材料が多い。最近はアルミニウム，ニッケルあるいは樹脂等のチューブに必要とする適切な成分の粉末を充填して作るコアド線の種類が増えている。しかし材料の開発状況は全体としてやはり粉末材料の開発が中心である。溶射粉末材料は，化学成分の比率は同じであっても，アトマイズ，粉砕，造粒，焼結，クラッドなど，粉末の製造工程によりその材料特性が異なり，皮膜の特性も異なるので，溶射材料粉末粒子の大きさも，熱源，温度，溶射ガンの出力および粉末供給方法などに適した粉末粒子の粒度分布（およそ5～150μm）に調整する必要がある。近年，メカニカルアロイングプロセスによる製造方法[17]でクラッド粉末の量産を可能にし，均質な溶射皮膜の作製が容易になり，特に，炭化物系の材料は硬質クロムめっきの代りに適用が拡大し粉末の種類が豊富である。

溶射皮膜は，機械的，熱的，電磁気的，光学的，生体的，化学的，分離などの機能性を有した応用に幅広く用いられているが，溶射皮膜の応用には，皮膜特性を満たす成膜条件の適正化が必要である。WC-10%，Co-4% Cr（mass比）系の粉末を用いてHVOFで作製した耐食耐摩耗に

優れた皮膜は，航空機メーカーに採用されて飛行機の離着陸装置のランディングギヤー部品に，またWC-17% Co系皮膜は翼のフラップ部品に硬質クロムめっき処理の代りに採用されている。その他，耐食性が要求される鋳鉄製の印刷ロールにSUS 316系のプラズマ溶射皮膜および，Ni合金系やFe-Cr合金系HVOF溶射皮膜が適用され，また，耐磨耗性が必要な型ロールにWC-Co-Cr系，耐食耐磨耗性が要求される建設機械の部品には，シャフトにWC-CrC-Ni系，ワッシャーにWC-NiCr系のHVOF溶射皮膜が適用されている。さらに，プラズマ溶射では製糸機械のAl部品にAl_2TiO_4系セラミックス溶射皮膜を，ガスタービンの部品に高温耐熱性に優れたジルコニア系溶射皮膜が用いられている。印刷ロールの一種であるアニロックスロールの表面には非常に気孔の少ない耐摩耗・耐食性が要求される酸化クロム溶射皮膜で鏡面に仕上げた後，さらに，レーザーでインク溜まりの微細なピットが作製され，グラビア印刷等に適用される。自動車の部品にもプラズマ溶射皮膜が多く用いられ，軽量化のためAlエンジンのシリンダー内面にFe系皮膜が適用され量産が行われている[9]。最近では抗菌・殺菌作用を持つ機能性皮膜として，結晶構造がアナターゼ型のTiO_2溶射皮膜[18]が注目されている。また，図12のLPPS-TFシステムで膜厚およそ5～15μmの緻密で薄い皮膜を幅700 mmで，厚さ0.1 mmのシート基材表面に成膜できる。最後に，ハイドロキシアパタイトを溶射した人口骨の適用例[19]を図21に示す。

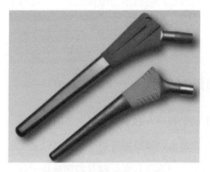

図21 人口骨への適用例

5 まとめ

施工方法，溶射材料および溶射装置の開発等により基材と溶射皮膜との密着強さが向上しているが，まだニーズを十分に満足しておらず，他の表面処理に比べ比較的小さく不安定なことが多い。また溶射も基材のリサイクル化に合わせ，環境に優しい技術として，更なる開発を積極的に進めている。

溶射装置は，省エネ・省資源はもちろんのこと環境に対する改善や成膜速度の向上を図ると共

第4章 溶射装置

に，皮膜の均質化と緻密化を進めることで溶射の適用が期待できる．応用に当たっては，さらに密着強さに優れた信頼される溶射皮膜の作製が，溶射の市場を拡大すると共に，溶射技術の向上につながると思われる．

文　献

1) 例えば日本溶射協会編，溶射技術ハンドブック，p. 21, 25, 269, 319, 420, ㈱新技術開発センタ (1998)
2) G. Herman, *Scientific America*, Sept. p. 89 (1987)
3) 仲川政宏，佐々木光正，溶接技術，45 (8), p. 77 (1997)
4) Sulzer Metco catalogue, Plasma Gun® (2001)
5) M. L. Levin, *British Welding Jaurnal*, 11, p. 213 (1964)
6) J. R. Fincke and W. P. Haggard, *Proc. of 7th NTSC MAS USA*, p. 325 (1994)
7) Sulzer Metco, *Instraction Manual*, Type of Multi Coat™ system (2000)
8) Sulzer Metco, *Product Date sheet*, Triplex Pro-200 TM Advanced Plasma Spray Gun (2005)
9) Sulzer Metco, catalogue, Type of RotaPlasma® (2004)
10) Sulzer Metco, catalogue, Type of LPPS-TF® (2001)
11) M. Cindrat, A. Refke and H. M. Hoelle, *XIII Workshop Plasmatecnik*, 22, June (2006)
12) 日本高周波㈱，カタログ，Dr. Yoshid's Model For 100-kW Load (1992)
13) 浜谷秀雄，溶射技術，21 (3), p. 313 (2002)
14) Sulzer Metco, catalogue, Type of HVOF® (2006)
15) Sulzer Metco, catalogue, Type of 14 E, 5 K (2004)
16) Sulzer Metco, catalogue, Type of SmartArc® (2004)
17) ホソカワミクロン㈱編，メカノヒュージョン，日刊工業新聞社 (1994)
18) 安岡淳一，学位論文「TiO_2粒子構造制御による溶射皮膜の光触媒特性に関する研究」(2004)
19) Sulzer Metco, catalogue, Thermal Spray (2004)

無機材料の表面処理・改質技術と将来展望
―金属,セラミックス,ガラス―
《普及版》(B1114)

2007 年 9 月 28 日　初　版　第 1 刷発行
2015 年 3 月 8 日　普及版　第 1 刷発行

Printed in Japan

監　修　　上條榮治,鈴木義彦,藤沢　章
発行者　　辻　賢司
発行所　　株式会社シーエムシー出版
　　　　　東京都千代田区神田錦町 1-17-1
　　　　　電話 03(3293)7066
　　　　　大阪市中央区内平野町 1-3-12
　　　　　電話 06(4794)8234
　　　　　http://www.cmcbooks.co.jp/

〔印刷　倉敷印刷株式会社〕　© E. Kamijo, Y. Suzuki, A. Fujisawa, 2015

落丁・乱丁本はお取替えいたします。

本書の内容の一部あるいは全部を無断で複写(コピー)することは,法律で認められた場合を除き,著作者および出版社の権利の侵害になります。

ISBN978-4-7813-1007-7　C3058　¥6000E